21世纪全国高职高专机电系列技能型规划教材

机电设备控制基础

主　编　王本轶

北京大学出版社
PEKING UNIVERSITY PRESS

内 容 简 介

本书依据最新国家标准，根据高职机电类相关专业课程改革的要求编写，主要内容包括常用传统低压电器、电子电器、继电-接触控制电路的基本环节、常用机电设备的电气控制、继电-接触器控制系统的设计5个项目。

本书在编写时力求符合高职学生的特点，做到由浅入深、通俗易懂、理论联系实际、注重应用，把问题分析得详尽透彻。本书图文并茂，配合得当，并使用最新的图形符号和文字符号，全面贯彻最新国家标准。每小节前有知识目标、能力目标及要点提示，便于学生掌握学习的重点，检验学习效果。为方便教师教学和学生学习，本书配有教学课件和习题分析，可从 www. pup6. com 上下载。

本书适用于三年制、五年制高职高专的机电类相关专业，也可供电气自动化、机电一体化等相近的高职专业使用，并可供有关工程技术人员参考。

图书在版编目(CIP)数据

机电设备控制基础/王本轶主编．—北京：北京大学出版社，2013.7
(21世纪全国高职高专机电系列技能型规划教材)
ISBN 978-7-301-22672-8

Ⅰ.①机… Ⅱ.①王… Ⅲ.①机电设备—自动控制系统—高等职业教育—教材 Ⅳ.①TH-39

中国版本图书馆CIP数据核字（2013）第136913号

书　　名：机电设备控制基础
著作责任者：王本轶　主编
策 划 编 辑：张永见
责 任 编 辑：李婷婷
标 准 书 号：ISBN 978-7-301-22672-8/TH·0353
出 版 发 行：北京大学出版社
地　　址：北京市海淀区成府路205号　100871
网　　址：http://www. pup. cn　新浪官方微博:@北京大学出版社
电 子 信 箱：pup_6@163. com
电　　话：邮购部62752015　发行部62750672　编辑部62750667　出版部62754962
印　刷　者：北京世知印务有限公司
经　销　者：新华书店
787毫米×1092毫米　16开本　16.75印张　390千字
2013年7月第1版　2013年7月第1次印刷
定　　价：32.00元

前　言

本书编者除多年从事机电设备控制技术领域的教学外，还在相关企业从事该领域的工作近10年，积累有相关领域的工程实践经验，并力求在本书的编写过程中能将其体现出来。同时，编者还跟踪技术的发展，将最新的技术写进书中。

本书在编写时力求符合高职学生的特点，做到由浅入深、通俗易懂、理论联系实际、注重应用，把问题分析得详尽透彻。本书前后行文风格一致；文字规范、简练；语句通顺流畅，条理清楚，可读性强；标点符号、计量单位等使用规范正确；图文并茂，配合得当；图表清晰、美观，图形绘制和标注规范，缩放比恰当；使用最新的图形符号和文字符号，全面贯彻最新国家标准。每小节前有知识目标和能力目标及要点提示，便于学生掌握学习的重点，检验学习效果。为方便教师教学和学生学习，本书配有相应的教学课件和习题分析。

本书由浙江工贸职业技术学院王本轶编写。全书共分5个项目(部分)，项目1为常用传统低压电器，项目2为电子电器，项目3为继电-接触控制电路的基本环节，项目4为常用机电设备的电气控制，项目5为继电-接触器控制系统的设计。每个项目后均附有一定数量的习题，供读者进一步巩固和熟悉所学的内容。书后附有电气图常用图形及文字符号，为读者阅图和制图提供方便。

由于编者水平有限，书中难免有不足和疏漏之处，恳请读者批评指正。

编　者
2013年5月

目　　录

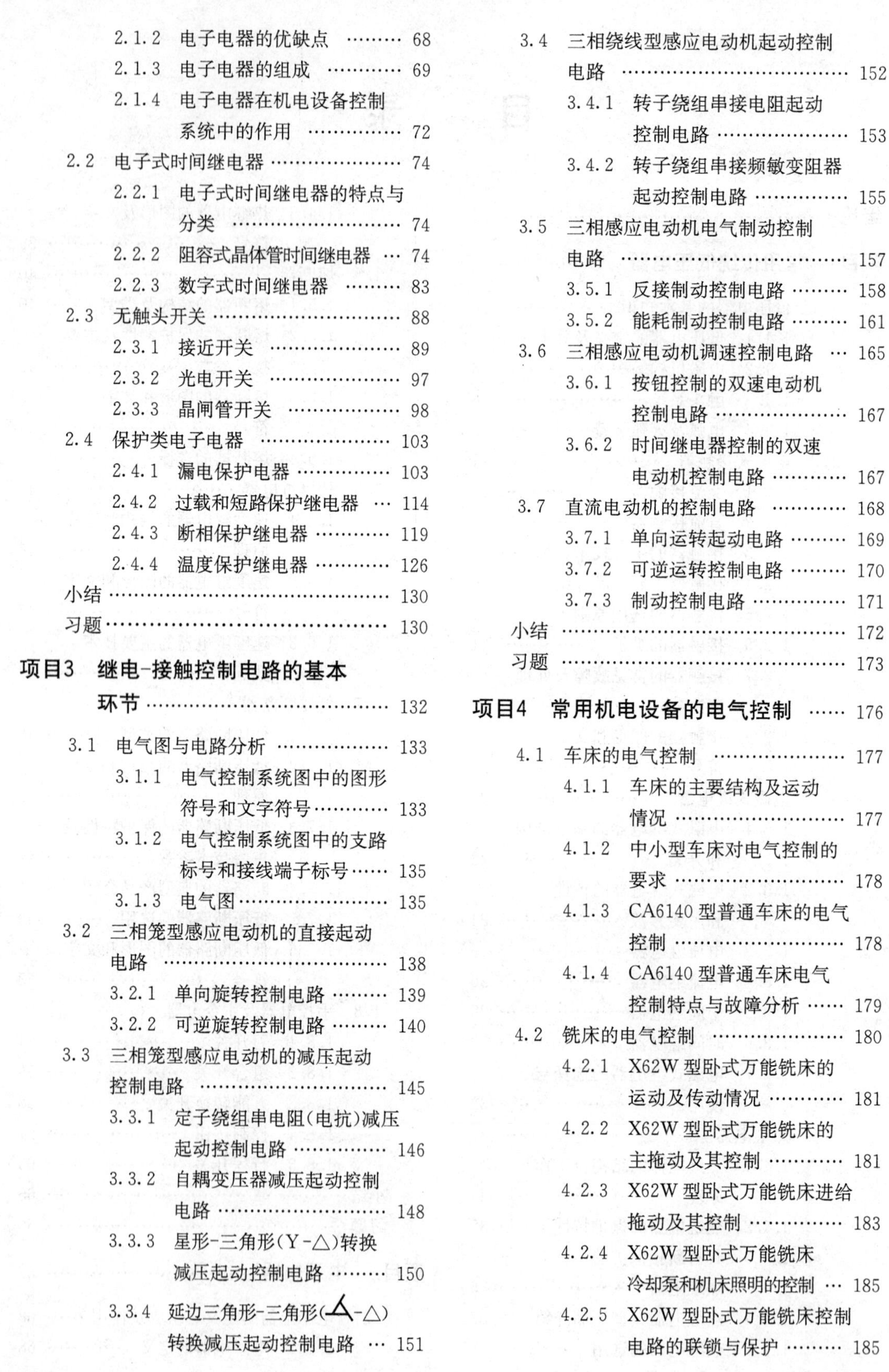

绪　　论

机电设备各式各样，大多集机、电、液、气于一体，即除必要的机械部分外，其运动常靠电力拖动(采用电动机驱动，简称电动)、液压驱动(液动)及气压驱动(气动)来实现。人们习惯于把机电设备称为“电气设备”，其控制系统称为“电气控制(系统)”、控制系统所使用的器件称为“电气元件”就是基于这个缘故。

本书共分5部分(项目)，项目1介绍构成机电设备控制系统的传统器件，项目2介绍控制系统中使用的电子式电器，项目3介绍构成机电设备控制系统的典型环节，项目4介绍机加类工厂中常用的机电设备的电气控制，项目5介绍机电设备继电-接触控制系统的设计。

继电-接触控制系统是由继电器和接触器构成的控制系统的简称。随着电力拖动技术的发展，对电动机的控制要求也越来越高，如对电动机实施正反转、调速、制动等，这就出现了最初的自动控制系统，它由数量不多的按钮等主令电器、继电器、接触器及保护器件组成。因此，作为机电设备的工程技术人员，首先应熟悉构成机电设备控制系统的各种电气元件的作用、功能及使用方法等。接触器的作用是自动远距离频繁地接通和断开交、直流电动机或其他负载的主电路；继电器的作用是根据某种输入信号接通或断开小电流控制电路，实现远距离自动控制和保护。任何一个控制系统都需要一定的保护，用以保护设备或操作人员的安全。常见的保护类型有短路保护、过载及断相保护、负载电流不平衡的保护、过电压(电流)及欠电压(电流)保护、限位保护、互锁保护等。一台机电设备仅能完成正常的动作是不够的，没有必需的各种保护是不能使用的。

最早的继电-接触控制系统中所使用的电气元件是传统的有触头电器，它通过能够接触和断开的触头系统接通与分断电路。现代工业为了不断地提高产量和质量，其控制系统朝着大型化、自动化、高速、高可靠性和高精度方向发展，于是对构成控制系统的元器件提出越来越高的要求，在这些要求中有些是传统的有触头电器难以满足的。比如，响应速度，有触头电器由于其本身结构的限制，其固有动作时间很难满足快速响应系统的要求；用行程开关对位置进行检测很难满足高精度定位的系统要求。电子电器采用光电技术，其响应速度完全可以满足快速响应系统的要求；根据电磁感应原理工作的各种无触点开关，其位置检测精度也完全满足高精度定位系统的要求。随着电子技术的发展，电气元件本身已发展到传统的有触头电器与电子电器共存的时代。

继电-接触控制系统具有使用的单一性，即一台控制装置只能针对某一种固定程序的设备，一旦程序有所变动，就得重新配线，有逐渐被先进的可编程序控制器取代的趋势。但就中国的国情而言，大量的机电设备仍使用这种控制系统，所以十分有必要讲述这部分内容，同时它也是学习可编程序控制技术的基础。用发展的眼光来看，继电-接触控制系统也不会完全被可编程序控制器取代，在相对较为简单的控制系统中，继电-接触控制系统具有开发简单、成本较低等优势。

继电-接触控制系统都可以分为两大部分：一部分是主电路，一般是电动机的电源回路，因其电流较大而称为主电路；另一部分称为辅助电路，包括控制电路、照明电路、指示与信号电路等，其中控制电路是整个机电设备控制系统的核心。机电设备的控制系统往往由一至几个典型的控制环节构成。在熟悉各种典型控制环节的基础上，就可以分析甚至设计较为复杂的控制系统。

在进行机电设备控制系统设计时，要使用各种符号来表示电气元件，分为图形符号和文字符合。为便于阅图和进行表达，在原理图上往往还要进行支路标号和接线端子标号。在各种技术文件中所使用的图形符合、文字符号、支路和接线端子标号都必须是规范的。

在机电设备控制系统设计时，仅设计出电气原理图是不够的，还要完成施工设计，即设计出能够完成整个设备控制系统生产所需的各种技术文件，如电气元件布置图、接线图等。

本课程是一门实践性很强的专业课，是在学习了相关的基础理论课之后，并进行了电工劳动实践的基础上进行讲授的，以使学生具有较强的基础理论知识和较强的感性认识。

本课程的基本任务如下。

(1) 熟悉常用控制电器的基本结构、工作原理、用途及型号意义，包括传统的有触点(头)电器和电子电器，达到正确使用和选用的目的。

(2) 熟练掌握电气控制线路的基本环节，具有对一般控制线路分析进行的能力。

(3) 熟悉常用机电设备的电气控制系统，具有从事机电设备安装、调试、运行、维修的能力。

(4) 具备简单机电设备控制系统的设计能力，能根据工艺过程和控制要求正确选用电气元件并完成原理图设计和各项施工设计，经调试用于生产过程。

项目1

常用传统低压电器

低压电器作为基本器件，广泛应用于输配电系统和电力拖动系统中。随着科学技术的迅猛发展，机电设备自动化程度不断提高，低压电器的使用范围也日益扩大，其品种规格不断增加。电气技术人员必须熟练掌握低压电器的结构、工作原理，并能正确选用和维护低压电器。

1.1 低压电器的基本知识

知识目标	➢ 掌握低压电器的定义和作用； ➢ 了解低压电器的类型； ➢ 掌握电磁机构的作用，了解电磁机构的类型； ➢ 掌握线圈的类型、不同种类的线圈在线路中的接法和其自身的特点； ➢ 了解直流电磁机构和交流电磁机构的吸力特性； ➢ 理解单相交流电磁机构产生噪声和振动的原因及消除方法； ➢ 了解触头的作用和结构型式； ➢ 理解电弧产生的物理过程，掌握常用的灭弧措施。
能力目标	➢ 能正确描述低压电器的特点； ➢ 能正确完成低压电器线圈在线路中的连接。

要点提示

低压电器在目前的机电设备控制系统和供配电系统中用量十分巨大，常用来发布动作命令(如起动、停止、转向等)、进行信号采集(如位置信号的检测、电压和电流的检测等)、实现线路的通断及各种保护。触头在接通时一定要具有良好的接触状态，即要保证具有较小的接触电阻，这样才不会在触点处产生较大的发热，故触头接触点常用银或银质合金制成，并保证接触时具有一定的压力。触头在断开时要具有一定的速度，即要实现分断迅速，这样有利于灭弧。一般认为高压电路比较难以解决的问题是绝缘，低压电路比较难以解决的问题是灭弧。我国不少火灾事故的起因是电气故障引起的，称为电气火灾。而引起电气火灾的主要原因是触点过热和电弧。在使用和维护低压电器时要特别注意限制触点过热和灭弧。

1.1.1 低压电器的定义及分类

1. 低压电器的定义

凡是根据外界特定的信号或要求，自动或手动接通和断开电路，断续或连续地改变电路参数，实现对电路或非电对象的切换、控制、保护、检测和调节的电气设备均称为电器。而工作在交流额定电压 1200 V 及以下，直流额定电压 1500 V 及以下的电器称为低压电器。

2. 低压电器的分类

(1) 按控制的对象和用途，低压电器可分为低压控制电器和低压配电电器两大类。低压控制电器包括接触器、继电器、电磁铁等，主要用于电力拖动与自动控制系统中，常用的低压控制电器实物图如图 1.1 所示。

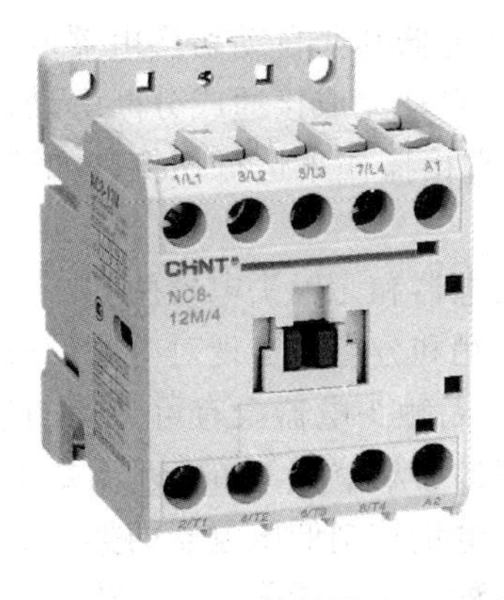

(a) 接触器

(b) 继电器

(c) 电磁铁

图 1.1　低压控制电器实物图

低压配电电器包括刀开关、组合开关、熔断器和断路器等，主要用于低压配电系统及动力设备中，常用的低压配电电器实物图如图 1.2 所示。

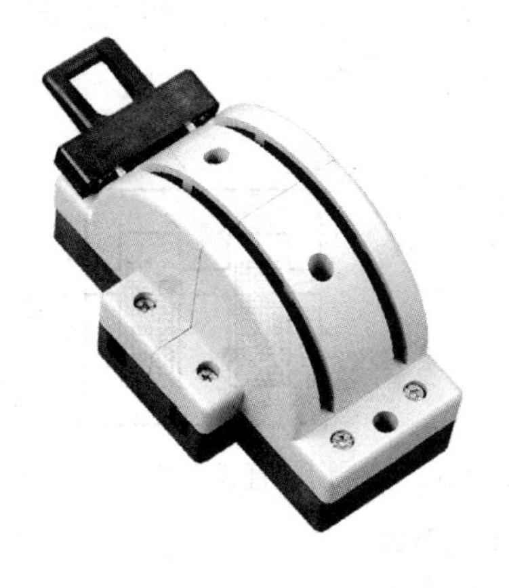

(a) 刀开关

(b) 组合开关

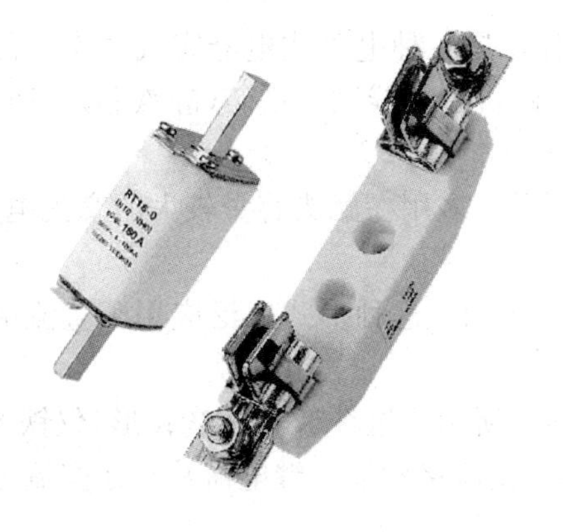

(c) 熔断器

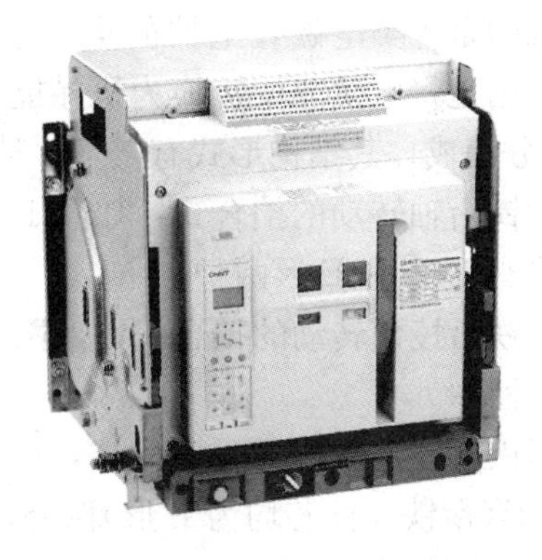

(d) 断路器

图 1.2　低压配电电器实物图

(2) 按低压电器的动作方式，低压电器可分为自动切换电器和非自动切换电器两类。自动切换电器依靠电器本身参数的变化或外来信号的作用，自动完成接通或分断等动作，如接触器、继电器等。非自动切换电器依靠外力(如手控)直接操作来进行切换，如刀开关、主令电器等。

(3) 按低压电器的执行和结构，低压电器可分为有触头电器和无触头电器两类。有触头电器具有可分离的动触头和静触头。利用动、静触头的接触和分离来实现对电路的通断控制的电器叫有触头电器，如接触器、继电器、断路器等。无触头电器没有可分离的动、静触头。它主要利用半导体元器件的开关效应来实现对电路的通断控制，如接近开关等。

(4) 按工作原理，低压电器可分为电磁式低压电器和非电量控制低压电器两类。电磁式低压电器根据电磁感应原理来工作，如交直流接触器、各种电磁式断路器等。非电量控制低压电器依靠外力或某种非电物理量的变化而动作，如刀开关、速度继电器等。

1.1.2 电磁机构

电磁式低压电器主要由两部分组成，即感测部分和执行部分。感测部分为电磁机构，用来接受外界输入的信号，并通过转换、放大与判断作出一定的反应，使执行部分(触头系统)动作，以实现控制的目的。常用的结构形式如图 1.3 所示。

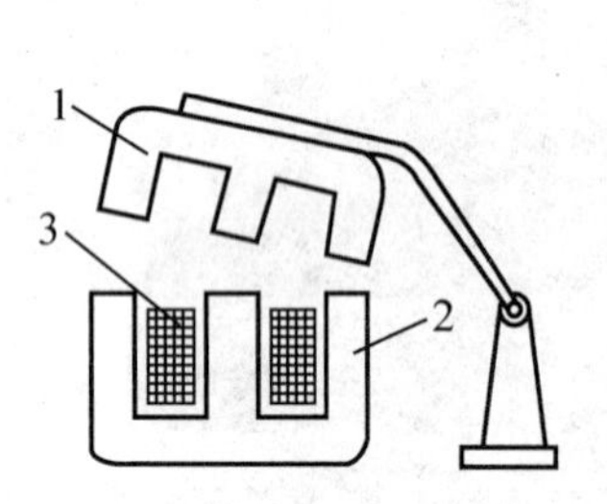

(a) 衔铁沿轴转动的拍合式

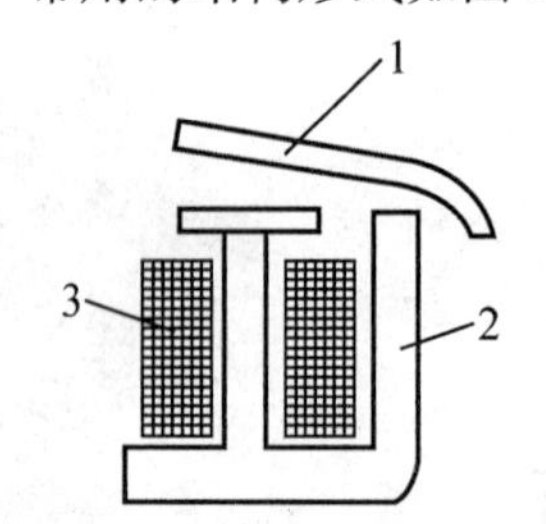

(b) 衔铁沿棱角转动的拍合式

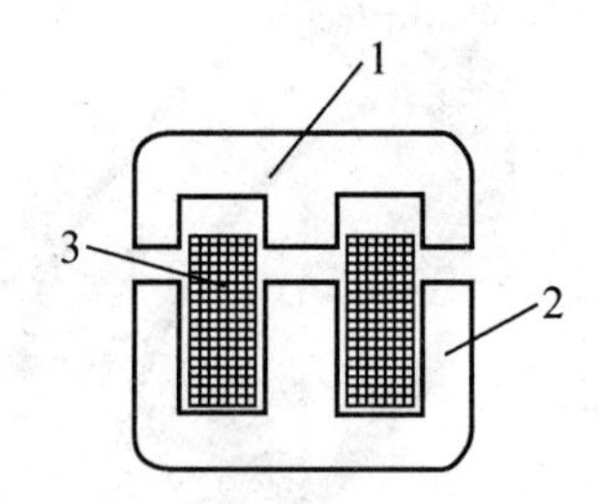

(c) 衔铁直线连动的E形直动式

图 1.3 常用电磁机构的结构形式

1—衔铁 2—铁芯 3—吸引线圈

1. 电磁机构的结构形式

电磁机构是各类电磁式电器的重要组成部分，是各种电磁式电器完成动作的能量来源，主要作用是将电磁能量转换为机械能量。电磁机构由线圈、铁芯(静铁芯)、衔铁(动铁芯) 3 部分组成，其结构形式有以下 3 种。

(1) 衔铁沿轴转动的拍合式，如图 1.3(a)所示，多用在触头容量较大的交流电器中，其铁芯形状有 U 形和 E 形两种。

(2) 衔铁沿棱角转动的拍合式，如图 1.3(b)所示，这种形式广泛应用于直流继电器和直流接触器中。

(3) 衔铁直线连动的 E 形直动式，如图 1.3(c)所示，这种形式分单 E 形(仅铁芯为 E 形)和双 E 形(衔铁、铁芯均为 E 形)两种，多用于交流接触器、继电器及其他交流电磁机构的电磁系统。

2. 线圈

线圈的作用是将电能转换成磁场能量。根据励磁的需要，线圈可分为串联型和并联型

两类。其中串联型线圈为电流线圈，并联型线圈为电压线圈。电流线圈使用时串接在电路中，为保证其分压足够小，应使其具有较小的阻抗，所以用较粗的铜线或扁铜条绕制而成，且匝数较少，故其特点是粗而短；电压线圈使用时并接在电源上，为使其分流足够小，线圈用较细的绝缘性能良好的漆包线绕制而成，且匝数较多，故其特点是细而长。按通入电流种类不同，线圈又可分为交流和直流两种。对于直流线圈，因其铁芯不发热，只有线圈发热，所以直流电磁铁的线圈不设线圈骨架，且把线圈做成高而薄的细长型，使线圈与铁芯直接接触，利于线圈散热；而交流电磁铁的线圈多制成短而厚的矮胖型，且用骨架将线圈和铁芯隔开，这是因为交流电磁铁的铁芯存在磁滞和涡流损耗，铁芯和线圈都发热。对于使用者而言，电流线圈一定要串联在电路中，并通过种类和大小合适的电流；电压线圈一定要并联在电路中，并施加种类和大小合适的电压。

3. 电磁机构的吸力与吸力特性

电磁机构按其线圈中通过的电流种类分为直流与交流两大类，分别叫直流电磁机构和交流电磁机构，也叫直流电磁铁和交流电磁铁。通常直流电磁铁的铁芯用整块的铸铁或铸钢制成，而交流电磁铁因铁芯存在磁滞和涡流损耗，其铁芯用硅钢片叠压而成。

电磁吸力与气隙的关系曲线称为电磁铁的吸力特性。

1）直流电磁铁的吸力特性

当给直流电磁铁的线圈加上直流电压时，线圈中便有了励磁电流，使磁路中产生了密集的磁通，该磁通作用于衔铁，在电磁吸力作用下使衔铁与铁芯吸合并做功。

直流电磁铁的吸力特性如图 1.4(a)所示。图中曲线 1 为$(IN)_1$磁动势下的吸力特性，曲线 2 为$(IN)_2$磁动势下的吸力特性，且$(IN)_1>(IN)_2$。由于直流电磁铁的线圈电阻为常数，当外加工作电压不变时，线圈电流也是常数，其磁动势(励磁电流与线圈匝数的乘积，单位为安·匝)为常数，在这种情况下，其电磁吸力与气隙大小的平方成反比，气隙越大，电磁吸力越小；相反，气隙越小，电磁吸力越大，即直流电磁铁在恒定磁动势下只与气隙δ_2成反比，因此吸力特性为二次曲线状。图中δ_1为衔铁闭合后的气隙，δ_2为衔铁打开后的气隙，衔铁气隙减小的过程是电磁吸力加大的过程。当通过外加电压使电磁铁的磁动势增大时，其在行程中任一位置上的电磁吸力也增大。应当注意的是在衔铁吸合的过程中及其吸合以后的线圈电流基本不变。

由直流电磁铁的吸力特性可知，线圈励磁电压的高、低，衔铁行程的长、短，都将影响电磁铁的吸力特性，从而影响电磁铁的工作性能。

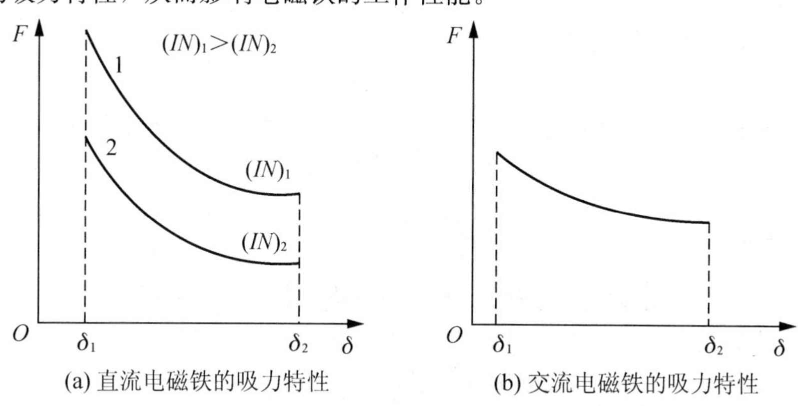

(a) 直流电磁铁的吸力特性　　(b) 交流电磁铁的吸力特性

图 1.4　电磁铁的吸力特性

2）交流电磁铁的吸力特性

交流电磁铁在线圈工作电压一定的情况下，铁芯中的磁通幅值基本不变，所以铁芯与衔铁间的电磁吸力也基本不变。因而交流电磁铁的吸力特性一般比较平坦，如图 1.4(b)所示。它与直流电磁铁的区别在于：一是在电压(有效值)已定的情况下，励磁电流(有效值)的大小主要取决于线圈的感抗，在电磁铁吸合的过程中，随着气隙的减小，磁阻减小，线圈的感抗增大，励磁电流减小，即励磁电流的大小是随着气隙的改变而变化的。在线圈吸合的过程中，线圈电流逐渐减小，至吸合后达到稳定电流，因此在吸合过程中存在较大的瞬时冲击电流，严重时可达稳定电流的 10 倍以上。故交流电磁铁如果在吸合的过程中出现卡死或运动不畅等现象，就比较容易被烧毁；二是由于交流电磁铁在吸合后，励磁电压是按正弦规律变化的，所以其气隙磁通也按正弦规律变化，而电磁吸力与磁通的平方成正比，故其吸力曲线如图 1.5 所示。

电磁机构在工作过程中，衔铁始终受到反作用弹簧、触头弹簧的反作用力及其他阻力之和 F_r 的作用。尽管电磁吸力的平均值 F_0 大于 F_r，但在某些时候，吸力仍将小于 F_r(图 1.5中画有阴影线的部分)。这将使衔铁产生释放趋势(因吸力的平均值大于反力，且脉动的频率较高，不可能产生释放效果)，从而使衔铁产生振动，发出噪声，应采取措施加以消除。

为消除振动和噪声，在电磁铁的铁芯和衔铁的两个不同端部各开一个槽，槽内嵌装一个用铜、康铜或镍铬合金材料制成的短路环(又称减振环或阻尼环)，如图 1.6 所示。短路环把铁芯中的磁通分为两部分，即不穿过短路环的 ϕ_1 和穿过短路环的 ϕ_2，且 ϕ_2 滞后 ϕ_1，即 ϕ_1 和 ϕ_2 不同时为零，则由 ϕ_1 和 ϕ_2 产生的电磁吸力也不同时为零，如果短路环设计得合适，使 ϕ_1 和 ϕ_2 的相位差也较为合适，这就保证了合成吸力变得比较平直且始终大于反作用力，从而消除了振动和噪声。

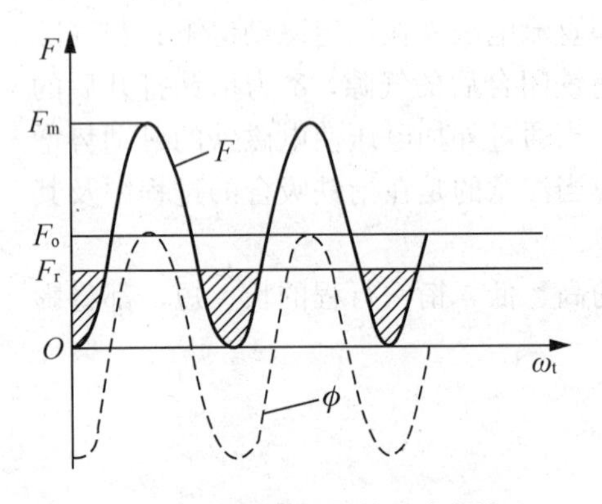

图 1.5　交流电磁机构吸力曲线

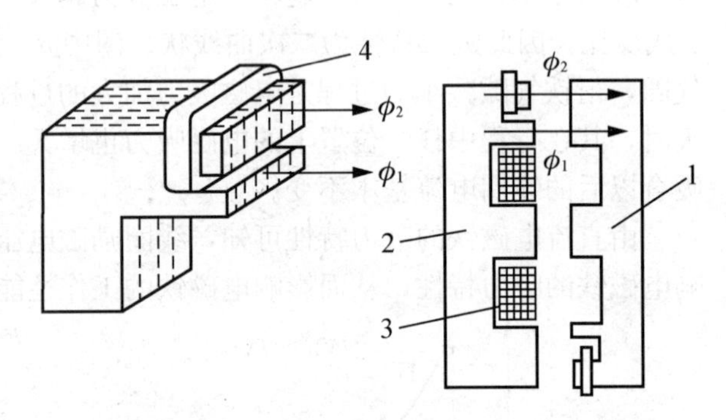

图 1.6　交流电磁铁的短路环

1—衔铁　2—铁芯　3—线圈　4—短路环

1.1.3　触头系统

电磁式低压电器的触头(也称触点，本书统一称为触头)按接触方式可分为点接触式、线接触式和面接触式 3 种，分别如图 1.7(a)、(b)和(c)所示。按触头的结构形式划分有桥式和指形触头两种，如图 1.8(a)和(b)所示。

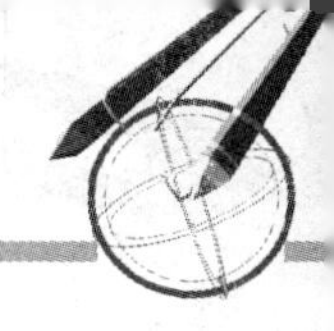

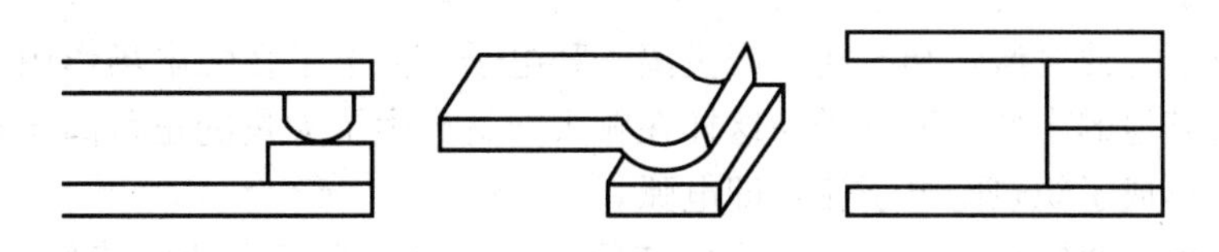

(a) 点接触式　(b) 线接触式　(c) 面接触式

图 1.7　触头的 3 种接触形式

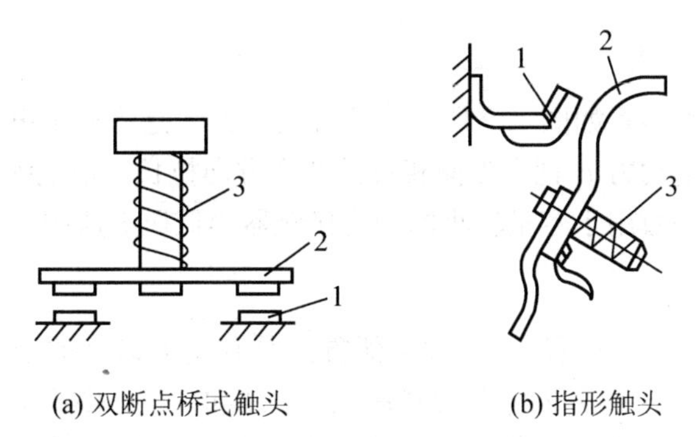

(a) 双断点桥式触头　(b) 指形触头

图 1.8　触头的结构形式

1—静触头　2—动触头　3—触头压力弹簧

其中桥式触头分双断口点接触桥式触头和双断口面接触桥式触头。双断口就是两个触头串于同一电路中，电路的接通与分断由两个触头共同完成。点接触形式适用于电流不大且触头压力小的场合，面接触形式适用于大电流的场合。

指形触头的接触区为一条直线，触头在接通或分断时将产生滚滑摩擦，能将氧化膜去掉。因此这种形式适用于通电频率高、电流大的场合。

触头是低压电器的执行部分，起接通和分断电路的作用。因此要求触头导电、导热性能良好，通常用铜制成。但铜在空气中容易被氧化而生成一层导电性能很差的氧化铜，增大触头的接触电阻，使触头损耗加大，温度升高；而温度升高反过来又使触头表面氧化加剧，导致恶性循环。所以对触头要求较高的电器，其触头采用银质或银基合金材料，这不仅在于其导电和导热性能均优于铜质触头，更主要的是其氧化膜对接触电阻影响不大，而且这种氧化层要在较高的温度下才会形成，且易粉化。因此，银质触头具有较低和较稳定的接触电阻。对于大、中容量低压电器的触头，如果触头采用滚动接触，可将氧化膜去掉，所以这种结构的触头，通常采用铜质材料。

为了使触头在闭合时能接触得更加紧密以减小接触电阻，并消除开始接触时产生的振动，可以采用增大触头弹簧的初压力，减小触头质量、降低触头的接通速度，以及选择较硬的触头材料等方法。

对于大多数低压电器，触头是较为贵重和易出现故障的地方，要注意维护和保养。

1.1.4　电弧及灭弧装置

电器在断开大电流或高电压电路时，在动、静触头之间会产生很强的电弧。电弧实际上是触头间气体在强电场作用下产生的放电现象。它的形成过程是这样的：当触头间刚出现分断时，由于两触头间距离很小，因此产生很大的电场强度，在高热和强电场作用下，金属内部的自由电子从阴极表面逸出，奔向阳极；这些自由电子在电场中高速运动时要撞击中性气体分子，使之激励和游离，产生离子和电子，而电子在强电场作用下继续向阳极运动，并撞击其他的中性气体分子。这样在触头间就产生了大量的正负离子和电子，从而使气体导电，形成了炽热的电子流，即电弧。

电弧一方面会烧蚀触头，降低触头的使用寿命，另一方面会使电路的切断时间延长，甚至造成弧光短路或引起其他事故。因此应限制电弧的产生，使其尽快熄灭。常用的灭弧方法有以下几种。

1. 双断口电动力灭弧

双断口电动力灭弧装置如图 1.9 所示，这种灭弧方法是将整个电弧分割成两段，同时利用触头回路本身的电动力 F 把电弧向相反的两个方向拉长，使电弧在拉长的过程中加快冷却并熄灭。该方法一般用于容量较小的交流接触器等低压电器中。

2. 纵缝灭弧

纵缝灭弧装置如图 1.10 所示，这种灭弧方法是利用灭弧罩的窄缝来实现灭弧的。灭弧罩由耐热陶土、石棉、水泥等绝缘材料制成。灭弧罩内每相都有一个纵缝，缝的下部宽，以便放置触头；上部窄，以便压缩电弧，使电弧与灭弧室壁紧密接触。当触头分断时，电弧被外磁场或电动力吹入纵缝内，其热量被缝壁迅速吸收，使电弧迅速冷却熄灭。该方法常用于交、直流接触器上。

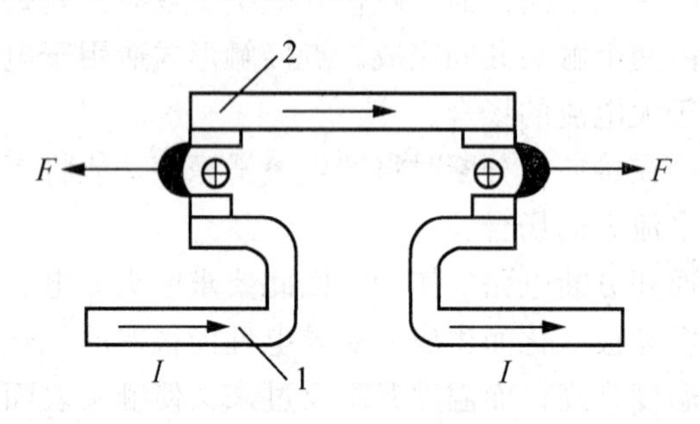

图 1.9 双断口电动力灭弧装置

1—静触头 2—动触头

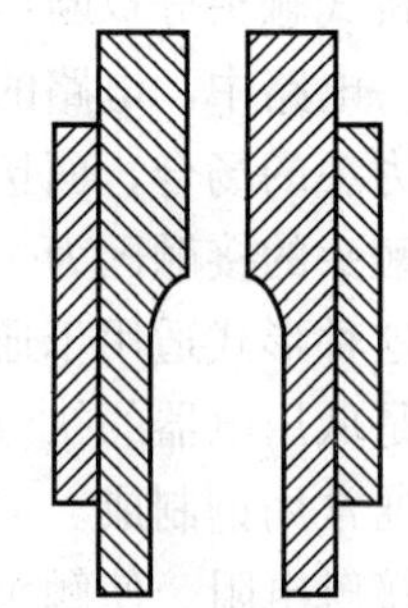
图 1.10 纵缝灭弧装置

3. 栅片灭弧

栅片灭弧装置的结构及工作原理如图 1.11 所示。金属栅片由镀铜或镀锌薄铁片制成，它们插在灭弧罩内，各片之间互相绝缘。当动、静触头分断时，在触头间产生电弧，在电弧电流周围产生磁场。由于金属栅片磁阻比空气磁阻要小得多，因此靠近栅片的电弧上部的磁通很容易通过金属栅片而形成闭合磁路，这样便造成了电弧周围空气中的磁场上疏下密。这样的磁场对电弧产生向上的作用力，将电弧拉入栅片内，栅片将电弧分割成若干个串联的短电弧，而栅片就是这些短电弧的电极，将总电弧压降分成几段，栅片间的电压都低于燃弧电压，同时，栅片将电弧导出，使电弧迅速冷却，促使电弧尽快熄灭。栅片灭弧多用于容量较大的交流接触器中。

4. 磁吹式灭弧

磁吹灭弧装置的结构如图 1.12 所示。当动触头与静触头分断时，在触头间产生电弧，这个电弧在短时间内通过自身仍维持负载电流而存在，此时该电流在电弧未熄灭前形成两

个磁场，一个是该电流在电弧周围形成的磁场，另一个是该电流流过磁吹线圈在两导磁夹板间形成的磁场。由图可见，在电弧的上方，两磁场方向相反，磁场强度削弱；在电弧的下方两个磁场方向相同，磁场强度增强。因此，电弧将从磁场强的一边被拉向弱的一边，向上运动。电弧在向上运动的过程中被拉长并吹入灭弧罩内，使电弧温度降低，促使电弧迅速熄灭。另外，电弧在向上运动的过程中，在静触头上的弧根将逐渐转移到引弧角上从而减轻了触头的灼伤。引弧角引导弧根向上移动的同时又使电弧被继续拉长，当电源电压低于燃弧电压时，电弧就熄灭。

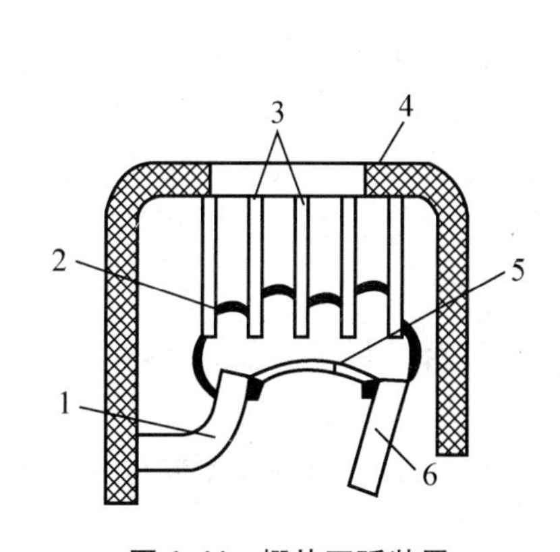

图 1.11　栅片灭弧装置

1—静触头　2—短电弧　3—灭弧栅片
4—灭弧罩　5—电弧　6—动触头

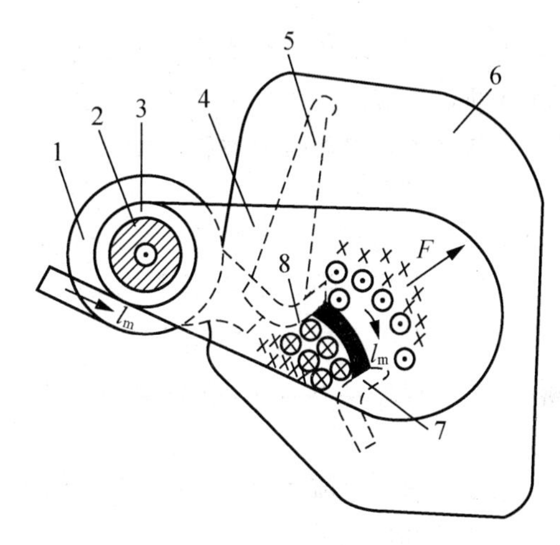

图 1.12　磁吹式灭弧装置

1—磁吹线圈　2—铁芯　3—绝缘套筒　4—导磁夹板
5—引弧角　6—灭弧罩　7—动触头　8—静触头

这种磁吹式灭弧装置，其磁吹线圈与主电路是串联的，且利用电弧电流本身灭弧，所以其磁吹力的大小取决于电弧电流的大小，电弧电流越大，灭弧能力越强，且磁吹力的方向与电流方向无关。

除串联磁吹方式外，还有并联磁吹方式。这种方式的优点是弱电流时其磁吹效果要比串联式好；缺点是当电流的方向改变时，必须同时改变磁吹线圈的极性。否则，磁吹力的方向就会反向，使电弧不容易熄灭，甚至可能损坏电器设备。

磁吹式灭弧装置广泛应用于直流接触器中。

电弧是低压电路中常常令人头痛的问题，一定要给予高度的重视。

1.2　电磁式接触器

知识目标	➢ 掌握接触器的作用； ➢ 了解接触器的类型； ➢ 了解接触器的结构； ➢ 理解接触器的主要参数； ➢ 掌握接触器的选用原则； ➢ 理解接触器产生各种故障的原因； ➢ 掌握接触器的图形和文字符号。

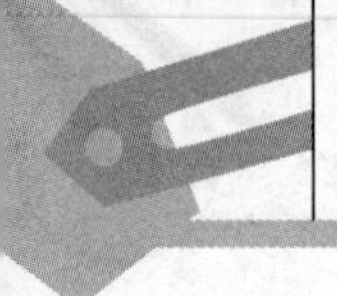

续表

能力目标	➢ 能正确选择接触器的类型(交流和直流)； ➢ 能正确选择接触器的型号； ➢ 能正确完成接触器在线路中的接线； ➢ 能正确对接触器进行维护和检修。

要点提示

接触器适用于远距离频繁地接通或断开交直流主电路，主要用于控制电动机、电热设备、电焊机、电容器组等。远距离、频繁通断、大电流、自动动作是其特点。为节省贵重金属，电流稍大的接触器的触头有主、辅之分。接触器的额定电压和额定电流都是指主触头的参数，而不是其线圈的参数，同一额定电流的接触器可以配置不同额定电压的线圈。交、直流接触器的灭弧能力在设计时是不同的，同样额定电流的直流接触器比交流接触器的灭弧能力强很多，因此不能用同一额定电流的交、直流接触器相互替代。按接触器线圈所施加的电压种类对接触器进行分类的做法也是错误的。

电磁式接触器是一种自动的电磁式开关。它具有欠电压释放保护功能。在电力拖动系统中被广泛应用。

由于交、直流电流产生的电弧不同，接触器按主触头通过的电流种类不同分为交流接触器和直流接触器两类。

1.2.1 交流接触器

交流接触器的种类很多，下面以 CJT1 系列(CJ10 系列的替代品)为例进行介绍。

1. 交流接触器的结构

CJT1 型交流接触器的实物如图 1.13 所示。它主要由电磁机构、触头系统、灭弧装置及辅助部件 4 部分组成。

(1) 电磁机构。电磁机构由线圈、铁芯(静铁芯)和衔铁 3 部分组成。其作用是利用电磁线圈的通电或断电，使衔铁和铁芯吸合或释放，从而带动动触头与静触头闭合或分断，来实现接通或断开电路的目的。

(2) 触头系统。按通断能力划分，交流接触器的触头分为主触头和辅助触头(小容量的无主、辅之分)。主触头用于通断电流较大的主电路，一般由 3 对常开触头组成；辅助触头用以通断电流较小的控制电路，通常由两对常开和两对常闭触头组成，起电气联锁或控制作用，常开触头和常闭触头是联动的。当线圈通电时，常闭触头先断开，常开触头后闭合；而线圈断电时，常开触头先恢复断开，常闭触头后恢复闭合。常开触头又称动合触头，常闭触头又称动断触头，本书统一使用常开触头和常闭触头的叫法。两种触头在改变工作状态时，先后有个时间差，这个时间差对分析电路的工作原理起着至关重要的作用。

(3) 灭弧装置。交流接触器中常用的灭弧装置因电流等级而异，容量较小的接触器常采用双断口桥形触头以利于灭弧，并在触头上方安装陶土灭弧罩。容量较大的接触器常采用纵缝灭弧罩和栅片灭弧装置。

（4）辅助部件。交流接触器的辅助部件包括反作用弹簧、缓冲弹簧、触头压力弹簧、传动机构、底座及接线柱等。

图 1.13　CJT1 系列交流接触器的实物图

反作用弹簧安装在动铁芯和线圈之间，其作用是线圈断电后，推动衔铁释放，使各触头恢复原状态。缓冲弹簧安装在静铁芯与线圈之间，其作用是缓冲衔铁在吸合时对静铁芯和外壳的冲击力，保护外壳和底座。触头压力弹簧安装在动触头上面，其作用是增加动、静触头间的压力，从而增大接触面积，以减小接触电阻，防止触头过热而灼伤。传动机构的作用是在衔铁或反作用弹簧的作用下，带动动触头实现与静触头的接通和分断。

2. 交流接触器的工作原理

交流接触器的工作原理如图 1.14 所示。当给接触器的线圈两端加上一个交流电压后，线圈中的电流会产生磁场，使静铁芯产生足够大的吸力，克服反作用弹簧的反作用力，将

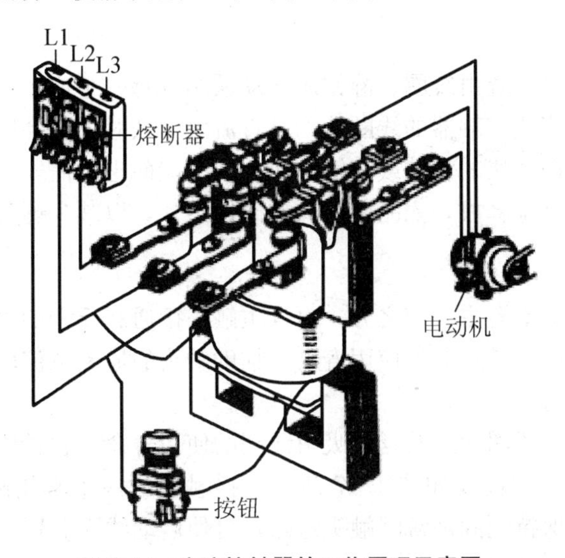

图 1.14　交流接触器的工作原理示意图

衔铁吸合。通过中间传动机构带动常闭(辅助)触头先断开，3 对主触头和常开(辅助)触头后闭合。当加在接触器线圈两端的电压为零或较低时，由于电磁吸力消失或过小，不足以克服反作用弹簧的反作用力，衔铁即会在反作用力下复位，带动常开触头(主、辅)先恢复断开，常闭(辅助)触头后恢复闭合。

1.2.2 直流接触器

直流接触器适用于远距离频繁地接通和分断直流电路，以及控制直流电动机。其结构和工作原理与交流接触器基本相同，常用的有 CZ0 系列和 CZ18 系列，其实物图如图 1.15 所示。

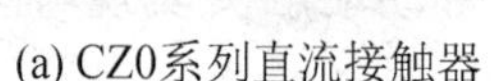

(a) CZ0系列直流接触器　　(b) CZ18系列直流接触器

图 1.15 CZ0 系列和 CZ18 系列直流接触器实物图

直流接触器主要由电磁系统、触头系统和灭弧装置 3 部分组成，其结构示意图如图 1.16 所示。

1. 电磁系统

直流接触器的电磁系统由线圈、静铁芯和动铁芯(衔铁)组成。它具有绕棱角转动的拍合式电磁机构。由于直流接触器的线圈通的是直流电，铁芯中不会因产生涡流和磁滞损耗而发热，因此铁芯可用整块的铸铁或铸钢制成，铁芯端面也不需安装短路环。但为了保证线圈断电后衔铁能可靠地释放，磁路中垫有非磁性垫片，以减少剩磁的影响。

2. 触头系统

直流接触器的触头也有主、辅之分。由于主触头接通和断开的电流比较大，多采用滚动接触的指形触头，以延长触头的使用寿命。辅助触头的通断电流较小，多采用双断点桥式触头，并可有若干对。

为了减小运行时的线圈功耗及延长吸引线圈的使用寿命，容量较大的直流接触器线圈经常采用串联双绕组，其接线如图 1.17 所示。接触器的一个常闭触头与保持线圈并联。在电路刚接通瞬间，保持线圈被常闭触头短路，可使启动线圈获得较大的电流和吸力。当接触器动作后，启动线圈和保持线圈串联通电，由于电压不变，所以电流较小，但仍可保持衔铁被吸合，从而达到省电的目的。

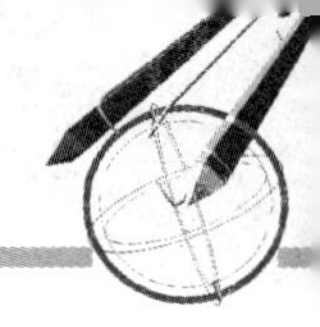

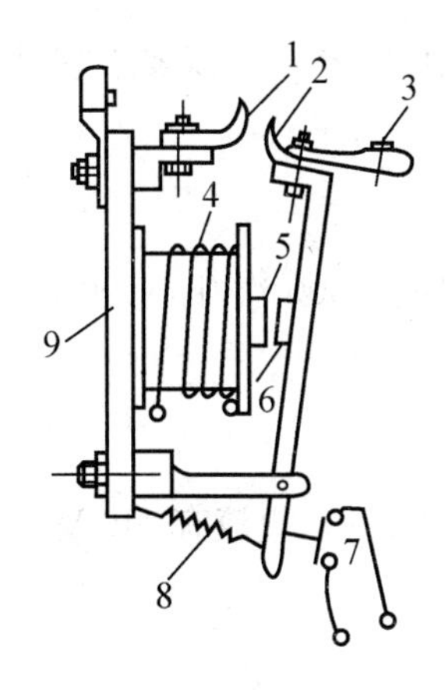

图 1.16　直流接触器的结构图

1—静触头　2—动触头　3—接线柱　4—线圈　5—铁芯
6—衔铁　7—辅助触头　8—反作用弹簧　9—底板

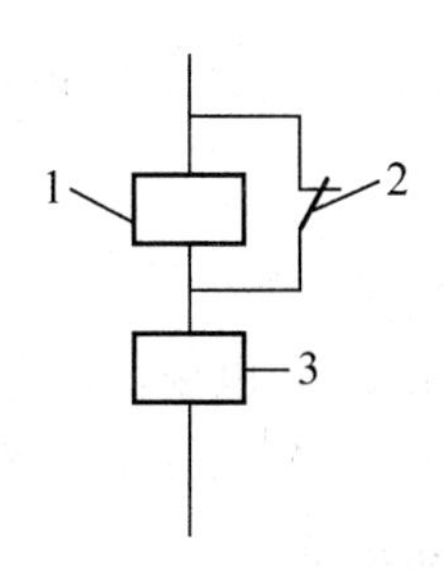

图 1.17　直流接触器双绕组线圈接线图

1—保持线圈　2—常闭辅助触头
3—启动线圈

3. 灭弧装置

直流接触器的主触头在分断较大直流电流时，会产生强烈的电弧，所以必须设置灭弧装置以迅速熄灭电弧。

对于开关电器而言，采用何种灭弧装置主要取决于电弧的性质。交流接触器触头间产生的电弧在自然过零时能自动熄灭，而直流电弧因为不存在自然过零点，所以只能靠拉长电弧和冷却电弧来熄灭电弧。因此在同样的电气参数下，熄灭直流电弧要比熄灭交流电弧困难得多，故直流灭弧装置一般比交流灭弧装置复杂，这也是为什么对直流接触器触头的要求比交流接触器要高，接触器按触头通断电流的种类进行分类(而不是按线圈通过电流的种类)，且交、直流接触器不能相互替代的原因。前面已经介绍过直流接触器一般采用磁吹式灭弧装置结合其他灭弧方法灭弧。

归纳起来说，直流接触器与交流接触器的不同之处主要表现在铁芯结构、线圈形状、触头数量、灭弧方式及吸力特性等方面。

1.2.3　接触器的主要技术数据

接触器的主要技术数据有：接触器额定电压和额定电流、接触器线圈额定电压、主触头接通与分断能力、接触器机械寿命与电气寿命、接触器额定操作频率、接触器线圈的动作值等。

1. 接触器额定电压

接触器的额定电压指的是主触头的额定电压。交流接触器主要有 220 V、380 V(500 V)和 660 V，直流接触器主要有 110 V、220 V 和 440 V。

2. 接触器额定电流

接触器的额定电流指的是主触头的额定工作电流。它是在额定电压、使用类别和操作频率一定的条件下规定的，目前常用的电流等级为 10～800 A。

3. 电气寿命和机械寿命

电气寿命是指接触器带额定负荷的情况下能够动作的次数。机械寿命是指接触器不带

负荷的情况下能够动作的次数。由于接触器是频繁操作电器，所以要求它具备较高的电气和机械寿命。

4. 操作频率

操作频率指的是接触器每小时的操作次数，一般为 300 次/h、600 次/h、1200 次/h 这几种。

5. 线圈的额定电压

线圈的额定电压：交流有 110 V(127 V)、220 V、380 V；直流有 110 V、220 V、440 V。其中交流 127 V 属于淘汰等级。

6. 动作值

所谓动作值指的是接触器的吸合电压和释放电压。规定加在接触器线圈两端的吸合电压达到其额定电压的 85%或以上时，衔铁应可靠地吸合；反之，如果线圈两端电压低于其额定电压的 70%或突然消失时，衔铁就要可靠地释放。

1.2.4 接触器主要产品介绍

1. 常用的交流接触器

常用的交流接触器产品：国内的有 CJ0、CJ10、CJ10X、CJ12、CJ20、CJ40、CJX1、CJX2 等系列；引进国外技术生产的有 B 系列、3TB、3TD、LC-D 等系列。其中 CJ0、CJ10 系列得到广泛使用，为早期全国统一设计产品，其主要技术参数见表 1.1。CJ20 系列是我国在 20 世纪 80 年代初统一设计的产品。该系列产品具有结构合理、体积小、重量轻、机械寿命长、易于维护等优点，主要用于交流 50 Hz、电压 600 V 及以下(部分产品可用于 1140 V)，电流在 630 A 及以下的电力电路中。CJ20 系列交流接触器的主要技术数据见表 1.2。

表 1.1　CJ0 和 CJ10 系列交流接触器主要技术数据

<table>
<tr><th rowspan="2">型号</th><th colspan="3">主触头</th><th colspan="3">辅助触头</th><th colspan="2">线　圈</th><th colspan="2">可控制三相异步电动机的最大功率/kW</th><th rowspan="2">额定操作频率/(次/h)</th></tr>
<tr><th>对数</th><th>额定电流/A</th><th>额定电压/V</th><th>对数</th><th>额定电流/A</th><th>额定电压/V</th><th>电压/V</th><th>功率/(V·A)</th><th>220 V</th><th>380 V</th></tr>
<tr><td>CJ0-10</td><td>3</td><td>10</td><td rowspan="8">380</td><td rowspan="8">均为 2 常开、2 常闭</td><td rowspan="8">5</td><td rowspan="8">380</td><td rowspan="8">可为 36，110，(127)，220，380，</td><td>14</td><td>2.5</td><td>4</td><td rowspan="3">≤1200</td></tr>
<tr><td>CJ0-20</td><td>3</td><td>20</td><td>33</td><td>5.5</td><td>10</td></tr>
<tr><td>CJ0-40</td><td>3</td><td>40</td><td>33</td><td>11</td><td>20</td></tr>
<tr><td>CJ0-75</td><td>3</td><td>75</td><td>55</td><td>22</td><td>40</td><td rowspan="5">≤600</td></tr>
<tr><td>CJ10-10</td><td>3</td><td>10</td><td>11</td><td>2.2</td><td>4</td></tr>
<tr><td>CJ10-20</td><td>3</td><td>20</td><td>22</td><td>5.5</td><td>10</td></tr>
<tr><td>CJ10-40</td><td>3</td><td>40</td><td>32</td><td>11</td><td>20</td></tr>
<tr><td>CJ10-60</td><td>3</td><td>60</td><td>70</td><td>17</td><td>30</td></tr>
</table>

表 1.2　CJ20 系列交流接触器的主要技术数据

型　号	极数	额定工作电压 U_n/V	额定发热电流 I_{th}/A	额定工作电流 I_n/A	额定操作频率/(次/h)	机械寿命/万次	辅助触头	
							额定发热电流/A	触头组合
CJ20-10	3	220	10	10	1200	1000	10	2 常开、2 常闭
		380		10	1200			
		660		5.8	600			
CJ20-16		220	16	16	1200			
		380		16	1200			
		660		13	600			
CJ20-25		220	32	25	1200			
		380		25	1200			
		660		16	600			
CJ20-40		220	55	40	1200			
		380		40	1200			
		660		25	600			
CJ20-63		220	80	63	1200			
		380		63	1200			
		660		40	600			
CJ20-100		220	125	100	1200			
		380		100	1200			
		660		63	600			
CJ20-160		220	200	160	1200			
		380		160	1200			
		660		100	600			
CJ20-160/11		1140	200	80	300			

另有一些厂家按照自己的习惯进行产品命名，如正泰集团使用 NC 命名本公司研制和生产的交流接触器，有 NC1、NC2、NC3、NC6、NC7、NC8 等系列交流接触器，NCK5 系列空调用交流接触器、NCH8 系列家用交流接触器，同时还有国家标准的 CJ 各系列交流接触器，产品种类达 20 多个系列。用户通过企业网站就可十分方便地查找其用途和产品技术参数。

CJ20 和 CJ40 系列交流接触器的实物图如图 1.18 所示。

有时将两只接触器并联在一起，并用机械机构实现两者之间的互锁，用于实现电动机的可逆运行，称为并联接触器，如 CJX1 系列接触器就可并联使用。

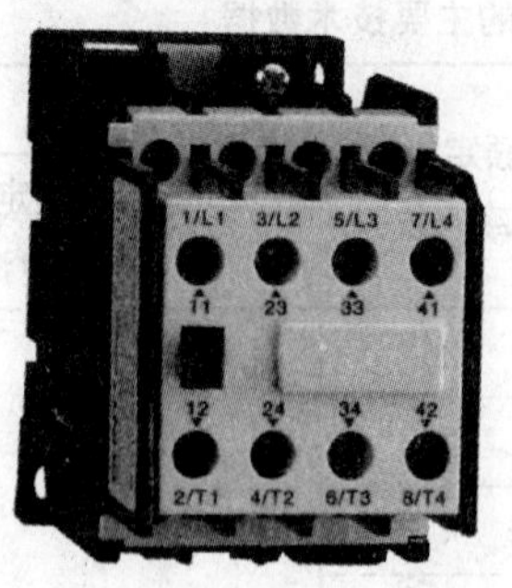

(a) CJ20系列交流接触器

(b) CJ40系列交流接触器

图 1.18　交流接触器实物图

2. 常用的直流接触器

常用的直流接触器有CZ0、CZ17、CZ18、CZ21等多个系列。其中CZ0系列产品的结构紧凑、体积小、易于维修保养，其零部件的通用性强，被广泛应用。表 1.3 为CZ0系列直流接触器的主要技术数据。

表 1.3　CZ0 系列直流接触器的主要技术数据

型　号	额定电压/V	额定电流/A	额定操作频率/(次/h)	主触头形式及数目		分断电流/A	辅助触头形式及数目		吸引线圈电压/V	吸引线圈消耗功率/W
				常开	常闭		常开	常闭		
CZ0-40/20	440	40	1200	2	—	160	2	2	24，48，110，220，440	22
CZ0-40/02		40	600	—	2	100	2	2		24
CZ0-100/10		100	1200	1	—	400	2	2		24
CZ0-100/01		100	600	—	1	250	2	1		180/24
CZ0-100/20		100	1200	2	—	400	2	2		30
CZ0-150/10		150	1200	1	—	600	2	2		
CZ0-150/01		150	600	—	1	375	2	1		300/25
CZ0-150/20		150	1200	2	—	600	2	2		40
CZ0-250/10		250	600	1	—	1000	可以在5常开、1常闭与5常闭、1常开之间任意组合			230/31
CZ0-250/20		250	600	2	—	1000				290/40
CZ0-400/10		400	600	1	—	1600				350/28
CZ0-400/20		400	600	2	—	1600				430/43
CZ0-600/10		600	600	1	—	2400				320/50

3. B系列交流接触器

B系列交流接触器是更新换代产品，它的实物图如图 1.19 所示。它是引进德国BBC公司生产线和生产技术而生产的交流接触器，采用了合理的结构设计，有“正装式”和

“倒装式”两种结构布置形式。其中“正装式”结构与普通接触器无异，即触头系统在前面，电磁系统在后面靠近安装面，属于这种结构形式的有B9、B12、B16、B25、B30、B460及K型7种；而“倒装式”结构是指触头系统在后面，电磁系统在前面，这种布置由于磁系统在前面，具备了更换线圈方便、接线方便(使接线距离缩短)等优点，另外，便于安装多种附件，如辅助触头、TP型气囊式延时继电器、VB型机械连锁装置、WB型自锁继电器及连接件，从而扩大了使用功能。

图1.19 B系列交流接触器实物图

B系列接触器还有一个显著特点就是通用件多，不同规格的产品，除触头系统外，其他零部件基本通用。各零部件的连接多采用卡装和螺钉连接，便于使用维护。B系列接触器还有派生产品，如B75C系列，为切换电容接触器，它主要适用于可补偿回路中接通和分断电力电容器，以调整用电系统的功率因数，接触器可抑制接通电容时出现的冲击电流。

B系列交流接触器的技术数据见表1.4。

表1.4 B系列接触器的主要技术数据

型号	交流操作	B9	B16	B25	B37	B65	B85	B170	B370	B460
	带叠片式铁芯的直流操作	—	—	—	BE37	BE65	BE85	BE170	BE370	—
	带整块式铁芯的直流操作	—	—	—	BC37	—	—	—	—	—
极数										
额定绝缘电压/V		750	750	750	750	750	750	750	750	750
最高工作电压/V		660	660	660	660	660	660	660	660	660
额定发热电流 I_{th}/A		16	25	40	45	80	100	230	410	600
额定工作电流/A	380V时AC-3、AC-4	8.5	15.5	22	37	65	85	170	370	475
额定工作电流/A	660V时AC-3、AC-4	3.5	6.7	13	21	44	53	118	268	337

续表

380V 时 AC-3 (600 次/h) AC-4 (300 次/h) 条件下	控制三相电动机最大功率/kW	4	7.5	11	18.5	33	45	90	200	250
	AC-3 电寿命/百万次	1	1	1	1	1	1	1	1	1
	AC-4 电寿命/百万次	0.04	0.04	0.04	0.04	0.04	0.04	0.03	0.03	0.01
660V 时 AC-3 (600 次/h) AC-4 (300 次/h) 条件下	控制三相电动机最大功率/kW	3	5.5	11	18.5	40	50	110	250	315
	AC-3 电寿命/百万次	—	—	—	—	—	—	—	—	—
	AC-4 电寿命/百万次	—	—	—	—	—	—	—	—	—
380 V 接通能力/A		105	190	270	445	780	1020	2040	4450	5700
380 V 分断能力/A		85	155	220	370	650	850	1700	3700	4750
机械寿命 (1800 次/h) /(百万次)	B 型	10	10	10	10	10	10	10	3	—
	BE 型	—	—	—	5	5	5	3	3	—
	BC 型	—	—	—	30	—	—	—	—	—
各种工作制下的操作频率 /(次·h^{-1})	交流 AC-1 工作制	600	600	600	600	600	600	600	400	—
	交流 AC-2、AC-3 工作制	600	600	600	600	600	600	600	400	300
	交流 AC-2、AC-4 工作制	300	300	300	300	300	300	150	100	150
线圈吸持功率	B 型/(V·A/W)	7.6/2.2	7.6/2.2	—	22	30	30	60/15	100/27	—
	BE 型/W	—	—	—	12	17	17	9	14	—
	BC 型/W	—	—	—	19	—	—	—	—	—
最多辅助触头数		5	5	6	8	8	8	8	8	8

图 1.20　CJK5 真空接触器实物图

4. 真空接触器

常用的交流真空接触器有 CJK 系列产品，它的实物图如图 1.20 所示，它具备体积小、通断能力强、寿命长、可靠性高等优点，主要适用于交流 50 Hz、额定电压达 600 V 或 1140 V，额定电流为 600 A 的电力电路中。

5. 固体接触器

固体接触器又叫半导体接触器，它是由晶闸管和交流接触器组合而成的混合式交流接触器。目前生产的 CJW1-200A/N 型是由晶闸管和交流接触器组装而成的。固体接触

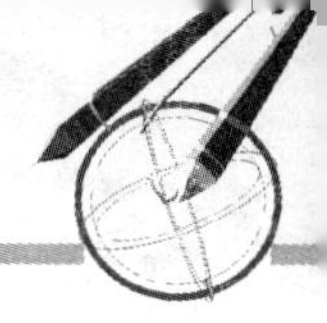

器属新产品，在生产中的应用才刚开始，必将随着电子技术的发展得到逐步推广。

1.2.5 接触器的选用原则

在选用接触器时，应遵循下面的原则进行。

1. 接触器类型的选择

交流负载选用交流接触器，直流负载选用直流接触器。由于交、直流接触器的灭弧能力的差异，一般情况下，交、直流接触器不可相互替代。

2. 主触头的额定电压的确定

主触头的额定电压应大于或等于主电路的工作电压。

3. 主触头额定电流的确定

当接触器控制电阻性负载时，主触头额定电流应不小于被控负载的额定电流；当接触器控制不频繁起动、制动及正反转的电动机时，主触头额定电流应大于或稍大于电动机的额定电流；当接触器控制频繁起动、制动及正反转的电动机时，应适当增大接触器主触头的额定电流(可按2倍的额定电流进行选择)。

4. 吸引线圈的额定电压和频率的确定

吸引线圈的额定电压和频率要与所在控制电路的电压和频率保持一致。

5. 触头数量的确定

根据在电路中使用接触器触头数量和种类的实际情况来确定接触器的触头数量和种类。当触头数量和种类不能满足要求时，要想办法解决。

1.2.6 接触器的维护

接触器在运行过程中要进行定期的维护，做到以下几点。

(1) 定期检查。应定期检查接触器的零件，要求可动部分灵活，紧固件无松动。对损坏的零部件应及时修理或更换。

(2) 注意触头。保持触头表面的清洁，不允许粘有油污。当触头表面因电弧烧灼而附有金属小颗粒时，应及时去掉。触头若已磨损，应及时调整以消除过大的超程；若触头厚度只剩下原有厚度的1/3时，应及时更换。当银或银合金触头表面因电弧作用而生成黑色氧化膜时，不必处理，因为银的氧化物接触电阻很小，不会造成接触不良，经常修锉反而会缩短触头的使用寿命。

(3) 注意灭弧罩。接触器不允许在去掉灭弧罩的情况下使用，因为这样容易发生相间短路。用陶土制成的灭弧罩易碎，拆装时应小心，避免碰撞造成损坏。

(4) 及时更换。接触器一旦不能修复应及时更换。更换前应检查接触器的铭牌和线圈标牌上标出的参数。更换后的接触器的有关数据应符合技术要求，接触器的可动部分活动应灵活，并将铁芯柱表面上的防锈油擦净，以免油污黏滞造成接触器不能释放。有的接触器还需检查和调整触头的开距、超程、压力等，并使各个触头的动作同步。

1.2.7 接触器的常见故障及处理方法

接触器在长期使用过程中，由于自然磨损或使用维护不当，会产生故障而影响其正常工作。掌握接触器的常见故障处理办法可缩短电气设备的维修时间，提高生产效率。接触器的常见故障及处理方法见表 1.5。

表 1.5 接触器的常见故障及处理方法

故障现象	产生故障的原因	排除方法
触头过热	(1) 通过动、静触头间的电流过大。 (2) 触头压力不足。 (3) 触头表面接触不良。	减小负载或更换触头容量大的接触器；调整触头压力弹簧或更换新触头；清洗修整触头使其接触良好。
触头磨损	(1) 电弧或电火花的高温使触头金属气化。 (2) 触头闭合时的撞击及触头表面的相对滑动摩擦。	当触头磨损至超过原有厚度 1/2 时，更换新触头。
衔铁不释放	(1) 触头熔焊粘在一起。 (2) 铁芯端面有油污。 (3) 铁芯剩磁太大。 (4) 机械部分卡阻。	修理或更换新触头。 清理铁芯端面。 调整铁芯的防剩磁间隙或更换铁芯。 修理调整，消除机械卡阻现象。
衔铁振动或噪声大	(1) 衔铁或铁芯接触面上有锈垢、油污、灰尘等或衔铁歪斜。 (2) 短路环损坏。 (3) 可动部分卡阻或触头压力过大。 (4) 电源电压偏低。	清理或调整铁芯端面。 更换短路环。 调整可动部分及触头压力。 提高电源电压。
线圈过热或烧毁	(1) 线圈匝间短路。 (2) 铁芯与衔铁闭合时有间隙。 (3) 电源电压过高或过低。	更换线圈。 调整间隙或更换铁芯。 调整电源电压
吸力不足	(1) 电源电压过低或波动太大。 (2) 线圈额定电压大于电路实际工作电压。 (3) 反作用弹簧压力过大。 (4) 可动部分卡阻、铁芯歪斜。	调整电源电压。 更换线圈，使其电压值与电源电压匹配。 调整反作用压力弹簧。 调整可动部分及铁芯。

1.2.8 接触器的图形和文字符号

接触器的图形符号如图 1.21 所示(有时为区分主、辅触头，常在主触头上画上半圆)，文字符号为 KM。

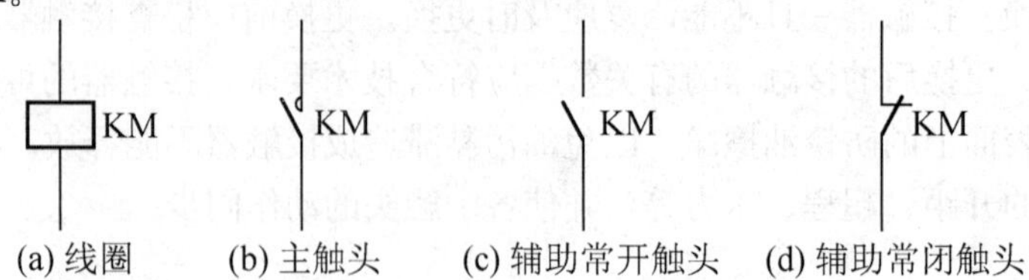

(a) 线圈　(b) 主触头　(c) 辅助常开触头　(d) 辅助常闭触头

图 1.21 接触器的符号

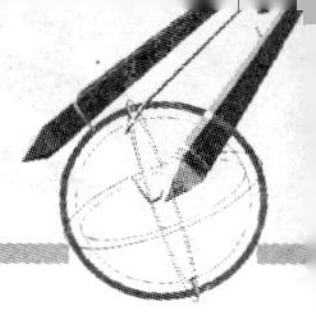

1.3　电磁式继电器

知识目标	➢ 掌握电磁式继电器的作用； ➢ 了解电磁式继电器的种类； ➢ 了解电磁式继电器的结构； ➢ 理解电磁式继电器的主要参数； ➢ 掌握电磁式继电器的使用和选择方法； ➢ 掌握各种电磁式继电器的图形和文字符号。
能力目标	➢ 能正确选择各种电磁式继电器； ➢ 能正确完成各种电磁式继电器在线路中的接线； ➢ 能正确对各种电磁式继电器进行维护和检修。

要点提示

电磁式继电器是低压电器中用量较大的一类电器。由于其结构与接触器类似，故有人常常把电磁式继电器与接触器相混淆。电压继电器用于反映被测线路中的电压变化(线圈并联在线路中)，电流继电器用于反映被测电路中的电流变化(线圈串联在线路中)，要注意过电压(电流)继电器、欠电压(电流)继电器吸合值与释放值的区别，如果记住电磁机构的吸力与线圈电压(电流)成正比趋势就不难区分清楚。对于中间继电器要理解“中间”的含义是“中间转换和放大”。时间继电器有通电延时型和断电延时型，不存在既通电延时又断电延时的继电器，但都可以有瞬动触头，即不延时的触头。

1.3.1　电磁式继电器的基本结构和分类

1. 电磁式继电器的基本结构

电磁式继电器广泛应用于电力拖动控制系统中，其结构及工作原理与接触器类似，也是由电磁机构和触头系统等组成的。继电器与接触器的区别主要表现在，继电器只能用于切换电流较小的控制电路或保护电路(各触头允许通过的电流最多为 5 A)，而不能控制主电路；继电器可对多种输入信号量的变化作出反应，而接触器只能对电压信号作出反应；由于通断的电流较小，继电器不设专门的灭弧装置且触头无主、辅之分。另外，为了改变继电器的动作参数，继电器一般还具有改变释放弹簧松紧和改变衔铁打开后磁路气隙大小的调节装置。

2. 电磁式继电器的种类

电磁式继电器的种类很多，按用途分有控制继电器、保护继电器等；按输入量分有电压继电器、电流继电器、时间继电器和中间继电器；按通入电磁线圈电流种类不同有交流继电器和直流继电器。

1.3.2 电磁式继电器的特性和主要参数

1. 电磁式继电器的特性

继电器的特性是用输入—输出特性来表示的，当改变继电器输入量大小时，对于输出量的触头只有“通”与“断”两种状态，所以继电器的输出量也只有“有”和“无”两个量。继电器的继电特性如图 1.22 所示。当输入量 X 从零开始增加时，在 $X<X_0$ 的过程中，输出量 Y 为零；当 $X=X_0$ 时，衔铁吸合，通过其触头的输出量由零跃变为 Y_1；再增加 X 时，Y_1 值不变。而当输入量减小时，在 $X>X_r$ 的过程中，Y 仍保持 Y_1 值不变，当 X 减小到 X_r 时，衔铁打开，输出量由 Y_1 突降为零；X 再减小，Y 值保持为零。图中 X_0 为继电器的吸合值，X_r 为继电器的释放值。

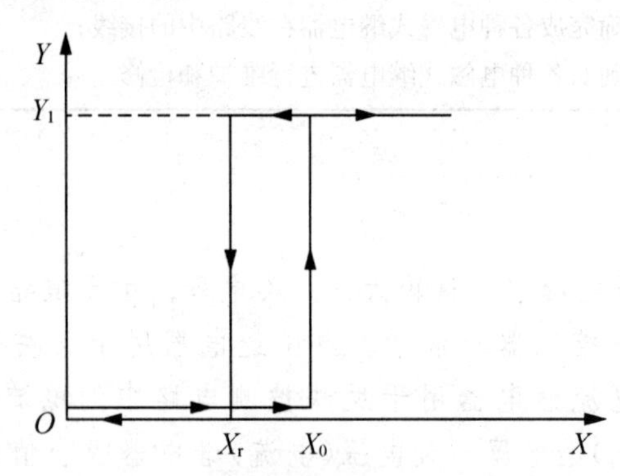

图 1.22 继电器的输入-输出特性

2. 电磁式继电器的主要参数

(1) 额定电压或额定电流。电压继电器的额定电压指的是线圈的额定电压；电流继电器的额定电流指的是其线圈的额定电流。

(2) 动作电压或动作电流。电压继电器的动作电压指的是使其衔铁开始运动时线圈两端的电压；电流继电器的动作电流则是指使电流继电器衔铁开始运动时通过其线圈的电流。

(3) 返回电压或返回电流。返回电压是指电压继电器衔铁开始返回动作时线圈两端的电压；返回电流是指电流继电器衔铁开始返回动作时流过线圈的电流。

(4) 返回系数。返回系数是指继电器的释放值与吸合值的比值，以 K 表示。

对于电压继电器，电压返回系数 K_V 为：

$$K_V=U_r/U_0 \tag{1.1}$$

式中：U_r 为释放电压(V)；U_0 为吸合电压(V)。

对于电流继电器，电流返回系数 K_I 为：

$$K_I=I_r/I_0 \tag{1.2}$$

式中：I_r 为释放电流(A)；I_0 为动作电流(A)。

返回系数实际上反映了继电器吸力特性和反力特性配合的紧密程度，是电压和电流继电器的重要参数，不同场合要求不同的 K 值，因此，继电器的返回系数是可以调节的。

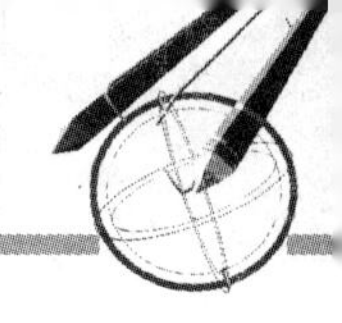

(5) 整定值。整定值是按控制需要，预先给继电器设置并能达到的一个动作值或返回值。

1.3.3　电压继电器

用来反映电压变化的继电器叫电压继电器。电压继电器的线圈为电压线圈，在使用时并联在电路中，其匝数多、导线细、阻抗大。

1. 过电压、欠电压和零电压继电器

根据实际应用的要求，电压继电器分为过电压继电器、欠电压继电器和零电压继电器。过电压继电器是在电压为额定电压的105%～120%以上时动作(正常电压时处于释放状态)的电压继电器，常用的过电压继电器为JT4-A系列。零电压继电器是欠电压继电器的一种特殊形式，是指当继电器的端电压降至或接近零时才动作的电压继电器。欠电压继电器和零电压继电器在电路正常工作时，衔铁与铁芯是吸合的，当电压降到额定电压的40%～70%时，欠电压继电器的衔铁释放；当电压降低至额定电压的10%～25%时，零电压继电器动作。

2. 电压继电器动作电压的整定方法

1) 吸合电压的整定方法

对于交直流电压继电器均可采用滑线变阻器分压的方法来获取继电器的吸合电压U_0，如图1.23所示。合上电源开关QS，接通电源，移动滑线变阻器，将输出电压调节到电压继电器要求的吸合电压值，并保持滑动端头A不再改变。这时，改变电压继电器KV释放弹簧的松紧程度，直至衔铁刚好吸合动作为准。图中指示灯HL用于指示继电器动作。

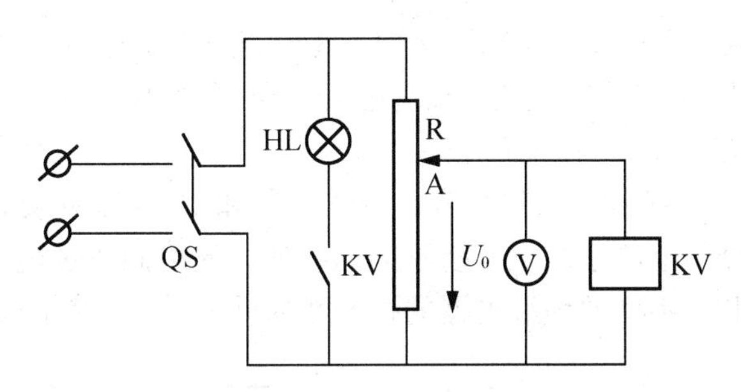

图1.23　电压继电器吸合电压的整定电路

2) 释放电压的整定方法

释放电压U_r的整定实验电路与图1.23相同，但整定方法不同。先将滑线变阻器滑动端点置于吸合电压位置，然后合上电源开关QS，此时继电器衔铁吸合，再移动滑线变阻器滑动端，使变阻器输出电压降低，当线圈电压减小到所要求的释放电压值时若衔铁不释放，则拉开电源开关，移动滑动端点返回吸合电压位置，在继电器衔铁内侧面加装非磁性垫片后，重新合上QS使衔铁吸合，再移动滑动端点使变阻器输出电压减小至所要求的释放电压值。若衔铁还不释放，则再断开QS，增加非磁性垫片厚度，重复上述实验，直至衔铁在所要求的释放电压值刚好产生释放动作时为止。这时指示灯HL由亮转为不亮，表示衔铁从吸合状态转为释放状态。

3. 电压继电器的图形和文字符号

电压继电器的图形符号如图 1.24 所示(零电压继电器在表示线圈的方框内标注 $U=0$ 字样，欠电压继电器和过电压继电器可以在表示线圈的方框内"U<"、"U>"后面标注电压的范围)，文字符号为 KV。

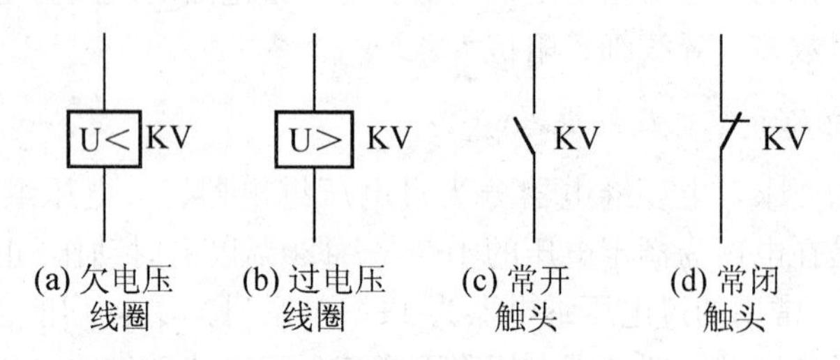

图 1.24　电压继电器的符号

4. 电压继电器的选择

电压继电器的选择主要依据继电器的触头数目、线圈额定电压及继电器触头种类等进行。

1.3.4　电流继电器

用来反映电流变化的继电器叫电流继电器。电流继电器的线圈为电流线圈，串联在被测电路中，其匝数少、导线粗、阻抗小。电流继电器可分为过电流继电器和欠电流继电器两种。

1. 过电流继电器

过电流继电器主要用于电路的过电流保护。在电路正常工作时，过电流继电器不动作，当电流超过某一整定值时才动作。通常，交流过电流继电器的吸合电流 $I_0=(1.1\sim3.5)I_N$，直流过电流继电器的吸合电流 $I_0=(0.75\sim3)I_N$。

常用的过电流继电器有 JT4 系列交流通用继电器和 JL14 系列交直流通用继电器。在 JT4 系列过电流继电器的电磁系统上安装不同的线圈，便可制成过电流、欠电流、过电压或欠电压等继电器。JT4 系列通用继电器的技术数据见表 1.6，其结构如图 1.25所示。

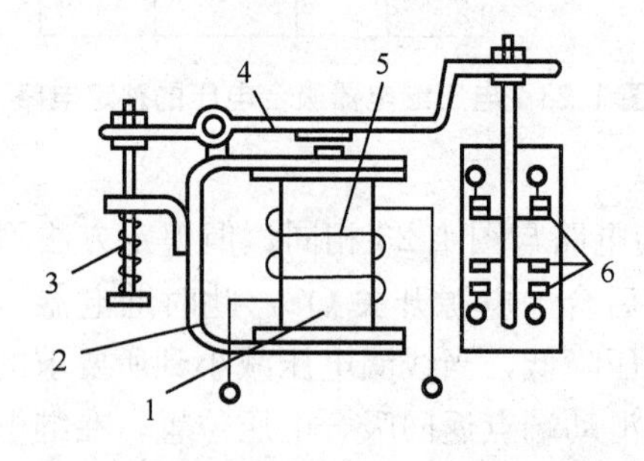

图 1.25　JT4 系列过电流继电器结构图

1—铁芯　2—磁轭　3—反作用弹簧　4—衔铁　5—线圈　6—触头

表 1.6 JT4 系列通用继电器的主要技术数据

<table>
<tr><th rowspan="2">型号</th><th rowspan="2">可调参数调整范围</th><th rowspan="2">标称误差</th><th rowspan="2">返回系数</th><th rowspan="2">接点数量</th><th colspan="2">吸引线圈</th><th rowspan="2">复位方式</th><th rowspan="2">机械寿命/万次</th><th rowspan="2">电寿命/万次</th><th rowspan="2">质量/kg</th></tr>
<tr><th>额定电压(或电流)</th><th>消耗功率</th></tr>
<tr><td>JT4-□□A 过电压继电器</td><td>吸合电压(1.05～1.20)U_N</td><td rowspan="4">±10%</td><td>0.1～0.3</td><td>1 常开或 1 常闭</td><td>110 V、220 V、380 V</td><td rowspan="2">75 W</td><td rowspan="3">自动</td><td>1.5</td><td>1.5</td><td>2.1</td></tr>
<tr><td>JT4-□□P 零电压(或中间继电器)</td><td>吸合电压(0.60～0.85)U_N 释放电压(0.10～0.35)U_N</td><td>0.2～0.4</td><td rowspan="3">1 常开或 1 常闭或 2 常开或 2 常闭</td><td>110 V、127 V、220 V、380 V</td><td>100</td><td>10</td><td>1.8</td></tr>
<tr><td>JT4-□□L 过电流继电器</td><td rowspan="2">吸合电流(1.10～3.50)I_N</td><td rowspan="2">0.1～0.3</td><td rowspan="2">5 A、10 A、15 A、20 A、40 A、80 A、150 A、300 A、600 A</td><td rowspan="2">5 W</td><td rowspan="2">1.5</td><td rowspan="2">1.5</td><td rowspan="2">1.7</td></tr>
<tr><td>JT4-□□S 手动过电流继电器</td><td>手动</td></tr>
</table>

2. 欠电流继电器

当通过继电器的电流减小到低于其整定值时动作的继电器称为欠电流继电器。正常工作时，由于流过电磁线圈的负载电流大于继电器的吸合电流，所以衔铁处于吸合状态。当负载电流降低至继电器释放电流时，则衔铁释放，使触头动作。一般认为欠电流不需要保护，这是错误的，如直流电动机励磁回路断路或励磁电流过小，将会造成直流电动机飞车等事故，交流电路的欠电流一般不需要保护才是正确的。因此，在电器产品中有直流欠电流继电器而无交流欠电流继电器。欠电流继电器的动作电流为线圈额定电流的 30%～65%，释放电流为线圈额定电流的 10%～20%。

3. 电流继电器动作电流的整定方法

1）吸合电流 I_0 的整定方法

对于直流电流继电器，在其线圈中通入直流电并逐渐增大，直到达到所要求的吸合电流值，最后调节电流继电器释放弹簧的松紧，直到衔铁刚好产生吸合动作将衔铁吸合。至此，吸合电流整定完成。

对于交流电流继电器，可采用大电流发生器来进行整定，如图 1.26 所示。单相交流电源经单相调压器供给大电流发生器的原边，大电流发生器的副边串接交流电流继电器线圈。整定方法是：先将单相调压器滑动端点置于调压器输出电压为零的位置，合上电源开关 QS，移动调压器滑动触头，使调压器输出电压由零逐渐增加，这时，大电流发生器的副边电流也逐渐增加，直至增加到所要求的吸合电流值为止。调节释放弹簧的松紧，直至

衔铁刚产生吸合动作为止。

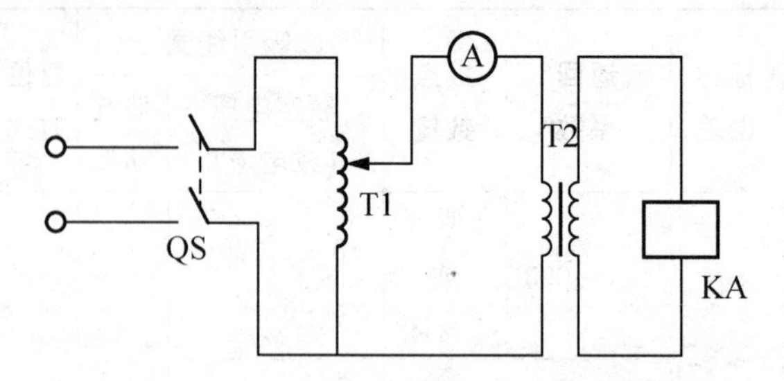

图 1.26　交流电流继电器吸合电流的整定电路

T1—单相调压器　T2—大电流发生器　KA—交流电流继电器

2）释放电流 I_r 的整定方法

交、直流电流继电器释放电流整定的电路与相应的吸合整定电路相同，但具体的释放电流整定方法类似于电压继电器释放电压的整定，故此不再重复。

由于过电流继电器对释放电流无固定要求，可不需整定；但对于欠电流继电器，释放电流是一个重要参数，必须进行整定。

4. 电流继电器的图形和文字符号

电流继电器有时使用中间继电器的图形符号和文字符号，也可使用如图 1.27 所示的图形符号(欠电流继电器和过电流继电器可以在表示线圈的方框内“I<”、“I>”后面标注电流的范围)，文字符号为 KA。

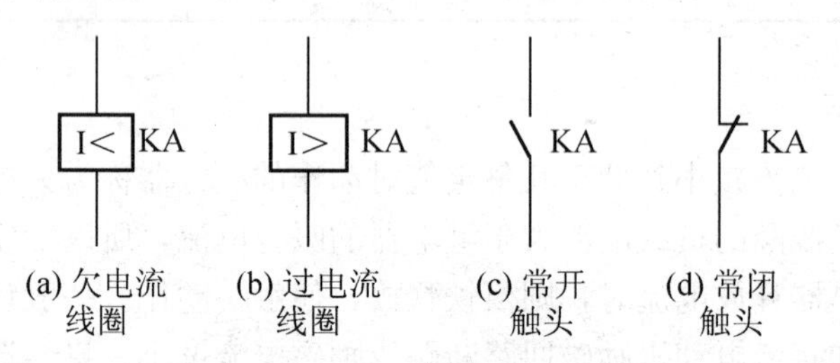

图 1.27　电流继电器的符号

5. 电流继电器的选择

电流继电器的触头种类、数量、额定电流及复位方式应满足控制电路的要求，其中过电流继电器的整定值一般取电动机额定电流的 1.7～2 倍，对于频繁起动场合可取 2.25～2.5 倍。

1.3.5　中间继电器

中间继电器的结构及工作原理与接触器基本相同，因此又叫接触器式继电器。但中间继电器的触头对数多，且没有主辅之分，各对触头允许通过的电流大小相同(多为 5 A)。常用的中间继电器有 JZ7、JZ14 等系列。其主要用途是用来增加控制电路中的信号数量或将信号放大，对于工作电流小于 5 A 的电气控制电路，可用中间继电器取代接触器来控制。

中间继电器的图形符号如图 1.28 所示，文字符号为 KA。

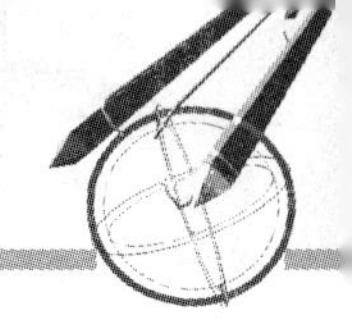

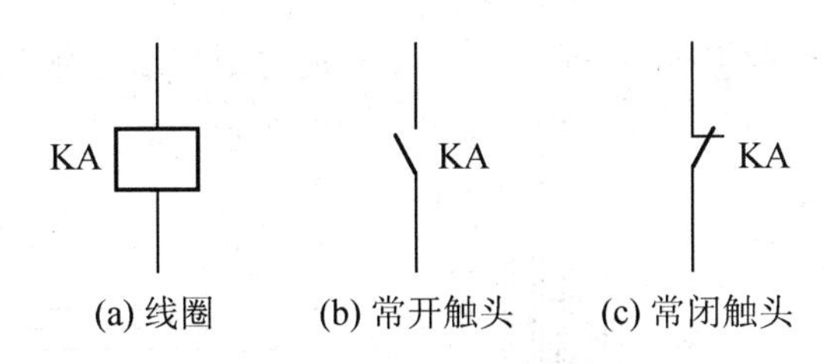

(a) 线圈　　(b) 常开触头　　(c) 常闭触头

图 1.28　中间继电器的符号

中间继电器的主要技术数据见表 1.7。

表 1.7　中间继电器的主要技术数据

<table>
<tr><th rowspan="2">型　　号</th><th rowspan="2">电压种类</th><th rowspan="2">触头额定电压/V</th><th rowspan="2">触头额定电流/A</th><th colspan="2">触头组合</th><th rowspan="2">额定操作频率/(次/h)</th><th rowspan="2">通电持续率/(%)</th><th rowspan="2">吸引线圈电压/V</th><th rowspan="2">吸引线圈消耗功率</th></tr>
<tr><th>常开</th><th>常闭</th></tr>
<tr><td rowspan="3">JZ7-44
JZ7-62
JZ7-80</td><td rowspan="3">交流</td><td rowspan="3">380</td><td rowspan="3">5</td><td>4</td><td>4</td><td rowspan="3">1200</td><td rowspan="3">40</td><td rowspan="3">12、24、36、48、110、127、380、420、440、500</td><td rowspan="3">12 V·A</td></tr>
<tr><td>6</td><td>2</td></tr>
<tr><td>8</td><td>0</td></tr>
<tr><td>JZ11-□□J/□</td><td>交流</td><td>380</td><td rowspan="6">5</td><td rowspan="2">6</td><td rowspan="2">2</td><td rowspan="6">2000</td><td rowspan="6">60</td><td rowspan="3">110、127、220、380</td><td rowspan="3">10 V·A</td></tr>
<tr><td>JZ11-□□JS/□</td><td>交流</td><td>380</td></tr>
<tr><td>JZ11-□□JP/□</td><td>交流</td><td>380</td><td rowspan="2">4</td><td rowspan="2">4</td></tr>
<tr><td>JZ11-□□Z/□</td><td>直流</td><td>220</td><td rowspan="3">12、24、48、110、220</td><td rowspan="3">7.5 W</td></tr>
<tr><td>JZ11-□□ZS/□</td><td>直流</td><td>220</td><td rowspan="2">2</td><td rowspan="2">6</td></tr>
<tr><td>JZ11-□□ZP/□</td><td>直流</td><td>220</td></tr>
<tr><td rowspan="2">JZ14-□□J/□</td><td rowspan="2">交流</td><td rowspan="2">380</td><td rowspan="3">5</td><td>6</td><td>2</td><td rowspan="3">2000</td><td rowspan="3">40</td><td rowspan="2">110、127、220、380</td><td rowspan="2">10V·A</td></tr>
<tr><td>4</td><td>4</td></tr>
<tr><td>JZ14-□□Z/□</td><td>直流</td><td>220</td><td>2</td><td>6</td><td>24、48、110、220</td><td>7W</td></tr>
<tr><td>JZ15-□□J/□</td><td>交流</td><td>380</td><td>10</td><td>6</td><td>2</td><td>1200</td><td>40</td><td>36、127、220、380</td><td>启动 65 V·A
吸持 11 V·A</td></tr>
<tr><td rowspan="2">JZ15-□□Z/□</td><td rowspan="2">直流</td><td rowspan="2">220</td><td rowspan="2">10</td><td>4</td><td>4</td><td rowspan="2">1200</td><td rowspan="2">40</td><td rowspan="2">24、48、110、220</td><td rowspan="2">11 W</td></tr>
<tr><td>2</td><td>6</td></tr>
</table>

1.3.6　时间继电器

自得到动作信号起至触头动作或输出电路发生改变经过一定时间，且该时间符合其准确度要求的继电器叫时间继电器。时间继电器的种类很多，按动作原理分有电磁式、电动式、空气阻尼式、晶体管式等；按延时方式分有通电延时型和断电延时型两种。

1. 电磁式时间继电器

电磁式时间继电器结构简单、价格低廉、寿命长，但体积较大、延时时间较短，且只能用于直流断电延时，常用产品有 JT3 和 JT18 系列。

2. 电动式时间继电器

电动式时间继电器的延时精度高、延时可调范围大(由几分钟到几小时)，但结构复杂、价格高，常用的产品有JS11系列。它有通电延时型和断电延时型两种。JS11系列通电延时型时间继电器的结构及工作原理图如图1.29所示。

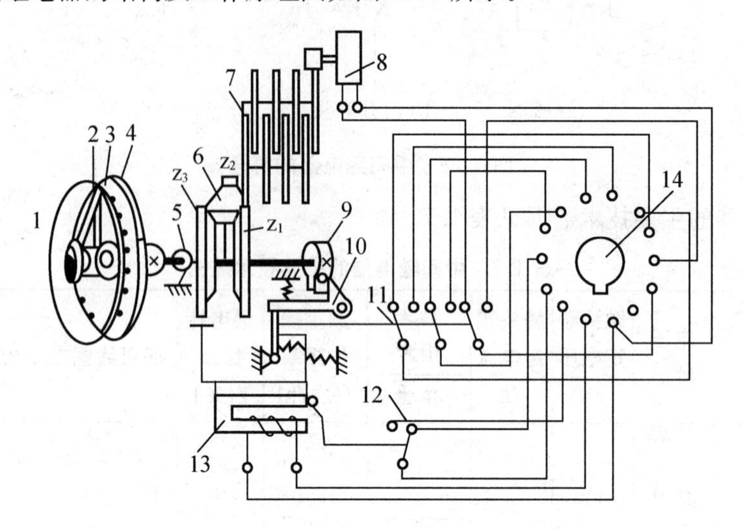

图1.29 JS11型电动式时间继电器原理图

1—延时整定处 2—指针定位 3—指针 4—刻度盘 5—复位游丝 6—差动轮系 7—减速齿轮 8—同步电动机 9—凸轮 10—脱扣机构 11—延时触头 12—瞬时触头 13—离合电磁铁 14—插头

当只接通同步电动机电源时，齿轮 z_2 和 z_3 绕轴空转而转轴本身不转。如需要延时时，接通离合电磁铁线圈回路，使离合电磁铁的衔铁吸合，从而将齿轮 z_3 刹住。齿轮 z_2 继续转动并带动轴一起转动，当固定在轴上的凸轮转动到适当位置时，推动脱扣机构使延时触头组做相应的动作，同时切断同步电动机的电源。需要复位时，只需将离合电磁铁线圈电源切断，所有的机构都将在复位游丝的作用下，立即回到动作前的位置，并为下一次动作做好准备。

改变整定装置中定位指针的位置即改变凸轮的初始位置，可改变延时设定时间。整定时要求离合电磁铁的线圈断电。

目前，电动式时间继电器除JS11系列外，还有高精度电动式时间继电器3PR系列和3PX系列，其中3PX系列为密封型，安装方式有卡轨式、螺钉式和板面式3种。

3. 空气阻尼式时间继电器

空气阻尼式时间继电器又称气囊式时间继电器，是利用空气阻尼的原理获得延时的。根据触头延时的特点，它可分为通电延时动作型和断电延时复位型两种。现以JS7-A系列为例介绍其工作原理，其结构如图1.30所示，其中图1.30(a)所示为通电延时型，图1.30(b)为断电延时型。

现以通电延时型为例分析其工作原理。当线圈通电后，铁芯产生吸力，衔铁吸合，带动推板立即动作，使微动开关16受压，其触头瞬时动作，同时活塞杆在宝塔形弹簧的作用下向上移动，带动活塞及橡皮膜向上移动，运动速度受进气孔进气速度的限制，这时橡皮膜下方气室的空气稀薄，与橡皮膜上方的空气形成压力差(负压)，对活塞的移动产生阻尼作用，所以活塞杆只能缓慢地向上移动，经过一段时间后，活塞才能完成全部行程而压动行程开关15，使其常闭触头断开，常开触头闭合，达到通电延时的目的。这种时间继电器延时时间的长短取决于进气孔的大小，可通过调节螺杆进行调整。

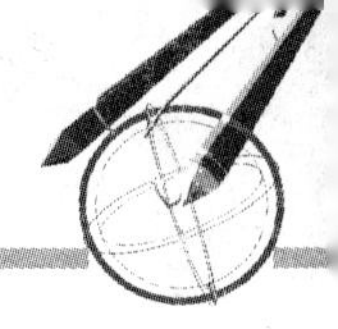

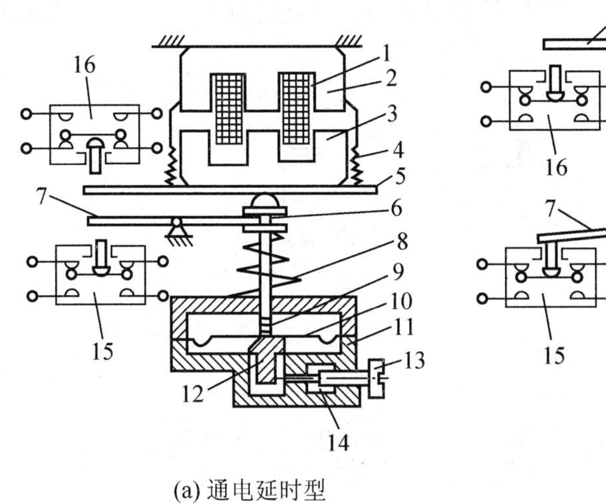

(a) 通电延时型

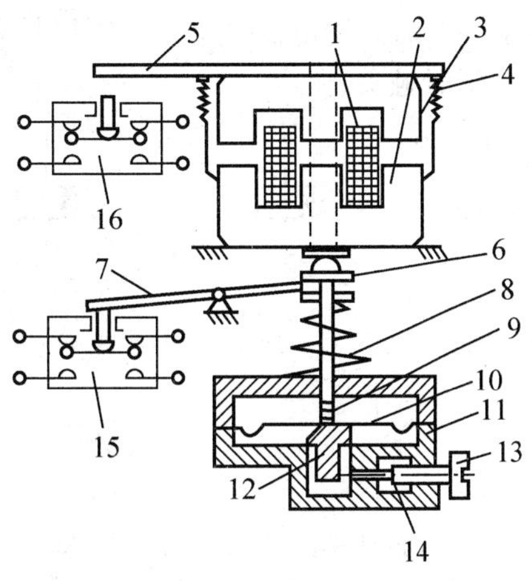

(b) 断电延时型

图 1.30　JS7-A 系列时间继电器原理示意图

1—线圈　2—铁芯　3—衔铁　4—反力弹簧　5—推板　6—活塞杆　7—杠杆　8—塔形弹簧　9—弱弹簧　10—橡皮膜　11—空气室壁　12—活塞　13—调节螺杆　14—进气孔　15、16—微动开关

当线圈断电时，衔铁在反力弹簧的作用下释放，并通过活塞杆将活塞推向下端，这时橡皮膜下方气室内的空气通过橡皮膜、弱弹簧和活塞的局部所形成的单向阀迅速从橡皮膜上方的气室缝隙中排掉，使微动开关各对触头迅速复位。

JS7-A 系列通电延时型和断电延时型时间继电器的组成元件是通用的。将通电延时型的电磁机构翻转 180°安装即可成为断电延时型时间继电器。其工作原理可参照图 1.30(b)自行分析。

空气阻尼式时间继电器的优点是结构简单、延时范围大(0.4～180 s)、寿命长、价格低；其缺点是延时误差大，不能精确地整定延时值。因此，它适合应用于延时精度要求不高的场合。

JS7-A 系列空气阻尼式时间继电器的技术数据见表 1.8。

表 1.8　JS7-A 系列空气阻尼式时间继电器的主要技术数据

型号	瞬时动作触头对数		有延时的触头对数				线圈额定电压/V	触头额定电压/V	触头额定电流/A	延时范围/s	额定操作频率/(次/h)
			通电延时		断电延时						
	常开	常闭	常开	常闭	常开	常闭					
JS7-1A	—	—	1	1	—	—	24、36、110、127、220、380、420	380	5	0.4～60 及 0.4～180	600
S7-2A	1		1	1	—	—					
JS7-3A	—	—	—	—	1	1					
JS7-4A	1	1	—	—	1	1					

4. 时间继电器的图形和文字符号

时间继电器的图形符号如图 1.31 所示，其文字符号为 KT。有些情况下，其线圈的画法采用一般线圈的符号，并不区分通电延时和断电延时线圈。时间继电器的触头常常容易画错，旧标准中触点可以有左右两个方向，常常容易弄错。新标准只有一种方向，要特别注意。对于一个时间继电器来讲，它可以具有瞬动触头和延时触头，但不会同时具有通电延时和断电延时触头。

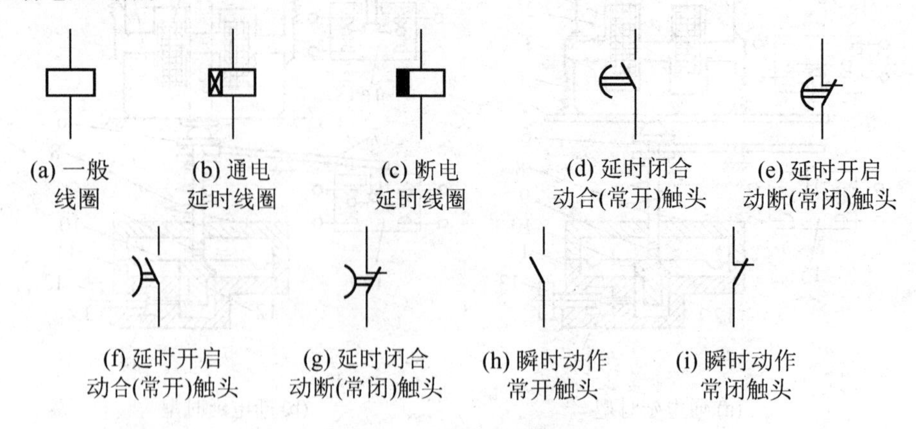

图 1.31　时间继电器的符号

5. 时间继电器的选用

对于延时要求不高的场合，一般选用空气阻尼式时间继电器；对于延时要求较高的场合，可选用电动式或电子式时间继电器。

对于空气阻尼式时间继电器，其线圈电流种类和电压等级应与控制电路相同；对于电动式和电子式时间继电器，其电源的种类和电压等级应与控制电路相同。

按控制电路要求选择通电延时型和断电延时型，以及触头延时形式和触头数量。同时还要考虑操作频率是否符合要求。

1.3.7　电磁式继电器的选择与使用

1. 使用类别的选择

继电器的典型用途是控制交、直流电路，如用于控制交、直流接触器的线圈等。由于使用类别决定了继电器所控制的负载性质，因此这是选用继电器的主要依据。

2. 额定工作电压、额定工作电流的确定

继电器在相应使用类别下触头的额定工作电压 U_N 和额定工作电流 I_N，表征了该继电器触头所能切换电路的能力。选用时，继电器的最高工作电压可为该继电器的额定绝缘电压，继电器的最高工作电流一般小于该继电器的额定发热电流。对于线圈额定电压的选用则要做到与电源电压相匹配。

3. 考虑不同工作制

继电器一般适用于 8 小时工作制(间断长期工作制)、反复短时工作制和短时工作制等不同工作制的场合，工作制不同对继电器的过载能力要求也不同。当交流电压(或中间)继电器用于反复短时工作制时，由于吸合时有较大的起动电流，因此它的负担反比长期工作制时要重，选用时要充分考虑到这一点，使用中实际操作频率要低于额定操作频率。

4. 返回系数的调节

对于电压和电流继电器，应根据控制要求，进行继电器返回系数的调节。在实际工作

中，通常采用增加衔铁吸合后的气隙、减小衔铁打开后的气隙，以及适当放松释放弹簧等措施来达到增大返回系数的目的。

某些继电器的实物图如图 1.32 所示。

(a) NJQX-11通用型小型大功率电磁继电器

(b) JMK通用型小型大功率电磁继电器

(c) DZ-10系列中间继电器

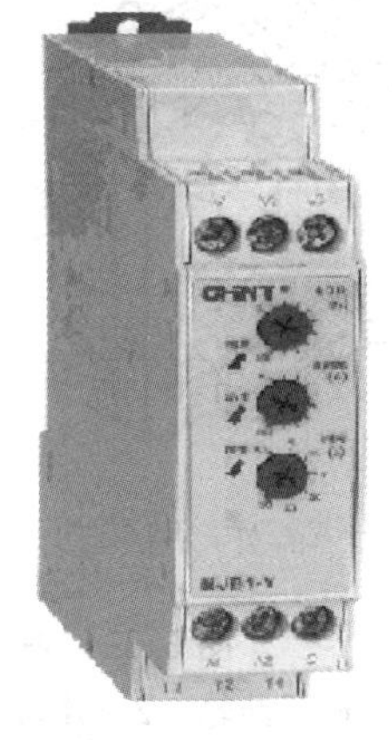

(d) NJB1-Y单相电压继电器

图 1.32　继电器实物图

1.4　热 继 电 器

知识目标	➢ 掌握热继电器的作用； ➢ 了解热继电器的结构和动作原理； ➢ 掌握热继电器的使用和选择方法； ➢ 掌握热继电器的图形和文字符号。
能力目标	➢ 能正确选择热继电器； ➢ 能正确完成热继电器在线路中的接线； ➢ 能正确对热继电器维护和检修。

要点提示

热继电器是利用流过继电器的电流在热元件上所产生的热效应原理而动作的，它主要用于电动机的过载保护、断相保护、电流不平衡运行的保护及其他电气设备发热状态的控制。认为热继电器只进行电动机的过载保护是错误的。由于热惯性的存在，在短路电流出现时热继电器也不可能瞬时动作，依靠热继电器进行短路保护也是错误的。

1.4.1　热继电器的结构及工作原理

1. 结构

目前我国生产的JR16、JR20等系列热继电器得到广泛应用。JR16系列热继电器的外形和结构图如图1.33所示。它主要由热元件动作机构、触头系统、电流整定装置、复位机构及温度补偿元件等部分组成。

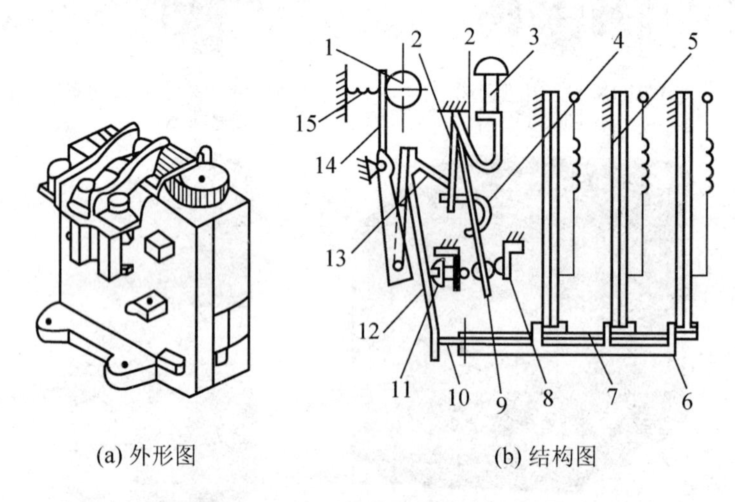

(a) 外形图　　(b) 结构图

图 1.33　JR16 系列热继电器的外形和结构图

1—电流调节凸轮　2—片簧　3—手动复位按钮　4—弓簧　5—主双金属片
6—外导板　7—内导板　8—静触头　9—动触头　10—杠杆　11—复位调节螺钉
12—补偿双金属片　13—推杆　14—连杆　15—压簧

1）热元件

热元件是热继电器的测量元件，由主双金属片和电阻丝组成。主双金属片是将两种不同线膨胀系数的金属片用机械辗压方式使之形成一体。金属片的材料多为铁镍铬合金和铁镍合金。电阻丝一般用铜合金或镍铬合金等材料制成。

2）动作机构和触头系统

动作机构是由传递杠杆及弓簧式瞬跳机构组成的，它可保证触头动作迅速、可靠。触头一般由一个常开触头和一个常闭触头组成。

3）电流整定装置

电流整定装置通过电流调节凸轮和旋钮来调节推杆间隙，改变推杆可移动距离，从而调节整定电流值。

4）温度补偿元件

为了补偿周围环境温度所带来的影响，设置了温度补偿双金属片，其受热弯曲的方向与主双金属片一致，它可保证热继电器在－30～＋40°C环境温度内动作特性基本不变。

5）复位机构

复位机构有手动和自动两种形式，通过调整复位螺钉可自行选择。手动复位时间一般不大于5 min，自动复位时间不大于2 min。

2. 工作原理

将热元件串接在电动机定子绕组中，常闭触头串接在控制电路的接触器线圈回路中，当电动机过载时，通过热元件的电流超过热继电器的整定电流时，主双金属片受热向右弯曲，经过一定时间后，双金属片推动导板使热继电器触头动作，接触器线圈断电，进而切断电动机主电路，达到保护目的。电源切除后，主双金属片逐渐冷却恢复原位，动触头在弓簧的作用下自动复位(自动复位式)或在外力作用下复位(手动复位式)。

热继电器的动作电流与周围环境温度有关，当环境温度变化时，主双金属片会发生零点飘移，即热元件未通过电流时主双金属片所发生的变形，导致热继电器在一定动作电流下的动作时间发生误差，为了补偿这种影响，设置了温度补偿双金属片。当环境温度变化时，温度补偿双金属片与主双金属片的弯曲方向一致，这样保证了热继电器在同一整定电流下，动作行程基本不变。

1.4.2 热继电器的保护特性

热继电器具有反时限保护特性，即延时动作时间随通过电路电流的增加而缩短，见表1.9。

表1.9 热继电器的保护特性

序　号	整定电流倍数	动作时间	试验条件
1	1.05	＜2 h	冷态
2	1.2	＞2 h	热态
3	1.6	≥2 min	热态
4	6	5 s	冷态

由表1.9可知，整定电流倍数越大(即过载电流越大)，容许过载的时间越短。为了最大限度地发挥电动机的过载能力，并非一发生过载便切断电源就好。为了适应电动机过载特性，又能起到过载保护的作用，要求热继电器具有如同电动机容许过载特性那样的反时限特性，用两条曲线表示，如图1.34所示。这样，如果电动机发生过载，热继电器会在电动机尚未达到其容许过载极限之前动作，从而切断电动机电源，既可以使电动机免遭损坏，又可使之被充分利用。

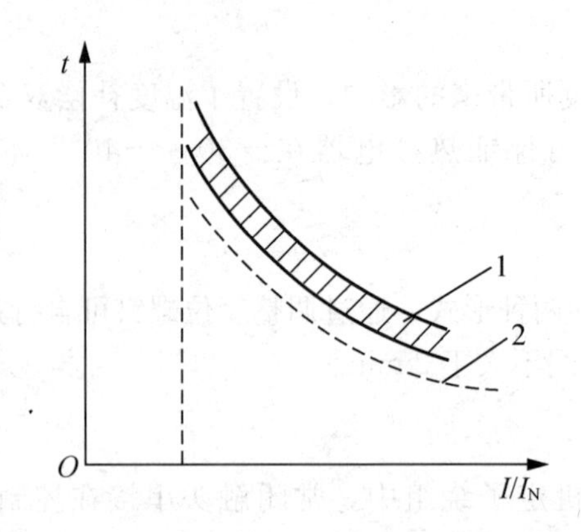

图 1.34 热继电器保护特性与电动机过载特性及其配合

1—电动机的过载特性 2—热继电器的保护特性

1.4.3 具有断相保护的热继电器

三相电源的断相或电动机绕组断相，是导致电动机过热烧毁的主要原因之一，普通结构的热继电器能否对电动机进行断相保护，取决于电动机绕组的连接方式。

当电动机的绕组采用Y形连接时，若运行中发生断相，因流过热继电器热元件的电流就是电动机绕组的电流，所以热继电器能够及时反映绕组的过载情况，故两相结构的热继电器就可以进行断相保护。

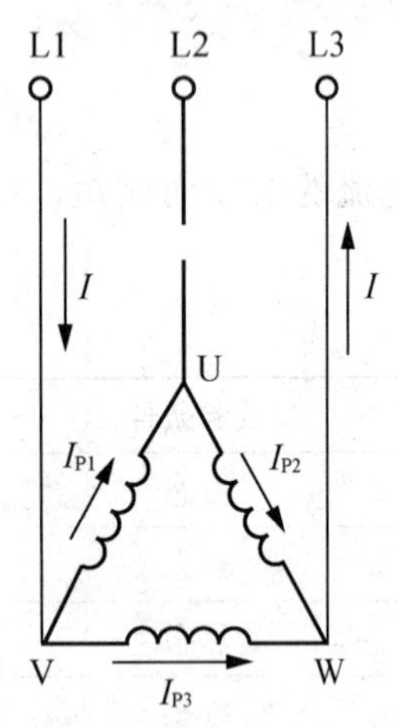

图 1.35 电动机△连接U相断线时的电流情况

当电动机绕组采用△形连接时，在正常情况下，线电流为相电流的$\sqrt{3}$倍；在额定情况下，存在$I_N=\sqrt{3}I_{PN}$(假设相绕组的额定电流为I_{PN})。若电动机在运行中发生一相断电，如图1.35所示，且仍带额定负载运行，线路电流在断相运行时将增大为额定电流I_N的$\sqrt{3}$倍；在58%额定负载下，在功率因数不变的情况下，线路电流将达到额定电流I_N。此时$I_{P1}+I_{P3}=I_N=\sqrt{3}I_{PN}$，$I_{P3}=1.15I_{PN}$，$I_{P1}=I_{P2}=0.5I_{P3}=0.58I_{PN}$。因而有可能出现这种情况：电动机在58%额定负载下运行，发生一相断线，未断线相的线电流正好等于额定线电流，而全电压下的那一相绕组中的电流可达1.15倍额定相电流。

由以上分析可知，若将热元件串接在△接法电动机的电源进线中，且按电动机的额定电流来选择热继电器，当故障线电流达到额定电流时，在电动机绕组内部，非故障相流过的电流将超过其额定电流，而流过热继电器的电流却未超过热继电器的整定值，热继电器不会动作，但电动机的绕组可能会烧毁。

为给△接法的电动机实行断相保护，因此要求热继电器还应具备断相保护功能。JR16系列中部分热继电器带有差动式断相保护装置，其结构及工作原理如图1.36所示。热继电器的导板采用差动机构，在发生断相故障时，该相(故障相)主双金属片逐渐冷却，向右移动，并带动内导板同时右移，这样内导板和外导板产生了差动放大作用，通过杠杆的放大作用使继电器迅速动作，切断控制电路，使电动机得到保护。

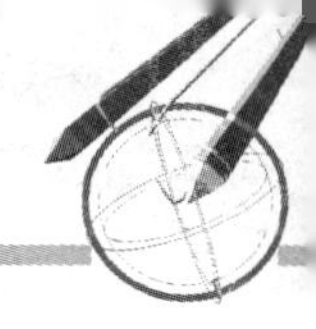

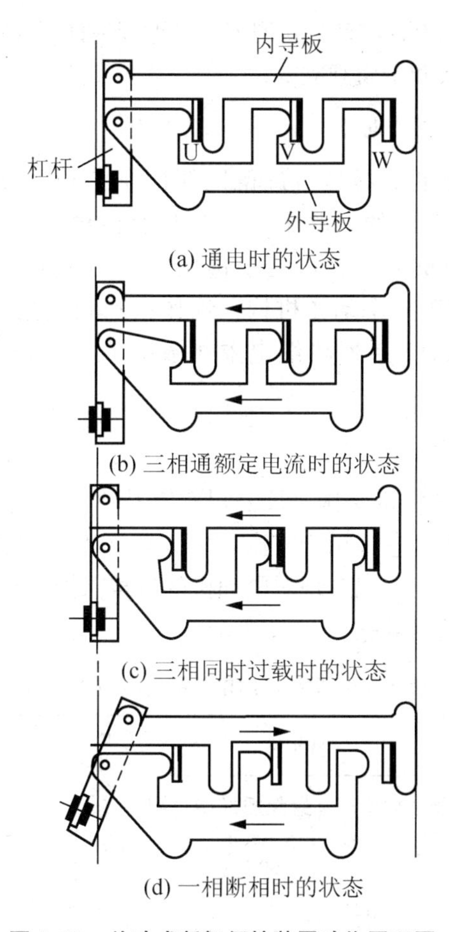

(a) 通电时的状态

(b) 三相通额定电流时的状态

(c) 三相同时过载时的状态

(d) 一相断相时的状态

图 1.36　差动式断相保护装置动作原理图

1.4.4　热继电器典型产品介绍

常用的热继电器有 JR15、JR16、JR20、JRS1、T、3UP、3UA5(6)、LR1-D 等系列。

1. JR16、JR20 系列热继电器

JR16、JR20 系列热继电器是一种双金属片式热继电器，适用于交流 50 Hz、额定电压 660 V、电流 630 A 及以下的电力拖动系统中，它能在三相电流严重不平衡时起保护作用，并具有断相保护、温度补偿、整定电流可调、手动和自动复位等功能。它采用三相立体布置式结构。JR20 系列热继电器还具有动作脱扣灵活性检查、动作指示及断开检验等功能，可与 CJ20 相接。

2. T 系列热继电器

T 系列热继电器是根据德国 ABB 公司技术标准生产的新型产品，主要用于交流 50 Hz 或 60 Hz、电压 660 V 及以下、电流 500 A 及以下的电力线路中，作三相交流电动机的过载保护和断相保护。该系列产品具有整定电流调节装置，脱扣机构有摩擦式、跳跃式和背包跳跃式，复位方式除 T16 为手动复位，T85 为自动或手动复位外，其他型号产品均有手动和自动复位。T 系列热继电器的规格齐全，其整定电流可达 500 A，其派生产品 T-DU

系列的整定电流最大可达 850 A，是与新型 EB、EH 系列接触器配套的产品。与接触器的连接方式有插接式、独立式和带轨独立式。

3．3UA5、3UA6 系列热继电器

3UA5、3UA6 系列热继电器是引进德国西门子公司的技术生产的，适用于交流电压 660V、电流 0.1～630A 的电路中，作三相交流电动机的过载保护和断相保护。其热元件的整定电流范围重复交叉，便于选用。在结构上，3UA5、3UA6 系列热继电器的三相主双金属片共用一个动作机构，动作指示和电流调节机构位于双金属片的上部，呈立体式结构。3UA5 系列热继电器可安装在 3TB 系列接触器上组成电磁起动器。

4．LR1-D 系列热继电器

LR1-D 系列热继电器是引进法国 TE 公司专有技术生产的产品，具有体积小、重量轻、寿命长、功耗小等特点。它适用于交流 50 Hz 或 60 Hz、电压 660 V、电流 80 A 及以下的电路中接通与分断主电路，以实现对电动机的过载保护和断相保护。

常用热继电器的主要技术数据见表 1.10。

表 1.10　常用热继电器的主要技术数据

型号	额定电压/V	额定电流/A	相数	热元件			断相保护	温度补偿	复位方式	动作灵活性检查装置	动作后的指示	触头数量
				最小规格/A	最大规格/A	挡数						
JR15	380	10	2	0.25～0.35	6.8～11	10	无	有	手动或自动	无	无	1 常闭、1 常开
		40		6.8～11	30～45	5						
		100		32～50	60～100	3						
		150		68～110	100～150	2						
JR16		20	3	0.25～0.35	14～22	12	有					
		60	3	14～22	10～63	4						
		150	3	40～63	100～160	4						
JR20	660	6.3	3	0.1～0.15	5～7.4	14	无	有	手动或自动	有	有	1 常闭、1 常开
		16		3.5～5.3	14～18	6	有					
		32		8～12	28～36	6						
		63		16～24	55～71	6						
		160		33～47	144～170	9						

1.4.5　热继电器的选用

选用热继电器主要根据被保护电动机的工作环境、起动情况、负载性质、工作制及允许的过载能力等条件进行。以被保护电动机的工作制度为依据，对电动机的选择原则分述如下。

1. 长期工作制时热继电器的选择

1）热继电器额定电流的选择与整定

一般按略大于电动机的额定电流来选择热继电器的额定电流；热元件的整定电流一般为电动机额定电流的 0.95～1.05 倍。若电动机拖动的是冲击性负载或起动时间较长，热继电器的整定电流值可取电动机额定电流的 1.1～1.5 倍；若电动机的过载能力较差，热继电器的整定电流可取电动机额定电流的 0.6～0.8 倍。

2）热继电器结构形式的选择

当电动机定子绕组为 Y 接时，选择带断相保护和不带断相保护的热继电器均可实现对电动机断相保护。当电动机定子绕组为△接法时，必须选用三相带断相保护的热继电器。

2. 反复短时工作制时热继电器的选择

热继电器用于对反复短时工作制的电动机保护时，应考虑热继电器的允许操作频率。当电动机起动电流为 $6I_N$、起动时间为 1 s、电动机满载工作、通电持续率为 60%时，每小时允许操作次数不超过 40 次。

总之，对于反复短时工作制的电动机，由于热继电器不是直接采集电动机的温度，采用热继电器进行过载保护并不十分可靠，故不宜采用热继电器作过载保护，如桥式起重机用电动机的过载保护就是使用过电流继电器，大型或重要设备的电动机也可选用埋入电动机绕组的电子式温度继电器来进行过载保护。

1.4.6　热继电器的图形及文字符号

热继电器的图形符号如图 1.37 所示，文字符号为 FR。

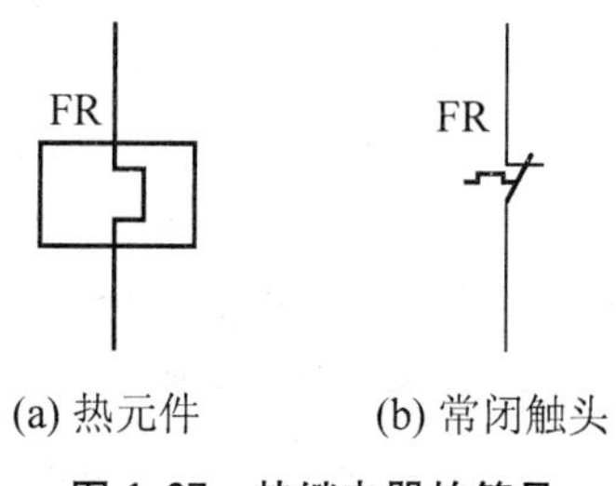

(a) 热元件　　(b) 常闭触头

图 1.37　热继电器的符号

正泰公司生产的某些热继电器的实物图如图 1.38 所示。

(a) NR8系列热继电器

(b) NR3系列热继电器

图 1.38　热继电器实物图

(c) JRS1系列热继电器

(d) JR36系列热继电器

图 1.38 热继电器实物图(续)

1.5 熔 断 器

知识目标	➢ 掌握熔断器的作用； ➢ 了解熔断器的结构和动作原理； ➢ 了解熔断器的种类和各种熔断器的使用场合； ➢ 掌握熔断器的使用和选择方法； ➢ 掌握熔断器的图形和文字符号。
能力目标	➢ 能正确选择和使用熔断器。

要点提示

熔断器是利用流过熔体的电流所产生的热效应原理而动作的电器，当熔体的温度超过其熔点时熔体就会熔断。熔断器是一种保护电器，广泛应用于配电电路的短路保护。由于短路电流会对其流经的线路(导体)和器件造成极大破坏，因此对短路保护器件的动作时间要求极高，一定要在保证线路安全的时间内切断短路电流(称为瞬时动作)。熔断器的动作时间取决于熔体温度上升的速度(与短路电流成反比趋势)和熔断时所产生的电弧熄灭时间(与短路电流成正比趋势)，当短路电流足够大时，主要取决于灭弧时间。因此，熔断器在设计和使用时都要考虑如何快速灭弧的问题；熔断器的分断电流并不是无穷大，故所有熔断器都存在极限分断电流。

熔断器具有结构简单、使用维护方便、动作可靠等优点。

1.5.1 熔断器的结构及类型

1. 熔断器的结构

熔断器主要由熔体、熔管和熔座 3 部分组成。

熔体的材料有两种，一种是由铅、铅锡合金或锌等熔点较低的材料制成，多用于小电流电路；另一种是由银或铜等熔点较高的材料制成，主要用于大电流电路。熔体的形状多制成片状、丝状或栅状。

熔管是安装熔体的外壳，用绝缘耐热材料制成，在熔体熔断时兼有灭弧作用。

熔座是用来固定熔管和外接引线的底座。

2. 熔断器的类型

熔断器按结构形式可分为半封闭插入式、无填料封闭管式、有填料封闭管式和自复式4类。

1）RC1A系列插入式熔断器

RC1A系列插入式熔断器也叫瓷插式熔断器，其结构如图1.39所示。它主要用于交流50 Hz、额定电压380 V及以下、额定电流200 A及以下的电路的短路保护。

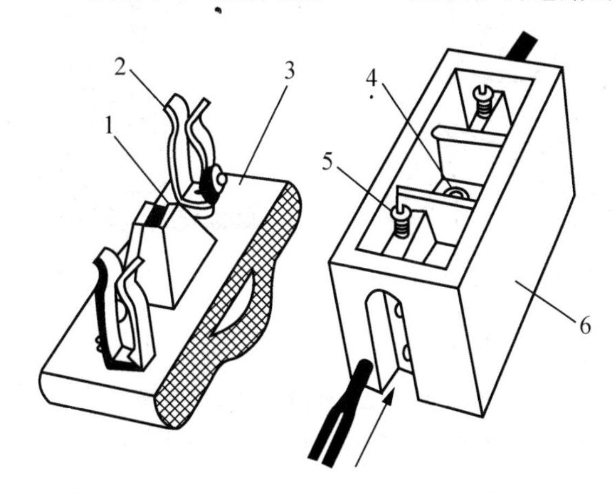

图1.39　RC1A系列插入式熔断器

1—熔丝　2—动触头　3—瓷盖　4—空腔　5—静触头　6—瓷座

2）螺旋式熔断器

螺旋式熔断器常用产品有RL1、RL6、RL7、RLS2等系列。RL1系列螺旋式熔断器的结构如图1.40所示。该系列熔断器的熔断管内填充着石英砂，以增强灭弧能力。螺旋式熔断器具有熔断指示器，当熔体熔断时指示器会自动脱落，为检修提供方便。该系列产品具有较高的分断能力，主要用于交流50 Hz、额定电压380 V或直流额定电压440 V及以下电压等级的电力拖动电路或成套配电设备中，作短路保护。

3）封闭管式熔断器

封闭管式熔断器可分为有填料和无填料两种，RM10系列为无填料式，其结构如图1.41所示。该种熔断器具有两个特点：一是其熔管是钢纸管制成的，当熔体熔断时熔管内壁会产生高压气体，加快电弧熄灭；二是熔体是用锌片制成变截面形状的，在短路故障时，锌片的狭窄部位同时熔断，形成较大空隙，使电弧容易熄灭。RT0、RT12等系列为有填料的熔断器，它们的熔管用高频电工瓷制成。熔体是用网状紫铜片制成的，具有较大的分断能力，广泛用于短路电流较大的电力输配电系统中，还可用于熔断器式隔离器、开关熔断器等开关电路中。

4）自复式熔断器

自复式熔断器的熔体是用非线性电阻元件制成的。当电路发生短路时，短路电流产生的高温使熔体迅速气化(熔体安装在密闭的容器内)，阻值剧增，从而限制了短路电流。当故障清除后，温度下降，熔体重新固化，恢复其良好的导电性。它具有限流作用显著，动作

时间短，动作后不必更换熔体，可重复使用等优点。但因为它熔而不断，不能真正分断电路，只能限制故障电流，所以实际应用中一般与断路器配合使用。常用产品有 RZ1 系列。

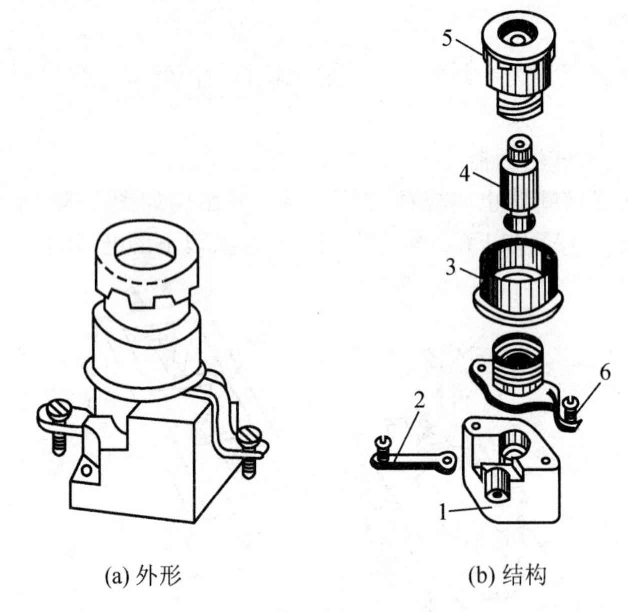

(a) 外形　　(b) 结构

图 1.40　RL1 系列螺旋式熔断器

1—瓷座　2—下接线座　3—瓷套　4—熔断管　5—瓷帽　6—上接线座

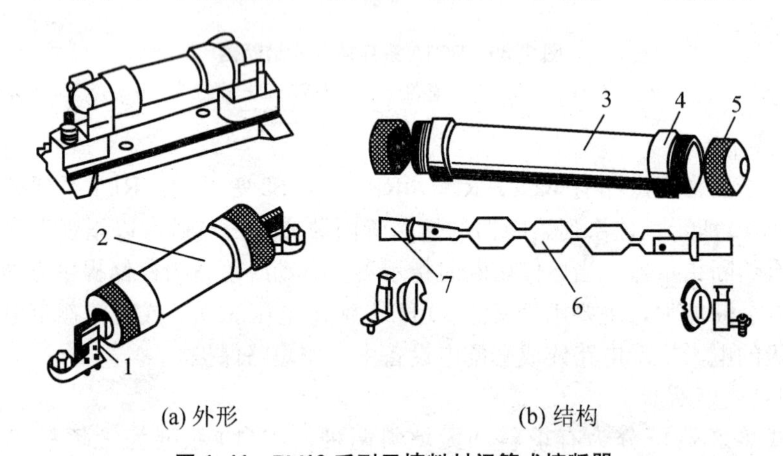

(a) 外形　　(b) 结构

图 1.41　RM10 系列无填料封闭管式熔断器

1—夹座　2—熔断管　3—钢纸管　4—黄铜套管　5—黄铜帽　6—熔体　7—刀形夹头

3. 新型产品介绍

1）快速熔断器

快速熔断器主要用于半导体功率元件的过电流保护。半导体元件承受过电流能力差、耐热性差，快速熔断器可满足其需要。常用的快速熔断器有 RS0、RS3、RLS2 等系列。RS0 和 RS3 系列适用于半导体整流元件和晶闸管的短路保护。RLS2 系列适用于小容量硅元件的短路保护。

2）高分断能力熔断器

根据德国 AEG 公司制造技术标准生产的 NT 型系列产品属高分断能力熔断器，其额

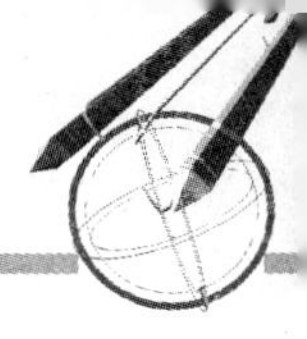

定电压可达 660 V，额定电流至 1000 A，分断能力可达 120 kA，适用于工业电气装置、配电设备的短路保护。

1.5.2　熔断器的保护特性及主要技术参数

1. 熔断器的保护特性曲线

熔断器的保护特性曲线亦称安秒特性曲线，是在规定条件下，表征流过熔体的电流与熔体的熔断时间的关系曲线。熔断器的保护特性曲线如图 1.42 所示，从图上可以看出，它是反时限曲线，即熔断器通过的电流越大，熔断时间越短。普通熔断器的熔断时间与熔断电流的关系见表 1.11。

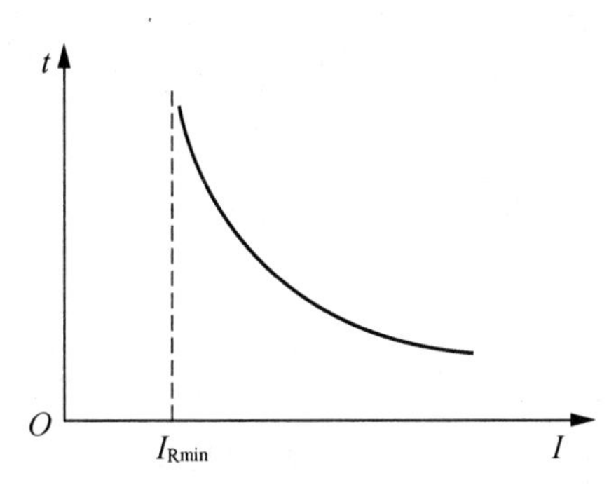

图 1.42　熔断器的时间-电流特性

表 1.11　熔断器的熔断时间与熔断电流的关系

熔断电流(额定电流倍数)	1.25～1.3	1.6	2.0	2.5	3.0	4.0	10.0
熔断时间/s		3600	40	8	4.5	2.5	0.4

2. 熔断器的主要技术参数

常用熔断器的主要技术参数见表 1.12。

表 1.12　常用熔断器的主要技术参数

类　别	型号	额定电压/V	额定电流/A	熔体额定电流等级/A	极限分断能力/kA	功率因数
插入式熔断器	RC1A	380	5	2、4、5	0.25	0.8
			10	2、4、6、10	0.5	
			15	6、10、15		
			30	20、25、30	1.5	0.7
			60	40、50、60	3	0.6
			100	80、100		
			200	120、150、200		
螺旋式熔断器	RL1	500	15	2、4、6、10、15	2	≥0.3
			60	20、25、30、35、40、50、60	3.5	
			100	60、80、100	20	
			200	100、125、150、200	50	

续表

类　别	型号	额定电压/V	额定电流/A	熔体额定电流等级/A	极限分断能力/kA	功率因数
螺旋式熔断器	RL2	500	25	2、4、6、10、15、20、25	1	≥0.3
			60	25、35、50、60	2	
			100	80、100	3.5	
无填料封闭管式熔断器	RM10	380	15	6、10、15	1.2	0.8
			60	15、20、25、35、45、60	3.5	0.7
			100	60、80、100	10	0.35
			200	100、125、160、200		
			350	200、225、260、300、350		
			600	350、430、500、600	12	0.35
有填料封闭管式熔断器	RT0	交流 380 直流 440	100	30、40、50、60、100	交流 50 直流 25	>0.3
			200	120、150、200、250		
			400	300、350、400、450		
			600	500、550、600		
快速熔断器	RLS2	500	30	16、20、25、30	50	0.1～0.2
			63	35、(45)、50、63		
			100	(75)、80、(90)、100		
高分断能力熔断器	NT	500	160	4、10、16、25、40、125、160	120	0.1～0.3
			250	80、125、160、200、224、250		
			400	125、160、200、250、300、400		
			630	315、355、400、425、500、630		
		380	1000	800、1000	100	

1.5.3 熔断器的图形和文字符号

熔断器的图形符号如图 1.43 所示，其文字符号为 FU。

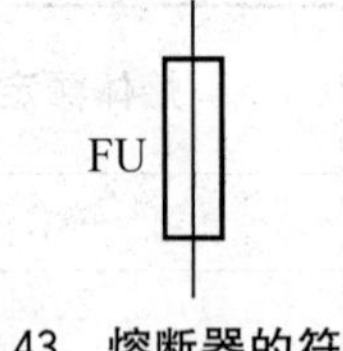

图 1.43 熔断器的符号

1.5.4 熔断器的选择

熔断器的选择包括类型选择、熔断器的额定电压和额定电流的选择、熔体额定电流的选择等。

1. 熔断器的类型选择

熔断器的类型应根据使用环境、负载性质和各类熔断器的适用范围来进行选择。例如：用于照明电路或容量较小的电热负载，可选用 RC1A 系列瓷插式熔断器；在机床控制

电路中，较多选用 RL1 系列螺旋式熔断器；用于半导体元件及晶闸管保护时，可选用 RLS2 或 RS0 系列快速熔断器；在一些有易燃气体或短路电流相当大的场合，则应选用 RT0 系列具有较大分断能力的熔断器等。

2. 熔断器的额定电压和额定电流的选择

熔断器的额定电压必须等于或大于被保护电路的额定电压；熔断器的额定电流必须等于或大于所装熔体的额定电流。

3. 熔体额定电流的选择

(1) 对阻性负载电路(如照明电路或电热负载)，熔体的额定电流应等于或稍大于负载的额定电流。

(2) 对电动机负载，熔体额定电流的选择要考虑冲击电流的影响，对一台不经常起动且起动时间不长的电动机的短路保护，熔体的额定电流 I_{fu} 应大于或等于(1.5～2.5)倍的电动机额定电流 I_N，即：

$$I_{fu} \geqslant (1.5 \sim 2.5) I_N \tag{1.3}$$

式中：I_N 为电动机的额定电流。

当电动机频繁起动或起动时间较长时，上式的系数应增加到 3～3.5。

对于多台电动机的短路保护，熔体的额定电流应大于或等于最大容量电动机的额定电流加上其余电动机额定电流的总和，即：

$$I_{fu} \geqslant (1.5 \sim 2.5) I_{Nmax} + \sum I_N \tag{1.4}$$

式中：I_{Nmax} 为容量最大的一台电动机的额定电流，$\sum I_N$ 为其他电动机的额定电流的总和。

4. 额定分断能力的选择

熔断器的分断能力应大于电路中可能出现的最大短路电流。

5. 熔断器保护特性的选择

在电路系统中，为了把故障影响缩小到最小范围，电器应具备选择性的保护特性，即要求电路中某一支路发生短路故障时，只有距离故障点最近的熔断器动作，而主回路的熔断器或断路器不动作，这种合理的选配称为选择性配合。在实际应用中选择性配合可分为熔断器上一级和下一级的选择性配合，以及断路器与熔断器的选择性配合等。对于熔断器上下级之间的配合，一般要求上一级熔断器的熔断时间至少是下一级的 3 倍；当上下级选用同一型号的熔断器时，其电流等级以相差 2 级为宜；若上下级所用的熔断器型号不同，则应根据保护特性上给出的熔断时间来选择。对于断路器与熔断器的选择性配合，具体选择要参考各电器的保护特性。

例如，有 3 台三相异步电动机连接在同一电源上，功率分别为 11.5 kW、7.5 kW、1.5 kW，在为各台电动机选择熔断器和总熔断器时如下进行：根据 $I_N = 2P_N$ 估算电动机的额定电流分别为 23 A、15 A、3 A，各电动机电路保护熔断器的计算电流分别为：$I_{fu1} \geqslant (1.5 \sim 2.5) I_{N1} = (34.5 \sim 57.5)$A、$I_{fu2} \geqslant (1.5 \sim 2.5) I_{N2} = (22.5 \sim 37.5)$A、$I_{fu3} \geqslant (1.5 \sim 2.5) I_{N3} = (4.5 \sim 7.5)$A，在选用 RC1A 系列熔断器时，可分别选用 40 A 或 50 A、25 A 或 30 A、(4～6) A 的熔断器，应根据各台电动机负载的冲击大小进行选择，冲击性较大时选较大值，冲击性

较小时选较小值；总熔断器的计算电流为：$I_{fu} \geqslant (1.5 \sim 2.5) I_{Nmax} + \sum I_N = (1.5 \sim 2.5) I_{N1} + I_{N2} + I_{N3} = (52.5 \sim 75.5)$ A。当总熔断器选 60A，各电动机熔断器分别选 50 A、30 A、6 A 时就会出现上下级熔断器只相差 1 级的情况，不符合电流等级以相差 2 级为宜的规定，上下级熔断器失配，可通过调整上下熔断器的额定电流来达到合理配合。

1.6 速度继电器

知识目标	➢ 掌握速度继电器的作用； ➢ 了解速度继电器的结构和动作原理； ➢ 掌握速度继电器的使用方法； ➢ 掌握速度继电器的图形和文字符号。
能力目标	➢ 能正确使用速度继电器。

要点提示

速度继电器主要用来检测旋转体的转速，并根据转速动作。在使用时应将速度继电器的转轴与电动机同轴连接；因速度继电器的触头具有方向性，在接线时正、反向触头不能接错；速度继电器的金属外壳应可靠接地。

机床电路中常用的速度继电器有 JY1 型和 JFZ0 型。其中 JY1 型可在 700～3600 r/min 范围内可靠地工作。JFZ0-1 型适用于 300～1000 r/min；JFZ0-2 型适用于 1000～3600 r/min。

1.6.1 速度继电器的结构和工作原理

JY1 型速度继电器的结构和工作原理如图 1.44 所示。它主要由定子、转子和触头 3 部分组成。转子用永久磁铁制成，定子由硅钢片叠压而成，并装有笼型短路绕组。触头系统由两组触头组成，分别在转子正转和反转时动作。

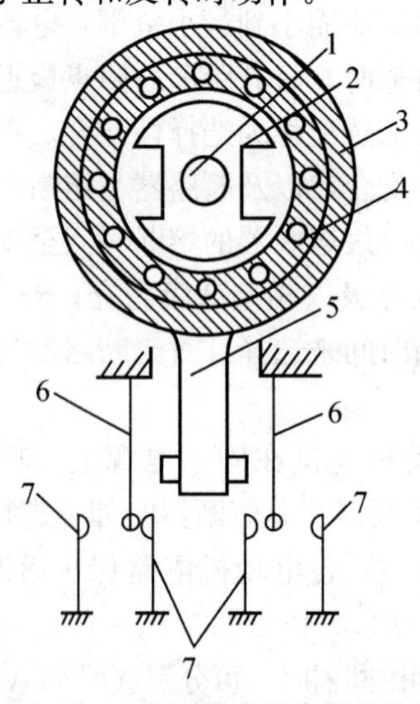

图 1.44 JY1 型速度继电器的结构

1—电动机轴 2—转子 3—定子 4—定子绕组 5—胶木摆杆 6—簧片 7—静触头

速度继电器的工作原理：当电动机旋转时，带动与电动机同轴连接的速度继电器的转子旋转，永久磁铁的磁场由静止变为旋转，因此在定子绕组中产生感生电流，感生电流与旋转磁场相互作用产生转矩，使定子随转子的转动方向偏转，到一定角度时，装在定子上的胶木摆杆推动簧片，使继电器的触头动作。当电动机的转速降低至一定程度时，定子产生的转矩减小，胶木摆杆复位，触头在簧片作用下复位。

JY1 速度继电器的动作转速一般为 120 r/min，复位转速约在 100 r/min 以下，通过对调节螺钉的调节可改变速度继电器的动作转速，以适应不同控制电路的要求。

1.6.2　速度继电器的图形和文字符号

速度继电器的图形符号如图 1.45 所示，其文字符号为 KS。

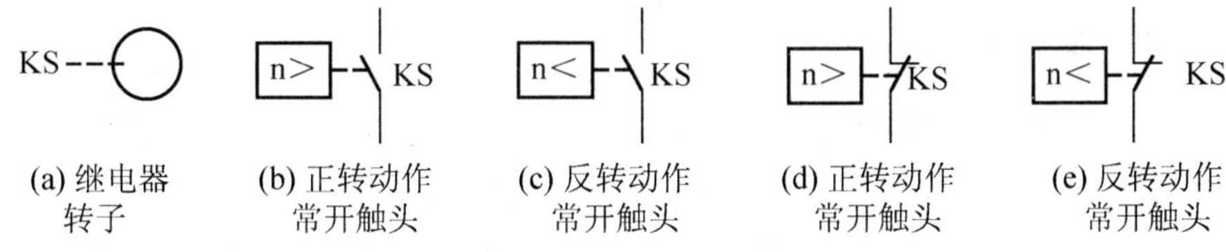

(a) 继电器转子　(b) 正转动作常开触头　(c) 反转动作常开触头　(d) 正转动作常开触头　(e) 反转动作常开触头

图 1.45　速度继电器的符号

1.6.3　速度继电器的主要技术数据

常用速度继电器的主要技术数据见表 1.13。

表 1.13　速度继电器的主要技术数据

型　号	触头额定电压/V	触头额定电流/A	触头对数		额定工作转速/(r/min)	允许操作频率/(次/h)
			正转动作	反转动作		
JFZ0-1			1 常开 1 常闭	1 常开 1 常闭	300～1000	
JFZ0-2	380	2	1 常开 1 常闭	1 常开 1 常闭	1000～3600	<30
JY1			1 组转换触头	1 组转换触头	100～3000	

1.7　低压断路器

知识目标	➢ 掌握低压断路器的作用； ➢ 了解低压断路器的结构和动作原理； ➢ 了解低压断路器的类型； ➢ 了解低压断路器的主要参数； ➢ 掌握低压断路器的使用和选择方法； ➢ 掌握低压断路器的图形和文字符号。
能力目标	➢ 能正确选择低压断路器； ➢ 能正确完成低压断路器在线路中的接线； ➢ 能正确对低压断路器进行维护和检修。

要点提示

低压断路器集控制和多种保护功能于一体，可用于电路的不频繁通断控制和控制电动机，在电路发生短路、过载或欠电压等故障时，能自动切断故障电路。传统的保护模式是用热继电器进行过载和断相保护、用熔断器进行短路保护、用接触器或电压继电器进行欠电压保护，采用低压断路器可改变这一保护模式，且具有可以重复使用、线路简单等优点。在后面的不少电路中由于采用传统的电路图，仍采用传统的保护模式，这并不能说明传统保护模式具有先进性和合理性。

低压断路器亦称自动空气开关或自动空气断路器，在低压配电电路中得到广泛应用。

1.7.1 低压断路器的类型

低压断路器按用途和结构形式可分为框架式、塑壳式、限流式、直流快速式、灭磁式和漏电保护式6类。其中，框架式断路器主要用作配电网络的保护开关，而塑壳式断路器除可用作配电网络的保护开关外，还可用作电动机、照明和电热电路的控制开关。

1.7.2 低压断路器的结构和工作原理

在电力拖动系统中常用的是DZ系列塑壳式断路器。下面就以DZ5-20型为例介绍低压断路器的结构和工作原理。

1. 低压断路器的结构

低压断路器主要由动静触头、灭弧装置、操作机构和各种脱扣器(电磁脱扣器、热脱扣器等)组成。

1）触头及灭弧装置

触头分主触头、辅助触头，是断路器的执行部件，为提高其分断能力，在主触头处装有灭弧室，常用狭缝式去离子栅灭弧室。

2）脱扣器

脱扣器是断路器的感测元件，当电路出现故障时，脱扣器感测到故障信号后，经自由脱扣机构使断路器触头分断。按脱扣器接受故障种类不同，可分为下述几种。

(1) 电磁脱扣器。电磁脱扣器实质上是一个电流线圈的电磁机构，线圈串接在主电路中。当电流正常时，产生的电磁吸力不足以克服反作用力，衔铁不能吸合。当电路出现短路和瞬时过电流故障时，衔铁被吸合并带动自由脱扣机构使断路器跳闸，从而达到过电流和短路保护的目的。

(2) 热脱扣器。热脱扣器采用双金属片制成，其热元件串接在主电路中，工作原理与热继电器相同，当过载电流达到一定值时，双金属片弯曲带动自由脱扣机构使断路器跳闸，从而达到过载保护的目的。

(3) 欠、失压脱扣器。欠、失压脱扣器是一个具有电压线圈的电磁机构，其线圈并接在主电路中。当主电路电压消失或降至一定数值以下时，其电磁吸力不足以继续吸持衔铁，在弹簧反力作用下，衔铁的顶板推动自由脱扣器，使断路器跳闸，从而达到欠压与失压保护的目的。

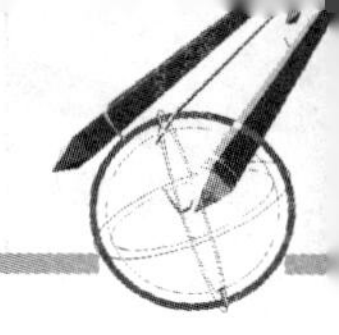

(4) 分励脱扣器。分励脱扣器是一个电磁铁，用于远距离控制断路器分断电路，由控制电源供电，按照操作人员的命令或继电保护信号使其线圈通电，带动衔铁动作，从而使断路器分断电路。一旦断路器断开电路后，分励脱扣器电磁铁线圈立即断电。因分励脱扣器是短时工作制的，其线圈不允许长期通电。

3) 自由脱扣机构和操作机构

自由脱扣机构是用来联系操作机构与触头系统的机构，当操作机构处于闭合位置时，也可由自由脱扣机构进行脱扣，将触头断开。操作机构是实现断路器闭合、断开的机构，有手动操作机构、电磁铁操作机构、电动机操作机构等。

2. 低压断路器的工作原理

DZ5-20 系列断路器的工作原理示意图如图 1.46 所示。

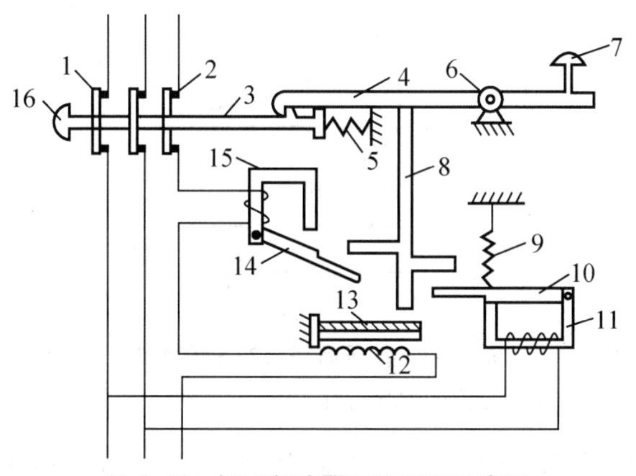

图 1.46　低压断路器工作原理示意图

1—动触头　2—静触头　3—锁扣　4—搭钩　5—反作用弹簧　6—转轴座　7—分断按钮　8—杠杆
9—拉力弹簧　10—欠压脱扣器衔铁　11—欠压脱扣器　12—热元件　13—双金属片
14—电磁脱扣器衔铁　15—电磁脱扣器　16—按钮

使用时，断路器的主触头串联在被控制的电路中，按下接通按钮时，锁扣在外力作用下克服反作用弹簧的反力使动、静触头闭合，并由锁扣锁住搭钩，开关处于接通状态。

当电路发生过载时，过载电流流过热脱扣器的热元件，使双金属片受热向上弯曲，通过杠杆推动搭钩与锁扣分开，从而使动、静触头分断，切断电路，起到保护作用。

当电路发生短路故障时，短路电流流过电磁脱扣器的线圈，产生足够大的吸力将衔铁吸合，通过杠杆推动搭钩与锁扣分开，切断电路，起到短路保护作用。低压断路器电磁脱扣器的瞬时脱扣整定电流一般为 $10I_N$(I_N为断路器的额定电流)，所以短路电流应大于 $10I_N$。

当电路电压消失或降低到接近消失时，欠电压脱扣器的吸力消失或不足以克服反作用弹簧的拉力，衔铁将会碰撞杠杆使搭钩与锁扣分开，切断电路，起到欠、失压保护作用。由此可见，欠压脱扣器在电路正常工作时是持续工作的。

1.7.3　低压断路器的保护特性及主要技术参数

1. 断路器的保护特性

断路器的保护特性主要是指断路器过载和过电流保护特性，即断路器动作时间与过载

和过电流脱扣器的动作电流的关系特性，如图 1.47 所示，有瞬时的和带反时限延时的两种。图中 ab 段为过载保护曲线，具有反时限；df 段为瞬时动作部分，当故障电流超过 d 点对应电流值时，过电流脱扣器便瞬时动作；ce 段为定时限延时动作部分，当故障电流超过 c 点相对应的电流值时，过电流脱扣器经过短延时后动作。根据需要，断路器的保护特性可以是两段式的，如 $abdf$，即过载长延时和短路瞬动保护；而 $abce$ 则为过载长延时和短路短延时保护；还可有三段式的保护特性，如 $abcghf$，有过载长延时、短路短延时和特大短路电流时的瞬动保护。

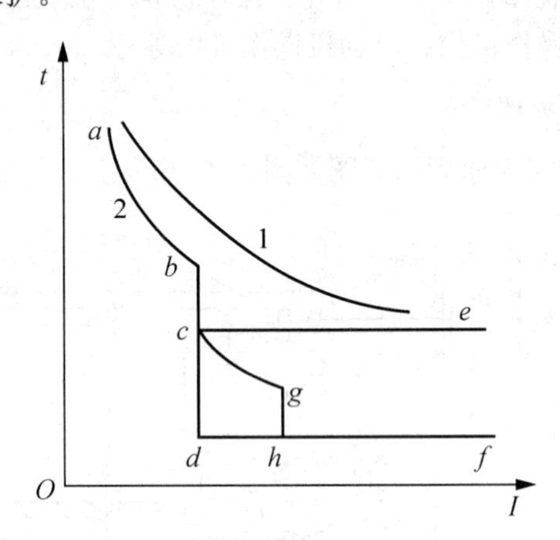

图 1.47　低压断路器的保护特性

1—被保护对象的发热特性　2—低压断路器保护特性

为充分发挥断路器的保护作用，要求其保护特性应与被保护对象的发热特性匹配，即断路器的保护特性应位于被保护对象的发热特性之下，另外，为充分利用电气设备的过载能力，尽可能缩小故障范围，要求断路器的保护特性也应具有选择性。

2. 断路器的主要技术参数

(1) 额定电压。是指断路器在电路中长期工作时的允许电压。

(2) 断路器额定电流。是指脱扣器允许长期通电的电流，即脱扣器额定电流，对可调式脱扣器则为长期通过的最大电流。

(3) 断路器通断能力。即在规定操作条件下，断路器能接通和分断短路电流的能力。

(4) 保护特性。即断路器的动作时间与动作电流的关系曲线。

DZ5-20 型断路器的主要技术数据见表 1.14。

表 1.14　DZ5-20 型低压断路器技术数据

型　　号	额定电压/V	主触头额定电流/A	极数	脱扣器形式	热脱扣器额定电流(括号内为整定电流调节范围)/A	电磁脱扣器瞬时动作整定值/A
DZ5-20/330	AC380 DC220	20	3	复式	0.15(0.10～0.15)	为电磁脱扣器额定电流的 8～12 倍(出厂时额定于 10 倍)
					0.20(0.15～0.20)	
DZ5-20/230			2		0.30(0.20～0.30)	
					0.45(0.30～0.45)	

续表

型　　号	额定电压/V	主触头额定电流/A	极数	脱扣器形式	热脱扣器额定电流(括号内为整定电流调节范围)/A	电磁脱扣器瞬时动作整定值/A
DZ5-20/320	AC380 DC220	20	3	电磁式	0.65(0.45～0.65)	为电磁脱扣器额定电流的8～12倍(出厂时额定于10倍)
					1(0.65～1)	
DZ5-20/220			2		1.5(1～1.5)	
					2(1.5～2)	
					3(2～3)	
DZ5-20/310			3	热脱扣器式	4.5(3～4.5)	
					6.5(4.5～6.5)	
					10(6.5～10)	
DZ5-20/210			2		15(10～15)	
					20(15～20)	
DZ5-20/300			3	无脱扣器式		
DZ5-20/200			2			

1.7.4　断路器的典型产品介绍

1. 塑壳式断路器

低压断路器的六大类产品中，应用最广泛的是塑壳式断路器。常用的有DZ5、DZ10、DZ15、DZ20、DZX19、DZS6-20、C45N、S060等系列产品。其中，DZ5为小电流系列，额定电流为10～50 A；DZ10为大电流系列，额定电流至600 A；DZ20系列为更新产品，它具有更高的分断能力，额定电流可达50 kA，同时DZ20系列的附件较多，除常用脱扣器外，还具有报警触头和两组辅助触头，更方便使用。DZ20系列断路器主要技术数据见表1.15。DZX19系列属限流型断路器，它能利用短路电流产生的电动力使触头迅速分断(约在8～10 ms内)，限制了网络中可能出现的最大短路电流，适用于要求分断能力高的场合。DZS6-20可用于小容量电动机及配电网络的过载和短路保护，其主要技术数据及外形尺寸与西门子公司的3VE1系列通用。C45N系列体积小，动作灵敏，是天津梅兰日兰公司生产的，广泛应用于低压电网中作短路和过载保护。S060系列是北京低压电器厂生产的塑壳式断路器，主要用于电路保护。

表1.15　DZ20系列塑壳式断路器主要技术数据

型　　号	额定电流/A	机械寿命/次	电气寿命/次	过电流脱扣器范围/A	短路通断能力			
					交　　流		直　　流	
					电压/V	电流/kA	电压/V	电流/kA
DZ20Y-100	100	8000	4000	16、20、32、40、50、63、80、100	380	18	220	10

续表

型　号	额定电流/A	机械寿命/次	电气寿命/次	过电流脱扣器范围/A	短路通断能力			
					交　流		直　流	
					电压/V	电流/kA	电压/V	电流/kA
DZ20Y-200	200	8000	2000	100、125、160、180、200	380	25	220	25
DZ20Y-400	400	5000	1000	200、225、315、350、400	380	30	380	25
DZ20Y-630	630	5000	1000	500、630	380	30	380	25
DZ20Y-800	800	3000	500	500、600、700、800	380	42	380	25
DZ20Y-1250	1250	3000	500	800、1000、1250	380	50	380	30

2. 漏电保护断路器

漏电保护断路器是一种安全保护电器，在电路中作触电和漏电保护之用。在线路或设备出现对地漏电或人身触电时，它能迅速自动切断电路，有效地保证人身和线路的安全。其结构主要由电子线路、零序电路互感器、漏电脱扣器、触头、试验按钮、操作机构和外壳等组成。漏电保护断路器有单相桥式和三相式等形式，其中单相桥式主要有 DZL18-20 型；三相式有 DZ15L、DZ47L、DS250M 等，其中 DS250M 是采用德国 ABB 公司的技术生产的。漏电保护断路器的额定漏电动作电流为 30～100 mA，漏电脱扣动作时间小于 0.1 s。DZ15L 系列漏电保护断路器的主要技术数据见表 1.16。

表 1.16　DZ15L 漏电保护断路器的主要技术数据

额定电压/V	额定频率/Hz	额定电流/A	极数	过电流脱扣器额定电流/A	额定漏电动作电流/mA	额定漏电不动作电流/mA	额定漏电动作时间/s
380 V	50～60	40	3	6、10、16、20、25、40	30、50、75	15、25、40	<0.1
			4	40	50、75、100	25、40、50	
		63 (100)	3	10、16、25、32、40、50、63、80、100	50、75、100	25、40、50	
			4	16、20、25、32、40、50、63、80、100	50、75、100	25、40、50	

正泰公司生产的某些低压断路器的实物图如图 1.48 所示。

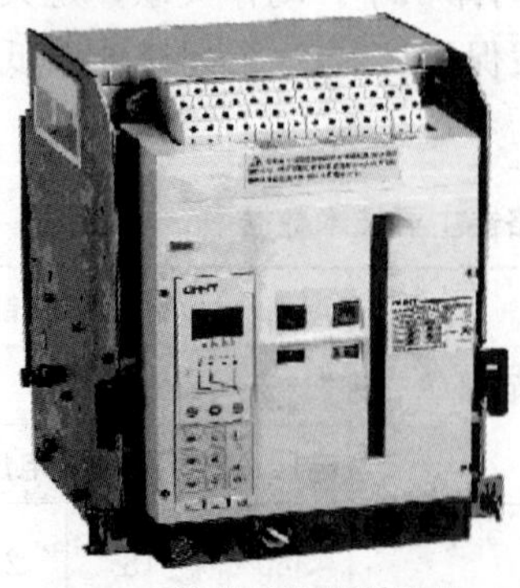

(a) NA8系列万能式断路器

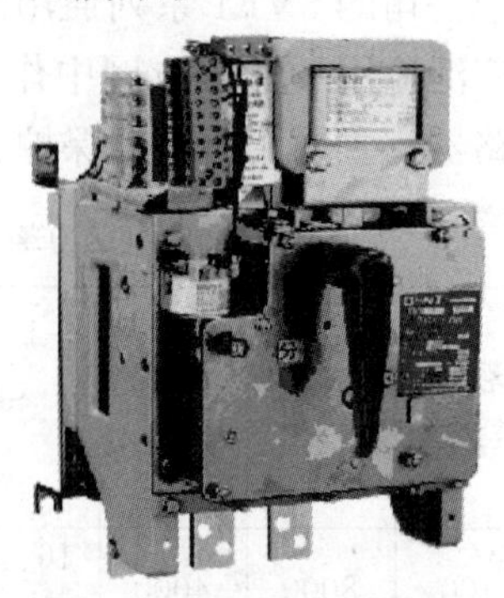

(b) DW15系列万能式断路器

图 1.48　断路器实物图

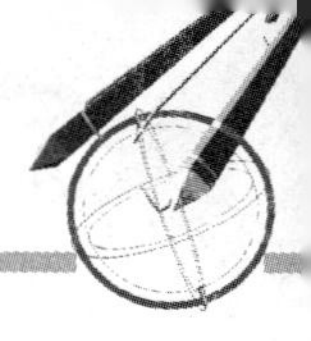

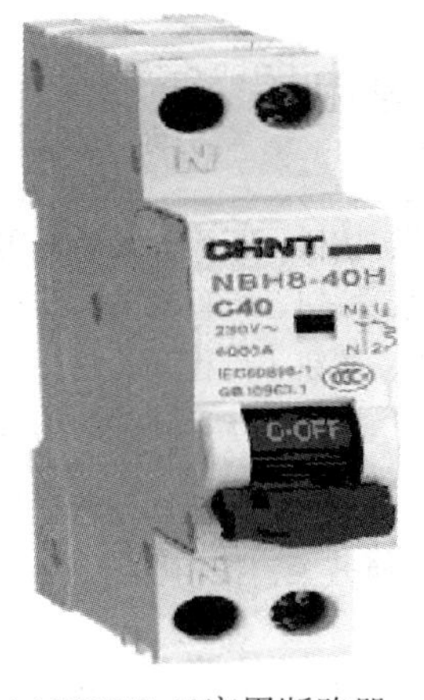

(c) NBH8-40家用断路器

(d) NU6-I系列电涌保护器

图 1.48　断路器实物图(续)

1.7.5　低压断路器的选用

在选用低压断路器时，应按下述要求进行。

(1) 低压断路器的额定电压和额定电流，应分别大于或等于电路或设备的正常工作电压和计算负载电流。

(2) 热脱扣器的整定电流应等于被控制负载的额定电流。

(3) 电磁脱扣器的瞬时脱扣整定电流应大于被控负载正常工作时可能出现的峰值电流。

(4) 低压断路器用于控制电动机时，其电磁脱扣器的瞬时脱扣整定电流可按下式选取。

$$I_Z \geqslant (6 \sim 12) I_N \tag{1.5}$$

式中：I_N为电动机的额定电流。

(5) 欠电压脱扣器的额定电压应等于电路的额定电压。

(6) 断路器分励脱扣器额定电压等于控制电源电压。

(7) 断路器的通断能力应大于或等于电路的最大短路电流。

(8) 断路器的类型应根据使用场合和保护要求来选用。

1.7.6　低压断路器的图形和文字符号

低压断路器的图形符号如图 1.49 所示(图示为三极，可以根据极数变化)，其文字符号为 QF。

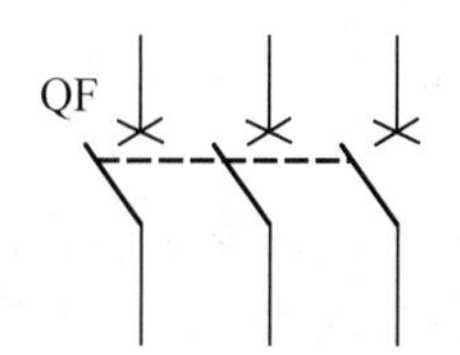

图 1.49　低压断路器的符号

1.8 手控电器及主令电器

知识目标	➢ 掌握刀开关、组合开关、万能转换开关、按钮、行程开关的作用； ➢ 了解刀开关、组合开关、万能转换开关、按钮、行程开关的结构和动作原理； ➢ 掌握刀开关、组合开关、万能转换开关、按钮、行程开关的使用和选择方法； ➢ 掌握刀开关、组合开关、万能转换开关、按钮、行程开关的图形和文字符号。
能力目标	➢ 能正确选择刀开关、组合开关、万能转换开关、按钮、行程开关； ➢ 能正确完成刀开关、组合开关、万能转换开关、按钮、行程开关的安装和在线路中的接线； ➢ 能正确对刀开关、组合开关、万能转换开关、按钮、行程开关进行维护和检修。

要点提示

手控电器及主令电器都属于非自动切换电器，其切换主要依靠外力直接操作完成。常用的手控电器有刀开关、组合开关、按钮等，靠手动操作。之所以把一些电器称为主令电器是由于它们常用来发布动作命令，常用的主令电器有万能转换开关、按钮、行程开关等。

1.8.1 刀开关

刀开关是手控电器中结构最简单、应用最广泛的一种。它主要用于照明、电热设备及小容量电动机的控制电路中，供手动不频繁地接通和分断电路，或用于电源侧作隔离开关。

刀开关主要由动触刀、静夹座、操作手柄和绝缘底座组成，靠手动来实现触刀与夹座的接触或分离，以便实现对电路的控制。

按不同结构形式刀开关可分为开启式负荷开关和封闭式负荷开关；按刀的极数可分为单极、双极和三极。

为确保动触刀和静夹座在合闸位置上接触良好，它们之间必须具备一定的接触压力。因此，额定电流较小的刀开关，其静夹座多用硬紫铜片制成，以铜材料的弹性来达到所需的接触压力；对于额定电流大的刀开关，在原有基础上还要通过在插座两侧加弹簧片来进一步增加接触压力。

刀开关的主要技术参数有额定电压、额定电流、通断能力、动稳定性电流、热稳定性电流等。

刀开关在长期工作中能承受的最大电压和最大工作电流称为额定电压和额定电流。目前生产的刀开关的额定电压一般为交流 500 V、直流 440 V 以下，额定电流有 10 A、15 A、20 A、30 A、60 A 5 个等级，大电流刀开关还有 100 A、200 A、400 A、600 A、1000 A 等级别。

通断能力是指在规定条件下，刀开关在额定电压下接通和分断的最大电流值。

动稳定性电流是指电路在发生短路故障时，刀开关不因短路电流峰值所产生的电动力作用而发生变形、损坏或触刀自动弹出等现象，这个短路峰值电流即为动稳定性电流。

热稳定性电流是指电路发生短路故障时，刀开关在一定时间内通过某一最大短路电

流，并不因温度骤升而发生熔焊现象，这一短路电流就称为刀开关的热稳定性电流。

通常刀开关的动稳定性电流和热稳定性电流都为其额定电流的数十倍。

刀开关在电路图中的符号如图 1.50 所示，其文字符号为 QS(有些也用 Q 表示)。

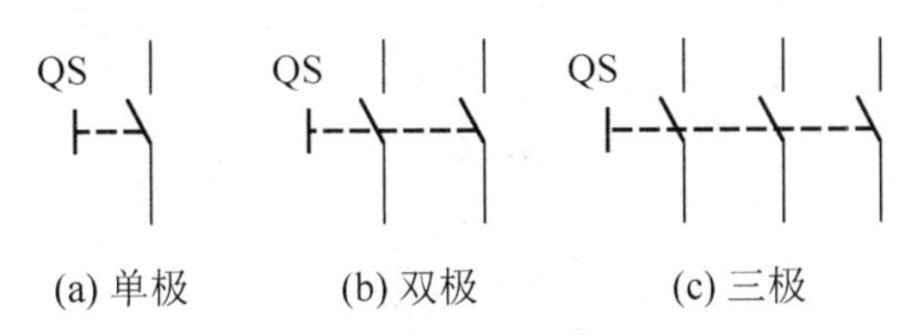

图 1.50　刀开关的符号

刀开关的实物图如图 1.51 所示。

(a) HD13系列大电流刀开关

(b) HD系列开启式刀开关及刀形转换开关

(c) HD11B系列保护型开启式刀开关

(d) HS11-F系列刀开关

图 1.51　刀开关实物图

在刀开关的基础上，人们设计出多种专用的隔离开关，由于不直接控制负责电路的通断，只起负载和电源之间的隔离作用。有些与熔断器组合在一起，同时具有短路保护的功

能；有些还在开关的侧面装上行程开关，在熔体熔断时发出信号或切断电动机控制电路。

某些隔离开关的实物图如图 1.52 所示。

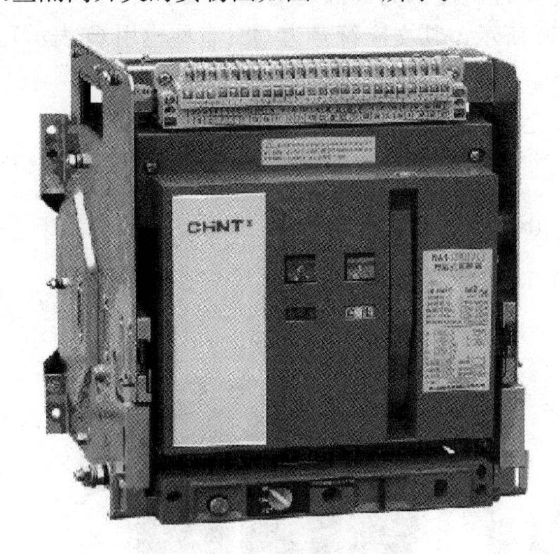

(a) NH1系列隔离开关

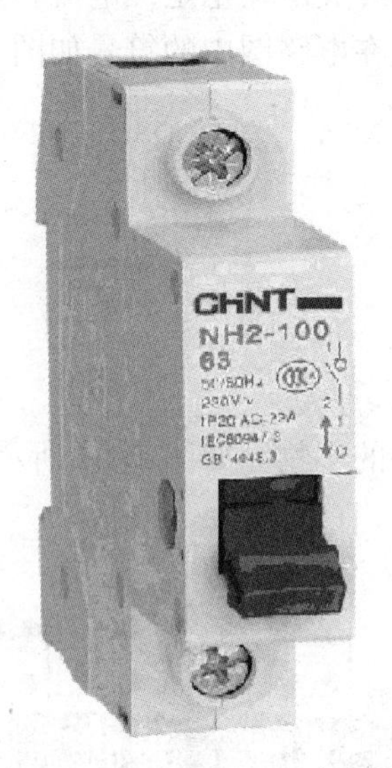

(b) NH2-100(HL30)隔离开关

(c) HH15系列隔离开关熔断器组

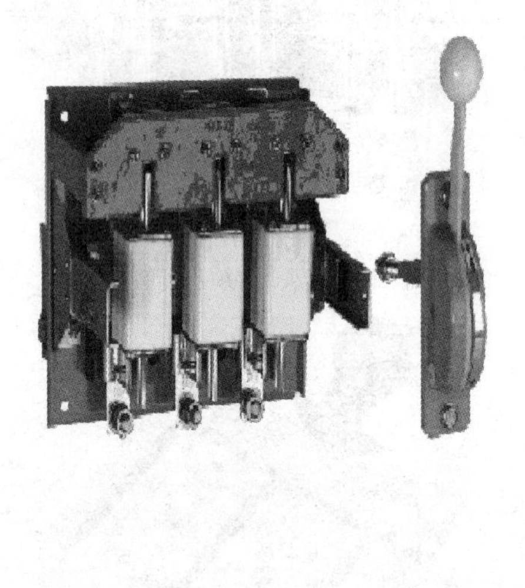

(d) HR3系列熔断器式隔离开关

图 1.52　隔离开关实物图

1.8.2　组合开关

组合开关又叫转换开关，它触头对数多，接线方式灵活，体积小，一般用于电气设备中作为不频繁地接通和断开电路、换接电源和负载，以及控制小容量(5kW 以下)异步电动机的起动、正反转和停止。

常用的组合开关有 HZ1、HZ2、HZ3、HZ4、HZ5、HZ10 等系列。其中 HZ10 系列是全国统一设计产品。HZ10-10/3 型组合开关的外形结构如图 1.53 所示，它具有组合性强、性能可靠、寿命长等优点。开关主要由手柄、转轴、凸轮、3 对动触头和 3 对静触头及外壳等组成。其3对静触头分别是装在3层绝缘垫板上，并附带接线座。动触头是由磷铜片和具有良好灭弧性能的钢纸板铆合而成的，并和绝缘垫板一起套在附有手柄的方形绝缘转轴上，当转动手柄时，每层的动触片随方形转轴一起转动。由于开关采用了扭簧储能，可使触头快速接通或分断，提高了开关的通断能力。

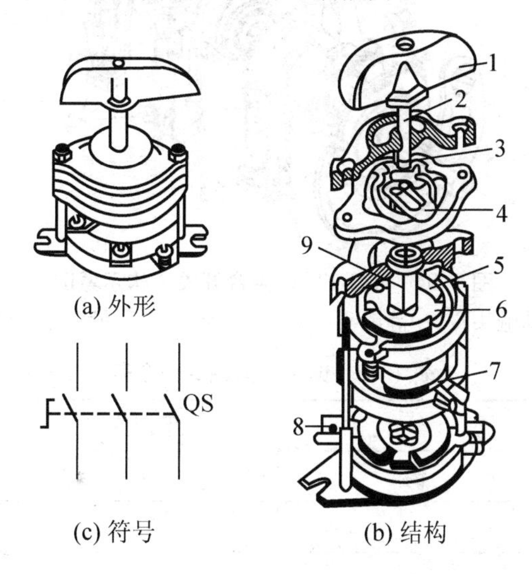

(a) 外形　(b) 结构　(c) 符号

图 1.53　HZ10-10/3 型组合开关

1—手柄　2—转轴　3—弹簧　4—凸轮　5—绝缘垫板　6—动触头　7—静触头　8—接线端子　9—绝缘杆

HZ10 系列组合开关的主要技术数据见表 1.17。

表 1.17　HZ10 系列组合开关的主要技术数据

<table>
<tr><th rowspan="3">型　号</th><th rowspan="3">额定电压/V</th><th rowspan="3">额定电流/A</th><th rowspan="3">极数</th><th colspan="2">极限操作电流/A</th><th colspan="2">可控制电动机最大容量和额定电流</th><th colspan="2">在额定电压、电流下通断次数</th></tr>
<tr><th rowspan="2">接通</th><th rowspan="2">分断</th><th rowspan="2">最大容量/kW</th><th rowspan="2">额定电流/A</th><th colspan="2">交流 cosϕ</th></tr>
<tr><th>≥0.8</th><th>≥0.65</th></tr>
<tr><td rowspan="2">HZ10-10</td><td rowspan="5">交流380</td><td>6</td><td>单极</td><td rowspan="2">94</td><td rowspan="2">62</td><td rowspan="2">3</td><td rowspan="2">7</td><td rowspan="4">20000</td><td rowspan="4">10000</td></tr>
<tr><td>10</td><td rowspan="4">2、3</td></tr>
<tr><td>HZ10-25</td><td>25</td><td>155</td><td>108</td><td>5.5</td><td>12</td></tr>
<tr><td>HZ10-60</td><td>60</td><td rowspan="2"></td><td rowspan="2"></td><td rowspan="2"></td><td rowspan="2"></td></tr>
<tr><td>HZ10-100</td><td>100</td><td>10000</td><td>5000</td></tr>
</table>

组合开关有单极、双极和多极之分。还有一类组合开关是专为控制小容量三相异步电动机的正反转而设计生产的，如图 1.54 所示，称为倒顺开关。在开关的两侧各装有3副静触头，转轴上固定着6副不同形状的动触头，6副动触头分成两组，其中Ⅰ1、Ⅰ2、Ⅰ3为一组，Ⅱ1、Ⅱ2、Ⅱ3为另一组。开关的手柄有倒、停、顺3个位置，手柄只能从中间位置左转45°或右转45°，所以这种开关俗称为倒顺开关。当手柄位于“停”位置时，两组动触头与静触头都不接触；手柄位于“顺”位置时，动触头Ⅰ1、Ⅰ2、Ⅰ3与静触头接通；而手柄处于“倒”位置时，动触头Ⅱ1、Ⅱ2、Ⅱ3与静触头接通，触头的具体通断情

况见表1.18，其中“×”表示触头接通，空白处表示触头断开。

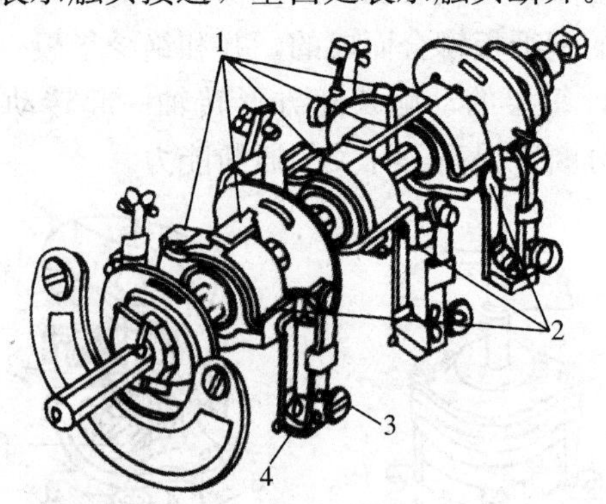

图1.54 HZ3-132型组合开关结构示意图

1—动触头 2—静触头 3—调节螺钉 4—触头压力弹簧

表1.18 倒顺开关触头分合表

触 头	手柄位置		
	倒	停	顺
L1-U	×		×
L2-W	×		
L3-V	×		
L2-V			×
L3-W			×

组合开关的图形符号如图1.53(c)所示，其文字符号为QS。

组合开关的实物图如图1.55所示。

(a) HZ5系列组合开关

(b) HZ10系列组合开关

图1.55 组合开关实物图

1.8.3 万能转换开关

万能转换开关是由多组相同结构的触头组件叠装而成的，用于控制多回路的主令电器。它主要用于控制电路的转换，也可用于小容量异步电动机的起动、换向及变速控制。

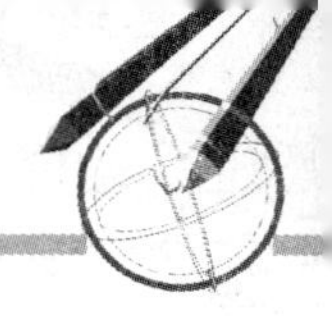

由于其触头挡位多、换接电路多、用途广泛，故又称为万能转换开关。

目前常用的万能转换开关有 LW5、LW6、LW15 等系列。

万能转换开关主要由操作机构、接触系统、转轴、手柄、定位机构等部件组成，其外形及工作原理如图 1.56 所示。

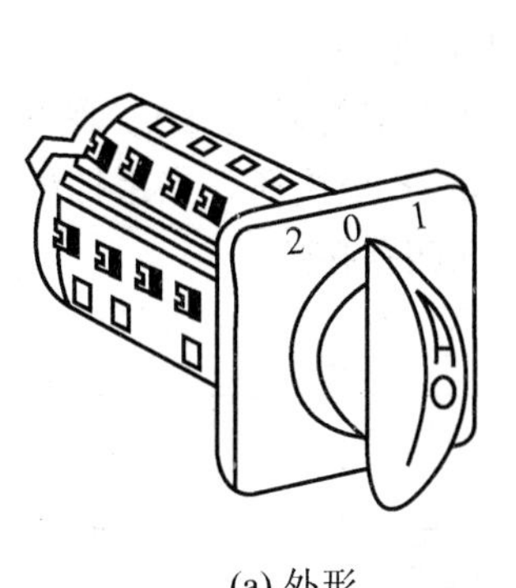

(a) 外形

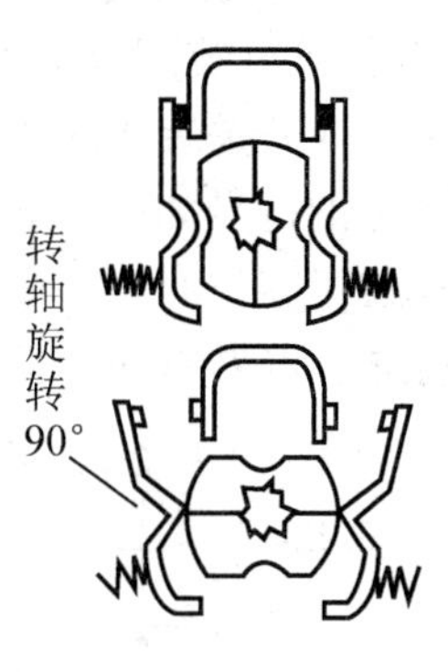

(b) 凸轮通断触头示意图

图 1.56　LW5 系列万能转换开关

万能转换开关的接触系统由许多接触元件组成，每一接触元件均有一胶木触头座，每层底座均可装 3 对触头，并由底座中间的凸轮进行控制。操作时，手柄带动转轴和凸轮一起旋转，由于每层凸轮可做成不同的形状，因此开关(即手柄)转到不同位置时，通过凸轮的作用，可使各对触头按所需要的规律接通或分断，从而达到换接电路的目的。定位机构一般采用滚轮卡棘轮辐射形结构，如图 1.57 所示。这样操作时滚轮和棘轮间为滚动摩擦，滑块克服弹簧力在定位槽中滑动，操作力小，定位可靠，有一定的速动作用，有利于提高通断能力，并能加强触头系统的同步性。

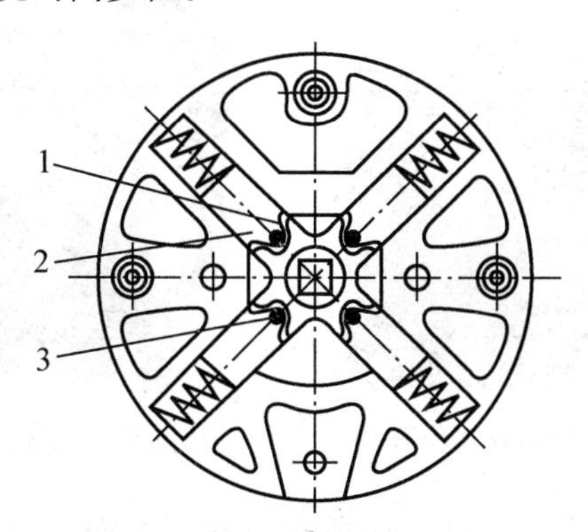

图 1.57　转换开关的定位机构

1—棘轮　2—滑块　3—滚轮

LW5 系列万能转换开关适用于交流 50 Hz、电压 500 V 及以下的电路，作主电路或电气测量仪表的转换开关及配电设备的遥控开关；也可作为伺服电动机及容量 5.5 kW 及以下三相交流电动机的起动、换向或变速开关。该系列转换开关按接触装置的档数有 1～16 和 18、21、24、27、30 等 21 种，其中 16 挡及以下为单列转换开关；18 挡及以上为三列转换开关。按防护形式有开启式和防护式两种。按手柄操作方式分为自复式和定位式两种。所谓自复式是指用手扳动手柄至某一位置后，当手松开手柄时，手柄自动返回原位，

而定位式是指用手扳动手柄至某一位置后，当手松开后手柄仍停留在该位置上。

LW6 型万能转换开关适用于交流 50 Hz、电压 380 V 及以下或直流 220 V 及以下、电流 5 A 及以下的交直流电路，作电气控制线路的转换、电气测量仪表的转换及配电设备的遥控开关用，也可用于不频繁起停的 380 V、2.2 kW 以下的小容量三相感应电动机的控制。LW6 万能转换开关还可装配成双列形式，列与列之间用齿轮啮合，并由公共手柄进行操作，因此，这种转换开关装入的触头最多可达到 60 对。

万能转换开关图形的符号如图 1.58 所示，其文字符号为 SA。图 1.58 中，竖虚线表示手柄位置，当手柄位于零位时，1、2、3、4、5、6 全接通，当手柄处于 1(左)位时，1、3 两路接通，当手柄位于 2(右)位时，2、4、5、6 四路接通。

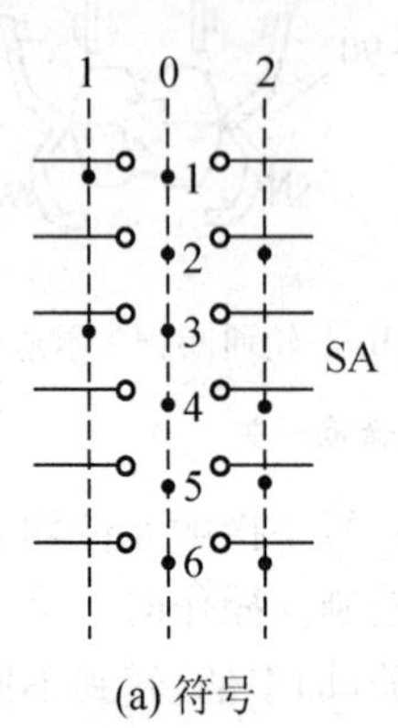

(a) 符号

触头号	1	0	2
1	×	×	
2		×	×
3	×	×	
4		×	×
5		×	×
6		×	×

(b) 触头分合表

图 1.58　万能转换开关的符号

转换开关的实物图如图 1.59 所示。

(a) LW2B系列万能转换开关

(b) LW5D系列万能转换开关

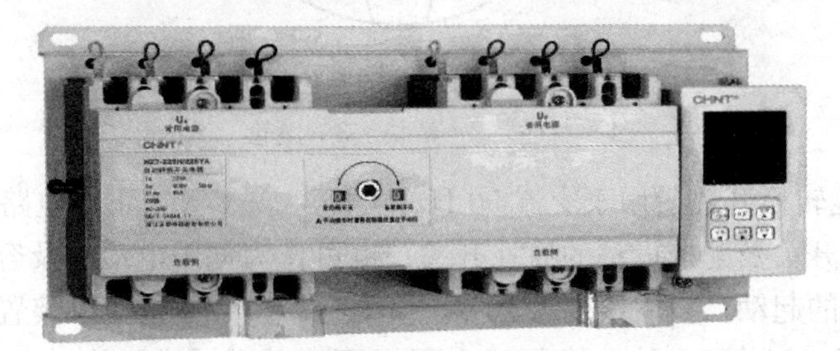

(c) NZ7系列自动转换开关

图 1.59　转换开关实物图

1.8.4　控制按钮

控制按钮是一种利用人手来操作，并具有储能弹簧复位的一种控制开关，在低压电路中，常用于发布动作命令，远距离控制各种电磁开关，再由电磁开关去控制电动机等。

控制按钮一般由按钮帽、复位弹簧、桥式动触头、静触头、支柱连杆及外壳等部分组成。按钮实物图如图 1.60 所示。

(a) 普通按钮

(b) 带钥匙的按钮

图 1.60　按钮实物图

按钮按静态(不受外力作用)时触头的分合状态，可分为常开按钮(常用于设备的起动)、常闭按钮(常用于设备的停止)、复合按钮。

复合按钮是将常开和常闭按钮组合为一体。当按下复合按钮时，常闭触头先断开，常开触头后闭合。当按钮释放后，在复位弹簧作用下按钮复原，复原过程中常开触头先恢复断开，常闭触头后恢复闭合。

目前常用的控制按钮有 LA18、LA19、LA20、LA25、LAY3 系列。其中 LA18 系列采用积木式拼接装配基座，触头数目可按需要拼装，一般装成 2 常开、2 常闭，也可装成 4 常开、4 常闭或 6 常开、6 常闭。在结构上有撳钮式、紧急式、钥匙式和旋钮式 4 种。

LA19 系列的结构类似于 LA18 系列，它只有一对常开和一对常闭触头，是具有信号灯装置的控制按钮，其信号灯可用于交、直流 6 V 的信号电路。该系列按钮适用于交流 50 Hz 或 60 Hz、电压 380 V 或直流 220 V 及以下、额定电流不大于 5 A 的控制电路，作为起动器、接触器、继电器的远距离控制之用。LA19 系列控制按钮的主要技术数据见表 1.19。

表 1.19　LA19 系列控制按钮主要技术数据

型　　号	额定电压/V	额定电流/A	结构形式	信号灯		触头数量		按　　钮	
				电压/V	功率/W	常开	常闭	钮数	颜　　色
LA19-11	AC，～380 DC，～220	5	撳压式	—	—	1	1	1	红、黄、蓝、白、绿
LA19-11J			紧急式	—	—	1	1	1	红
LA19-11D			带信号灯	6	1	1	1	1	红、黄、蓝、白、绿
LA19-11DJ			带信号灯紧急式	6	1	1	1	1	红

LA20 系列按钮也是组合式的，它除带有信号灯外，还有两个或 3 个元件组合为一体的开启式或保护式产品。它有 1 常开、1 常闭，2 常开、2 常闭和 3 常开、3 常闭 3 种。

LA20系列按钮的主要技术数据见表1.20。

表1.20　LA20系列控制按钮的主要技术数据

型　号	触头数量		结构形式	按　钮		指示灯	
	常开	常闭		钮　数	颜　色	电压/V	功率/W
LA20-11	1	1	揿钮式	1	红、绿、黄、蓝或白	—	—
LA20-11J	1	1	紧急式	1	红	—	—
LA20-11D	1	1	带灯揿钮式	1	红、绿、黄、蓝或白	6	<1
LA20-11DJ	1	1	带灯紧急式	1	红	6	<1
LA20-22	2	2	揿钮式	1	红、绿、黄、蓝或白	—	—
LA20-22J	2	2	紧急式	1	红	—	—
LA20-22D	2	2	带灯揿钮式	1	红、绿、黄、蓝或白	6	<1
LA20-22DJ	2	2	带灯紧急式	1	红	6	<1
LA20-2K	2	2	开启式	2	白、红或绿、红	—	—
LA20-3K	3	3	开启式	3	白、绿、红	—	—
LA20-2H	2	2	保护式	2	白、红或绿、红	—	—
LA20-3H	3	3	保护式	3	白、绿、红	—	—

LA25系列为通用型按钮的更新产品，采用组合式结构，插接式连接，可根据需要任意组合其触头数目，最多可组成6个单元。LA25系列控制按钮的安装方式是钮头部分套穿过安装板，旋扣在底座上，板后用M4螺钉顶紧，所以安装方便牢固。按钮基座上设有防止旋转的止动件，可使按钮有固定的安装角度。

LAY3系列是根据德国西门子公司技术标准生产的产品，规格品种齐全。其结构形式与LA18系列相同，有的带有指示灯，适合工作在交流电压660 V或直流电压440 V以下、额定电流10 A的场合。

随着计算机技术的不断发展，又生产出用于计算机系统的新产品，如SJL系列弱电按钮，它具有体积小、操作灵敏等特点。

为了便于识别，避免发生误操作，生产中用不同的颜色和符号标志来区分按钮的功能及作用。国家标准GB 5226.1—2008:《机械电气安全　机械电气设备　第1部分：通用技术条件》对按钮颜色有强制性的规定，按钮颜色的含义见表1.21。

表1.21　按钮颜色的含义

颜　色	含　义	说　明	应用示例
红	紧急	紧急状态时操作	急停 紧急功能起动
黄	异常	异常状态时操作	干预、制止异常情况 干预重新起动中断了的重新循环
绿	正常	起动正常情况时操作	起动

续表

颜　色	含　义	说　明	应用示例
蓝	强制性的	要求强制动作情况下的操作	复位功能
白			起动/接通(优先) 停止/断开
灰	未赋予特定含义	除急停以外的一般功能的起动	起动/接通 停止/断开
黑			起动/接通 停止/断开(优先)

起动/接通操动器(按钮)颜色应为白、灰、黑或绿色，优先选用白色，但不允许用红色。

急停和紧急断开操动器(按钮)应使用红色。

停止/断开操动器(按钮)应使用黑、灰、白色，优先选用黑色，不允许用绿色，也可选用红色，但靠近紧急按钮时建议不选用红色。

作为起动/接通与停止/断开交替操作的按钮操动器的优选颜色为白、灰或黑色，不允许用红、黄或绿色。

对于按动它们即引起运转而松开它们则停止运转(如保持—运转)的按钮操动器，其优选颜色为白、灰或黑色，不允许用红、黄或绿色。

复位按钮应为蓝、白、灰或黑色。如果它们还用作停止/断开按钮，最好使用白、灰或黑色，优选黑色，但不允许用绿色。

控制按钮的图形符号如图 1.61 所示，其文字符号为 SB。根据按钮的类型和用途不同，其符号也有变化。

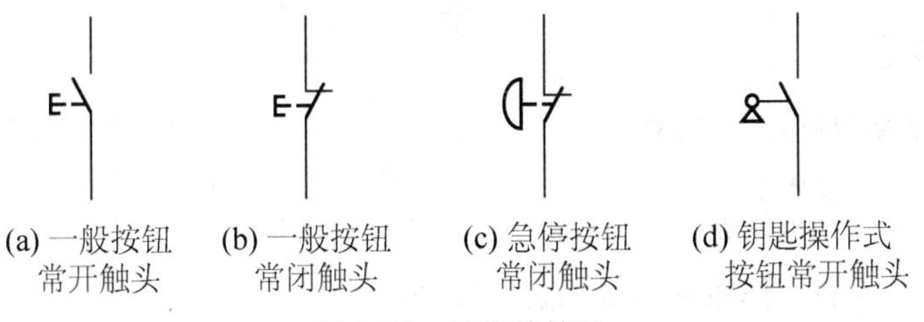

图 1.61　按钮的符号

1.8.5　行程开关

行程开关是用以反映工作机械的行程，发出命令以控制其运动方向、行程大小，以及实现其位置保护的主令电器。行程开关的作用原理与按钮相同，通常行程开关被用来限制机械运动的位置或行程，故又称为限位开关，它使运动机械按一定的位置或行程实现自动停止、反向运动、变速运动或自动往返运动等。

从结构上来看，行程开关可分为 3 部分，即触头系统、操作机构和外壳。操作机构是开关的感测部分，用于接受生产机械发出的动作信号，并将此信号传递给触头系统。触头系统是行程开关的执行部分，它将操作机构传来的机械信号转变为电信号，输出到有关控制电路，实现其相应的电气控制。

常见的行程开关有按钮式(直动式)、旋转式(滚轮式等)和微动式。行程开关的实物图如图 1.62 所示。直动式行程开关的结构和动作原理如图 1.63 所示，滚动式行程开关的结构和动作原理如图 1.64 所示。

(a) 滚动式行程开关

(b) 微动开关

图 1.62 行程开关实物图

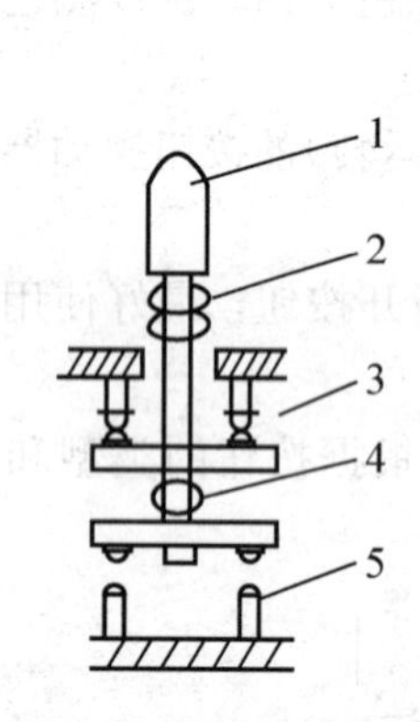

图 1.63 直动式开关结构和动作原理图

1—推杆　2、4—弹簧

3—常闭触头　5—常开触头

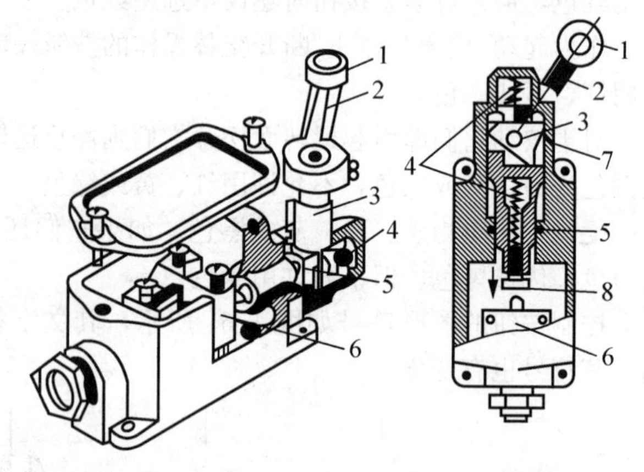

图 1.64 JLXK-111 型滚轮式行程开关的结构和动作原理图

1—滚轮　2—杠杆　3—转轴　4—复位弹簧

5—撞块　6—微动开关　7—凸轮　8—调节螺钉

直动式行程开关的动作原理与直动式按钮的动作原理一样，所不同的是其推杆是由运动的机械部件(常称之为挡铁)碰压而向下运动。

滚轮式行程开关的动作原理是当运动部件的挡铁碰压行程开关的滚轮时，杠杆与转轴一起转动，使凸轮推动撞块，当撞块被压到一定位置时，推动微动开关快速动作，使其常闭触头断开、常开触头闭合。当滚轮上的挡铁移开后，复位弹簧就使行程开关各部分恢复原始位置，这种单轮自动恢复式行程开关依靠本身的恢复弹簧来复原。有的行程开关在动作后不能自动复原，如 JLXK1-211 型双轮旋转式行程开关，当挡铁碰压这种行程开关的一个滚轮时，杠杆转动一定角度后触头立即动作，当挡铁离开滚轮后，开关不能自动复位，只有当反向碰撞时，挡铁从相反方向碰压另一滚轮，触头才能复位，这种双轮非自动恢复式行程开关的结构比较复杂，价格相对较贵，但运行比较可靠。

微动开关也是靠碰压动作的，只是体积更小，动作更轻巧，所需要的安装空间更小，动作行程也更小。

常见的行程开关还有 X2、LX3、LX19A、LX29、LX31、LX32 等系列及 JW 型等。

X2 系列行程开关有直动式和滚轮传动式。触头数量为 2 常开、2 常闭。

LX3 系列行程开关的基座用塑料制成，保护式有金属外壳，其触头数量为 1 常开、1 常闭。

LX19A 系列行程开关是 LX19 系列的改型产品，该系列具有 1 常开、1 常闭触头。可组成单轮、双轮及径向传动杆等形式。

LX29 系列行程开关是以 LX29-1 型微动开关为基础，增加不同机构组合而成的。该系列产品有单臂滚轮型、双臂滚轮型、直杆型、直杆滚轮型、摇板型和摇板滚轮型等。它具有 1 对常开、1 对常闭触头。

LX31 系列微动开关有基本型、小缓冲型、直杆型、直杆滚轮型、摇板型和摇板滚轮型等。

LX32 系列行程开关是以 LX31-1/1 型微动开关作执行元件，有直杆型、直杆滚轮型、单臂滚轮型和卷簧型等。

JW 型微动开关有基本型和带滚轮型。

以上各系列行程开关的额定电流除 LX31 和 LX32 系列为 0.79 A、JW 型为 3 A 以外，其余的全部为 5 A。

行程开关在选用时，应根据不同的使用场合，满足额定电流、额定电压、复位方式和触头数量等方面的要求。

行程开关的图形符号如图 1.65 所示，其文字符号为 SQ。

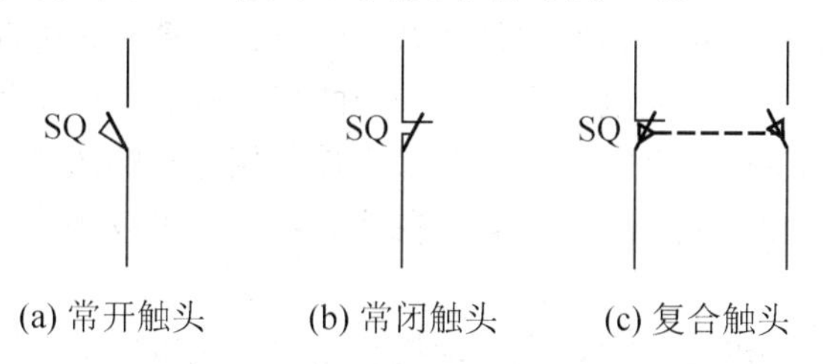

(a) 常开触头　(b) 常闭触头　(c) 复合触头

图 1.65　行程开关的符号

小　　结

低压电器的种类繁多，本章较为详细地介绍了电磁式低压电器的基本知识。在此基础上分别介绍了接触器、各种继电器、熔断器、低压断路器，手控及主令电器等常用低压电器的结构、工作原理及其主要技术数据、典型产品与图形和文字符号等。

电磁式低压电器主要由电磁机构、触头系统和灭弧装置等组成，使用类别、额定电压、额定电流、通断能力等是其主要参数，在选用电磁式低压电器时，要依据这些参数进行选择。每一种低压电器都有一定的使用范围，要根据使用条件正确选用。有些电器在使用时，还要根据被控制或被保护电路的具体要求，在一定范围内进行调整，应在掌握其工作原理的基础上掌握其调整方法。其详细内容可参阅电器产品说明书或有关的电工手册。

为不断优化和改进控制电路，应及时了解电器的发展动向，及时掌握、使用各种新型电器。在选用时，也应优先选用新型电器元件。不少低压电器的龙头企业都有专门的企业网站，用于对本企业的产品进行介绍，了解产品的作用、性能和技术指标已经不需要通过设计手册，尤其是企业的某些非通用型或新型产品，设计手册中反而查找不到。

习　题

1.1　分别叙述电磁式电器的吸力特性与反力特性。为什么在吸合过程中，吸力特性要始终位于反力特性的上方？

1.2　为什么单相交流电磁铁要有短路环？三相交流电磁铁是否需要加装短路环？为什么？

1.3　什么是低压电器？低压电器按动作方式可分为哪几类？

1.4　交流接触器在衔铁吸合前的瞬间，为什么在线圈中会产生很大的冲击电流？直流接触器是否会出现这种现象？为什么？

1.5　若把交流电磁线圈误接入对应的直流电源，而把直流电磁线圈误接入对应的交流电源，将会发生什么现象？为什么？

1.6　交流接触器在动作时，常开和常闭触头的动作顺序是怎样的？

1.7　交流接触器与直流接触器以什么来区分？

1.8　加在交流接触器线圈上的实际电压过高或过低将会造成什么现象？

1.9　交流接触器主触头在使用中产生过热的原因是什么？

1.10　如何调整过电压继电器的吸合值和欠电压继电器的释放值？

1.11　低压断路器在电路中的作用是什么？失压、过载及过电流脱扣器起什么作用？

1.12　星形接法的三相感应电动机能否采用两相结构的热继电器作为断相保护和过载保护？△形接法的三相感应电动机为什么要采用带断相保护的热继电器？

1.13　中间继电器和接触器有何异同？在什么条件下可以用中间继电器来代替接触器起动电动机？

1.14　电动机的起动电流很大，当电动机起动时，热继电器会不会动作？为什么？

1.15　某机床的电动机为 Y-132S-4 型，额定功率为 5.5 kW、电压为 380 V、额定电流为 11.6 A，起动电流为额定电流的 7 倍，现用按钮进行起停控制，要求具备短路保护和过载保护，试选择接触器、按钮、熔断器、热继电器和组合开关。

1.16　是否可以用过电流继电器来作电动机的过载保护？为什么？

1.17　熔断器的额定电流、熔体的额定电流和熔体的极限分断电流三者有何区别？

1.18　交流过电流继电器与直流过电流继电器的吸合电流调整范围是多少？直流欠电流继电器的吸合电流与释放电流调整范围是多少？

1.19　电磁式继电器的选择要点是什么？

1.20　简述双金属片式热继电器结构与工作原理。

1.21　控制按钮有哪些主要参数？如何选用？

1.22　简述通电延时型与断电延时型晶体管时间继电器的区别及延时环节的特点。

项目2

电子电器

微电子技术和大功率半导体器件的迅速发展，使电子技术的应用渗透到各个行业。现代工业为了不断地提高产量和质量，其控制系统朝着大型化、自动化、高速、高可靠性和高精度方向发展，于是对构成控制系统的元器件提出越来越高的要求，在这些要求中有些是传统的有触头电器难以满足的。在某些情况下，即使是有触头电器可以满足系统要求，但使用电子电器可能会使系统变得更简便或大大节省成本。电子电器的出现和发展是自动化技术和电子工业发展的必然产物。

2.1 电子电器的定义、组成及作用

知识目标	➢ 掌握电子电器的优缺点； ➢ 了解电子电器的组成； ➢ 了解电子电器各主要电路的作用。
能力目标	➢ 能依据系统特点正确选择电子电器和传统电器(有触头电器)。

要点提示

近十几年来电子电器有了快速的发展，其用量也越来越大，但绝大多数此类书籍中并未涉及电子电器的相关内容。编者认为，低压电器已进入到传统电器(有触头)与电子电器共用的时代，不对电子电器进行介绍是欠妥的。达到同样的控制目的，既可以使用传统的有触头电器，也可以使用电子电器。电子电器与有触头电器相比较具有很多优点，甚至可以说是优势，但同时也存在一定的缺点。实践证明，电子电器不能完全取代有触头电器，它们之间不应是相互排斥、相互取代，而应是相辅相成、互为补充的，应根据技术要求和经济效益来选择最佳方案。

2.1.1 电子电器的定义

电子电器是电子化或半电子化的电器，换句话说，就是由全部或部分电子元件和电子线路按特定功能所构成的电器元件或装置，又称半导体无触头电器或简称无触头电器。

2.1.2 电子电器的优缺点

电子电器与传统的有触头开关电器相比有一系列的优点，但也存在一定的缺点。

1. 优点

(1) 开关速度高。一般半导体无触头开关的动作时间只有数微秒至数十微秒、甚至仅有数十纳秒，而有触头电器开关的固有动作时间为数十毫秒左右，即使是快速开关也需要几毫秒。在现代控制系统中，如某些开关量调节系统、电子计算机备用电源的切换开关等，就需要这种高速的开关电器来对系统进行调节和电路的切换，以达到控制的目的。

(2) 操作频率高。以晶闸管开关为例，其操作频率可达每分钟数百次以上，而一般有触头电器是不可能达到的。

(3) 寿命长。半导体开关只要在规定的电压和电流的极限范围内使用，其寿命几乎是无限的，而有触头电器因受到机械和电气性能的影响寿命不是很长。

(4) 适应能力强。电子电器几乎不受工作环境的限制，可在有机械振动、多粉尘、易燃、易爆的恶劣环境下工作。

(5) 控制功率小。采用场效应晶体管或 MOS 集成器件为电子电器的输入级，信号源

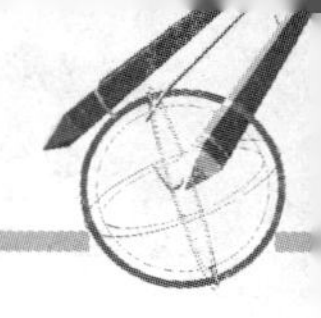

几乎不负担电流。

（6）功能强。电子电器不仅具有开关功能，而且还能进行功率放大，交、直流调压，交、直流电动机的软起动和调速等。

（7）经济性能好。采用模块式结构，这样就使得各种电控装置或系统的设计与安装变成若干标准模块的积木式组装，从而使电控装置或系统体积小、重量轻、成本低，有利于制造、维修。

2. 缺点

（1）导通后的管压降大。晶闸管的正向压降及大功率晶体管的饱和压降约为 1.2 V，因而造成耗损功率较大，为了散发由此耗损转变成的热量必须加装散热装置，故导致其体积比同容量的有触头电器大。

（2）不能实现理想的电隔离。晶闸管关断后却仍然有数毫安的漏电流，造成电隔离不彻底。

（3）过载能力低。当用于控制电动机时，则需按电动机的起动电流来选择元件的容量。

（4）温度特性及抗干扰能力差。电子电器易受温度及电磁干扰的影响，需采用温度补偿、散热、屏蔽、滤波、光电隔离等一些措施，才能使其在恶劣的环境中可靠地工作。

综上所述，电子电器有其一系列的优点，因而在 20 世纪 60 年代末国内外曾发生了一场是否用无触头电器来取代有触头电器的学术争论。但事实证明，电子电器也存在一些缺点，近十几年来电子电器有了快速的发展，其用量也越来越大，但还是不能完全取代有触头电器，它们之间不应是相互排斥、相互取代，而应是相辅相成、互为补充的。应根据技术要求和经济效益来选择最佳方案。

2.1.3 电子电器的组成

1. 电子电器的典型电路结构

许多电子电器在基本原理和电路结构方面存在着共性。光电继电器电路原理图如图 2.1所示，温度继电器电路原理图如图 2.2 所示。比较此两种继电器原理图，可见二者在基本原理和电路结构上类同，所不同的是采用了不同的感辨机构即成了不同类型的电器。大多数非数字式电子电器的组成如图 2.3 所示。并非所有电子电器的电路都完全遵循这一结构形式，在感辨机构和出口电路之间，许多电子电器根据其特殊的矛盾和规律，在信息的处理上或多或少会有些差异，有的需要增加一些电路，有的则可以减少一些电路，如有些电子电器需具有延时功能，故需增加延时电路；而有些电子电器采用有源传感器，故不需变换电路等。另外，对有些较简单的电子电器，其一个局部电路实际起到了图 2.3 中几个电路的作用，如图 2.1 中晶体管 V2 和晶体管 V4 等共同组成一个射极耦合触发器，就起到了放大电路兼鉴别电路的双重作用。

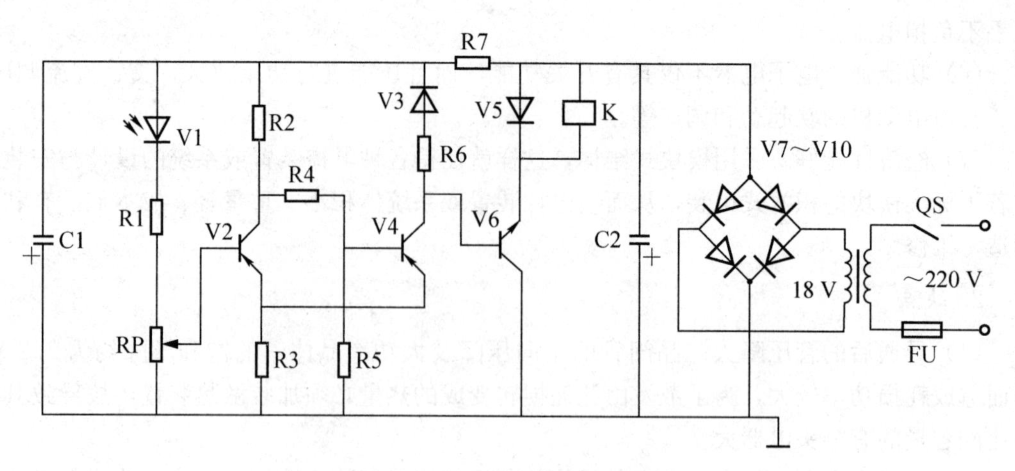

图 2.1　光电继电器电路原理图

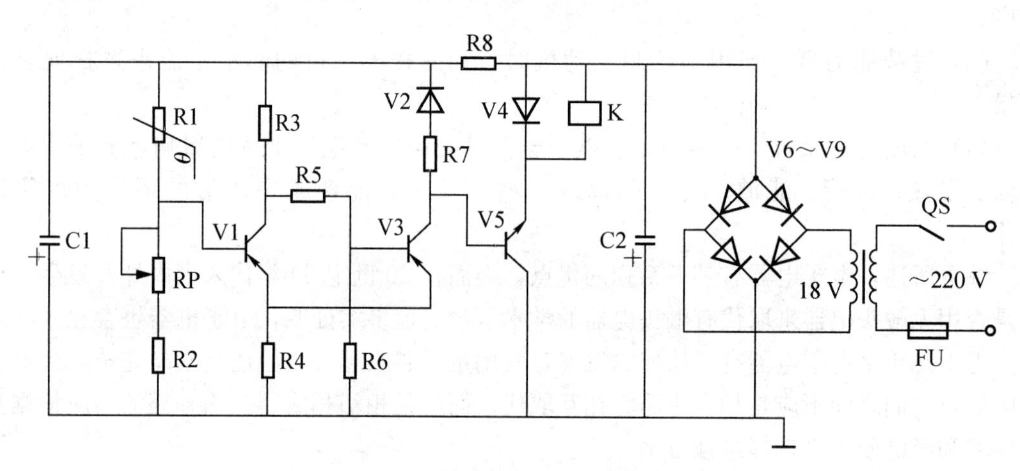

图 2.2　温度继电器电路原理图

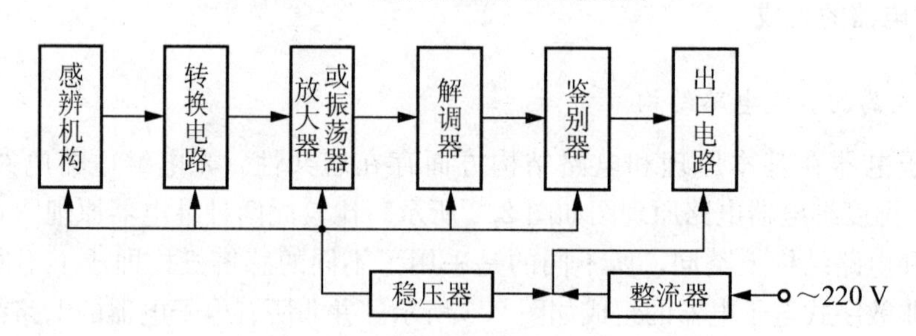

图 2.3　电子电器的电路组成

2. 电子电器的各主要电路的作用和相互关系

1）感辨机构

电子电器感辨机构的作用是将各种被检测的电量或非电量变换为适用于电子电路的电压、电流或电路参数(电阻、电容、电感)。一般是由一些变换元件或各种传感器来担此任务。互感器是目前应用最广的一种 I-U 转换器，如电流互感器将其一次绕组串联接入被测电路；而其二次绕组接入一个适当电阻，在电阻两端即可获得比例于被测电路电流的交流

电压信号。利用物质的物理效应(如光电效应、压电效应、热电效应等)和物理原理(如电感原理、电容原理、电阻原理等)将某一被检测物理量转换成随之而变化的另一物理量的器件统称为传感器。按传感器能量传递的方式来划分，可分为有源传感器和无源传感器两类：有源传感器能直接将非电量转换成电量信号，如热电偶、光电池等，由有源传感器输出的电量信号(电压、电流等)可直接输入放大器放大；无源传感器只能将非电量转换成电路参数(电阻、电容、电感)，如热敏电阻、各种电容、电感传感器等，由无源传感器输出的电路参数需经过转换电路转换成电量信号，再输入放大器放大。

感辨机构是电子电器的第一个环节，它的频率响应特性、灵敏度、线性度及输出阻抗与下级电路输入阻抗的匹配等都会直接影响到电子电器的体积、成本、可靠性等。

2) 转换电路

转换电路的作用是将无源传感器输入的非电量变化的电路参数变换为随之变化的电流或电压的幅值、频率或相位的变化，并保证输出的能量最大限度地输给放大器。常用的转换电路有各种电桥电路、差动电路及各种振荡电路。

3) 放大器

放大器的作用是将微弱的电信号进行放大，来提高电器的灵敏度、精度和可靠性。电子电器都需有某种形式的放大器，有的采用独立的放大器，较多的是由别的环节兼起作用。常用的有触发器(如光电继电器电路原理图的射极耦合触发器)和振荡器等，它不仅担负着别的功能，而且同时还起放大作用。另外，从信号放大的角度来看，直流信号(传感器输出的信号有许多是近似直流的信号)的放大比较困难。因此，需要把传感器输出的缓变信号先变成具有较高频率的交流信号(这样一个过程称为信号的调制，就是利用缓变信号来控制高频振荡的过程。已被缓变信号调制的高频振荡波为调制波，调制波相应地有调幅波、调频波和调相波 3 种，电子电器一般采用调幅波)再进行放大，以期得到最好的放大效果。

4) 解调器

解调器的作用是将放大器输出的调制波中的缓变信号解调出来，输送给鉴别器。所谓解调，就是从调制波中把原来的信号恢复出来的过程。对调幅波的解调，简称检波，它是调制的逆过程，完成这种解调作用的电路称为检波器。从物理过程来看，检波器实际上就是一个具有平滑滤波的整流电路，常用的有半波、全波和倍压检波电路。另外，还有一种相敏解调器，调幅波经过相敏解调后，除了能恢复出原来信号幅值之外，还能恢复出原来信号的极性，从而反映被检测量的大小和被检测量的变化方向。

5) 鉴别器

鉴别器的作用是向被检测量提供一个用以比较的门限值，来判别被检测量是否已达到或超过预定值，由该门限值与被检测量共同决定鉴别器的输出状态。当被检测量小于门限值时，鉴别器则“无”输出；当被检测量大于门限值时，鉴别器则“有”输出。确切地说，鉴别器输出的是被鉴信号与预先给定的门限值的差值，并将此差值转换为跳变的开关信号或逻辑电平并输送给出口电路。被鉴信号可能是电压的幅值、频率、相位或脉冲的宽度，因此相应地有鉴幅器、鉴频器、鉴相器或鉴宽器，在电子电器中最常用的是鉴幅器。

鉴别器是电子电器电路中必设环节之一，对其主要要求是：和前级电路应有较好的配合；提供稳定的门限值，通常还要求门限值可调；有较高的灵敏度，即当被鉴信号达到门限值时，鉴别器仅取用很小的信号电流；输出信号有较好的开关特性和所需的回差。

6）延时电路

延时电路的作用是延缓电器的动作时间。在一些具有延时特性的电器中，就需要设置延时电路以实现所需的延时。延时时间可以是恒定的，也可以是与被检测量大小有关的，前者可构成时间继电器，后者可实现具有反时限保护特性的保护电器。

7）逻辑门电路

逻辑门电路的作用是对电器的动作进行逻辑控制。更确切地说，加设逻辑门电路的目的是给电器的动作附加了条件，如加设与门电路使电器的动作条件变得严格；加设或门电路使电器的动作条件放宽；而加设非门电路则使电器原来的动作条件作一次否定。逻辑门电路在数字式电子电器中有大量应用，在非数字式电子电器中也有所应用。

8）记忆电路

记忆电路的作用是为了使信号具有记忆功能。对非自动复位式电器来说，其动作与输入信号几乎同时出现，当输入信号消失后对其所产生的动作应具有自保持或记忆功能，必须加设某种记忆电路才可以实现。常用的记忆电路有双稳态触发器和晶闸管电路等。

9）出口电路

出口电路的作用是功率放大和执行前级电路发出的命令。出口电路是电子电器中最后一级电路，对其要求是：必须动作可靠，并且能提供足够大的输出功率和电平；具有良好的开关特性或继电特性等。出口电路的组成形式有两种：一种采用晶体管或晶闸管输出，称为无触头出口电路；另一种采用小型继电器输出，称为有触头出口电路。

无触头出口电路的优点是动作速度快，不会出现机械故障，缺点是电路较复杂、成本高和抗干扰性能差。有触头出口电路的优点是电路较简单、成本低和抗干扰性能强，但存在容量较小，且动作时间长等缺点。应当根据实际需要、权衡利弊加以选用。

10）电源

电源的作用是为电子电路提供稳定的直流供电。一般工厂供电都是交流电，因此需要将交流电变换成直流电。简单方法是采用电源变压器(或直接交流供电)，利用晶体二极管将交流电加以整流，再通过电容或电感组成的滤波电路，得到比较平滑的直流电。对用继电器输出的出口电路可以用此供电。但对电子电器中的信号转换电路、放大器和鉴别器等电路，为了保证电子电器的精度和可靠性，还要求提供稳定的直流电源，即直流电压受交流电网电压变化和负载的变动影响必须很小。因此，必须在整流和滤波电路之后加稳压电路，以获得较稳定的直流电。

2.1.4 电子电器在机电设备控制系统中的作用

电子电器与传统电器在机电设备控制系统中的作用是相同的，起开关、控制、保护、调节、检测、显示和报警等作用。下面以两个例子来说明电子电器的一般特征和作用。

开关量恒温控制系统示意图如图 2.4 所示。在三相交流主回路中接入双向晶闸管，起通断开关的作用，用来接通或断开电热器负载。热电偶为检测温度变化的感温元件，用来反映被控装置的温度。随温度的变化其两端产生的热电动势也跟着变化，但热电动势很小，需经放大器放大。从刚开始加温到恒温室的温度接近预定值时，晶闸管一直处于全导

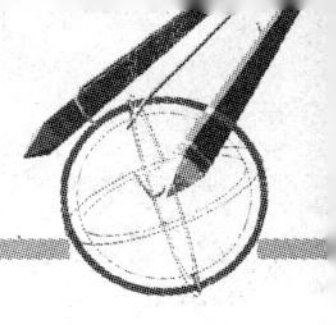

通状态，电热器被加上电源的全压。随着温度的升高，热电偶两端产生的热电动势及放大器的输出电压也随着增大。当恒温室的温度升到预定值时，热电偶两端产生的热电动势使放大器输出电压大于鉴别器的门限值，导致鉴别器和出口电路的输出状态发生突变，晶闸管随之由全导通状态跳变到关断状态，从而切除电热器的电源，使恒温室的温度处于预定温度。改变鉴别器的门限值就可以改变预定的温度。因受散热影响，恒温室的温度一旦低于预定温度，相应热电偶两端产生的热电动势使放大器输出电压低于鉴别器的门限值，鉴别器和出口电路的输出又恢复到原来状态，晶闸管又处于全导通状态，电热器又被加上电源的全压，使恒温室加温。当温度重新达到预定温度时，重复上述过程，这样，就构成了一个自动恒温控制系统。此系统中的感温元件、放大器、鉴别器和包括晶闸管在内的出口电路就组成了一个电器，即电子式温度开关。

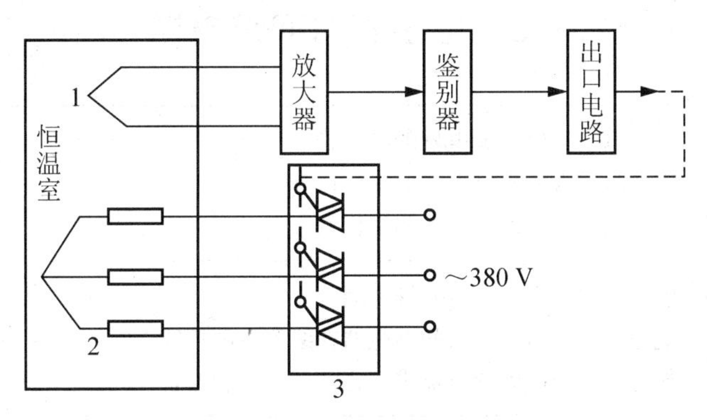

图 2.4 恒温控制系统示意图

1—热电偶　2—电热器　3—晶闸管

用于三相配电系统的漏电保护结构示意图如图 2.5 所示。过去一段时期电热水器漏电造成人员伤亡的报道就很多；在供电系统中的电气设备常因绝缘性能的降低而漏电，漏电状态的延续可能导致故障的扩大以致酿成重大事故，因而需设置漏电保护装置。其工作原理为，零序电流互感器 TA 是把漏电大小的变化转换为电信号的检测元件，它的铁芯是环

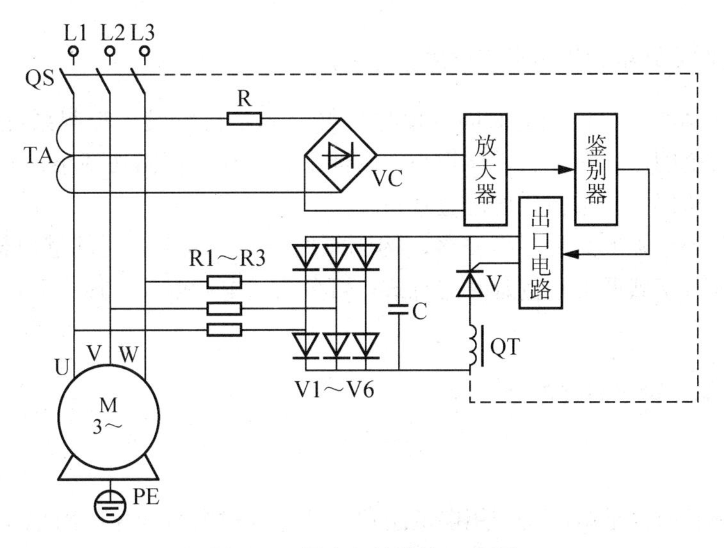

图 2.5 漏电保护结构示意图

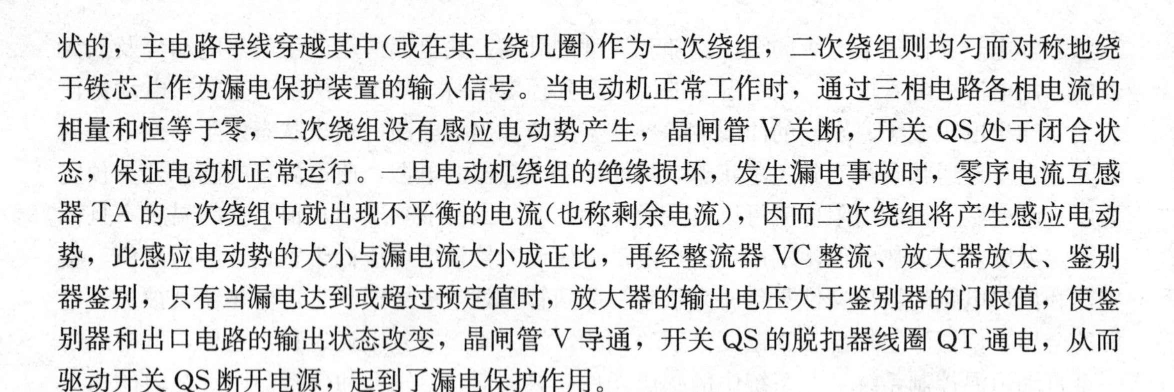
状的，主电路导线穿越其中(或在其上绕几圈)作为一次绕组，二次绕组则均匀而对称地绕于铁芯上作为漏电保护装置的输入信号。当电动机正常工作时，通过三相电路各相电流的相量和恒等于零，二次绕组没有感应电动势产生，晶闸管 V 关断，开关 QS 处于闭合状态，保证电动机正常运行。一旦电动机绕组的绝缘损坏，发生漏电事故时，零序电流互感器 TA 的一次绕组中就出现不平衡的电流(也称剩余电流)，因而二次绕组将产生感应电动势，此感应电动势的大小与漏电流大小成正比，再经整流器 VC 整流、放大器放大、鉴别器鉴别，只有当漏电达到或超过预定值时，放大器的输出电压大于鉴别器的门限值，使鉴别器和出口电路的输出状态改变，晶闸管 V 导通，开关 QS 的脱扣器线圈 QT 通电，从而驱动开关 QS 断开电源，起到了漏电保护作用。

2.2 电子式时间继电器

知识目标	➢ 了解电子式时间继电器的特点； ➢ 理解阻容式时间继电器的工作原理； ➢ 理解数字式时间继电器的工作原理。
能力目标	➢ 能正确选择电子式时间继电器； ➢ 能正确完成电子式时间继电器在线路中的接线； ➢ 能对电子式时间继电器进行正确的调试和维护。

要点提示

传统的时间继电器存在价格高、结构复杂、延时精度低、延时范围窄、延时调整麻烦等缺点。利用模拟和数字电子技术都可以实现延时，因此电子式时间继电器便应运而生。更由于电子产品加工技术的现代化，使电子式时间继电器在克服传统时间继电器一些缺点的同时更具价格优势。

2.2.1 电子式时间继电器的特点与分类

电子式时间继电器和传统的时间继电器一样，都是机电设备控制系统中的重要的元件。它具有延时范围广、精度高、体积小、耐冲击和振动、控制功率小、调节方便、寿命长等许多优点，所以发展很快，使用也日益广泛。

电子式时间继电器的品种规格较多，构成原理各异。电子式时间继电器按构成原理，可分为阻容式和数字式两类；按延时的方式，可分为通电延时型、断电延时型、带瞬动触头的通电延时型等。

2.2.2 阻容式晶体管时间继电器

1. 基本工作原理

阻容式晶体管时间继电器是利用电的阻尼，即电容对电压变化的阻尼作用作为延时的基础。阻容式晶体管时间继电器的原理框图如图 2.6 所示。

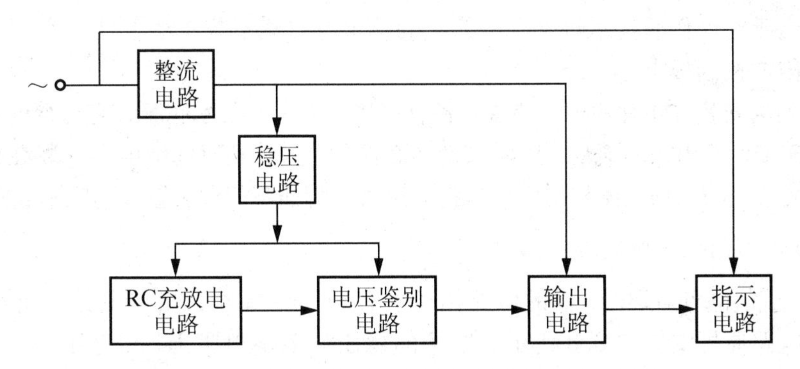

图 2.6　阻容式晶体管时间继电器的电路原理框图

为了说明阻容式时间继电器的工作原理，先分析一下图 2.7(a)所示的阻容充电电路。假设在延时起动开关 QS 合上之前，电容器 C 上的电荷 Q 为零，由于电容器 C 两端电压 $U_C=Q/C$，所以电容器 C 上的端电压 U_C 也为零。当合上延时起动开关 QS 的瞬间，电容器 C 上的端电压 U_C 是不会突变的，随时间 t 的增加，电容器 C 充电，电容器上电荷逐渐累积，端电压 U_C 从零开始慢慢地按指数曲线上升，如图 2.7(b)所示。

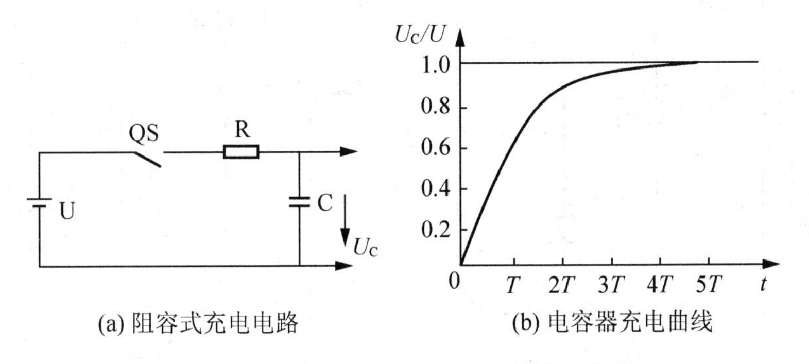

图 2.7　阻容式充电电路和电容器充电曲线

若电容器 C 上的端电压在起始瞬间为 U_{C0} 或 $-U_{C0}$，设当 $t=t_{dz}$，$U_C=U_{dz}$ 时，使接在其后面的电压鉴别电路动作，则求得延时时间 t_{dz} 为：

$$t_{dz}=RC\ln\frac{U\pm U_{C0}}{U-U_{dz}} \tag{2.1}$$

显然，延时时间的长短取决于时间常数 τ，即电阻 R、电容 C、电源电压 U、动作电压 U_{dz} 和电容器上的初始电压等参数。因此，在设计时，为了取得必要的延时时间 t_{dz}，必须恰当地选择上述电路参数。同时，要保证延时精度，就必须使上述各参数值保持稳定。

根据电压鉴幅器电路的不同，阻容式晶体管延时继电器大致可以分为 3 类：一类是采用单结晶体管的延时继电器；另一类是采用不对称双稳态电路的延时继电器；还有一类是采用 MOS 型场效应晶体管的延时继电器。下面以具有代表性的 JS20 系列阻容式晶体管时间继电器为例，介绍其结构和电路的工作原理。

2. JS20 系列阻容式晶体管时间继电器的结构

JS20 系列采用插座式结构，所有元器件都装在印制电路板上，然后用螺钉将其与插座紧固，再装入塑料罩壳内固定，组成本体部分。在罩壳顶面装有铭牌、整定电位器旋钮和指示灯。铭牌上有该时间继电器最大延时时间的十等分刻度。使用时旋转旋钮即可调整

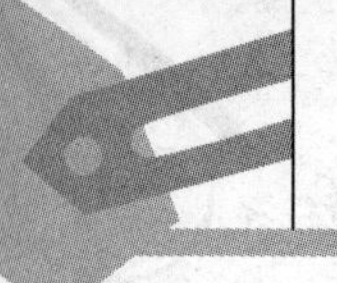

延时时间，当延时动作后指示灯亮。外接式的整定电位器不装在继电器的本体内，而用导线引接到所需的控制板上。

JS20系列的安装方式有两种：装置式备有带接线端子的胶木底座，它与继电器本体部分间采用接插连接，并用扣环锁紧，以防松动；面板式可直接把时间继电器安装在控制台的面板上，它与装置式的结构大体相同，只是将通用大八脚插座替代装置式的胶木底座。

3. JS20单结晶体管时间继电器

JS20单结晶体管时间继电器的电路由延时环节、鉴幅器、出口电路、指示灯和电源等组成，其电路原理图如图2.8所示。电源的稳压环节由电阻R1和稳压管V3组成，只给延时环节和鉴幅器供电，出口电路中的V4和K则由整流电源直接供电。电容器C2的充电回路有两条，一条是通过主充电电路的电阻RP1和R2；另一条是通过由低电阻值电阻RP2、R4、R5组成的分压器经二极管V2向电容器C2提供的预充电电路。

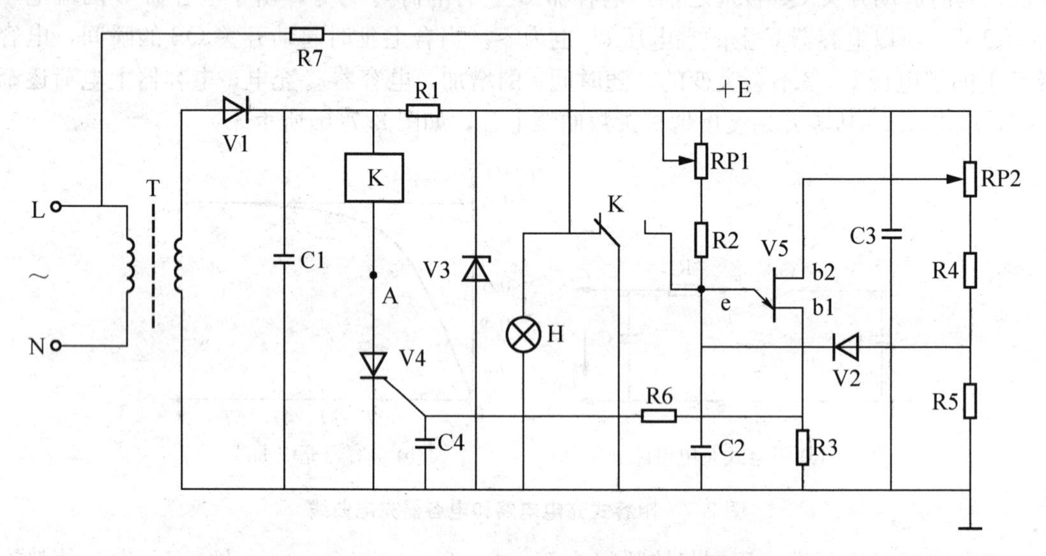

图2.8 JS20单结晶体管时间继电器电路原理图

当接通电源后(L接火线，N接零线)，交流电由变压器T变压，再由二极管V1整流、电容器C1滤波及稳压管V3稳压后给电路提供直流电压。通过RP2、R4、V2预充电电路向电容器C2以极小的时间常数快速预充电。预充电的幅度为U'_{C0}，高于电容器C2上残存电压U_{C0}，其值取决于RP2、R4、R5的分压值。预充电的作用是使主充电电路每次都能从一个较低的恒定电压U'_{C0}开始，以消除电容器C2上无规律的残存电压U_{C0}引起的延时误差；与此同时通过主充电电路RP1、R2也向电容器C2充电，但其充电时间常数要比预充电电路充电时间常数大很多，RP1是可变电阻，调节其大小，即改变了延时时间。电容器C2上的电压U_C在预充电压U'_{C0}的基础上按指数规律逐渐上升，如图2.9(a)所示；当此电压大于单结晶体管V5的发射极峰点电压U_P时，单结晶体管V5导通，输出脉冲电压提供给晶闸管V4控制极一个触发脉冲，如图2.9(b)所示；使晶闸管V4导通，如图2.9(c)所示，使执行继电器K线圈通电，衔铁吸合，其触头将接通或分断外电路，执行延时控制。在电路中利用其一对并联在氖灯H两端的常闭触头断开，使氖灯H启辉，以指示延时已动作，同时其另一对常开触头闭合，将C2短接，使之迅速放电，为下一次工作做好准备，同时使

C2 不再充电，V5 也停止工作，因而也提高了 C2 和 V5 的使用寿命。当切断电源时，继电器 K 线圈断电，衔铁释放，触头复位，电路恢复原来状态，等待下次工作。

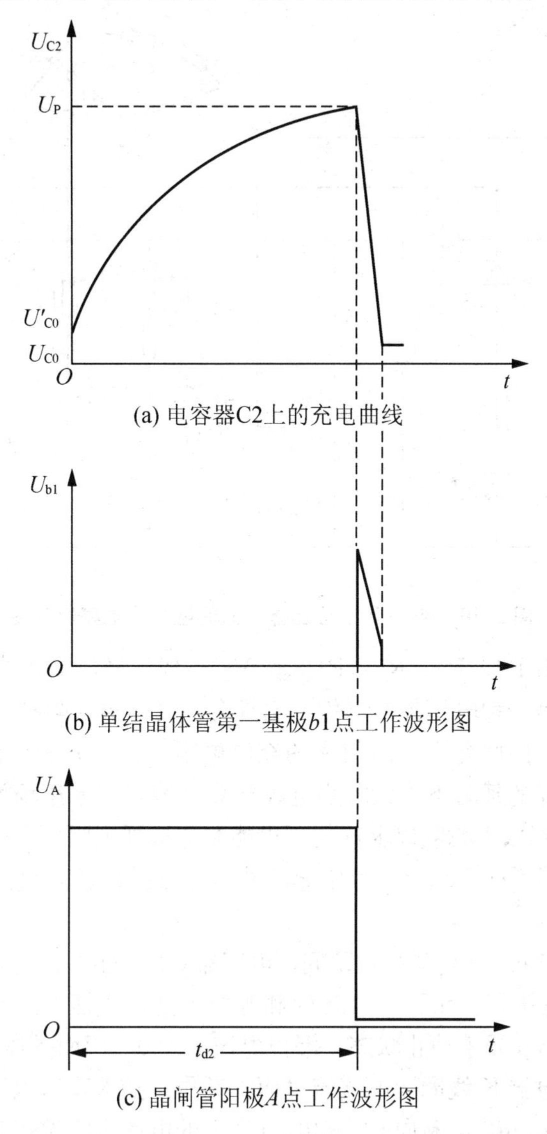

图 2.9　JS20 单结晶体管时间继电器的各点工作波形图

微调电阻 RP2 一方面作为预充电电路的充电电阻，另一方面可调整单结晶体管门限电压，即发射极的峰值电压 U_P。为此，电路采用 BT33D 单结晶体管，其分压比为 0.45～0.77，具有较大的分散性。为了提高单结晶体管的互换性，电路采用 RP2 来调整单结晶体管两基极电压 U_{bb}，使不同单结晶体管门限电压大致相同。电阻器 R1 和电容器 C3 组成去耦电路，电容器 C4 为抗干扰电容，以提高电路的抗干扰能力。为了提高延时精度，C2 选用温度系数和漏电流小的钽电解电容器且其为正温度系数，和具有负温度系数的单结晶体管配合，可适当地补偿进而减小温度变化所引起的误差。

4. JS20 场效应晶体管时间继电器

JS20 场效应晶体管时间继电器的电路原理如图 2.10 所示，为通电延时型，整个电路也由延时环节、鉴幅器、出口电路、电源和指示灯 5 部分组成。电源的稳压环节由 R1 和稳压管 V5 组成，只给延时环节和鉴幅器供电；出口电路中的 K 和 V8 则由整流电源直接供电。

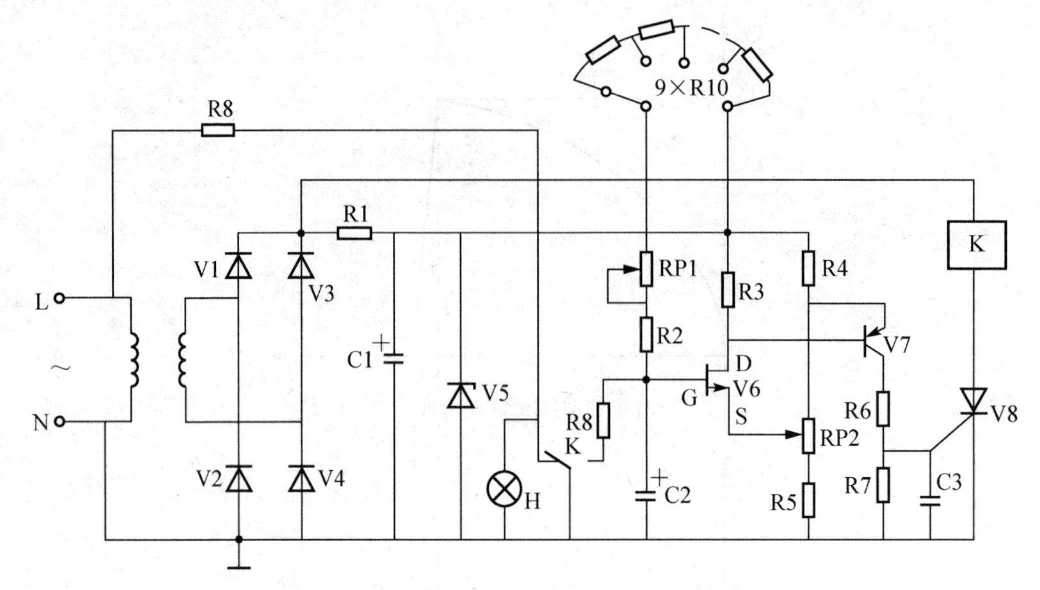

图 2.10　JS20 场效应晶体管时间继电器电路原理图

电路中的鉴幅器由 R3、R4、R5、RP1 和 V6 组成，V6 为 3DJ6N 沟道结型场效应晶体管。场效应晶体管是一种电压控制器件，它具有极高的输入阻抗，导通时从控制端输入的电流几乎可以忽略。因此允许采用很大的充电电阻 R，一方面可以直接加大延时时间；另一方面又可以在同样的延时下大大减小电容器 C 的容量。采用场效应晶体管的时间继电器，充电电阻 R 可用到数十兆欧以上，但不可能制造这样大阻值的电位器，所以实际延时环节由 R10、RP1、R2 和 C2 组成，其中 R10 由 9 个兆欧级固定电阻串联而成，延时范围通过波段开关加以选择。

电路的工作原理如下：当电源接通瞬间，电容器 C2 上的电压不能突变，其电压 $U_{C2}=0$。场效应晶体管 V6 极电压 $U_G=U_{C2}$，栅极 G 和源极 S 之间电压 $U_{GS}=U_G-U_S=U_{C2}-U_S=-U_s$，场效应晶体管 V6 处于截止状态，漏极电流 $I_D=0$，因而晶体管 V7 和晶闸管 V8 均也处于截止状态，继电器 K 线圈无电流流过而不动作。随着稳压电源通过波段开关所选择的串联电阻 R10、RP1、R2 不断向 C2 充电，C2 上的电压由零按指数规律逐渐上升，负的 U_{GS}值也逐渐减小，但只要 U_{GS}的绝对值还大于管子的夹断电压 U_P的绝对值，场效应晶体管 V6 就不可能导通，于是 V7 和 V8 也都不可能导通，当然，继电器 K 也不会动作。直到 U_{C2}上升到使 U_{GS}的绝对值小于管子的夹断电压 U_P的绝对值时，场效应晶体管 V6 就开始导通，V6 开始有漏极电流 I_D产生，并在电阻 R3 上产生了电压降，使漏极电压 U_D开始下降，则晶体管 V7 基极电压 $U_b=U_D$跟随下降。一旦 U_D即 U_b降低到 V7 的发射极电压 U_e以下，V7 的发射结处于正向偏置状态而导通，其发射极电流 I_e产生并在电阻 R4 上形成压降，使场效应晶体管 V6 的源极 S 电压 U_S降低，即使得 U_{GS}进一步向增加方向变化，促使 V6 进一步导通，I_D增加，R3 电压降增大，使 V7 进一步正偏，I_e增加，R4 电压降增加，U_S又降低，进而又使 U_{GS}更进一步向增加方向变化，于是形成了正反馈。所以对 V6 来说，R4 是起正反馈作用，以改善电路的开关特性，这样 V7 就迅速地由截止变为导通，V7 的

集电极电流在电阻R7上产生的电压，作用在晶闸管V8的控制极，作为V8的触发信号，使V8导通，则继电器K线圈通电，触头动作，接通或分断外电路；同时电路中的常闭触头断开使原本短接的氖灯H启辉指示延时已动作；常开触头闭合，使电容器C2通过低阻值电阻器R8快速放电，并使V6、V7都截止，V8仍保持导通状态。当电源被切断后，继电器释放，电路恢复原来状态，为下一次动作做好准备。

如果在延时过程中，电源被切断，电容C2不能通过电阻R8和继电器K常开触头放电。但此时的门限电压等于零，结型场效应晶体管的高阻特性消失，输入只相当于一个正向工作的二极管，于是电容C2通过V6的G、S极和RP2、R5放电，但此放电回路有一定的电阻。若C2较大，则当下一次动作间隔较短时，C2还存在剩余电压，必然会影响到延时精度，使用中需注意。

电路中的波段开关是用于延时值的粗调；RP1用于延时值的细调。RP2可以改变鉴幅器的门限电压U_d，是供产品在出厂前为满足规定的延时范围而整定用的。电容器C3是为了防止干扰使V8误导通用的抗干扰电容。

5. JS20带瞬动触头的时间继电器

JS20带瞬动触头的时间继电器的电路原理图如图2.11所示，其为带瞬动触头通电延时型时间继电器。电路工作原理与JS20场效应晶体管时间继电器基本相似，只是增加了一个瞬时动作的继电器K2，为了使本时间继电器的体积不增大，故在电路中采用电阻降压法取代原来的电源变压器降压。延时再动作的继电器K1由接在桥式整流电路V1～V4直流侧的晶闸管V8控制。电源接通后，瞬时动作的继电器K2线圈通电，立即吸合，其触头瞬时接通或分断外电路，在电路中的常闭触头K2分断，为延时环节中电容器C2接受充电做好准备，同时交流电源经R9降压，二极管V9整流，电容器C1滤波，再经稳压环节R1、V5稳压后向延时环节和鉴幅器提供直流稳定电压，使延时环节和鉴幅器工作，其工作原理与JS20场效应晶体管时间继电器相同。当延时时间一到，晶闸管V8控制极受触发而使其导通，则桥式整流电路V1～V4工作，为继电器K1线圈提供一个整流后的直

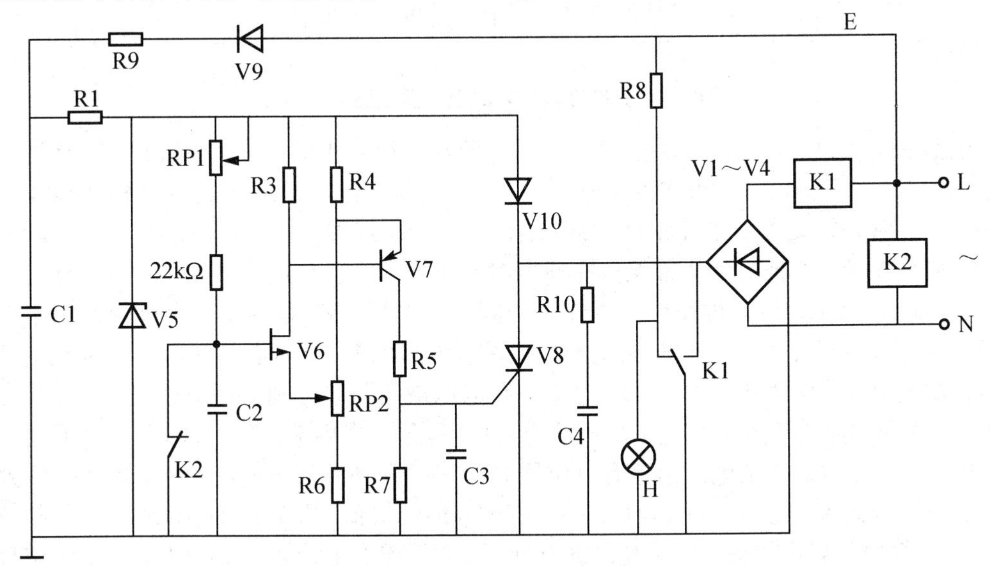

图2.11 JS20带瞬动触头的时间继电器电路原理图

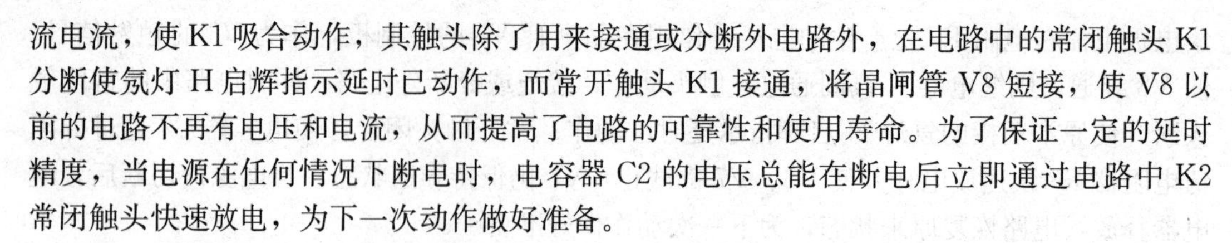

流电流，使K1吸合动作，其触头除了用来接通或分断外电路外，在电路中的常闭触头K1分断使氖灯H启辉指示延时已动作，而常开触头K1接通，将晶闸管V8短接，使V8以前的电路不再有电压和电流，从而提高了电路的可靠性和使用寿命。为了保证一定的延时精度，当电源在任何情况下断电时，电容器C2的电压总能在断电后立即通过电路中K2常闭触头快速放电，为下一次动作做好准备。

6. JS20断电延时时间继电器

传统的时间继电器有些虽然能很方便地构成断电延时型，如气囊式时间继电器，但延时时间短，精度也差；有些还不能构成断电延时型，如电动机式时间继电器。至于采用RC电气阻尼原理的时间继电器，虽然可以构成断电延时型，但一般只能有数秒钟的延时，而采用场效应晶体管的断电延时型时间继电器却能有数分钟的延时。

采用结型场效应晶体管的JS20断电延时继电器的电路原理图如图2.12所示。它同样由延时环节、鉴幅器、出口电路、电源和指示灯电路5部分组成。其中也采用了电阻降压法取代电源变压器降压。但此电路中采用了带有机械锁扣的瞬动继电器K1，当电源接通后，K1立即吸合并由机械锁扣进行机械自锁。当电源切断后，K1触头不能自动复位，复位是依靠另一个复位继电器K2，K2在断电后经过预定的延时时间短时地吸合一下，打开K1的机械锁扣，使K1复位。

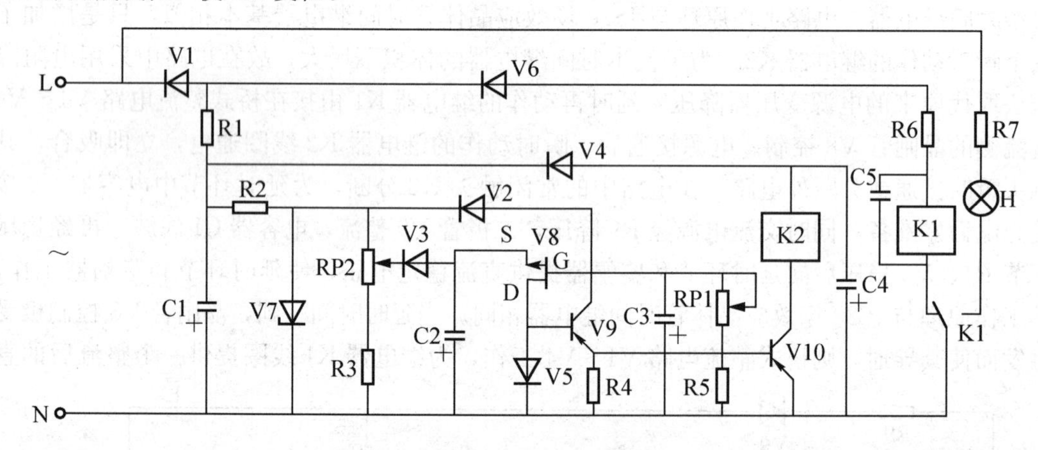

图2.12　JS20断电延时继电器电路原理图

电路的工作原理：当电源一接通，交流电源经电阻器R6降压，二极管V6整流为瞬动继电器K1线圈提供一个直流工作电压，使K1立即吸合并机械自锁。电路中的K1常闭触头打开，常开触头接通使氖灯H启辉指示，尽管K1线圈由于K1常闭触头打开而断电，但由于机械自锁，其所有触头都保持在通电时的工作状态。同时交流电源经R1降压，二极管V1整流，C1滤波，再经稳压环节R2和稳压二极管V7稳压，为电路提供一个稳压电源，因电容器C2、C3、C4各自的充电回路时间常数很小，所以使它们迅速被充电，各电容器的充电极性为下正上负。C2和C4是在电源被切断后分别为场效应管V8和复位继电器K2线圈回路提供电压和能量的电容器；C3是延时电容器。C3上的电压接近稳压管V7的稳压电压，C2上的电压由于有电位器RP2的分压使其值稍低，调整RP2使V8处于夹断状态。因此V8的$U_{GS}=U_G-U_S$，并大于U_P的绝对值，V8不可能导通，因此晶体管V9、V10都处于截止状态，所以复位继电器K2线圈没有电流流过，而K1也由机械自锁保持在吸合位置。当电源切断后，由于V8、V9、V10的截止，以及二极管V2、V3和V4

的反向也处于截止，C2、C4无放电回路可放电，而C3只可通过延时环节的R5和RP1随时间按指数规律放电。当放电到使U_{GS}小于U_P的绝对值时，V8开始导通。C2通过R4和V10的发射结经V9发射结和V8的D、S极放电。由于V9的导通，使C3的放电回路增加，C3又可通过R4和V10的发射结经V9放电，则C3上电压的下降速率加快，U_{GS}也因此加速下降促使V8进一步导通。这一正反馈过程使C2、C3、C4迅速放电，各管迅速导通，C4通过V10经复位继电器K2线圈放电，K2短时吸合一下，使K1的机械锁扣打开，各触头复位，从而达到断电延时控制的目的。

电路中的二极管V2、V3和V4分别用来防止电容器C2、C3、C4在断电延时过程中对其他低阻回路放电。二极管V5起温度补偿作用。K1线圈流过的是半波电流，为使吸合过程稳定可靠，在其线圈上并联电容器C5。

由上述分析可知，电路的断电延时动作时间t_{dz}是经电容器C3按指数规律放电到鉴幅器门限电压U_d值时而达到的。

部分时间继电器的实物图如图2.13所示。

(a) JS20系列时间继电器

(b) NJS6系列时间继电器

(c) NJS2系列时间继电器

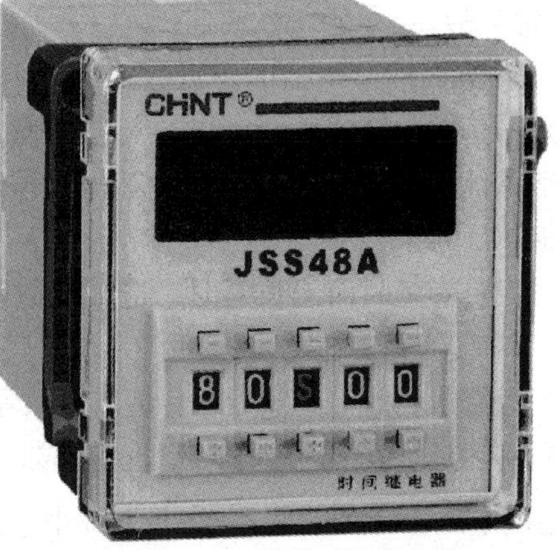

(d) JSS48A系列时间继电器

图2.13 时间继电器实物图

7. JS20 系列时间继电器的主要参数和主要技术数据

1）主要参数

JS20 系列时间继电器的主要参数见表 2.1。

表 2.1　JS20 系列时间继电器主要参数

<table>
<tr><th rowspan="2">名　　称</th><th colspan="2">额定工作电压/V</th><th rowspan="2">延时等级/s</th></tr>
<tr><th>交　　流</th><th>直　　流</th></tr>
<tr><td>通电延时继电器型</td><td>36、110、127、220、380</td><td rowspan="2">24、48、110</td><td>1、5、10、30、60、120、180、240、300、600、900</td></tr>
<tr><td>瞬动延时继电器</td><td>36、110、127、220</td><td>1、5、10、30、60、120、180、240、300、600</td></tr>
<tr><td>断电延时继电器</td><td>36、110、127、220、380</td><td></td><td>1、5、10、30、60、120、180</td></tr>
</table>

2）主要技术数据

JS20 系列时间继电器主要技术数据如下。

（1）延时范围。每种延时等级的最大延时值应大于其标称延时值，但小于标称延时值的 110%；最小延时值应小于该等级标称延时值的 10%。如一个 180 s 的时间继电器，它的最大延时时间，即将调节电位器旋至最大值，不应小于 180 s，但也不应大于 198 s；其最小延时时间，即将电位器旋至零，不应大于 18 s。

（2）延时重复误差范围为±3%。

（3）当电源电压在额定电压的 85%～105%范围内变动时，延时误差范围为±5%。

（4）当周围空气温度在 10～50℃范围内变化时，其延时误差范围为±10%。

（5）当继电器动作 12 万次后，其延时的精度稳定误差范围为±10%。

（6）通电延时型继电器的重复动作时间间隙不小于 2 s。

（7）断电延时型继电器的最小通电时间应不小于 2 s。

8. 常见故障及处理

1）常见故障

JS20 系列时间继电器的常见故障如下。

（1）不延时。造成不延时的主要原因有，延时环节的钽电容器严重漏电；或鉴幅器电路中单结晶体管、场效应晶体管或其他晶体管损坏；或出口电路中晶闸管损坏，也可能继电器等损坏。

（2）只有短延时而无长延时。造成此故障的主要原因是延时环节的钽电容器漏电电流大等。

（3）只有长延时而无短延时。造成此故障的主要原因是延时环节的电阻器阻值过大等。

（4）实际延时值比标称值长或短。造成此故障的主要原因是延时环节的钽电容器的电容值或电阻器的电阻值的实际值比标称值大或小；鉴幅器电路中单结晶体管的 η 值偏大或偏小等。

（5）延时不稳定。造成延时不稳定的主要原因有稳压管损坏，造成电路电压不稳定；或延时环节的钽电容器的电容值不稳定、电位器的接触不良；或单结晶体管的 η 值不稳定等。

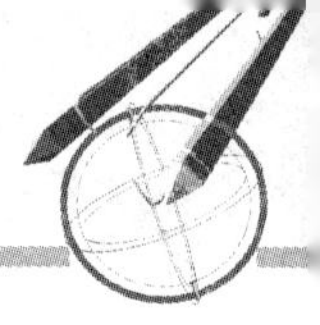

2）故障处理方法

根据故障现象，对照各部分电路的作用，经认真分析，逻辑推断，就能得知哪一部分工作是正常的，哪一部分工作不正常，从而确定故障范围或故障元件。一经查实，只需更换同一型号和规格的元器件即可。

2.2.3　数字式时间继电器

阻容式晶体管时间继电器由于其特定的延时原理，使它具有许多自身难以克服的不足之处，如延时时间不可能太长；延时精度易受电压、温度的影响，造成其延时精度较低；延时过程不能显示等。随着半导体集成电路技术的高速发展和应用领域的渗透，为解决这一矛盾，出现了数字式时间继电器。这种数字式时间继电器延时的基本原理，就是采用对标准频率的脉冲进行分频和计数的延时环节来取代 RC 充、放电的延时环节，从而使时间继电器的各种性能指标得以大幅度地提高。同时，由于电子产品制造技术的发展，数字式的时间继电器反而具有价格优势。

数字式时间继电器是从 20 世纪 70 年代初开始发展起来的，目前最先进的数字式时间继电器中应用了微处理器，使其除了具有延时长、精度高、延时过程有数字显示外，还具有其他许多功能，如延时方法可以选择多达 11 种，包括延时闭合、延时断开、间隔计时、通电循环延时、通电延时闭合，再延时断开等，再如状态指示，其除了可显示延时过程，还可指示无激励、延时和响应 3 种状态等。下面仅就数字式时间继电器基本电路组成和主要电路的工作原理作一简单分析。

1. 数字式时间继电器的电路组成

数字式时间继电器的电路组成如图 2.14 所示，其基本工作原理为：首先整定所需的延时时间，再接通电源，电源指示灯亮，指示继电器处于受激励状态；交流电源经整流稳压后给各级电路提供一个稳定的工作电源；同时开机清零电路将时基分频器和所有计数器全部清零，于是标准时基电路输出标准频率的脉冲给时基分频器，由时基分频器再分出一系列标准的倍率时基的脉冲，如周期为 0.1 s、1 s、10 s 等脉冲，按实际延时要求，通过时基转换开关，将其中一个时基脉冲送到计数器进行计数，如果计数器的输出带有数字显示器，还可以显示延时过程中每一瞬间的剩余时间；当所计脉冲数与延时时间的整定数相符合时，符合电路输出信号给输出放大器，再驱动执行机构动作，同时也驱动状态指示灯以指示延时动作的结束。

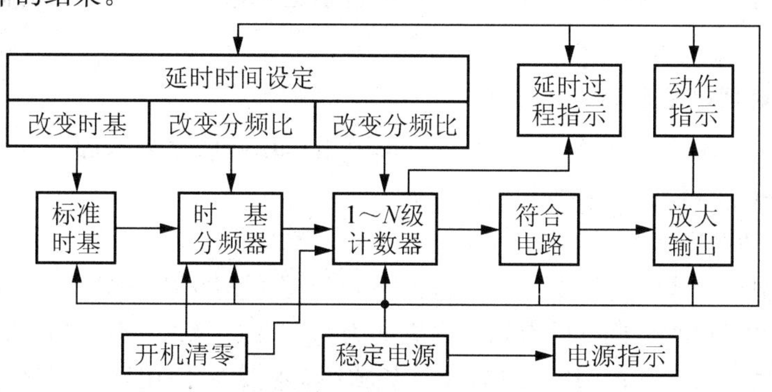

图 2.14　数字式时间继电器电路组成

各主要电路的作用如下。

1）延时时间的整定

数字式时间继电器的延时时间 t_{dz}，取决于分频比 n 和标准时基脉冲的周期 T，即

$$t_{dz}=nT \tag{2.2}$$

当改变 n 或 T，就可达到对延时时间 t_{dz} 的整定。延时时间的整定方法有很多，但较为普遍的有两种：一种是通过改变标准时基脉冲的周期，经时基分频器产生各种倍率周期的时基脉冲，再通过转换开关来选择所需的时基脉冲，以达到延时时间的整定值，称为电位器调节模拟整定加时基转换开关的整定方法，用于 RC 振荡数字式时间继电器；另一种是通过改变十进制计数器的分频比和通过转换开关来选择所需周期的标准时基脉冲，以达到延时时间的整定值，称为十进制数字开关加时基转换开关的整定方法，用于晶体振荡分频数字式时间继电器。

2）自动清零和快速清零

为了保证延时的准确性，要求开机后的瞬间各计数器都处于“0”状态，就要求设置自动清零电路。许多新型数字式时间继电器都设有快速清零电路，以保证时间继电器在短延时情况下有较高的精度。在快速清零电路断开时，计数器清零，全都被置在“0”状态；当快速清零电路闭合时，计数器立即开始计数，时间继电器投入工作。

3）标准时基电路和时基分频器

标准时基电路的作用是产生某一固定频率的脉冲，提供给数字式时间继电器作为标准时基，其电路的稳定性直接影响到延时精度。其脉冲频率越高，相对误差越小。时基分频器的用途是将标准时基电路产生某一固定频率的脉冲分频成各种所需倍率的时基脉冲，再根据整定要求通过转换开关来选用。

4）计数器

计数器的作用就是统计标准时基脉冲的个数，作为时间继电器的延时时间。数字式时间继电器多采用十进制计数器。由于计数器的分频比一旦整定，就不会因电压、温度等的变化而变化，所以数字式时间继电器的精度只与标准时基电路的精度有关。这为提高整机精度带来方便。

5）状态指示和延时过程指示

数字式时间继电器大多带有 LED，即发光二极管状态指示灯，其具有微功耗、寿命长、颜色多样、易被集成电路直接驱动等优点，用于指示无激励、延时和响应 3 种状态。有些还带有液晶显示器进行延时过程显示，可显示延时每一瞬间的剩余时间值，给使用带来方便。

2. 数字式时间继电器的工作原理

目前，国内外数字式时间继电器按标准时基电路构成原理的不同可分为 3 种类型，即电源分频型、RC 振荡型、晶体振荡分频型。

1）电源分频型数字式时间继电器

电源分频型数字式时间继电器的标准时基电路是利用交流市电的 50 Hz 频率的电压，经降压、半波整流和波形整形后得到一列周期为 0.02 s 的脉冲，作为标准时基脉冲。再经时基分频器产生 0.1 s、1 s、10 s 的标准时基脉冲，供实际使用选用。具有 4 位数字设定的电源分频型数字式时间继电器的电路原理框图如图 2.15 所示。

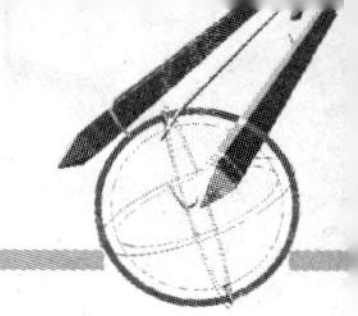

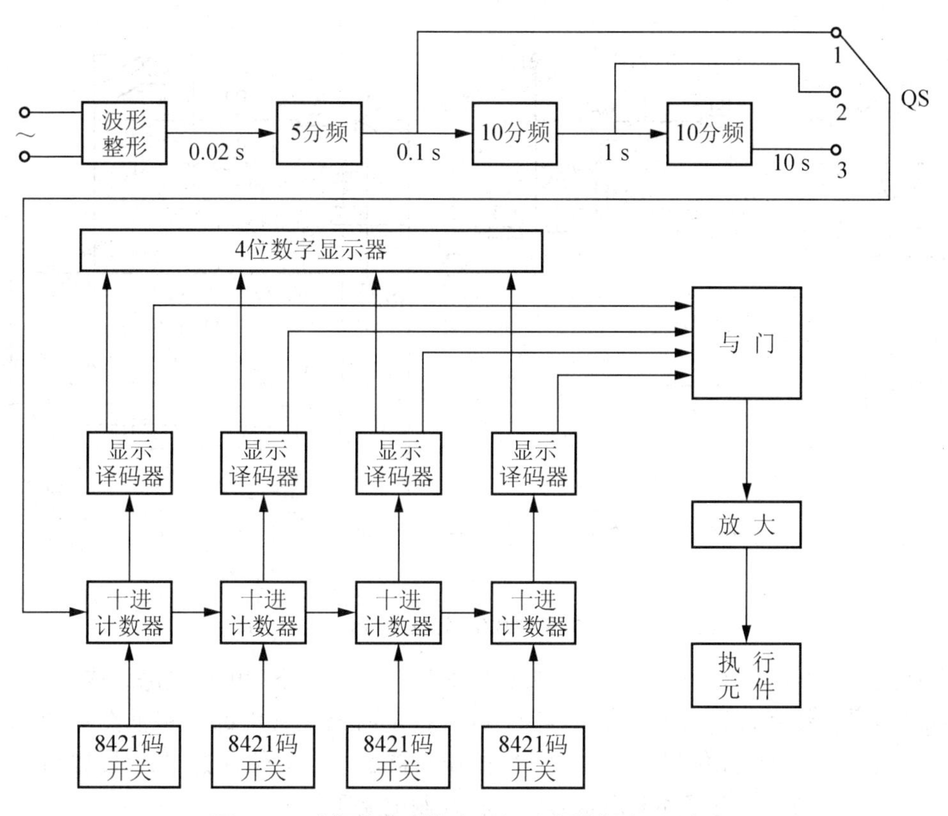

图 2.15　电源分频型数字时间继电器电路原理框图

本电路的特点如下。

(1) 延时精度高。延时精度基本上不受电压、温度变化的影响。

(2) 延时范围宽。当时基变换开关 QS 位于 1 位置上，可获得 0.1～999.9 s 的延时范围；位于 2 位置上，可获得 1～9999 s 的延时范围；位于 3 位置上，可获得 10～99 990 s 的延时范围。只要增多计数器和数字开关，就可获得宽的延时范围。

(3) 整定、使用方便。电路中的数字开关是采用带有机械译码器的 8-4-2-1 拨码数字开关来整定延时时间。这样既可省去一套译码电路，使体积减小；又使整定方便和直观。如需整定延时时间为 1357 s，只需将时基转换开关 QS 置在 2 位置上，再分别从左向右拨动 4 只拨码开关，使其数字轮分别指在 1、3、5、7 上即可；同时还具有显示译码器和 4 位数字显示器，可方便地实现延时过程中每一瞬间的剩余时间值的显示。

(4) 不足之处是线路较复杂，而且不能制成直流型；标准时基电路的精度取决于电网的频率。

2) RC 振荡型数字式时间继电器

RC 振荡型数字式时间继电器是以 RC 振荡器产生的振荡信号作时基信号。其延时时间范围宽，典型产品的延时动作整定值可从 0.1 s 至几十小时。从理论上来讲，这种类型的时间继电器，只要增加计数器的位数，其长延时的上限是无限的。RC 振荡型数字式时间继电器的电路原理图如图 2.16 所示，其特点是电路结构新颖，延时精度高，重复误差小，无触头输出，可靠性高，适用电压范围广，同一种电路经接点切换，可获得 4 种不同的延时范围，延时调节方便，适用范围广泛。

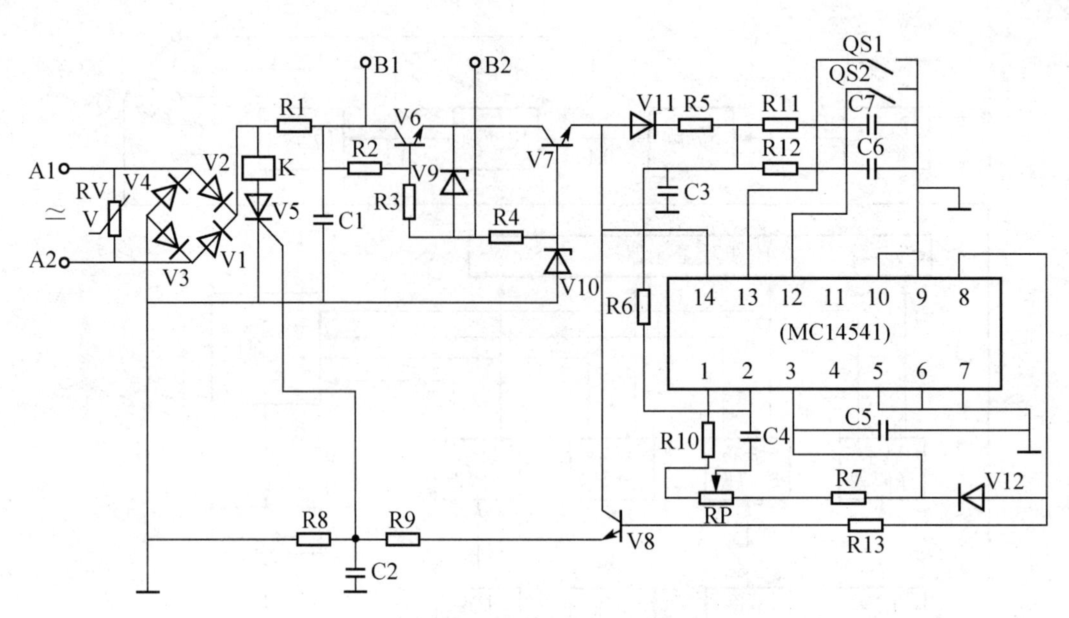

图 2.16 RC 振荡型数字时间继电器电路原理图

下面先分析其电路的基本组成，主要由定时器、出口电路和电源电路组成。

定时器采用数字式集成电路 MC14541 可编程定时器，其内部电路框图如图 2.17 所示。它由通过外接 RC 元件确定其振荡频率的振荡器、两个 8 位计数器、计数器位数设定电路、自动和手动复位电路和输出状态的逻辑控制电路等组成。

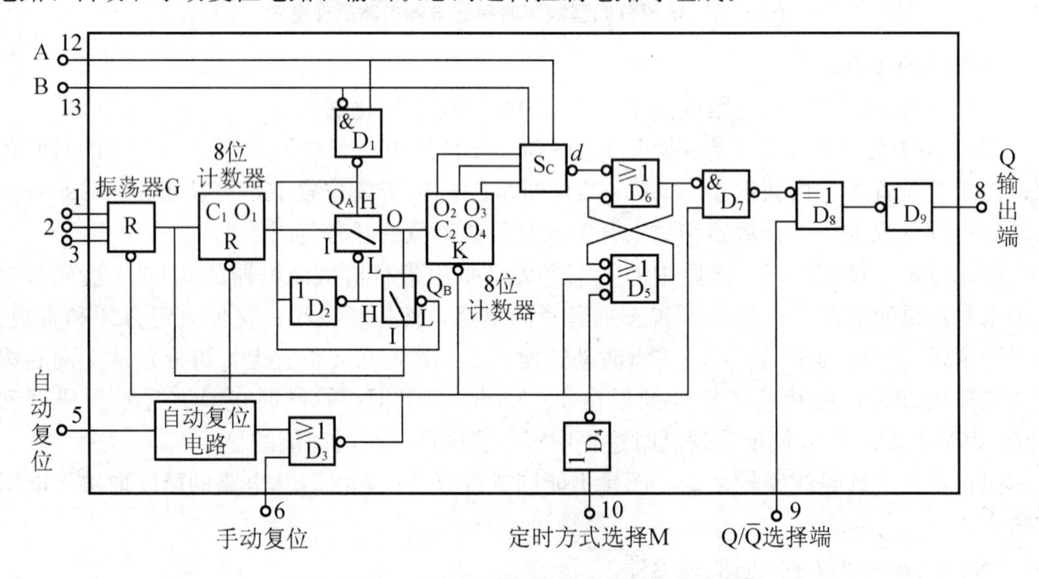

图 2.17 MC14541 可编程定时器内部电路框图

MC14541 可编程定时器集成电路共有 14 个引出脚，其中引出脚 1 外接电阻器 R、引出脚 2 外接电容器 C，R 和 C 的另外两端都连接至引出脚 3，便与振荡器 G 组成 RC 振荡器。振荡器的振荡频率 $f=1/(2.3RC)$。由于 R、C 为外接元件，直接影响到振荡频率的温度性能，因此应选择温度系数小的电阻器、电容器。改变 R、C 的值，即能改变振荡频率。引出脚 5 是自动复位端，引出脚 6 是手动复位端，这两个复位端的清零结果都使所有计

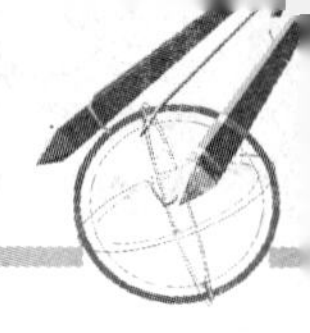

数器同步清零，而与计数器的状态无关。引出脚 8 为 Q 输出端。引出脚 9 为 $Q/\bar{Q}$ 选择端，以选择引出脚 8 的 Q 输出形式，便于使用者选用合适的输出电平。当 $Q/\bar{Q}=0$ 时，Q 端以原码输出；当 $Q/\bar{Q}=1$ 时，Q 端以反码输出。引出脚 10 为定时方式选择 M 端，当 $M=0$ 时，该定时器起单一的定时器作用；当 $M=1$ 时，该定时器起分频器作用，分频系数为 2^n。引出脚 12、13 为编程用的延时选择端，以起到对计数器位数设定的作用。它们分别外接有延时选择开关 QS1、QS2，根据 QS1、QS2 的通断组合状态，来决定各段的延时时间。另外引出脚 4、11 为空脚，引出脚 7 为接地端 V_{SS}，引出脚 14 为该集成电路工作电源的引入端 V_{CC}。

出口电路由三极管 V8，电阻器 R8、R9 和电容 C2 构成的积分电路，以及晶闸管 V5 组成。

电源电路由桥式整流电路 V1～V4，限流电阻器 R1，滤波电容器 C1，三极管 V6，电阻器 R2、R3、R4 和稳压二极管 V10 构成一级晶体管直流稳压电路，R4 和 V10 及三极管 V7 构成另一级晶体管直流稳压电路，其中包括稳压二极管 V9 及压敏电阻器 RV，V9 起降压作用，RV 用作输入过电压保护。

再分析电路的工作原理。当 220V 交流电源电压接入输入端 A1、A2，由桥式整流电路 V1～V4 整流，经限流电阻器 R1 后由电容器 C1 进行滤波，再经三极管 V6 等构成第一级稳压电路输出，则使稳压二极管 V9 击穿导通形成降压，最后经由三极管 V7 等构成第二级稳压电路，输出一个稳定的直流电压提供给 MC14541 集成电路和三极管 V8 作工作电压。该电源电路的输入电源既适应交流电源也适应直流电源，且输入电源电压范围宽，在外接点 B1、B2 处于开路状态时，输入电源电压为交流或直流 40～265 V；当输入电源电压为交流或直流 10～60 V 时，只需将 B1、B2 连接起来，即将 R2、R3、V6、V9 短接。

在直流稳压电路为 MC14541 和三极管 V8 提供工作电压的同时，由于 MC14541 的引出脚 5、6 都设计为接地，故在电路一接通，即马上实现自动复位，则各计数器都全部清零。另外引出脚 9、10 也都设计为接地，即 $Q/\bar{Q}=0$，$M=0$，故 MC14541 作单一的定时器且以原码形式由引出脚 8 输出。振荡器 G 的外接阻容元件，即引出脚 1、2 分别接入决定其振荡频率的电阻器 R10，电位器 RP 和电容 C4，相应的振荡频率为 $f=1/[2.3(R10+RP)C4]$，由振荡器 G 输出作为定时器的时基信号。其中改变 C4 值的大小可实现延时时间的粗调；调节 RP 的大小可实现延时时间的细调。由 MC14541 内部电路知，当引出脚 12、13 所接编程用的选择开关 QS1、QS2 均打开时，即与非门 D_1 的输入端 A=1，B=1，输出端也为 1，反相器 D_2 输出为 0。对模拟开关 Q_A 来说，由于其 H 端等同于 D_1 的输出端，故为 1，L 端等同于 D_2 的输出端，故为 0，则 Q_A 闭合，即 Q_A 的 I 端和 O 端接通。而模拟开关 Q_B 的 H 端等同于 D_2 的输出端，故为 0，L 端等同于 D_1 的输出端，故为 1，因此 Q_B 打开，即 Q_B 的 I 端和 O 端断开。由此可见，振荡器 G 输出的时基信号经过第一组 8 位计数器由 O_1 输出，再通过模拟开关 Q_A 加入第二组 8 位计数器的输入端 C_2。在此同时，QS_1、QS_2 还选通控制一数据选择器 S_C，同样在 A=1，B=1 时，使 S_C 的输出端 d 与第二组 8 位计数器的 Q_4 端接通。此时对应的延时时间为 $t_{dz}=2^{16-1}\times 2.3(R10+RP)C4$。当 QS_1 断开，SQ_2 闭合，即 A=1，B=0 时，D_1 输出为 0，D_2 输出为 1，则 Q_A 的 H 端为 0，L 端为 1，因此 Q_A 的 I 端与 O 端处于断开状态；而 Q_B 的 H 端却为 1，L 端却为 0，则 Q_B 的 I 端与 O 端处于接通状态。可见振荡器 G 的输出时基信号只能通过 Q_B 加入第二组 8 位计数器的输入端 C_2，在 A=1，B=0 时，S_C 仍使其 d 端与第二组计数器的 O_4 端接通，相应此时的延时时间 $t_{dz}=2^{8-1}\times 2.3(R10+RP)C4$。最后延时信号经或门 D_5、D_6 组成的 R-S 触发器、与非门 D_7、异或门 D_8 和非门 D_9 由引出脚 8 输

出，使三极管 V8导通，在电阻 R9、R8 和电容 C2 组成的积分电路上产生一个脉冲信号，作为提供给晶闸管 V5 控制极的触发脉冲，使 V5 导通，继电器 K 线圈接通，从而完成延时动作控制。

3. 数字式时间继电器的基本参数和主要技术数据

下面以 ST3P、ST6P 系列的数字式时间继电器为例说明数字式时间继电器的基本参数，见表 2.2。

表 2.2　ST3P、ST6P 系列的数字式时间继电器基本参数

型　号	触头数量	额定控制电流/A	额定输入电压	延时范围
ST3PA	延时 2 转换	3	AC：110/220V，50/60Hz DC：24/48/110V	0.1～0.5 s/5 s/30 s/3 min 0.1～1 s/10 s/60 s/6 min 0.5～5 s/50 s/5 min/30 min 1～10 s/100 s/10 min/60 min 5～60 s/10 min/60 min/6 h 0.25～2 min/20 min/2 h/12 h 0.5～4 min/40 min/4 h/24 h
ST3PC	延时 1 转换 瞬动 1 转换			
ST3PF	延时 1 转换			0.1～1 s/0.2～2 s/0.5～5 s/1～10 s/ 2.5～30 s/5～60 s
ST3PK	延时 1 转换	3	AC：110/220V，50/60Hz DC：24/48/110V	0.1～0.5 s/0.25～2 s/0.5～5 s/1～10 s/ 2.5～30 s/5～60 s
ST3PY	延时 1 转换 瞬动 1 常开		AC：110/220V，50/60Hz	1～10 s/2.5～30 s/5～60 s
ST3PR	延时 1 转换	2	AC：110/220V，50/60Hz DC：24/48/110V	0.5～6 s/60 s/1～10 s/10 min/2.5～30 s/ 30 min
ST6P-2	延时 2 转换	3	AC：110/220V，50/60Hz DC：24/48/110V	0.1～1 s/0.5～5 s/1～10 s/2.5～30 s/ 5～60 s/15～180 s/1～10 min/2.5～30 min/ 5～60 min/0.2～2 h/0.5～6 h/1～12 h
ST6P-4	延时 4 转换			

2.3　无触头开关

知识目标	➢ 了解无触头开关的特点； ➢ 掌握接近开关、光电开关、晶闸管开关的用途； ➢ 理解各类开关电路的工作原理。
能力目标	➢ 能正确选择各类无触头开关； ➢ 能正确完成各类无触头开关的安装、调试和维护。

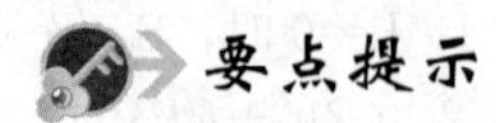

接近开关不像机械式行程开关那样需要施加机械力才能完成动作，而是利用电磁感

应、涡流效应、电容的变化等原理而动作，它具有动作可靠、反应速度快、灵敏度高、没有机械噪声和机械损耗、功耗小、能在恶劣环境条件下工作、寿命长、应用范围广等优点。光电开关利用物质对光源的遮蔽、吸收或反射等作用，实现非接触、无损伤检测，同时具有体积小，功能多，寿命长，功耗低，精度高，响应速度快，检测距离远和抗光、电、磁干扰能力强等优点，广泛应用于微机控制系统和各种生产设备中作为物体检测、液位检测、尺寸控制、信号延时、色斑与标记识别、自动门、人体接近开关和防盗报警等，成为自动控制系统和各生产线中不可缺少的重要元件。晶闸管是一种大功率半导体器件，它不仅用于电力变换与控制，而且可以作为开关元件进行无弧通断。晶闸管开关具有耐高压、容量大、动作快、寿命长、控制灵敏、无电弧、无噪声等一系列优点，特别适用于频繁操作和防爆、腐蚀性气体的场合。缺点是过载能力低，抗干扰性能差、控制电路比较复杂和功耗大(导通时有约1 V的管压降)，并且关断时还残存一定的漏电流，因而它不能实现理想的电气隔离。

无触头开关是一种非接触式检测或控制装置。它的种类较多，这里主要介绍接近开关、光电开关和晶闸管开关的结构、分类和工作原理，同时对一种新颖的无触头开关——固体继电器作简单介绍。

2.3.1 接近开关

1. 接近开关的用途与分类

接近开关又称无触头行程开关。其功能是当有某种物体与之接近到一定距离时就发出“动作”信号，而不像机械式行程开关那样需要施加机械力。接近开关是通过其感辨头与被测物体间介质能量的变化来取得信号的。接近开关常用的各种感辨头如图 2.18 所示。

图 2.18 接近开关常用的各种感辨头

与有触头的行程开关相比，接近开关的优点是动作可靠，反应速度快，灵敏度高，没有机械噪声和机械损耗，功耗小，能在恶劣环境条件下工作，寿命长，应用范围广。它不但有行程开关控制方式，还可用于计数、测速、零件尺寸的检查，金属与非金属的检测，无触头按钮，液面控制等电与非电量的自动检测系统中，还可与微机、逻辑元件配合使

用，组成无触头控制系统。

接近开关的种类很多，按其感测机构工作原理不同，可分为以下几种类型：高频振荡型、电容型、电磁感应型(包括差动变压器型、永磁及磁敏元件型、光电型、舌簧型、超声波型)。

不同类型的接近开关其检测的对象也有所不同。对光电型接近开关，主要用于不透光的物体，而超声波型开关，主要用于检测不透过超声波的物质。

2. 接近开关的电路组成

接近开关有很多种类，但各种电路的结构均可归纳为由振荡器、检波器、鉴幅器、输出电路等部分组成，其电路框图如图 2.19 所示。

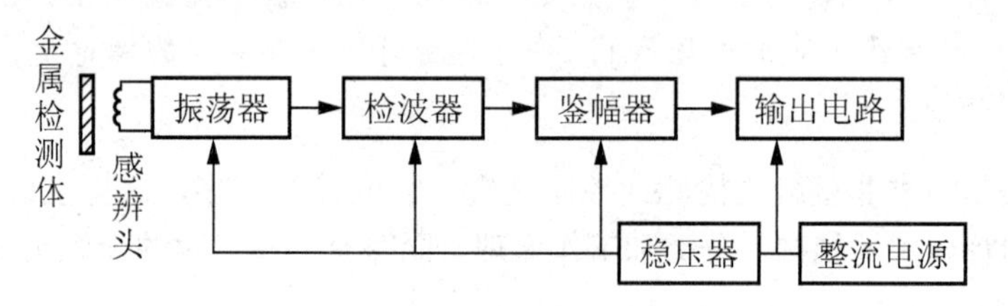

图 2.19 接近开关电路框图

3. 常用接近信号发生机构

接近信号发生机构是接近开关的重要组成部分，不同工作原理的接近开关有不同的接近信号发生机构，现仅介绍当前应用较多的信号发生机构。

1）高频振荡型接近信号发生机构

高频振荡型接近信号发生机构实际就是一个 LC 振荡器，其中 L 是电感式感辨头。当金属检测体与感辨头接近时，在金属检测体中将产生涡流效应，此涡流产生的去磁作用使感辨头的等效参数发生变化，从而改变振荡回路的谐振阻抗和谐振频率，驱动后级电路“动作”。

LC 振荡器由 LC 振荡回路、放大器、反馈电路构成。按反馈方式的不同可分为电感分压反馈式、电容分压反馈式、变压器反馈式 3 种基本电路，如图 2.20 所示。

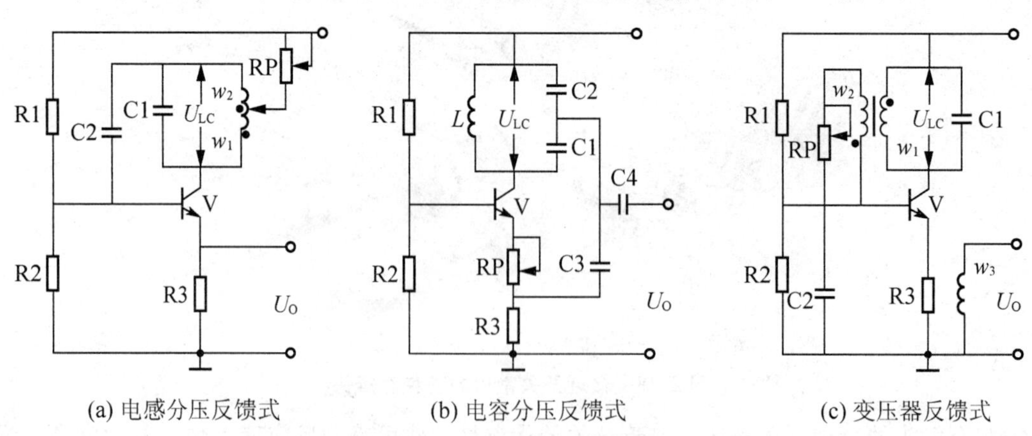

(a) 电感分压反馈式 (b) 电容分压反馈式 (c) 变压器反馈式

图 2.20 接近信号发生机构

以上 3 种电路都是由 LC 并联谐振电路组成的振荡器。设用角频率为 ω 的交流恒流源供电，当 $\omega=\omega_0$时，电路处于谐振状态，电路的谐振阻抗为：

$$Z_0=\frac{1}{Y_0}=\frac{R^2+(\omega_0 L)^2}{R} \tag{2.3}$$

一般 $\omega_0 L \gg R$，因而

$$\omega_0=\frac{1}{\sqrt{LC}} \tag{2.4}$$

$$Z_0=\frac{(\omega_0 L)^2}{R}=\frac{L}{RC} \tag{2.5}$$

电感线圈的品质因数为：

$$Q_L=\frac{L}{R} \tag{2.6}$$

谐振电路的品质因数为：

$$Q=\frac{1}{R}\sqrt{\frac{L}{R}} \tag{2.7}$$

则

$$Z_0=\frac{L}{RC}=\frac{Q_L}{C} \tag{2.8}$$

由式(2.8)可知，LC并联谐振电路的谐振阻抗是一个与频率无关的阻抗，其物理意义是，当电容容量 C 确定下来后，电路在任何频率下谐振时，其谐振阻抗都只决定于电感线圈的 Q_L 值，Q_L 值越大，Z_0 越大，在恒流供电的情况下，其电压越高。当有金属体进入线圈磁场时，Z_0 及其上电压降低的幅度也就越大，变换灵敏度越高。

高频振荡型接近开关的感辨头可有多种类型，如图2.21所示，其设计的原则是使漏磁通最少。图2.21(a)为通用型，此外可按实际情况设计或选用其他专用型感辨头。任何类型的感辨头，如果加一层合适的磁屏蔽对提高开关的动作距离或改善振荡器的瞬动特性都有利。

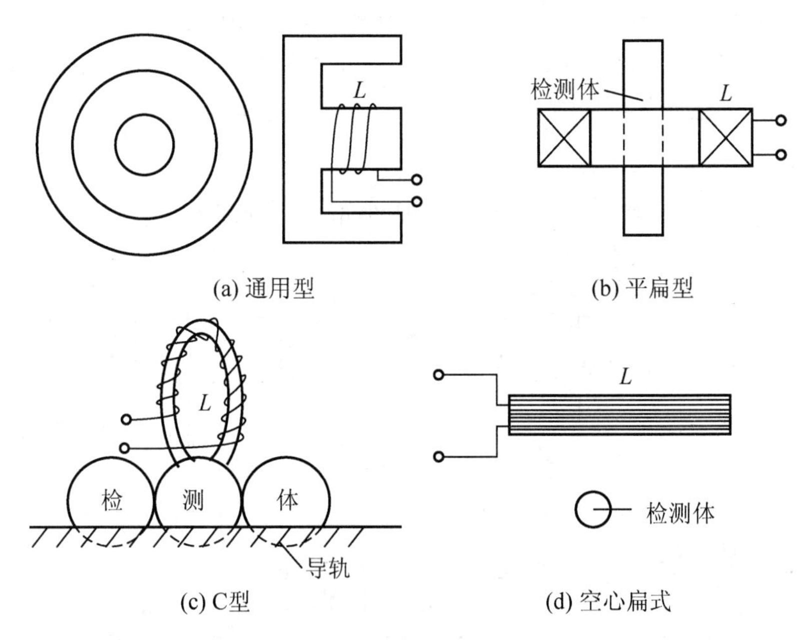

图2.21 感辨头的类型

2）电磁感应型接近信号发生机构

电磁感应型接近信号发生机构是应用电磁感应原理获得接近信号的，它基本上可以分成两种类型：直流磁场(或永磁磁场)式和交变磁场感应式。前者以磁场源与感应线圈的相对运动为条件，因此只能检测运动的金属体。后者则对静止和运动的金属体均可检测，但对金属体运动速度有所限制。目前应用较多的电磁感应型接近信号发生机构是差动变压器型。差动变压器式感辨头如图 2.22 所示。

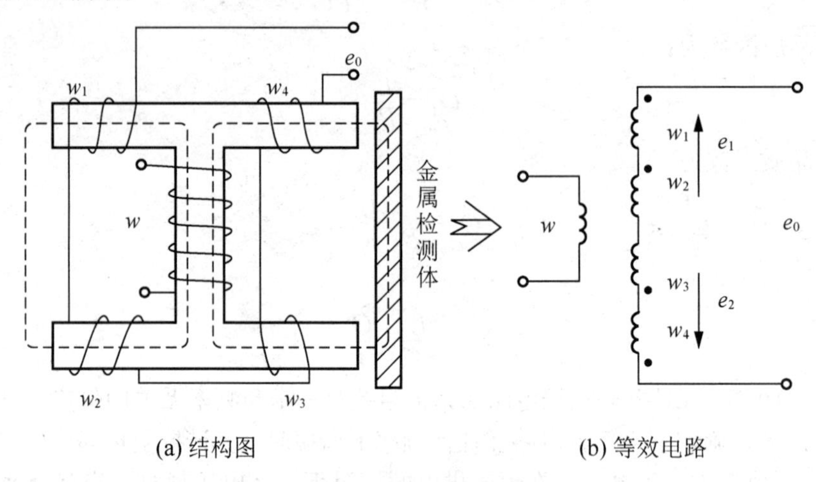

(a) 结构图　　(b) 等效电路

图 2.22　差动变压器式感辨头

差动变压器式接近开关中的差动变压器在材料与结构方面与连续测长用的差动变压器有所不同。它是一个铁氧体材料的 H 形磁心，如图 2.22(a)所示。中心柱上绕有励磁绕组(一次绕组)时，施以 100 kHz 左右的高频交流电压。在 4 个边柱上分别绕有 4 个匝数相同的二次绕组 w_1、w_2、w_3、w_4。其中 w_1 和 w_2 及 w_3 和 w_4 各为同极性，而两对绕组 w_1、w_2 和 w_3、w_4 为反极性相串联，使输出电动势为两边的差动电动势，其等效电路如图 2.22(b)所示。当无金属体接近时，磁心两侧磁场对称，输出电动势 $e_0=e_1-e_2=0$，当有金属体向右侧气隙接近时，检测体中感应的涡流对右侧磁场产生去磁作用，从而使二次绕组有差动电动势产生，使 $e_0=e_1-e_2\neq0$。

4. 晶体管停振型接近开关

LJ1-24 变压器反馈型接近开关的电路原理图如图 2.23 所示，它采用了变压器反馈式振荡器，感辨头有 6 根引出线。

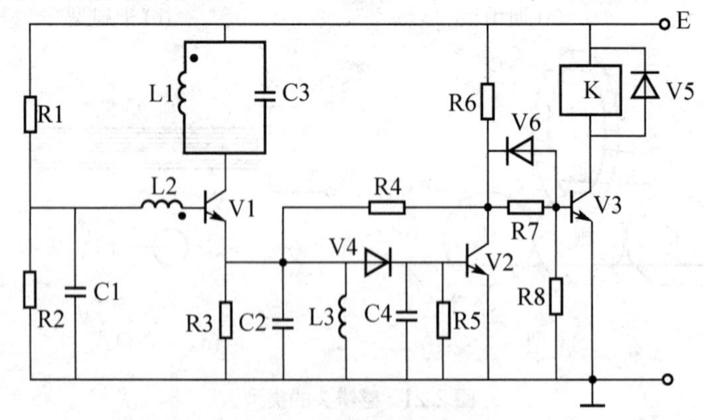

图 2.23　LJ1-24 型接近开关电路原理图

在电路中，L1、C3组成并联谐振回路，反馈线圈L2把信号反馈到晶体管V1的基极，从而使振荡器产生高频振荡。输出线圈L3获得高频信号，由二极管V4整流，经C4滤波后，在R5上产生直流电压，使V2饱和导通，而V3截止，继电器K则不动作。

当有金属体接近感辨头时，由于涡流去磁作用使振荡器停振。此时L3没有高频电压，V2截止，V3基极电位升高，使V3饱和导通，继电器K动作。V5为续流二极管，用以保护V3。V6的作用是使振荡起动迅速，当V2截止时，它为V1的射极提供一个较低的电位，从而使V1在V2截止变导通时，V1的发射极从较低的电位开始下降，则振荡器的起振更为迅速。

该电路的一个重要优点是设置了正反馈电阻R4，实现了后级电路对振荡器的反馈作用。当金属体接近时，V2由饱和向截止转化，升高的电位通过R4反馈到V1的射极，改变V1的直流工作点，加速振荡器迅速停振，从而缩短了接近开关的动作时间。

5. CMOS停振型接近开关

CMOS停振型接近开关是由C003A 6个非门电路组成的具有二线出口的接近开关。其工作电压U_{CC}=3～7 V，这里选用U_{CC}=5 V的直流工作电压。在6个反相器中有3个组成电容三点式振荡器，另3个组成后级电路。其工作原理图如图2.24所示。

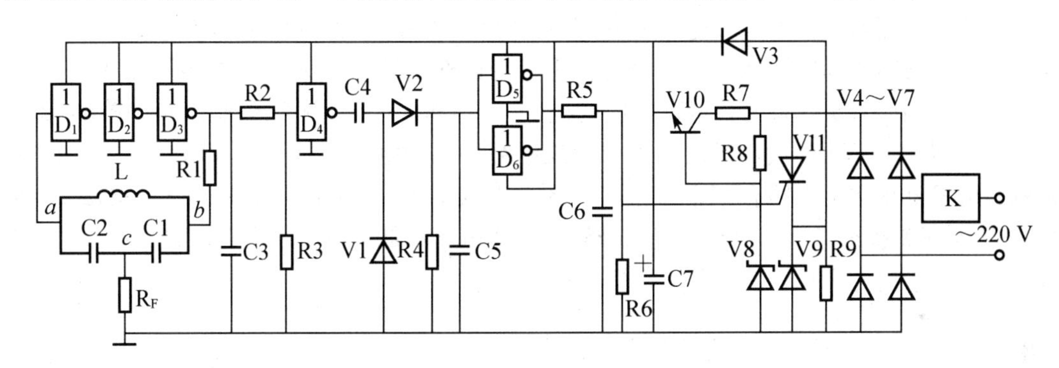

图2.24　CMOS二线出口式交流接近开关电路原理图

1）CMOS电容三点式振荡器

图2.24中，D_1、D_2、D_3与L、C1、C2组成电容三点式振荡器。其中a、b、c 3点分别接到CMOS放大器的输入、输出和接地端。C1的电压为输出电压，C2上的电压为正反馈电压，R_F为反馈深度调整电阻，改变R_F可以调整开关的动作距离。感辨头线圈L成为振荡器的直流通道。分压电阻R2、R3的作用是使振荡器输出电压的直流分量的峰值小于D_4的转折电压，C3起滤波作用，此振荡器的振荡频率为：

$$f=\frac{1}{2\pi\sqrt{LC}} \tag{2.9}$$

式中

$$C=\frac{C1C2}{C1+C2} \tag{2.10}$$

$$L\approx 2.6\ \mathrm{mH}$$

选择合适的电路参数，可以使$f\approx 60\times 10^3$ Hz。

2）检波与触发电路

检波与触发电路由D_4、D_5、D_6 3个非门及其他一些元件组成。其任务是将停振信号处理为触发晶闸管的电平信号。振荡器输出的振荡信号先进入D_4进行整形放大，由D_4输

出的矩形信号经隔直电容 C4、V1 和 V2、R4，C5 的倍压检波转换为高电平，送至并联连接的 D_5、D_6 的输入端。D_5、D_6 输出为低电平，晶闸管关断。当有检测体接近时，振荡器停振，D_5、D_6 输入端变成低电平，输出的高电平经限流电阻 R5 和分压电阻 R6 送入晶闸管 V11 的控制极使之触发导通。

3）出口电路

开关所需的直流电源由 V4～V7 组成的整流桥提供。当开关未动作时，它只取用数毫安的电流，继电器线圈 K 上的压降极低，不能动作。当振荡器停振使开关动作时，晶闸管 V11 导通，继电器动作。晶闸管导通后，流过晶闸管的电流是整流后的全波电流，因此在电源每周两次过零时需重新用非门 D_5、D_6 输出的高电平触发晶闸管。为此与晶闸管串接一稳压管 V9，以 V9 上的电压(经过 V3)作为开关动作后的 CMOS 电源，但 D_5 的输出电压不可能达到触发晶闸管所需的电压，故在 V9 上并联了一个电阻 R9，R9 起到使 V9 特性软化的作用。R9 的选择原则是当负载电流量为最小值时通过 V11 的负载电流流经 V9 的部分应足以使 V9 进入稳压区，并将大容量的 C7 充电到相近的值。

6. 差动变压器型接近开关

某差动变压器型接近开关电路原理图如图 2.25 所示。为了减小感辨头的尺寸，一次绕组的励磁改由 100 kHz 的高频信号源供电，为此在电路中设置一个电容三点式振荡器。当有检测体向感辨头接近时，两套二次绕组 w_1+w_2 和 w_3+w_4 就有差动电动势输出，经复合管放大器 V2、V3 放大，再由隔直与检波电路处理为电平信号进至 V6、V10 组成的射极耦合触发器鉴幅，电路有 Y 和 $\overline{Y}$ 两个互补输出端。在 $\overline{Y}$ 端上还设置了一个发光二极管 V8，作为开关状态指示。由于发光二极管的工作电压较低，故接入 R10。触发器采用集基耦合的正反馈电阻 R11，使开关特性更加良好。

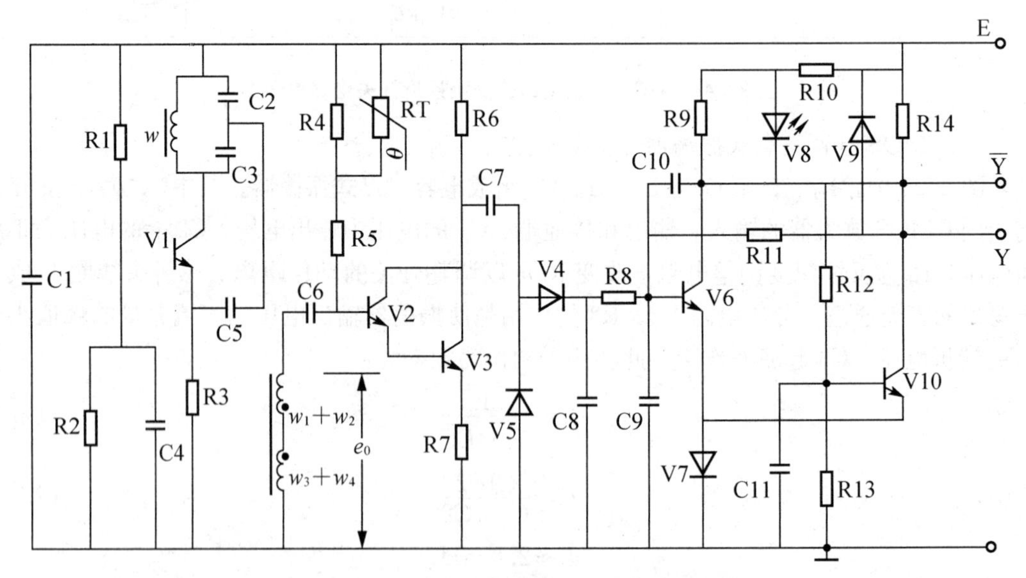

图 2.25　差动变压器型接近开关电路原理图

开关的精度在很大程度上决定于放大器工作的稳定性。为此采取了两项措施：一是接入了负反馈电阻 R7，另一个是在直流偏置电路中接入了缓变型 PTC 热敏电阻 RT，在规定的温度范围内能保持直流工作点的稳定。

与停振型接近开关相比，差动变压器型接近开关具有以下优点。

(1) 由于没有起振、停振的问题，也就不需要起振、停振时间，因而操作频率大大提高。

(2) 灵敏度高。由于有较高增益的放大器，可以得到较大的稳定动作距离。

(3) 如果出现振荡器停振的故障，则二次侧无交流信号输出，而在停振型接近开关中，停振故障相当于有检测体接近，因此差动变压器型接近开关比停振型接近开关安全。

7. 电容式接近开关

电容式接近开关是近年发展起来的一种新型接近开关。它是利用电容器极间介质常数ε发生变化时，电容量 C 也随之变化($C=\varepsilon S/d$)，从而引起振荡器频率发生变化的原理来进行检测的。与其他类型的接近开关相比，电容式接近开关具有以下优点：可以检测一切物质(金属和非金属)；可以检测不同的液体分界；可用于液面的监控；电极坚固，可用于高温高压场合；可制成防爆结构。其缺点是：受湿度影响；灵敏度与检测介质常数有关，要根据检测体的材料决定电极尺寸和灵敏度；有相互干涉作用，无指向性；易受外界的干扰，电容式接近开关的动作距离随检测体材料、尺寸的不同而不同，如果是金属检测体，还要根据检测体是否接地、周围环境及电源精度而定。

1) 信号发生机构

振幅变化型信号发生机构是变压器反馈式改进型 LC 振荡器，如图 2.26 所示，它实际上是一个电压正反馈放大器。L1C2 振荡回路是晶体管的负载，正反馈信号从变压器二次线圈引出经分压后送回放大器输入端，电路的振荡频率为 $f_0=\dfrac{1}{2\pi\sqrt{L1C2}}=1.1\ \text{MHz}$。

振幅变化型信号发生机构是一个电容传感器，它采用二极板式结构，其结构及等效电路如图 2.27 所示。电容器的一端电极用小圆金属片制成，此为探头；另一电极则是开关电路地线，形成分布电容，提高电容利用率。图中第一块极板的一面与大地构成分布电容 C2，另一面与第二块极板的一面形成一固定电容 C1。第二块极板的另一面与电路中的地线及大地、电路中各元件也构成分布电容，但它不是传感电容，且此极板要和开关电路一起封闭在屏蔽壳内，故不必考虑它的影响。由实验测得：$C2=38$ pF，$C1=20$ pF。由于 $C1$ 较大，则 $X_{C1}=1/(\omega C1)$ 较小，使得正反馈增加，灵敏度高；双极板电容第二块极板也起了作用。为了消除这种现象，只允许第一块极板的一面起作用，为此串联一个固定的电容 C0，$C0=38$ pF，这样，虽然降低了灵敏度，但精度却大大提高。

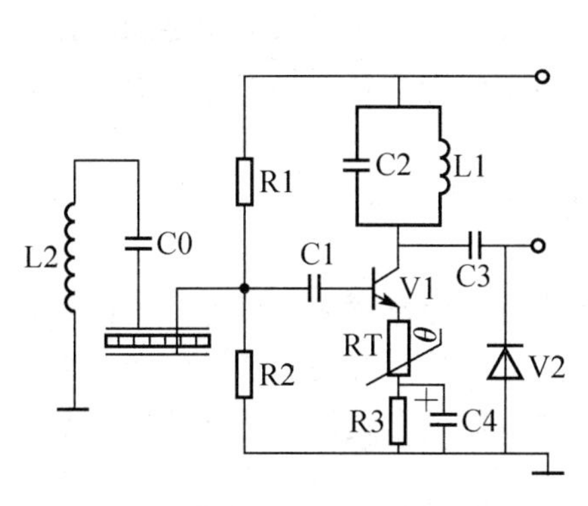

图 2.26　电容分压式信号发生机构

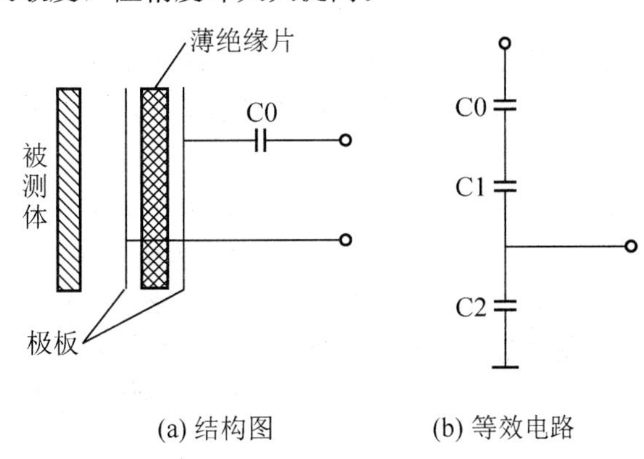

图 2.27　电容探头结构图和等效电路

当无检测体接近时，$C2$ 较小，则 $X_{C2}=1/(\omega C2)$ 较大，振荡器发生振荡；当有检测体接近时，$C2$ 较大，则 X_{C2} 较小，使三极管基极电位不满足振荡器起振条件，振荡器停振。

电容分压式信号发生机构的优点是精度高，可在三极管射极串联一个负温度系数的热敏电阻 RT，进行温度补偿；缺点是动作的灵敏度降低。

2）电容式接近开关原理

电容式接近开关电路原理如图 2.28 所示。当无检测体接近电极时，振荡器振荡，输出交流信号，经 V4 和 C3 整流、滤波后，供给 V2 基极一脉动的直流，使 V2 饱和导通，V2 输出低电平，低于基准电压，鉴幅器 N 输出低电平，继电器 K 不动作。

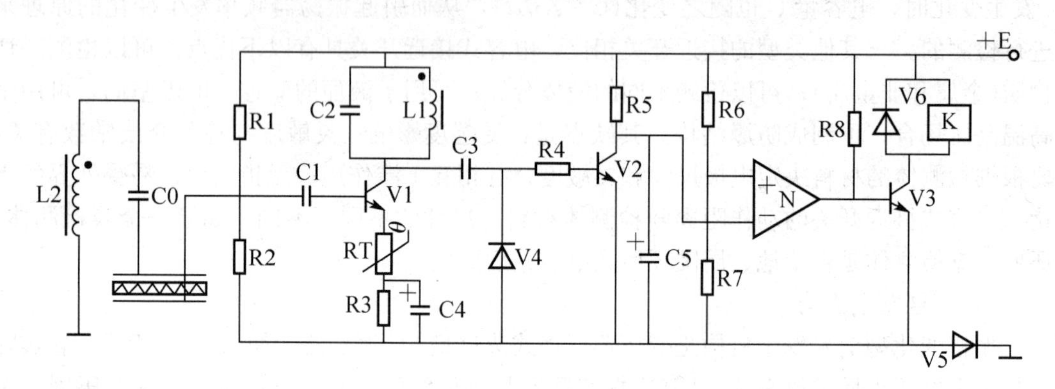

图 2.28　电容式接近开关电路原理图

当有检测体接近时，传感器的电容增大，正反馈信号经电容分压后减弱，振荡器停振，无高频交流信号输出，从而使 V2 截止，输出高电压(近似电源电压)。这个高电压高于鉴幅器 N 的基准电压，鉴幅器输出高电平使 V3 饱和导通，继电器 K 动作。

鉴幅器选用了运放 LM339，它比 CMOS 门电路更具优点：它的输入阻抗大，可认为输入电流 $I_C\approx 0$；基准电压随需要而定，响应速度快，精度高。而 CMOS 门电路，其基准电压为它的转折电压，约为电源电压的一半，当电源电压确定后，其基准电压不可调。

8. *常用接近开关的主要参数和主要技术数据*

接近开关的参数在前面已讲述了一些，这里仅介绍接近开关所特有的主要技术参数。

（1）动作距离。对不同类型接近开关，动作距离的含义不同。大多数接近开关是以开关刚好动作时感辨头与检测体之间的距离为动作距离。以能量束为原理(光和超声波)的接近开关则是以发送器与接收器之间的距离为动作距离。接近开关产品说明书规定的动作距离是其标称值。在常温和额定电压下，开关的实际动作值不应小于其标称值，但也不应大于其标称值的 20%。

（2）重复精度。重复精度是指在常温和额定电压下连续进行 10 次试验，取其中最大或最小值与 10 次试验的平均值之差为开关的重复精度。

（3）操作频率。操作频率是指接近开关每秒最高操作数。操作频率与接近开关信号发生机构的原理和出口元件的种类有关。采用无触头输出形式的接近开关，其操作频率主要决定于信号发生机构及电路中的其他储能元件。若为有触头输出形式的接近开关则主要决定于所用继电器的操作频率。

（4）复位行程。复位行程是指开关从“动作”到“复位”所位移的距离。

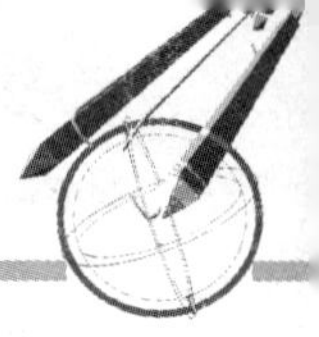

9. 选用、安装和维修的原则

接近开关的种类和型号很多，目前市场上常见的国产接近开关主要有 LJ 系列、JK 系列和 E2 系列。使用时应根据检测体的材料、尺寸、动作距离、检测精度、使用环境等方面进行综合考虑，同时还应注意合理的价格性能比。

影响接近开关的动作距离、误差的因素很多，主要有电源电压、电磁干扰、振荡器的反馈深度、感辨头的尺寸、检测体的尺寸、环境温度及检测体的运动方向等，故在安装使用时，应注意使感辨头远离电磁场和周围其他的金属体，调整感辨头与检测体的距离、运动方向等，使之达到最佳的检测效果。

接近开关的电路比较简单，维修起来较为容易。常见的故障有开关不动作或开关误动作等。

2.3.2 光电开关

光电开关又称为无接触检测和控制开关。它是利用物质对光源的遮蔽、吸收或反射等作用，对物体的位置、形状、标志、符号等进行检测。

光电开关是一种新型的控制开关，20 世纪 80 年代初期，我国开始设计和制造光电继电器，它采用白炽灯作投光光源，体积大、寿命短、抗干扰能力差、耐冲击和振动差、功耗大。随着我国半导体技术迅猛发展，红外发光二极管取代了白炽灯作为发光光源，并采用集成电路，且光电头与放大管内装一体化，使光电开关的性能提高，体积减小，寿命增长。目前采用高灵敏度、小体积的红外发光管和红外接收管，集成电路与厚膜组装混合电路，环氧树脂封装等新工艺，并采用了光电纤维新技术。国产的光电开关的型号有 GKF、JG、QE、GKG 系列等。

1. 光电开关的用途与分类

由于光电开关能实现非接触、无损伤检测，同时具有体积小，功能多，寿命长，功耗低，精度高，响应速度快，检测距离远和抗光、电、磁干扰能力强等优点，故广泛应用于微机控制系统和各种生产设备中作为物体检测、液位检测、尺寸控制、信号延时、色斑与标记识别、自动门、人体接近开关和防盗报警等，成为自动控制系统和各生产线中不可缺少的重要元件。

光电开关的种类很多，按其检测方式的不同，大致可分为穿透式(即对射式)和反射式两种，而反射式又有直接反射式、反光板反射式、限光反射式和标记检测式等多种类型。

光电开关也有利用光导纤维组作为投光器和受光器的。它也具有对射式和反射式，利用它可以检测微小物体。它的优点是抗光、磁、电等干扰性能好。

在光电开关中最主要的是光电器件，是把光信号转换成电信号的传感元件。光电器件主要有光敏电阻、光电池、光敏晶体管和光耦合器件等，它们构成了光电开关的传感系统，但由于它们各自的结构不同，因而其作用也不同。

2. 光电开关介绍

某光电开关电路原理图如图 2.29 所示。当无光照射时，光敏二极管 V1 截止，电阻很大，故反相器 CC40106 输入高电平，输出低电平，三极管 V2 截止，开关不动作。当有光照射时，V1 导通，反相器输入低电平，输出高电平，使 V2 饱和导通，开关动作。图中二极管 V3 起续流作用。

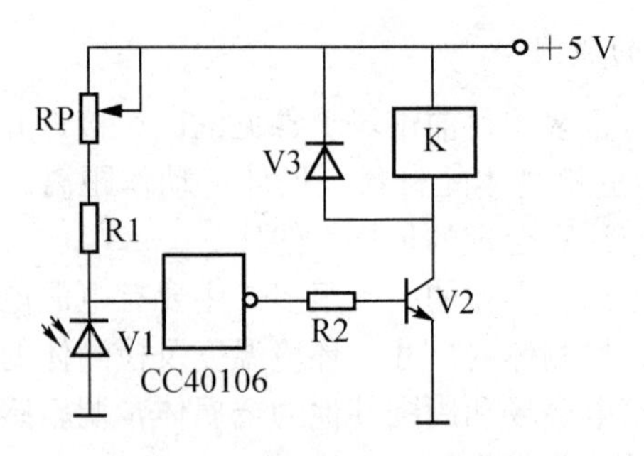

图 2.29　光电开关电路原理图

JG-T 系列光电开关原理电路图如图 2.30 所示。光源与开关电路的电源由变压器提供。当无被测体接近时，白炽灯 HL 照射到光敏三极管 V1，此时光敏三极管饱和导通，A 点电位低于比较器 N 的门限电压 U_{dB}，比较器输出低电平，稳压二极管 V2 截止，使晶体管 V3 截止，继电器 K 不动作。当有检测体接近时，白炽灯灯光被遮挡，照射到光电晶体管的光强减弱，光电晶体管 V1 由导通状态变为截止状态，使 A 点电位升高接近电源电压值，$U_{\mathrm{A}}>U_{\mathrm{dB}}$，比较器 N 输出高电平，使稳压二极管 V2 击穿导通，晶体管 V3 由截止状态变为饱和导通状态，继电器 K 动作。

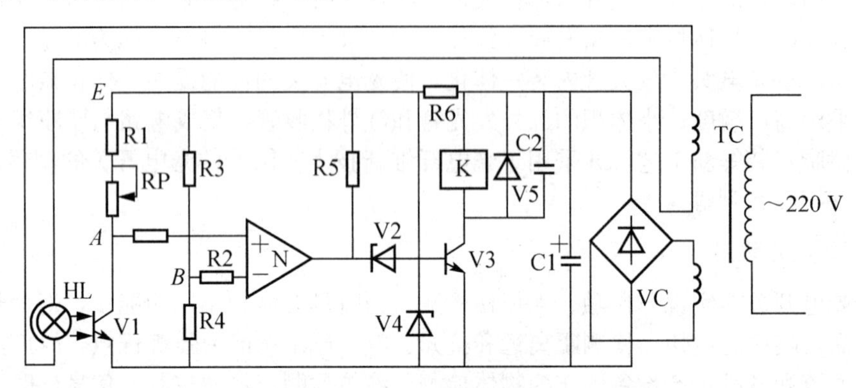

图 2.30　JG-T 系列光电开关电路原理图

2.3.3　晶闸管开关

1. 晶闸管开关的用途与分类

晶闸管又称可控硅，是一种大功率半导体器件，它不仅用于电力变换与控制，而且可以作为开关元件进行无弧通断。给晶闸管控制极加上触发信号，晶闸管就导通；停止给予触发信号，电流小于维持电流时，晶闸管就自行关断。

晶闸管开关具有耐高压、容量大、动作快、寿命长、控制灵敏、无电弧、无噪声等一系列优点，特别适用于频繁操作和防爆、腐蚀性气体的场合。它的缺点是过载能力低，抗干扰性能差、控制电路比较复杂和功耗大(导通时有约 1 V 的管压降)，并且关断时还残存一定的漏电流，因而它不能实现理想的电气隔离。

晶闸管开关按电路中的电源种类不同可分为直流开关和交流开关；按所实现功能的不同可分为晶闸管接触器(门极控制角始终是 $\alpha=0°$)、相控晶闸管开关($\alpha\neq0°$)和晶闸管自动开关。

晶闸管开关的应用十分广泛。目前，国内外都大力发展被国际上誉为第三代电器产品

的混合式开关电器，即利用接触器与晶闸管相结合取其两者优点，克服两者的弊端，达到无弧通断、节能、频繁操作的目的。随着电子技术的不断发展，固体继电器(SSR)的研究与应用也同样受到国内外的普遍重视。由于 SSR 能实现电气隔离，抗干扰性能好，因而它越来越多地被应用到高新技术领域中。

2. 晶闸管直流开关

晶闸管开关用于交流电路和直流电路的主要区别是在直流电路中晶闸管没有电流自然过零的关断条件，故晶闸管直流开关必须另外附加关断电路使之强迫关断。关断电路是一个可控制的电容器放电回路，依靠电容的放电向导通的晶闸管施以反向电压，强迫其正向电流降至零而使之关断。

1）晶闸管直流开关基本电路

晶闸管直流开关的一个基本电路如图 2.31(a)所示。电容器 C 和换向晶闸管 V1 构成了关断电路的主要部分。当主晶闸管 V2 触发导通后，电流 I_f流过负载 R2，并由电源电压 E 经电阻 R1 向电容 C 充电，经历一定时间后电容两端电压达到电源电压 E，极性如图 2.31(a)所示。如果使换向晶闸管 V1 触发导通，则电容 C 通过 E→R2→C→V1→E 回路放电。放电的初始时刻，R2 上有两倍的电源电压，V2 则被加上数值上等于 E 的反电压。电容放电过程中其端电压 U_C和负载电流 I_f的变化规律如图 2.31(b)所示。可以看出，该电路利用电容 C 的放电向导通的晶闸管 V1 施以反向电压，强迫其正向电流降至零而使之关断。

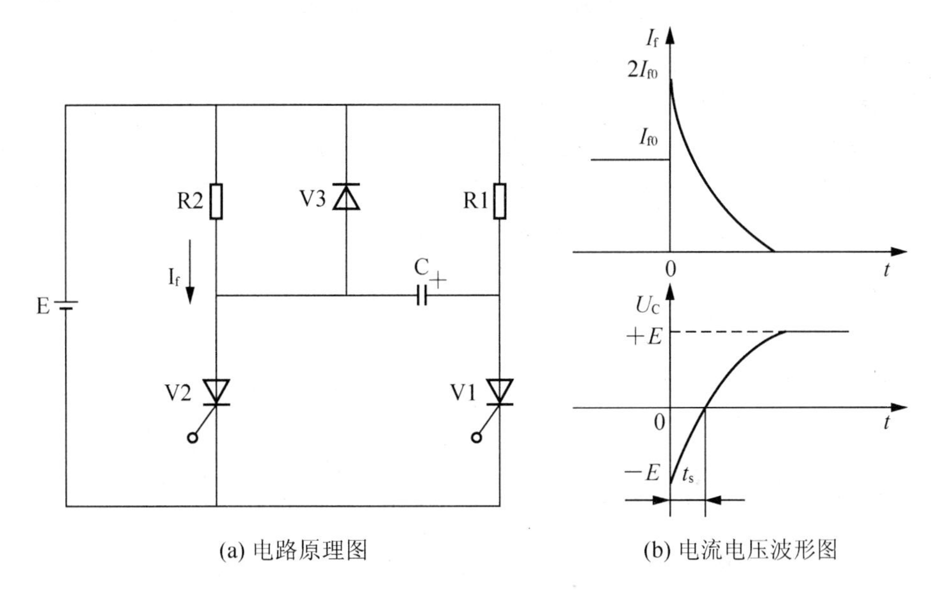

(a) 电路原理图 (b) 电流电压波形图

图 2.31 晶闸管直流开关电流电压波形图

t_s为主晶闸管 V2 承受反向电压的时间，使 V2 关断的条件是使 t_s大于 V2 的关断时间 t_{off}。电阻 R1 为换向电容的充电电阻，通常有 $R1 \gg R2$，但 RC 的时间常数的 2～3 倍应小于开关 V_2的最小持续接通时间，以免影响规定的开关操作频率。二极管 V3 的作用是为防止感性负载时，V2 关断瞬间在负载上感应过电压，使 V2 发生硬性转折而无法关断。

2）常见的晶闸管直流开关

常见的晶闸管直流开关有以下两种。

(1) 快速限流开关。快速限流开关的特点是当通过开关的电流达到某一整定值时开关即自动关断。其电路如图 2.32 所示。合上开关 QS1，V1 导通，接通负载 R6，换向电容按图示方向充电。当负载电流超过整定值时，采样电阻 R1 上的压降增大到大于二极管 V2～V4 的正向压降及 V6 的门极触发电压之和时，V6 导通，电容 C 放电使 V1 关断，迅速切断负载。调整 R1 的大小即可改变开关的整定值。开关 QS2 用于手动切断负载。该开关的缺点是 R1 上有压降和功耗较大，且温度特性较差。R1 可改用小电阻，所取得信号用放大器放大后推动 V6。

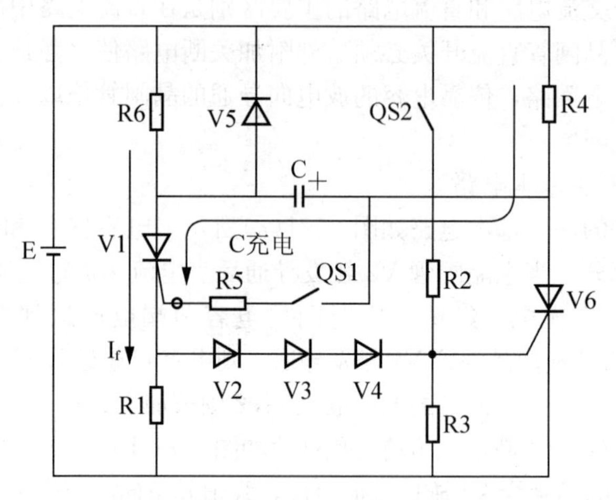

图 2.32　快速限流开关电路原理图

(2) KWZ-1 型直流开关。KWZ-1 型直流开关是应用历史较久的一种晶闸管开关，其电路如图 2.33 所示。这种开关可作单刀双掷或单刀单掷开关使用(用作单刀单掷时，只要将负载 R1 或 R2 用一个充电电阻代替即可)。当端子 A 输入信号时，V1 导通，接通负载 R1，电容器 C3 充电。端子 B 输入信号时，V2 导通接通负载 R2，同时电容器 C3 放电关断 V1，切断负载 R1。V3、V4 是为感性负载而设置的，以增加开关的通用性。

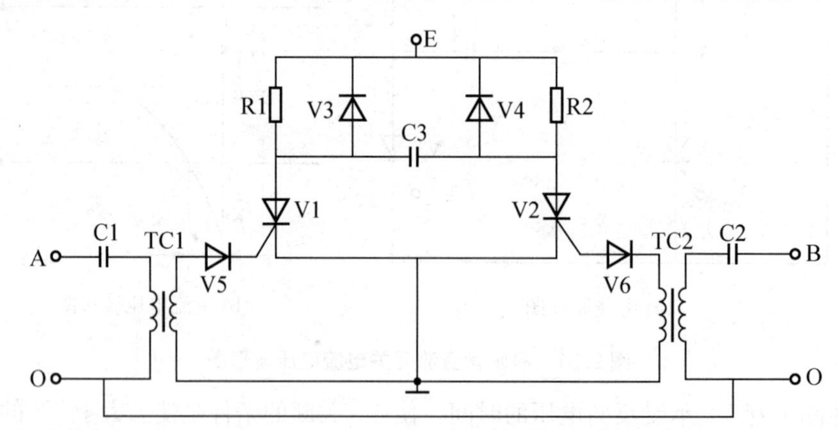

图 2.33　KWZ-1 型直流开关电路原理图

3. 晶闸管自动开关

晶闸管自动开关是一种带有各种保护环节，有时还附有换向电路的晶闸管开关。晶闸管自动开关按分断过程的不同分为两种：一种是非限流式，当电路发生故障时，它的保护环节就瞬时或经一定延时后撤除晶闸管的门极信号，使它在半个周波内电流自然过零时自行关断；另一种是限流式，其关断方式是不等到电流自然过零，而对晶闸管施加反向电压将其阳极电压迅速降到小于晶闸管的维持电流实行强迫关断。非限流式晶闸管自动开关所用的晶闸管容量按短路电流确定；限流式所用的晶闸管容量按最大负载电流的幅值来选择。

晶闸管自动开关一般采用限流式的方法来关断线路的主回路，这样可以减小晶闸管的容量。而限流式关断电路的主要环节是换向电路，利用换向电路强迫负载线路在电流未过零时关断。换向电路有两种方式：一种是电容换向式，即利用一个预先充电至终值电压的电容器在保护环节的命令下反向地加到晶闸管的两端，使它承受反向电压而关断。另一种是振荡式，在其电路中除储能电容外还包括与电容产生振荡的电感。下面主要介绍带有电容式换向电路的晶闸管自动开关主回路。

附有换向电路的三相晶闸管开关主回路和换向电路如图 2.34 所示。V7、V8、V9 为主晶闸管，V1、V2、V3 为各相的换向晶闸管。换向电容 C 由线电压经二极管 V4～V6 半波整流后通过电阻 R 充电。充电电阻 R 可以很大，当有限电压加于其上时，其电流小于换向晶闸管的维持电流。B 为保护环节，M 为触发环节。

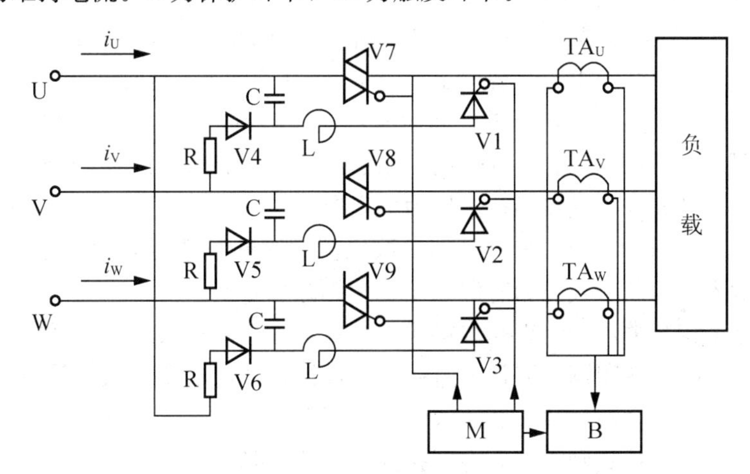

图 2.34 三相双向晶闸管自动开关电路原理图

当电路正常工作时，各相换向电容被充电至电源电压的峰值。由于在任何时刻三相线电流中至少有一相电流方向是正的，故只要将流过正向电流的晶闸管强迫关断，则其余各相流过负方向电流的晶闸管也因回路被切断而随之关断。

当电路出现短路故障时，包括电流互感器 TA 在内的保护环节 B 立即发出指令，触发信号源 M 停发各主晶闸管的控制极触发信号，同时使各换向晶闸管触发导通。换向电容通过各自的换向电感、换向晶闸管向主晶闸管放电。设在短路发生的时刻，$i_U<0$，$i_V<0$，$i_W>0$，此时 V9 被加上反向电压而迅速关断，虽因 U、V 两相电容 C 的放电电流与原来晶闸管电流方向相同，而未使 V7 和 V8 承受反向电压，但当放电时间很短的电容放电过程结束时，V9 已关断，故所有主晶闸管的电流都将等于零，于是开关在实现限流的条件下关断。由线电压 U_{WV}(此时 $U_{WV}>0$)所产生的经 R、V5、L、V2、V8 的电流因小于 V2 的维持电流，V2 也自行关断。

4. 固体继电器

固体继电器简称 SSR。它是一种新颖的电子电器，一种无触头开关器件，器件的输入端仅需要输入少量的电压和电流，就能切断几安培甚至上百安培的大电流，输入端与晶体管、TTL、HTL、CMOS、PMOS电子电路有较好的兼容性。输出电路采用大功率晶体管或晶闸管来接通和关断负载。由于接通和断开都没有普通触头的通断，故工作可靠、寿命长、体积小、无噪声，并且由于是固体封装，所以可用于防爆、防湿场合。目前已在许多自动化控制装置中代替常规的继电器，并且在其他各个领域也获得了广泛的应用，如计算机接口电路、终端装置、大屏幕广告显示、数字程控装置、低压电动机的过热保护等。

1）固体继电器的种类

固体继电器是一种四端器件，其中两个接线端为输入端，另两个接线端为输出端，中间采用隔离器件，以实现输入与输出间的电隔离。固体继电器可以按以下各方面进行分类。

（1）以负载电源类型分类，分为直流型和交流型两种。直流型固体继电器以功率晶体管作为开关元件；交流型固体继电器以晶闸管作为开关元件，分别用来接通和断开直流或交流负载。

（2）以开关触头型式分类，分为常开式和常闭式。常开式的功能是当输入端施加信号时，固体继电器输出端才接通；而常闭式是仅当输入端施加信号时，固体继电器输出端才被关断，而输入端没有信号时，固体继电器输出端始终处于接通状态。目前市场中以常开式最多。

（3）以输入输出间隔离型式分类，分为混合式(输入输出间是采用干簧继电器或微继电器作为隔离器件)、变压器隔离型(采用工频变压器作为隔离器件)、固态电子型(采用光耦合器作为隔离器件和采用磁隔离技术作为隔离器件)。

（4）以控制触发信号的型式分类。据负载电流导通的条件可分为过零型和非过零型；据固体继电器输入端控制形式分为有源触发型和无源触发型。

（5）以外型结构分类，分为针孔焊接式、装置式、插接式及双列直插式。其中针孔焊接式和双列直插式适用在印刷电路板上直接安装焊接，其输出端开关容量在3 A以下，器件不带散热板，一般为全塑封装；装置式适用在配电板上安装，可配有大面积散热板，容量在5～40 A之间；插接式则需配有专门接插件，使用时只需插入配套的插座中。

（6）以采用元件分类，分为分立元件组装的，用厚膜电路组装的、单片集成电路型及应用光控型晶闸管组装的等几种。

2）固体继电器的工作原理

目前市场上的固体继电器大多属于光电型器件，它是采用光电耦合方式实现弱电控制强电的目的，主要由信号输入电路、零电压检测和控制电路及双向晶闸管输出电路构成，如图2.35所示。

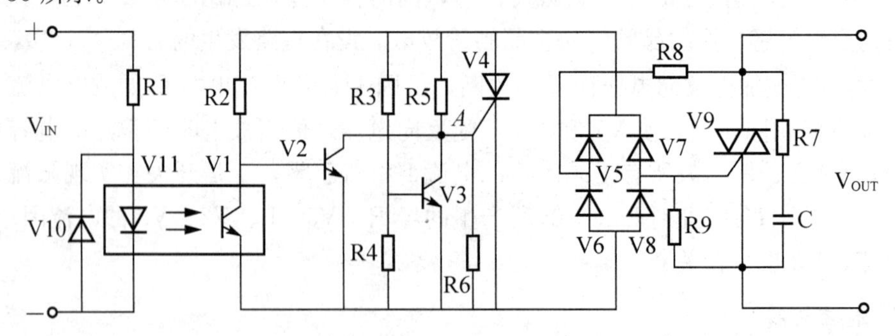

图2.35　光电耦合式固体继电器电路图

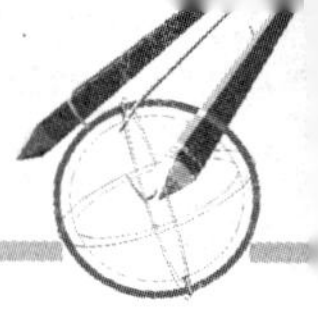

工作原理：当无信号输入时，光敏三极管 V1 截止，V2 导通，晶闸管 V4 控制极被钳在低电位而关断。当有信号输入时，发光二极管 V11 导通，光敏三极管 V1 受光照而导通，因此 V2 截止。当电源电压变化范围超过零电压约±25 V 时，*A* 点电压足够大使 V3 导通，V4 控制极处于低电位而截止，输出端因 V4 控制极无触发信号而关断。当电源电压变化范围在过零电压±25 V 之内时，*A* 点电压太小而使 V3 截止，V4 控制极通过 R5、R6 分压获得触发信号，V4 导通，这样在 V9 控制极上就获得从 R8→V5→V4→V8→R9 及 R9→V7→V4→V6→R8 正反两个方向的触发脉冲，使输出端 V9 导通，接通负载电源。当输入信号撤销后，V2 导通，V4 控制极钳在低电位，V4 关断，此时，V9 仍保持导通状态，直到交流负载电流随着交流电源电压的减小到 V9 维持电流以下时，V9 关断，切断负载电源。

2.4 保护类电子电器

知识目标	➢ 了解保护类电子电器的种类； ➢ 掌握各种保护类电子电器的保护功能和特性； ➢ 理解各种保护类电子电器的工作原理。
能力目标	➢ 能在传统保护电器和新型电子式保护电器之间进行正确选择； ➢ 能正确完成电子式保护电器在线路中的接线； ➢ 能对电子式保护电器进行正确的调试和维护。

要点提示

因保护类电器的特殊性，对其要求比普通电器要高很多，一般来讲在应该动作的时候绝不能“拒动”，否则可能造成设备损坏甚至人员的伤亡；在不该动作的时候也不能“误动”。电子式保护类电器其工作原理与传统的保护类电器有很大的不同，如传统的热继电器是通过对电流的热效应检测来进行电动机过载(热)保护，受电动机工作制和环境温度的影响较大，采用电子式温度继电器时直接检测电动机温度，其可靠性当然比采用传统热继电器高很多。

2.4.1 漏电保护电器

如果用电不当或用电设备发生漏电故障，会给人类带来危害。为了减少此危害，在技术上，应采取两方面措施，一方面是保护电气产品的安全性能和质量，另一方面是采取措施防止漏电事故的发生。前者属材料和产品制造问题，后者属运行和管理问题。下面仅分析防止触电事故的辅助装置——漏电保护继电器的原理，使对漏电保护继电器有正确认识，从而正确选用它。

1. 漏电保护电器的用途及分类

漏电保护电器是一种用于防止因触电、漏电引起的人身伤亡事故、设备损坏及火灾的一种安全保护电器。

为适应不同电网和不同保护的需要，目前，国内外生产的漏电保护电器的结构形式、基本性能、使用条件也不相同，有各种不同的分类方法。漏电保护器按其结构特点可以分为开关式、组合式、安全保护插头和插座三大类，开关式又可再分为专门用作漏电保护

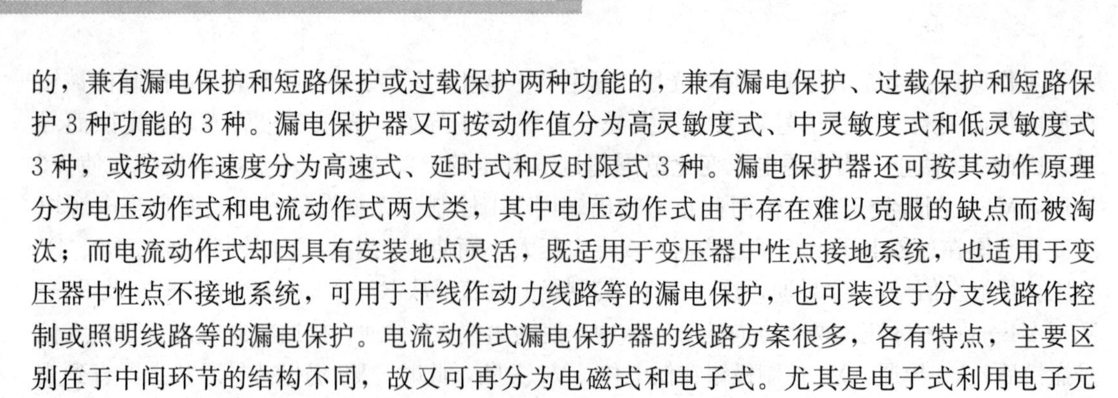

的，兼有漏电保护和短路保护或过载保护两种功能的，兼有漏电保护、过载保护和短路保护3种功能的3种。漏电保护器又可按动作值分为高灵敏度式、中灵敏度式和低灵敏度式3种，或按动作速度分为高速式、延时式和反时限式3种。漏电保护器还可按其动作原理分为电压动作式和电流动作式两大类，其中电压动作式由于存在难以克服的缺点而被淘汰；而电流动作式却因具有安装地点灵活，既适用于变压器中性点接地系统，也适用于变压器中性点不接地系统，可用于干线作动力线路等的漏电保护，也可装设于分支线路作控制或照明线路等的漏电保护。电流动作式漏电保护器的线路方案很多，各有特点，主要区别在于中间环节的结构不同，故又可再分为电磁式和电子式。尤其是电子式利用电子元件，可以灵活地实现各种要求和具有各种保护性能，并不断地向集成电路化方向发展。下面以电子式为例进行分析。

2. 电流型漏电保护器

1）设计漏电保护电器的依据

人体触电也是漏电的一种。当人体发生触电时，便在人体内流过触电电流。触电可使人体遭到损伤，甚至死亡，但如果只是轻微的触电，人体可能不受伤害，由此可见，触电有一个量的问题。使人体不致被损伤的最大触电电压、电流和持续时间，也就是人体触电的安全临界值作为设计漏电保护电器的依据。

目前世界各国趋向于从避免人体心室颤动这一观点出发来确定安全电流的临界值。提出以开始引起人体心室颤动的电流值与触电持续时间的乘积即50 mA·s再乘以0.6的安全系数，则为30 mA·s作为实用安全电流的临界值。鉴于触电安全范围虽系以触电电流值与触电持续时间的乘积为准，但此电流值毕竟与触电电压有关，故各国在规定安全电流的同时仍对安全电压作了规定，如我国则视用电场所潮湿程度不同把安全电压规定为36 V、24 V及12 V 3种。

当然，根据不同漏电保护的对象允许漏电电流值同持续时间值的不同要求，漏电保护电器的设计依据也有所不同。

2）漏电保护电器的组成

漏电保护电器一般主要由感测元件、放大器、鉴幅器、出口电路、试验装置和电源6部分组成。漏电保护电器的电路原理框图如图2.36所示，其中感测元件为零序电流互感器。它的铁芯是环状的，主电路导线穿越其中或在其上绕几圈作为一次绕组，二次绕组则由漆包线均匀而对称地绕于铁芯上。零序电流互感器的作用是把检测到的漏电电流信号变换为中间环节可以接受的电压或功率信号。中间环节的功能主要是对漏电信号进行处理，包括变换、放大和鉴别。出口电路即执行机构为一触头系统，多为带有分励脱扣器的低压断路器或交流接触器。其功能是受中间环节的指令控制，用以切断被保护电路的电源。

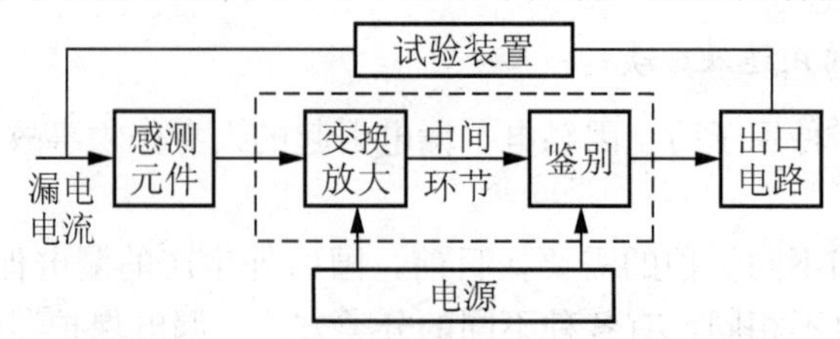

图2.36 漏电保护电器的电路原理框图

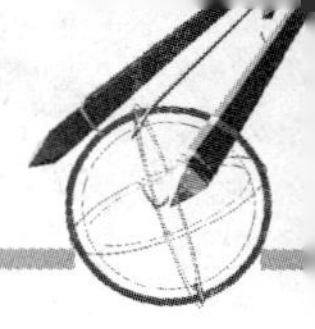

3）漏电保护电器的工作原理

漏电保护电器的工作原理图如图 2.37 所示。当被保护电路无漏电故障时，由基尔霍夫电流定律可知，在正常情况下通过零序电流互感器 TA 的一次绕组电流的相量和恒等于零，即使三相负载不对称也同样满足这个条件。即使是无中性线三相线路或单相线路的电流的相量和也恒等于零。下面仍以三相线路有中性线进行分析。这样，各相线工作电流在零序电流互感器环状铁芯中所产生的磁通相量和也恒等于零，因而，零序电流互感器的二次绕组没有感应电动势产生，漏电保护电器则不动作，系统保持正常供电。一旦被保护电路或设备出现漏电故障或有人触电时，就产生漏电电流(也称剩余电流)，使得通过零序电流互感器的一次绕组的各相电流的相量和不再恒定为零，其和$\dot{I}_A$即为漏电电流。由此在零序电流互感器的环状铁芯上将有励磁磁动势产生，所产生的磁通的相量和也不再恒定等于零，假设为$\dot{\phi}_A$，因此，零序电流互感器的二次绕组在交变磁通$\dot{\phi}_A$的作用下，就产生了感应电动势$\dot{E}_A$，此感应电动势经过中间环节的放大和鉴别，当达到预期值时，使脱扣线圈 QT 通电，驱动开关 QF 动作，迅速断开被保护电路的供电电源，从而达到防止漏电或触电事故的目的。该电器的设计思想就是将漏电电流转换为动作磁通，经放大和鉴别后产生保护动作。

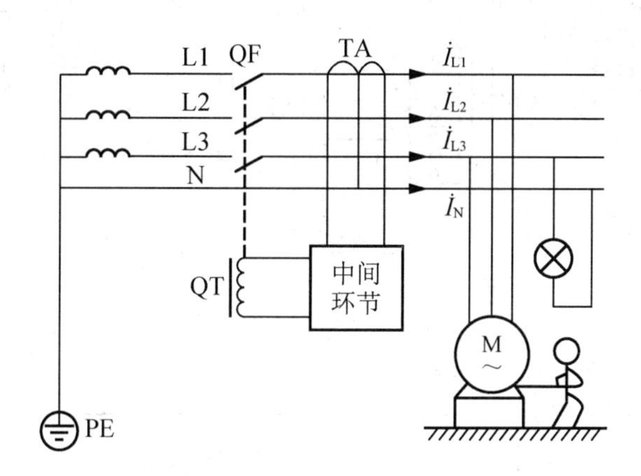

图 2.37　漏电保护电器的工作原理图

4）漏电保护低压断路器

漏电保护低压断路器，实际上是一种将漏电保护器和主开关组合安装在同一机壳内的塑壳式低压断路器。DZ5、DZ10 低压断路器中所组合的电子式漏电保护器的电路原理图如图 2.38 所示。电路组成主要有零序电流互感器 TA、单极三位开关 QS、整定电阻器 RL1、RL2、RL3，电容 C7 和保护电阻 R3 组成感测环节。其中单极三位开关 QS 和整定电阻器 RL1、RL2、RL3 组成整定电路，通过 QS 的变换可分别接通 RL1、RL2、RL3，以达到对额定漏电动作电流的整定，RL1、RL2、RL3 对应的额定漏电动作电流分别为 30 mA、50 mA 和 75 mA；按钮 SB、电阻 R4 和零序电流互感器的试验绕组 TA_0组成试验电路，通过按下 SB，产生一个模拟漏电信号，以检查漏电保护器的工作是否正常；晶闸管 V、脱扣线圈 QT、开关 QF 及电容 C2、C5 和电阻 R1 组成出口电路，当漏电电流超过整定值时，V 受触发信号触发而导通，使 QT 流过动作电流，脱扣机构动作，驱动开关 QF，使其触头迅速分断，从而切断供电电源。其中 R1 和 C5 为晶闸管 V 的过电压保护电路，利用 C5 吸收能量来抑制瞬态过电压，R1 起阻尼作用，防止 C5 与电路分布电感发生谐振；整流桥 VC、电阻 R2、电容 C4 和压敏电阻器 RV 组成整流滤波电路，380V 交流电经 VC 桥式全波整流和 R2、C4 的滤波后，为晶闸管 V 和集成电路 SF54123 提供直流电源。RV 起过电压保护作用，用于吸收来自电源的瞬时过电压。电路中采用了漏电保护器专用集成电路，型号为 SF54123，其内部电路框图如图 2.38(b)所示。此集成电路中主要包括差动放大器、基准电压环节、锁定电路和稳压电路 4 部分。它能接受零序电流互感器的输出信号，并与基准电压环节的基准电压 U_g 比较，当漏电信号超过基准电压时，通过差动放大器放大，当差动放大器输出电压超过锁定电路的门限电压 U_d 时，锁定电路输出一个触发信号，提供给出口电路的晶闸管 V 的控制极。其中二极管 V1 和 V2 为差分放大器输入限幅二极管，用于对漏电保护对象发生金属性接地时出现的极大信号电压进行限幅。

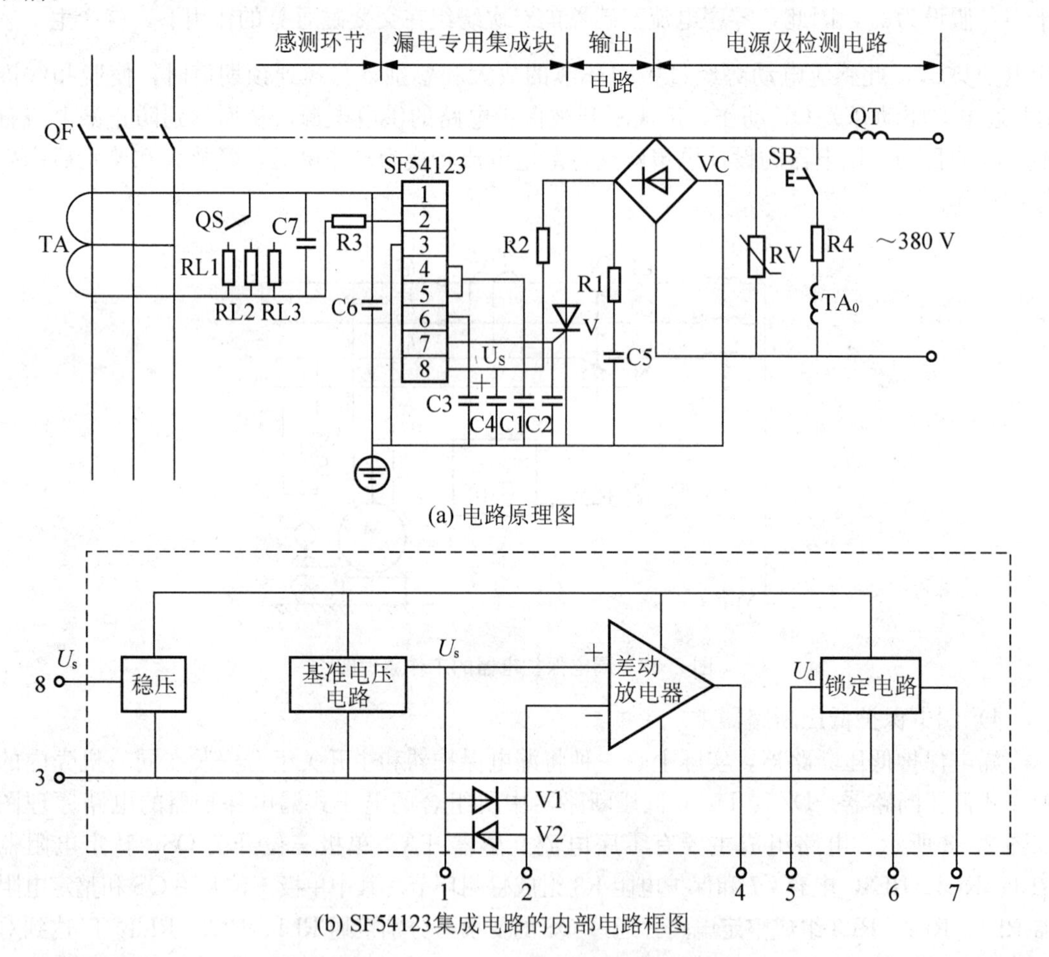

(a) 电路原理图

(b) SF54123集成电路的内部电路框图

图 2.38　电子式漏电保护器电路原理图

其工作原理为，在正常工作时，电路或用电设备中无漏电或无触电事故发生，穿越零序电流互感器 TA 其中的三相电源线电流的相量和恒等于零，TA 的二次绕组也无信号输出，同样集成电路 IC 的锁定电路也无输出，晶闸管 V 处于截止呈开路状态，脱扣器线圈 QT 基本上无电流通过，主电路开关 QF 处于闭合位置，系统正常供电。一旦电路或用电

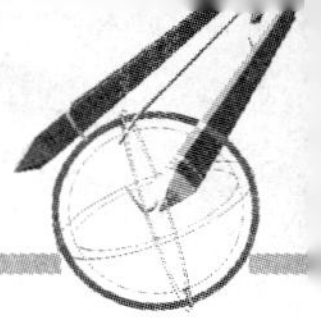

设备有漏电或触电事故发生，TA 的二次绕组有漏电信号输出，此信号经 TA 和 RL1 或 RL2 或 RL3 组成的 I-U 转换电路，转换为电压信号输出给 IC 的 1 脚和 2 脚，作为差动放大器的输入信号，并与基准电压 U_g 比较，进行差模放大。如漏电或触电的电流小于额定漏电动作电流的整定值时，差动放大器的输出电压则低于锁定电路的门限电压 U_d，锁定电路无输出，系统仍保持正常供电。但如漏电或触电电流大于额定漏电动作电流的整定值时，差动放大器的输出电压就大于锁定电路的门限电压 U_d，锁定电路即输出一个触发信号，通过 IC 的 7 脚加到 V 的控制极，使 V 导通，脱扣器线圈 QT 流过动作电流，脱扣机构动作，驱动主开关 QF，使其触头迅速分断，切断电源，从而有效地防止漏电事故扩大，保证了人身安全。

此电路结构简单，直流电源是通过整流桥直接整流，省去了电源变压器。同时采用漏电保护器专用集成电路，它能以最少的外接元件，高标准地完成漏电保护电器各种功能要求，从而使漏电保护电器无论是技术性能还是体积、价格都发生了巨大变化，为实现低压电器机电一体化迈出了可喜的一步。

5）漏电保护开关

漏电保护开关不仅具有漏电保护低压断路器的功能，而且具备使用方便、灵巧精美、价格低廉的特点，是目前国内外生产批量最大、使用最广泛的一类漏电保护电器。DZL18-20 型集成电路漏电保护开关的电路原理图如图 2.39 所示。其电路简单，由零序电流互感器 TA，电阻 R2、R3，电容 C2、C3 和二极管 V2 组成感测环节。其中 R2、R3、C2 和 V2 主要将 TA 的二次绕组的漏电信号转换为电压信号，同时起到平衡和匹配作用，而 C3 主要用于滤除高频干扰。电阻 R1、二极管 V1、电容 C1 组成整流电路，其中 R1 为降压电阻，V1 起整流作用，C1 为滤波电容，为集成电路提供直流电源。晶闸管 V3、脱扣器 QT、电容器 C6 组成出口电路。电容器 C4、C5 同集成电路内部电阻一起构成延时电路，也称二次滤波电路，防止由于线路对地分布电容因流过脉冲电流造成的误动作。电容器 C6 为抗干扰电容，用于吸收集成电路输出端的一些干扰信号，保证工作稳定可靠。压敏电阻器 RV 起过电压保护作用。

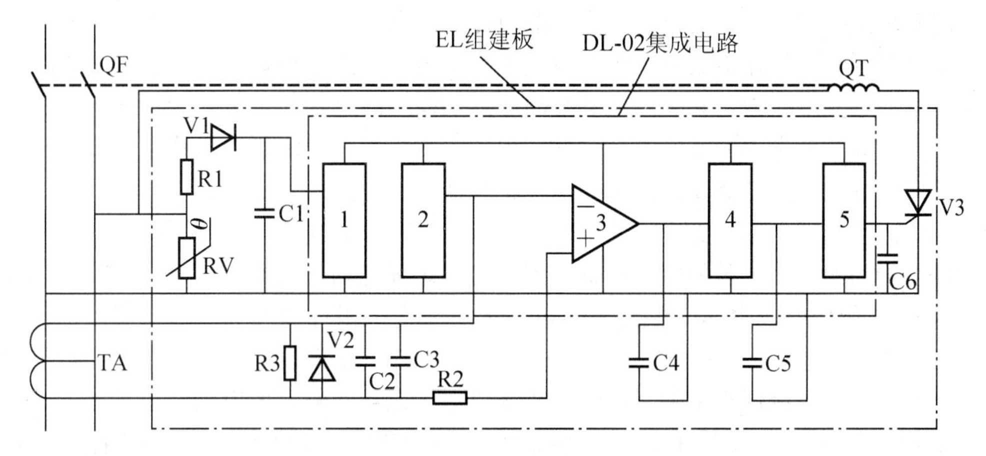

图 2.39 DZL18-20 型集成电路漏电保护开关电路原理图

1—稳压电路 2—基准电压电路 3—差动放大器 4—电压鉴幅器 5—整形驱动电路

电路中采用漏电保护电器专用集成电路，型号为 DL-02。它主要由差动放大器、基准

电压电路、电压鉴幅器、整形驱动电路和稳压电路 5 部分组成。DL-02 型集成电路具有静态功耗低、温漂小、抗干扰能力强和稳定性能好等特点。

电路工作原理为，当主开关 QF 合上，220 V 的交流电经降压电阻 R1 降压，通过二极管 V1 半波整流，由电容 C1 滤波，此直流电压再由集成电路的稳压电路稳压后给内部其他电路提供一个稳定的直流电压。当线路或用电设备无漏电或无触电事故时，穿越零序电流互感器 TA，其中的单相电路的进线和出线的电流相量和恒等于零。TA 的二次绕组也无信号输出，整形驱动电路同样无输出，晶闸管 V3 处于截止状态，脱扣器线圈 QT 无电流流过，主开关 QF 处于闭合位置，保证系统正常供电。一旦线路或用电设备发生漏电或触电事故情况，TA 二次绕组即有漏电信号输出，此信号经 I-U 转换器变换成电压信号作为差动放大器的输入信号，与基准电压电路提供的基准电压比较，进行差模放大，如漏电或触电电流小于额定漏电动作电流的整定值，则差动放大器输出电压小于电压鉴幅器的门限电压，整形驱动电路无输出，系统仍然供电；只有当漏电或触电电流大于额定漏电动作电流的整定值时，差动放大器的输出电压大于电压鉴幅器的门限电压，则电压鉴幅器输出一个信号经整形驱动电路输出具有一定功率的驱动信号，此信号就作为晶闸管 V3 的触发信号，使 V3 导通，则脱扣器线圈 QT 通电，脱扣器动作驱动主开关 QF 的触头迅速分断，从而切断供电电源，防止漏电事故扩大，保证了人身安全。

由于 DZL18-20 型漏电保护开关的额定电流为 20 A，主要装设在供电线路末端，对通断能力要求不高，因此，开关的机构简单，没有灭弧装置。为保证开关具有 500 A 短路电流的通断能力和能承受 3000 A 的短路电流，触头选用银与氧化锌的金属粉末经压制烧结而成，其抗熔焊性和耐磨性较好。

6）延时型漏电保护电器

随低压电网的容量日益增大，分支线路增多，随之发生漏电或触电的几率也增多。如果在如图 2.40(a)所示这样的低压系统中，在干线、分支线和末端都安装有相同额定漏电动作电流和动作时间的漏电保护电器，当系统的末端发生漏电或触电事故时，各级漏电保护电器 FL1、FL2、FL3 都会同时跳闸，使整个供电系统停电，严重影响生产。这需要对供电系统实现选择性保护，对系统的各级漏电保护电器，应适当选择它们各自的动作电流整定值和动作延时，使在事故发生时各级漏电保护电器有选择性地动作，将停电范围局限于发生事故的分支线路内。只有当分支线路不能切断事故电路时，上一级的漏电保护电器才允许动作。为此要求上下二级之间的漏电保护电器，无论额定漏电动作电流或动作时间都要有很好的配合。这就需要延时型漏电保护电器。

一般情况下，在末级分支电路范围内，触电几率高，危险性也大。因此以防止触电为主，最好装设高速、高灵敏的漏电保护电器，如额定漏电动作电流在 30 mA 以下，动作时间小于 0.1 s。而作干线用漏电保护电器，因干线架空，相对触电几率要小得多，因此以防止漏电为主。由图 2.40(a)可见，低压系统的全部漏电，都通过干线上的漏电保护电器，而通过分支上的漏电流逐级下降，因此各级漏电保护电器的额定漏电动作电流，应选择不同的整定值，逐级下降，从上往下逐级的漏电保护电器的额定漏电动作电流分别为 500 mA、200 mA、30 mA，相对应的动作时间分别为 0.6～1 s、0.2～0.4 s、小于 0.1 s。

采用电子元件组成延时电路的方案很多，现以图 2.40(b)为例，说明延时型漏电保护电器的工作原理。

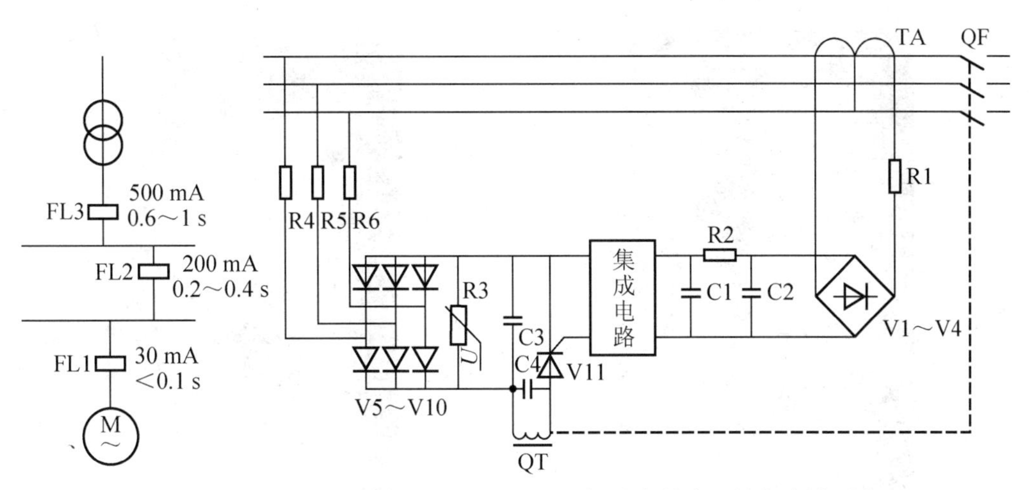

(a) 延时型漏电保护电器的应用　　(b) 延时型漏电保护电器的电路原理图

图 2.40　延时型漏电保护电器

电路组成主要有零序电流互感器 TA、电阻 R1、二极管 V1～V4 和电容 C1 组成感测环节；电阻器 R2 和电容器 C2 组成延时电路；中间环节采用漏电保护电器专用集成电路；晶闸管 V11 和脱扣器 QT 组成出口电路；电阻 R4～R6、二极管 V5～V10 和电容 C3 组成整流滤波电路。

在正常工作时，三相交流电经电阻 R4～R6 降压，二极管 V5～V10 三相全波整流后，通过电容 C3 滤波为集成电路提供直流电源。零序电流互感器的二次绕组无漏电信号，晶闸管 V11 也处于截止的开路状态，脱扣器线圈 QT 无电流通过，系统正常供电。当发生漏电或触电事故时，零序电流互感器 TA 的二次绕组产生漏电信号，经限流电阻 R1，通过桥式整流电路二极管 V1～V4 单相全波整流，由电容 C1 滤波，使 TA 的二次绕组产生漏电信号转换成直流的漏电电压信号。此信号经延时电路电阻 R2 和电容 C2 的延时，再由中间环节处理，为晶闸管 V11 的控制极提供触发信号使 V11 导通，则脱扣器线圈 QT 通电，脱扣机构动作，驱动主开关 QF 迅速分断电路，停止供电达到漏电保护作用。

从上述几个电子式漏电保护电器可以看出，随着漏电保护技术的发展，人们在电子式电流型漏电保护的基础上，开发出多种保护性能得到改进的漏电保护电器，如上述的延时型漏电保护电器，除此之外，还有反时限型漏电保护电器、判别动作型漏电保护电器、具有理想运行特性的漏电保护电器等。另外，在发展和完善低压漏电保护电器的同时，对一些特殊场合如电网中性点不接地系统，特殊负载如交流电焊机等用的漏电保护电器也进行了研究，这就大大丰富了漏电保护电器的类型和使用范围。这些都为发展电子式漏电保护电器创造了良好的条件，为进一步利用电子元器件组成新的漏电保护电器或实现新的动作原理铺平了道路。

具有漏电保护功能的剩余电流动作断路器的实物图如图 2.41 所示。其中，NM8L、NM8SL 系列剩余电流动作断路器主要适用于交流 50 Hz，额定电压为 400 V，额定电流为 630 A 的电路中。其主要功能是对有致命危险的人身触电提供间接接触保护。同时，它还可用来防止由于接地故障电流而引起的电气火灾，并可用来保护线路的过载、短路和欠电压，亦可作为线路的不频繁转换之用。

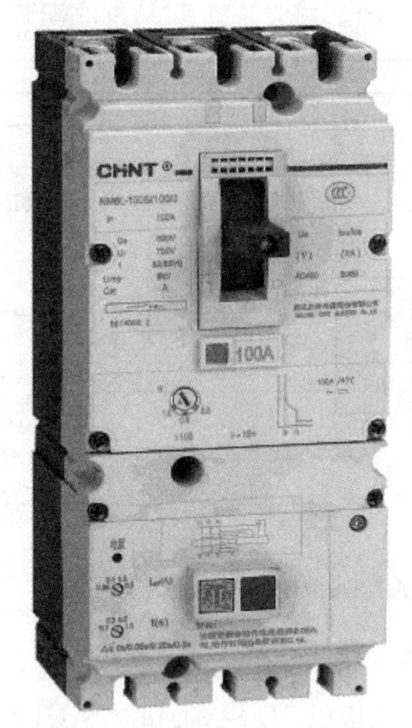

(a) NM8L、NM8SL系列剩余电流动作断路器

(b) NM1LE系列剩余电流动作断路器

(c) NL18系列剩余电流动作断路器

(d) DZ20L系列剩余电流动作断路器

图 2.41 剩余电流动作断路器实物图

NM1LE 系列剩余电流动作断路器是正泰公司开发的新型剩余电流动作断路器之一，适用于交流 50 Hz，额定电压为 400 V，额定电流 16～800 A 的电路中。其主要功能是对有致命危险的人身触电提供间接接触保护。额定剩余动作电流不超过 0.03 A 的剩余电流动作断路器在其他保护措施失效时，也可作为直接接触的补充保护，但不能作为唯一的直接接触保护。同时，它还可用来防止由于接触故障电流而引起的电气火灾，并可用来保护线路的过载、短路，亦可作为线路的不频繁转换之用。该剩余电流动作断路器具有体积小，分断高，飞弧短及剩余动作电流、剩余电流动作时间可调节等特点，同时可带报警触头、分励脱扣器、欠电压脱扣器、辅助触头、旋转手柄操作机构、电动操作机构等附件，并可采用板前、板后和插入式等多种接线方式，既可垂直安装(即竖装)，亦可水平安装(即横装)。

NL18 系列剩余电流动作断路器，适用于交流 50 Hz，额定工作电压为 230 V，额定电流为 32 A 的单相电路中。其主要功能是对有致命危险的人身触电提供间接保护。同时，它还可用来防止由于设备绝缘损坏、产生接地故障电流而引起的电气火灾危险。该系列剩余电流动作断路器具有体积小、分断高、动作可靠及抗振性好等特点，可广泛应用于电热水器、太阳能热水器、自动售货机、饮水机、电冰箱、洗衣机等用电设备上提供触电、剩余电流保护。

DZ20L 系列剩余电流动作断路器，主要适用于交流 50 Hz，额定电压为 380 V，额定电流为 630 A 的配电网络中，作为人身触电或设备漏电保护之用；也可用来防止因设备绝缘损坏，产生接地故障电流而引起的火灾危险；同时还可以用来分配电能和保护线路及电源设备的过载和短路，亦可以用来作为线路的不频繁转换之用。本产品派生产品有漏电报警不跳闸功能，可应用于不间断电源工作场所。本系列派生的透明外壳剩余电流动作断路器，盖子采用新型、耐高温、高强度聚碳酸酯材料制造而成，可直观判断触头的通断。

3. 漏电保护电器的主要技术数据和主要参数

电子式电流型漏电保护电器的主要技术数据见表 2.3。

表 2.3　电子式电流型漏电保护电器的主要技术数据

名　　称	额定电压/V	额定电流/A	极数	额定漏电动作电流/mA	漏电动作时间/s	极限分断能力	机械/电气寿命/万次
漏电保护开关	220	6、10、15、20	2	15、30	<0.1	220 V，1500 A	1/0.4
漏电保护继电器	380	220		30、50、100、200、300、500	延时 0.2～1		10/10

漏电保护电器的主要参数如下。

1）额定漏电动作电流($I_{\triangle n}$)

额定漏电动作电流是指在规定条件下，漏电保护电器必须动作的漏电动作电流值。它反映了漏电保护电器的漏电动作灵敏度。国家标准 GB 6829—86 规定额定漏电动作电流系列为：0.006、0.01、(0.015)、0.03、(0.05)、(0.075)、0.1、(0.2)、0.3、0.5、1、3、5、10、20 A 共 15 个等级，其中带括号的值不推荐优先采用。30 mA 及其以下者都属于高灵敏度型，既可用作间接接触触电(用电设备的非带电金属部分，因种种原因，绝缘物失去绝缘作用时，漏电使如金属外壳呈现对地电压，一旦人体接触即发生的触电)保护，也可用作直接接触触电(人体直接和带电体接触的触电)的补充保护。30 mA～1 A 者为中灵敏度型，1 A 以上者都属于低灵敏度型，此二者只能用作间接接触保护或用作防止电气火灾事故和接地短路故障的保护。

2）额定漏电不动作电流($I_{\triangle n0}$)

额定漏电不动作电流是在规定条件下，漏电保护电器必须不动作的漏电不动作电流值。这是为了防止漏电保护电器误动作，因为任何电网都存在正常工作所允许的三相不平衡漏电流，如漏电保护电器没有漏电不动作电流的限制，将无法投入运行。很显然，额定漏电不动作电流越趋近于额定漏电动作电流，漏电保护电器的性能越好，但制造也越困难。国家标准规定，额定漏电不动作电流不得低于额定漏电动作电流的二分之一。

3）漏电动作分断时间

漏电保护电器的动作时间是从发生漏电故障且漏电电流大于或等于额定漏电动作电流开始到被保护主电路完全被切断为止的这段时间。为达到人身触电时的安全保护和适应分级保护的要求，漏电保护电器的漏电动作分断时间有快速型、延时型和反时限型3种。快速型漏电保护电器没有人为延时，适用于单级保护，用于直接接触保护的漏电保护电器必须用快速型；延时型主要用于分级保护首端；而反时限型是为了更好地配合安全电流/时间曲线而设计的，其特点是漏电电流越大，动作时间越短，具有反时限动作特性。国家标准规定了用于间接接触保护的快速型漏电保护电器的最大分断时间为：当额定漏电动作电流≥30 mA时，其$I_{\triangle n}$、$2I_{\triangle n}$、和$5I_{\triangle n}$时的最大分断时间分别为0.2 s、0.1 s和0.04 s；用于直接接触保护的快速型漏电保护电器的最大分断时间为：当额定漏电动作电流≤30 mA时，其$I_{\triangle n}$、$2I_{\triangle n}$、和$5I_{\triangle n}$的最大分断时间分别为0.2 s、0.1 s和0.04 s；延时型漏电保护电器延时时间的优选值分别为0.2 s、0.4 s、0.8 s、1 s、1.5 s、2 s；反时限型漏电保护电器在我国目前还未推广使用，国家标准中还没有规定其动作时间。

4. 漏电保护电器的选用、安装和维修

1）漏电保护电器的选用

在选用漏电保护电器时，首先应使其额定电压和额定电流大于或等于线路的额定电压和负载工作电流。其次应使其脱扣器的额定电流亦大于或等于线路负载工作电流，其极限通断能力应大于或等于线路最大短路电流。最后，线路末端单相对地短路电流与漏电保护电器瞬时脱扣器的整定电流之比应大于或等于1.25。

首先应根据保护要求来选择其类型和参数。保护要求有两个：一是以防止人身触电，保护人身安全这一目的，可以选用高速高灵敏度型、高速中灵敏度型和高灵敏度反时限型的漏电保护电器。还需注意，高速高灵敏度型漏电保护电器可以有效地防止误接触相线对人身的危害，但是由于灵敏度高，这就要求线路和用电设备应具有良好的绝缘性能；另外由于线路对地分布电容与线路长度成正比，分布电容过大，容易引起误动作，因此高速高灵敏度型宜装于较短线路内。由于人体内部电阻约为500 Ω，因此还应根据对地电压来选定动作时间，下列数据可供参考：对地电压为100 V、200 V、240 V时，通过人体的触电电流分别相应为200 mA、400 mA、480 mA，漏电保护电器允许的最大动作时间分别相应为小于0.1 s、小于0.075 s、小于0.06 s。二是以防止设备漏电，保护电气设备不致烧毁这一目的，可选用高灵敏度延时型；以防止漏电而引起火灾时，对木结构的建筑，可选用额定漏电动作电流在1 A以下的中灵敏度延时型；对混凝土的建筑可选用在5 A以下的低灵敏度延时型。

再依据使用场所进行选用。不同的安装场所漏电情况也不同，选用漏电保护电器的类型及参数应与具体场所相适应。因为漏电保护电器既可用作总漏电保护安装在干线上，也可安装在分支线路上作分支漏电保护。但考虑到，漏电事故的机率随线路的增长和用电设备的增多而增大，为避免因漏电而频繁动作，造成线路和用电设备的大范围停电，甚至导致系统不能投入工作，因此用于干线上的总漏电保护电器不适宜安装高速高灵敏度型；而分支线路上可选用高灵敏度型，以便于迅速切断发生漏电事故的区间，保证其他分支线路的正常工作。一般来说，在两级保护中，用于干线保护时，可选用额定漏电动作电流为100 mA，动作时间为0.15 s的漏电保护电器；用于分支保护时，可选用额定漏电动作电

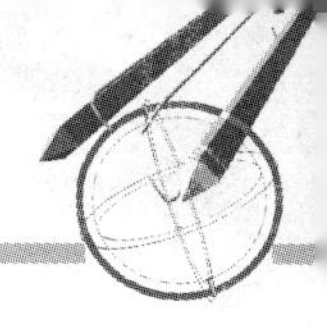

流为 50 mA，动作时间为 0.1 s 的漏电保护电器；而家庭用电的线路进户处可选用额定漏电动作电流为 30 mA 以下的高速高灵敏度型。根据 IEC 推荐，作分支保护的标准额定漏电动作电流选用 5 mA、10 mA、30 mA；作干线或上级保护的标准额定漏电动作电流选用 0.1 A、0 3 A、0.5 A、1 A。

2）漏电保护电器的安装

通常下列场所都需安装漏电保护电器。

（1）室内 220 V、户外 380/220 V 的照明和动力线路。

（2）容易触及的具有金属外壳的用电设备。

（3）有动力设备及装有活动插座的场所。

（4）移动线路如电钻、电焊机或临时性线路(如基建工地)。

（5）潮湿或有水蒸气的场所。

安装使用的注意事项如下。

（1）安装前应检查产品铭牌上数据是否符合使用要求，再操作数次，视其动作灵活与否，有无卡住现象。

（2）按产品上所标电源端和负载端接线，切忌接反。

（3）安装处的环境温度、湿度、振动、允许电压波动范围、安装位置等，应符合漏电保护电器的技术要求。

（4）不可将漏电保护电器安装在大电流线路附近。

（5）有漏电保护电器的电气设备，不可与无漏电保护电器的电气设备使用同一根接地线。

（6）检验低压系统对地绝缘阻抗，是否符合所装漏电保护电器整定值的要求。

（7）注意区分工作中性线和保护线，对具有保护线的供电线路，所有工作相线和工作中性线必须接入漏电保护电器，而所有保护线却绝对不能接入漏电保护电器。

（8）在安装完毕正式投入使用前，应操作试验按钮，在使用过程中也应定期操作试验按钮，检验漏电保护电器是否正常。

（9）投入使用后，如果漏电保护电器频繁地动作或拒绝动作，则需立即查明原因，排除故障。

（10）漏电保护电器动作后，应查明原因，待故障排除后，还需操作一次，试验按钮方可再投入运行。发生短路或雷击等异常现象后，也要进行试验，以便检查漏电保护电器是否工作正常、可靠。

3）漏电保护电器的维修

了解漏电保护电器的基本工作原理，熟悉各部分电路及各元器件的功能和故障特点，掌握正确的修理方法，是做好检修漏电保护电器工作的必要条件。只有掌握了上述知识，才能迅速地寻找和排除故障。维修工作通常由观察故障现象开始，通过询问用户了解故障发生的经过、现象及使用情况，再经仔细观察和外部检查，确认故障现象，根据漏电保护电器的工作原理和各元器件的作用，经认真分析和逻辑推判，就能得知哪一部分工作是正常的，哪一部分工作不正常，从而确定故障产生的原因及可能的故障范围，最终排除故障。下面就漏电保护电器的常见故障进行分析后给出处理方法。

（1）按下试验按钮电器不动作。产生此故障的原因主要有试验电路中有断线或按钮接触不良；集成电路损坏；脱扣器线圈断开或脱扣机构损坏，如发现断线接好即可，损坏元器件应更换相同型号、规格的元器件。

(2) 频繁动作。首先应排除安装错误。引起频繁动作的原因主要是来自外部，如电源电压波动较大，需安装稳压电源；如是外部干扰引起，可在放大器输入端接一抗干扰电容器，对灵敏度极高的漏电保护电器应采用静电屏蔽措施。

(3) 动作特性不稳定。造成动作特性不稳定原因主要是集成电路特性不良，晶闸管或零序电流互感器特性变差，整流滤波电路的滤波电容器击穿等，需更换相同型号和规格的元器件。

2.4.2 过载和短路保护继电器

过载和短路保护电器属过电流保护电器。在项目1中已讲述过，作为过电流保护电器应当具有两种特性，一是在过载情况下具有反时限的保护特性；二是在短路情况下具有瞬动保护特性。过载和短路保护继电器的基本电路原理框图如图2.42所示。

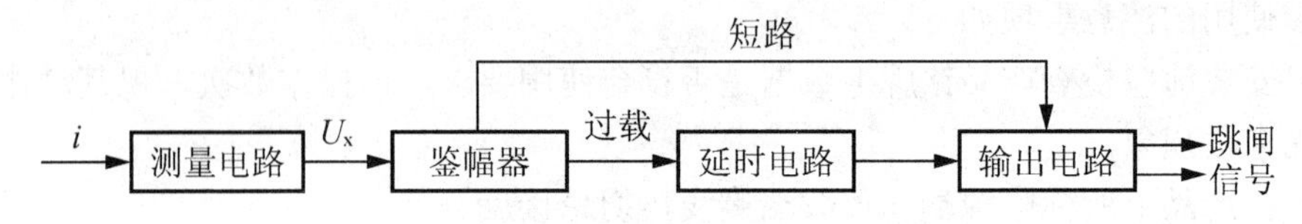

图2.42 过载和短路保护继电器的基本电路原理图

测量电路的作用是用来反映被保护对象的运行电流、电压、阻抗或电流与电压之间的相位差，通过测量电路的处理，再送入鉴幅器。

对过载和短路保护继电器的测量电路来说，其是将被保护对象的交流电流转换为与之成比例的且适用于电子电路工作的直流电压信号，此直流电压信号与鉴幅器的门限电压进行比较，以识别被保护对象的运行状态和判别故障的性质，再根据故障性质，发出延时动作信号或瞬时动作信号。

1. 测量电路

测量电路的原理框图如图2.43所示，它由I-U转换器、整流电路、滤波电路和整定电路4部分组成。其工作原理为，被保护对象如是电动机，则电动机主回路的交流电流i_M先由I-U转换器转换为与i_M有比例关系的交流电压u_f，经整流电路得到脉动电压U_{df}，再经滤波器和整定电路输出直流电压信号U_{fx}和供鉴幅器判别用的被鉴直流电压信号U_x。

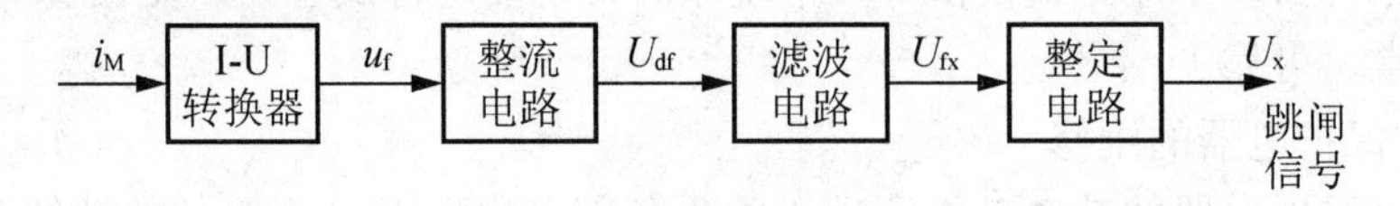

图2.43 测量电路的原理框图

I-U转换器实际上就是电流互感器或电抗互感器，作用是将通过其一次绕组的强电流按比例转换成二次绕组负载电阻器上的弱电压；电抗互感器作用是将通过其一次绕组的强电流同样按比例，但是直接转换成二次绕组上的弱电压；此外，它们还起到电路的隔离作用，以提高保护继电器电路的抗干扰能力；利用转换器还可以进行电物理量的综合，将多个输入量综合成单一量，达到简化保护继电器电路的作用。

1) 电流互感器测量电路

电流互感器测量电路如图2.44(a)所示。它由电流互感器TA加电阻R1组成的I-U转换器、整流电路 V1～V4、滤波电容 C 和整定电路 R2＋RP 所组成。

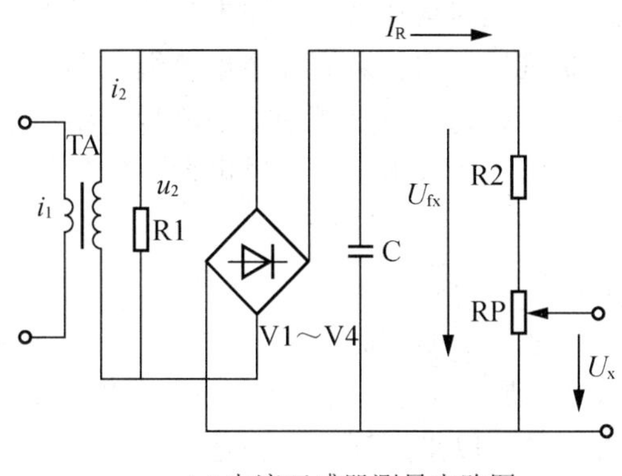

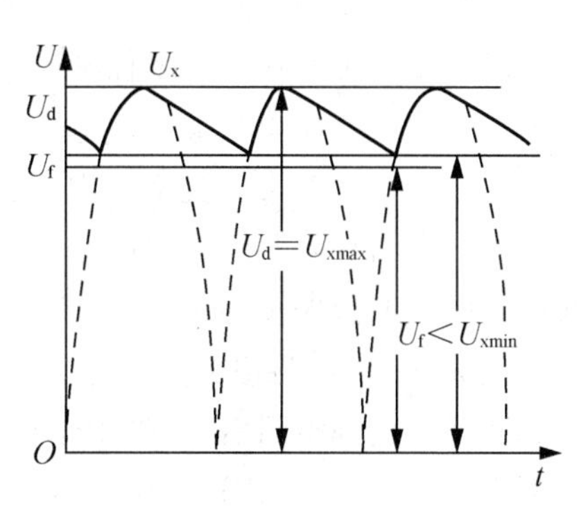

(a) 电流互感器测量电路图　　(b) 输出电压波形与鉴幅器回差值关系

图 2.44　电流互感器测量电路

电流互感器 TA 的作用是将输入一次绕组的强电流 i_1按比例变换成二次绕组的弱电压 u_2。为此，在二次绕组接有固定的负载电阻 R1，TA 的二次绕组电流 i_2流过 R1 所产生的电压降为 u_2，在铁芯不饱和时，u_2与 i_1保持线性关系。由于 TA 的铁芯没有空气隙，它的励磁电流很小，励磁阻抗很大，因而可以认为一次绕组电流 i_1大部分都转换到二次绕组上。在铁芯不饱和的情况下，可以忽略励磁电流，此时，i_1与 i_2成比例，并且近似地与线圈匝数成反比，即 i_2基本上只决定于 i_1的大小，而与二次绕组负载的变化无关，所以电流互感器可以看成一个恒流源。TA 二次绕组所接的固定负载可以是电阻，也可以是复阻抗，在前一种情况下，可以认为二次绕组电压 u_2与一次绕组电流 i_1同相位，后一种情况下 u_2和 i_1有相位差。当 TA 的铁芯饱和时，由于励磁电流剧增，u_2与 i_1之间便出现非线性关系。因此在使用中，为了保证测量的准确度，TA 的铁芯不应工作在饱和状态。为此，二次绕组所接的负载电阻 R1 应该较小，如果 R1 过大，将使 TA 的二次绕组电动势增大，即磁感应强度激烈增加，从而将使铁芯饱和，故 R1 一般取几百欧。

整流滤波电路的作用是将 I-U 转换器的输出交流电压 u_2进一步变换成平滑的直流电压，以便与鉴幅器的门限电压 U_d比较，达到准确测量的目的。u_2经桥式整流电路 V1～V4 整流和滤波电容 C 平滑滤波后的电压为 U_{fx}，由整定电路输出以与鉴幅器的门限电压 U_d进行比较。其中 RP 为整定可变电阻器，用来调整整定电流值，电阻 R2 为限定电阻，用于限制电流整定值的调整范围。

如果 U_x的直流电压含有较大的交流分量，则在临界动作状态时，鉴幅器会有“抖动”现象。此时只有增大鉴幅器的回差电压，在门限电压 U_d一定的条件下降低释放电压值 U_f，使回差电压大于信号电压的峰值，即在图 2.44(b)中 $U_d - U_f > U_{xmax} - U_{xmin}$，才能使鉴幅器稳定地工作。为了避免这种现象发生，一般要求 U_x的脉动系数范围为 5%～10%。加大滤波电容 C 的电容量可以减小脉动系数，但是也增大了滤波电路的时间常数，从而影响到电器的动作和返回的快速性。因此，对于要求动作和返回速度快的电器，为了减小滤波电路的时间常数而又不影响滤波效果，可采用 LC 滤波电路、桥式滤波电路或裂相整流电路等。

2）两相式、三相式测量电路

在三相供电系统中，采用的电流保护继电器可能是两相式也可能是三相式。根据被保护对象的不同要求，又分为只有短路瞬时动作的或只有过载长延时反时限动作的一段式保护型；具有过载长延时反时限动作加短路瞬时动作的非选择性两段式保护型，以及具有过载长延时反时限动作加短路电流较小时的定时限短延时动作再加短路电流较大时瞬时动作的三段式保护型3种。在机电型保护装置中，需几段式保护就有几个电流继电器，彼此间是独立的。很明显，如果在电子式电流保护装置中，每段也采用独立的测量电路和相应的输出电路，其接线必然十分复杂。为了简化接线，电子式电流保护继电器一般都是各段采用公共的测量电路和公共的输出电路。

两相二段式电流保护继电器的测量电路如图2.45(a)所示，电流互感器TA_U接入U相，TA_W接入W相，两相所检测的信号经各自的整流电路整流后，共用一个滤波电容C，经平滑滤波后，接到电阻器R1＋RP1组成的短路保护整定电路和电阻R2＋RP2组成的过载保护整定电路，R1＋RP1和R2＋RP2是并联的，以采用同一个测量电路。此测量又称两相一组滤波器测量电路。

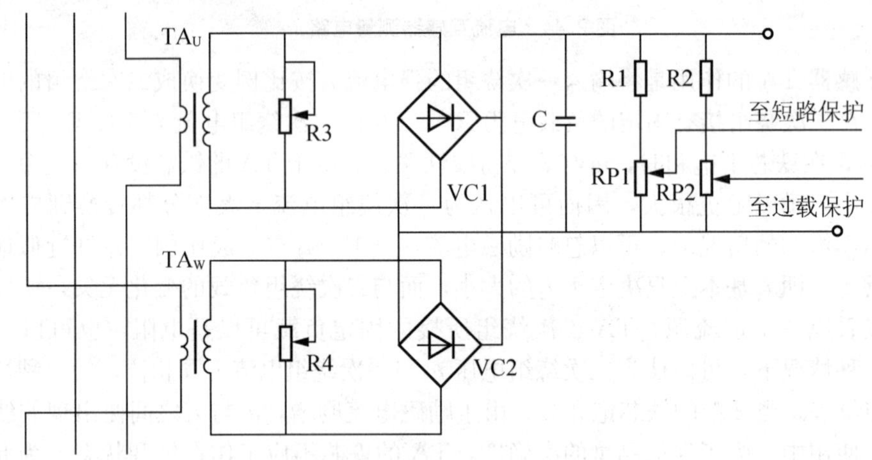

(a) 两相式测量电路

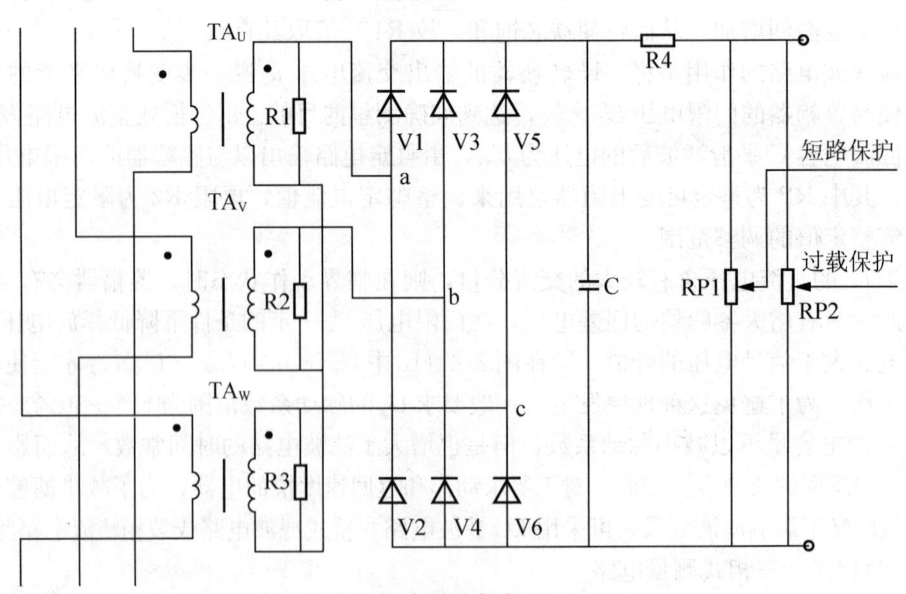

(b) 三相式测量电路

图2.45　两相式和三相式测量电路原理图

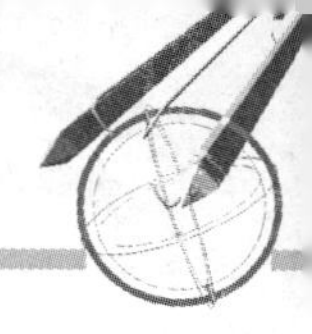

三相桥式测量电路如图 2.45(b)所示，3 个电流互感器的二次绕组联成星形，输出端 a、b、c 分别接至三相桥式整流电路 V1～V6 的输入端，整流滤波后，由 RP1 和 RP2 输出，同样 RP1 和 RP2 是并联的，采用了同一测量电路。

当然，还有其他多种测量电路。不同的测量电路其适用场合也不同，对两相一组滤波器测量电路来说，适用于电动机的对称性过载和绕组的相间短路故障的信号变换。三相桥式测量电路，适用于电动机的相间短路、单相金属性接地，对称性过载及 70%以上额定负载运行时的断相故障信号的变换。

上述几种测量电路中的电流互感器也可以用电抗互感器来代替。电抗互感器的优点是一次电流与二次电压之间的线性关系较好，但由于其铁芯带气隙，如要得到同样的二次侧电压，电抗互感器的铁芯尺寸就要比电流互感器的大，线圈的匝数也比较多。

2. 过载和短路保护继电器

1）电路的基本组成

三相桥式过载和短路保护继电器电路原理图如图 2.46 所示。三相桥式过载和短路保护继电器是由三相桥式测量电路、鉴幅器、时限电路和输出电路等组成的，其中测量电路由 3 台电流互感器 TA_U、TA_V、TA_W的二次绕组联成星形和电阻器 R1、R2、R3 组成 I-U 转换器，输出端 a、b、c 分别接至二极管 V1～V6 所组成的三相桥式整流电路的输入端，经整流和电容 C1 平滑滤波后的信号由电阻 R4 和电位器 RP1 所组成的整定电路输出。

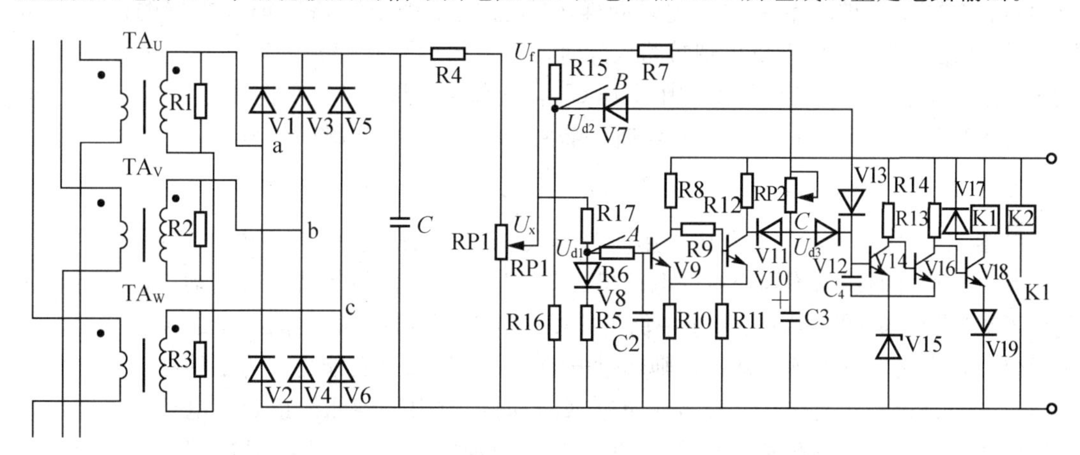

图 2.46　三相桥式过载和短路保护继电器电路原理图

电阻器 R17、R5，二极管 V8 组成的分压比较电路与晶体管 V9、V10 等组成的射极耦合触发器构成过载保护用的鉴幅器，门限电压 U_{d1} 约为 1.8 V。电阻 R15、R16 组成的分压比较电路与稳压二极管 V7、V15，二极管 V13，晶体管 V14、V16 构成短路保护用的鉴幅器，其门限电压 $U_{d2}=U_{V7}+U_{V13}+U_{V14(be)}+U_{V15}$，时限电路由时间整定电位器 RP2、电阻 R7、电容 C3、晶体管 V14、稳压二极管 V15 构成，其延时时间 t_{dc}为：

$$t_{dc}=(RP2+R7)C3\ln\frac{U_x-U_{c30}}{U_x-U_{d3}} \tag{2.11}$$

式中：$RP2$、$R7$——充电电阻，RP2 为时限整定电阻，R7 为固定电阻(kΩ)；$C3$——充电电容，μF；U_x——整定电位器 RP1 的输出电压，V；U_{C30}——电容器 C3 的初始电压，V，$U_{C30}=U_{V11}+U_{V10(ce)}+U_{R10}$；$U_{d3}$——输出电路门限电压，V，$U_{d3}=U_{V12}+U_{V14(ce)}+U_{V15}$；

t_{dc}——电容器 C3 两端电压从初始电压 U_{C30} 充电升至输出电路门限电压 U_{d3} 所经历的时间，ms。

式中电阻 R7、RP2，电容 C3，电压 U_{C30}、U_{d3} 等参数均是定值，整定电位器 RP1 输出电压 U_x 随过载电流近似成正比地增加，而延时时间 t_{dc} 将随输出电压 U_x 的增大而增大，即随过载电流增大而减小，从而形成一条反时限特性曲线。

输出电路由晶体管 V16、V18 和继电器 K1、K2 等构成。

2）电路的工作原理

在电动机正常运行时，测量电路输出的电压 U_f 较低，使 A 点的电压值小于过载保护鉴幅器的门限电压 U_{d1}，则晶体管 V9 截止，V10 导通，电容 C3 两端建立初始电压 U_{C30}，时限电路不工作，且 U_{C30} 小于输出电路门限电压 U_{d3}，使二极管 V12、晶体管 V14 截止，V16 导通，V18 截止，继电器 K1、K2 不动作；同样，因分压 B 点的电压值也小于短路保护鉴幅器的门限电压 U_{d2}，也使得晶体管 V14 截止，V16 导通，V18 截止，继电器 K1、K2 不动作。当电动机出现过载时，测量电路的输出电压 U_f 升高，使 A 点电压达到门限电压 U_{d1}，射极耦合触发器状态改变为晶体管 V9 导通、V10 截止，V10 输出为高电平，使二极管 V11 截止，因电容 C3 上的电压不能突变，故经电阻器 R7 和电位器 RP2 对 C3 开始充电，使 C 点电位由 U_{C30} 基础上上升，经历某一时限后升至输出电路的门限电压 U_{d3}，使二极管 V12、晶体管 V14 导通，V16 截止，V18 导通，带动继电器 K1 动作，经 K2 发出信号。对短路保护环节来说，此时同样因 B 点电压小于短路保护鉴幅器的门限电压 U_{d2}，故其无反应。当电动机出现短路故障时，电流超过短路保护环节的整定值，使 B 点电压大于等于短路保护鉴幅器的门限电压 U_{d2}，使稳压二极管 V7 反向击穿，二极管 V13、晶体管 V14 导通，V16 截止，V18 导通，继电器 K2 瞬时发出跳闸信号。

3. 反时限特性的改善

如图 2.47 所示的时限电路中采用简单的 RC 延时电路，依靠调节电位器 RP 可以得到一组反时限特性曲线与不同容量的电动机过载特性相配合，但其特性与电动机过载特性的配合不够理想，如图 2.47(b)所示中保护曲线 2 与电动机过载特性曲线 1 的配合情况，在过载倍数较大时，电器延时动作，则超过电动机所允许的过载能力。为了使在过载倍数较大时也能配合得当，要求在过载倍数超过 K_V 点时反时限特性曲线也处于电动机允许过载特性曲线之下。为此可在简单的 RC 延时电路的基础上，在电位器 RP 两端并联一个稳压二极管 V，如图 2.47(a)所示。利用稳压二极管击穿后动态电阻 r_V 变小的特性来改善电路的反时限特性，使之与电动机的过载特性得到较好的配合。

此电路的工作原理为在过载倍数小于 K_V 时，也就是稳压二极管 V 击穿前仍为 RC 反时限特性，如图 2.47(b)中的 ab 段所示；如过载倍数大于 K_V 点时，电位器 RP 上电压降达到稳压二极管 V 的击穿电压，V 被击穿，延时电路的充电电阻减小，电容 C 两端电压上升速率加快，则过载动作时间也加快，此时的反时限特性曲线下弯曲度增大，如图 2.47(b)中的 bc 段所示。

调节电位器 RP 的阻值配合，采用不同击穿电压等级的稳压二极管可得到不同弯曲度的反时限特性，使之与电动机的不同过载特性得到良好的配合。

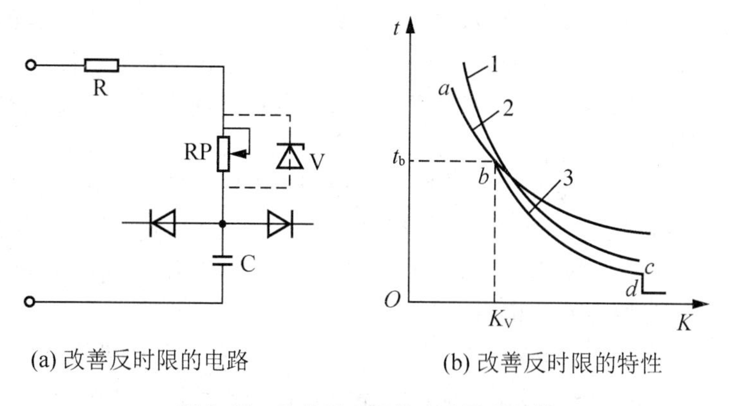

(a) 改善反时限的电路 (b) 改善反时限的特性

图 2.47 改善反时限的电路及其特性

1—电动机允许过载特性 2—RC 过载反时限保护特性 3—改善后的过载反时限特性

2.4.3 断相保护继电器

1. 断相测量电路的结构原理

当电动机断相运行时，其各运行参数将发生显著的变化，因此可以利用断相故障后各运行参数变化中的某个特征来取得表征断相的信号。

1）以线电流等于零为原则的断相测量电路

以线电流等于零为原则的断相测量电路如图 2.48 所示。由图中可见其每相都接有独立的变换器 TA 和整流滤波电路等构成星形联结的断相测量电路。

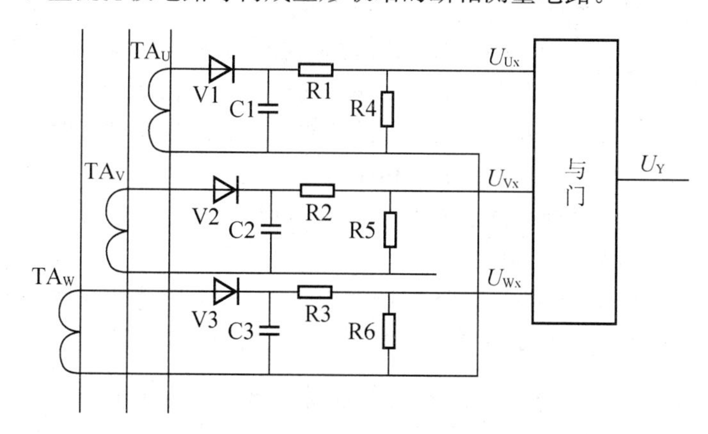

图 2.48 以线电流等于零为原则的断相测量电路

在电动机正常运行时，测量电路中各电流互感器二次绕组有电流输出，经整流和滤波等分别输出 U_{Ux}、U_{Vx}、U_{Wx}直流电压作为与门电路的输入信号，则与门的输出 U_Y为“1”。当电动机任一相出现断相故障时，断相线电流等于零。如 U 相出现断相，即 U 相线电流等于零，U 相电流互感器 TA_U二次绕组无电流输出；同样，U_{Ux}输出零电压信号，则与门电路输出 U_Y为“0”。以此任一相出现断相时线电流等于零为原则来取得断相故障信号。

由于这种测量电路是以电流等于零来取得断相信号，因此所用电流互感器 TA 可在磁饱和状态下工作。电流互感器工作在磁饱和状态时，其二次绕组输出是一恒定的电压。不同容量的电动机和不同的运行功率情况时，虽然电流不等，但各相电流互感器的二次绕组

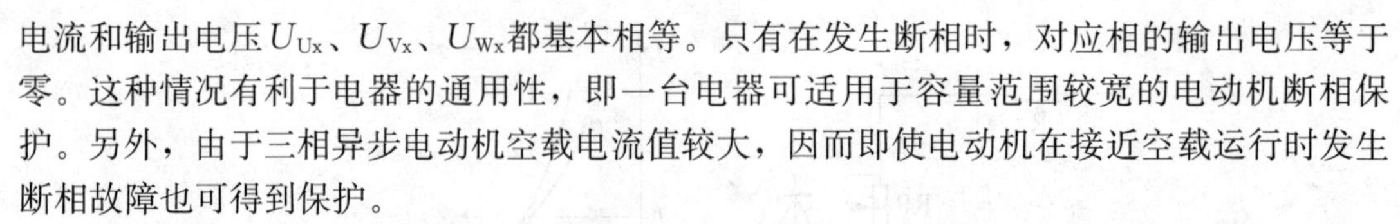

电流和输出电压U_{Ux}、U_{Vx}、U_{Wx}都基本相等。只有在发生断相时，对应相的输出电压等于零。这种情况有利于电器的通用性，即一台电器可适用于容量范围较宽的电动机断相保护。另外，由于三相异步电动机空载电流值较大，因而即使电动机在接近空载运行时发生断相故障也可得到保护。

值得注意的是以线电流等于零为原则的断相测量电路只适应于绕组为星形联结的电动机。对绕组为三角形联结的电动机，由于绕组发生断相时，主电路三相仍可能有电流，故此测量电路无法取得断相信号。故以电流为原则的测量电路不能使用在三角形联结的电动机中。

2）以负序电压为原则的断相测量电路

电动机断相运行时，三相线电流出现严重不对称，由于电动机绕组中中性点不接地，故无零序分量。但在电压中，除正序电压分量外，还出现负序电压分量，可通过负序电压的测量取得电动机断相各种信号。以负序电压为原则的断相测量电路由负序电压滤波器、整流、滤波和整定电路构成。其中负序电压滤波器如图 2.49 所示。适当选择电路中的两个阻抗电路的元件参数，使得当滤波器加正序电压时，R1 和 C2 上的电压降大小相等而相位相反，则滤波器输出电压$\dot{U}_{nm}=0$，从而消除正序电压的影响。当输入端加负序电压时，$U_{nm}\neq 0$，且与滤波器输入端的负序相电压成正比。

不难看出，对于图 2.49 的接线，只要将输入端的任意两个端子互相对调，如将 U 接 V、V 接 U，而各元件的参数关系保持不变，则该负序电压滤波器将变成正序电压滤波器。

当主电路任一相发生断相故障时，负序电压滤波器的输出电压$\dot{U}_{nm}$相同，且具有相同的灵敏度。当电动机在负载情况下断相时仍能取得断相信号，并对电网电压严重不平衡故障也能检测，但对三相对称性过载或对称性短路故障则不能检测。

电梯的控制系统中就使用了以负序电压为原则的相序继电器。在电源电压相序正常时，电梯按规定的方向运行；当电源电压相序与期望的相序相反时，由于电动机的反转可能造成电梯的运动方向与期望方向相反，这是需要保护的。相序继电器在正序电压时，输出继电器动作，常开触头闭合，表明电源相序正常；在电源相序为负序时，输出继电器不动作，电梯不能启动，经检查并将电源相序调整正确后电梯才能正常运行。

3）以过载保护为原则的断相测量电路

以过载保护为原则的断相测量电路由 I-U 转换器、整流、滤波和整定电路构成。其中 I-U 转换器如图 2.50 所示，它由接于 U、V 两相的电流互感器 TA_U、TA_V和电阻 R、电容 C 组成。使电阻器 R 和电容器 C 的容抗 X 相等，转换器输出电压$\dot{U}_{nm}$与电动机工作电流成正比，且相位较$\dot{I}_{2U}$超前 75°，则当电动机发生对称性过载或短路故障时，转换器将输出高于额定负载时的电压信号。断相后转换器的输出电压为正常运行时所得到的输出电压值的 1/0.51 或$\sqrt{2}/0.51$倍。此 I-U 转换器可为过载、短路和断相保护环节所共用，故此转换器被称作多功能电流滤波器。

以此多功能电流滤波器作测量电路的 I-U 转换器，经整流和滤波电路，且以过载电流作为电流整定值的整定电路输出，则无论出现过载、轻载断相还是短路故障，此测量电路都能输出足够的信号电压U_{mn}，加上必要的环节即可构成一个综合保护电器。

除了上述 3 种断相测量电路外，还有以线电流差为原则的、以负序电流为原则的、以相位角为原则的等断相测量电路。

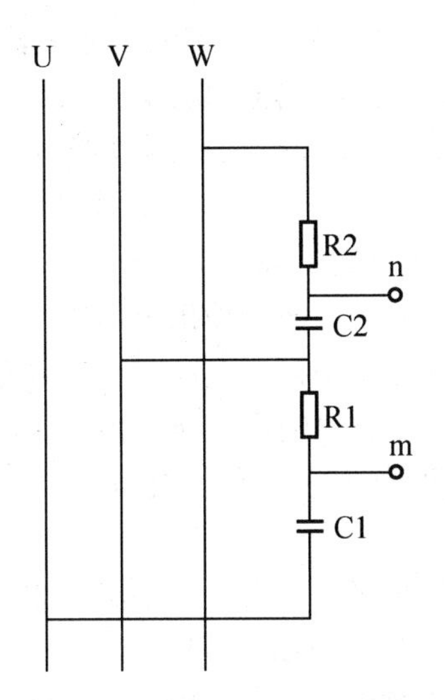

图 2.49 负序电压滤波器原理图

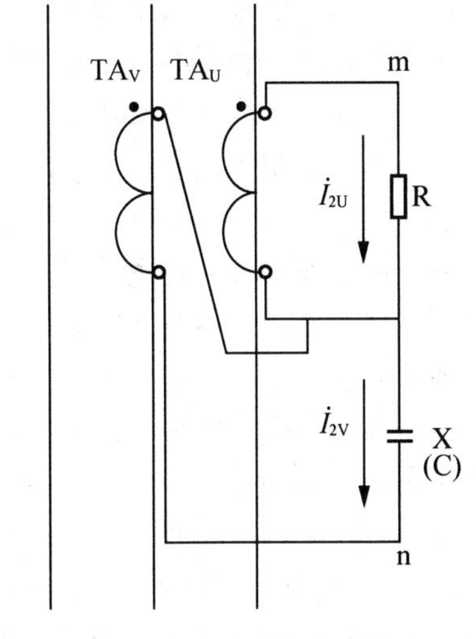

图 2.50 多功能电流滤波器原理图

2. 断相保护继电器

断相保护继电器电路原理框图如图 2.51 所示，由测量电路、鉴幅器、延时电路和输出电路构成。设置延时电路的目的是为防止断相保护继电器在电动机起动或正常运行过程中可能出现短时的三相不平衡状态而设置的。

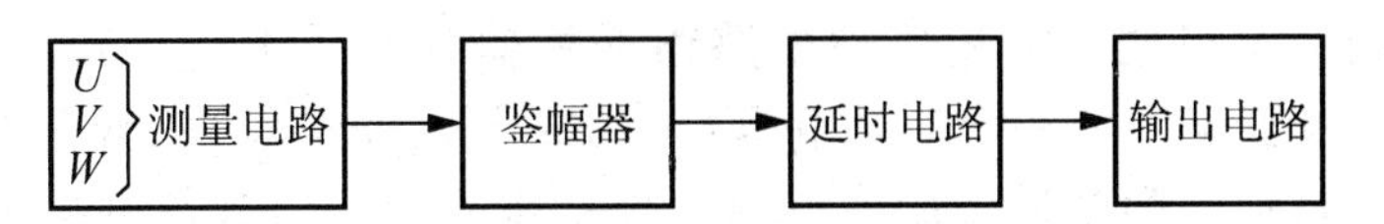

图 2.51 断相保护继电器电路原理框图

1) 以负序电压为原则的断相保护继电器

以负序电压为原则的断相保护继电器电路原理图如图 2.52 所示。

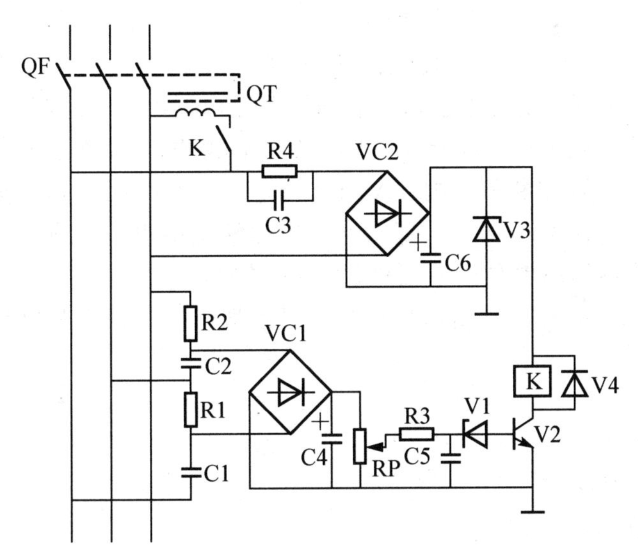

图 2.52 以负序电压为原则的断相保护继电器电路原理图

(1) 电路的基本组成。由电阻 R1、R2 和电容 C1、C2 组成负序电压滤波器，VC1、电容 C4 和电位器 RP 组成测量电路的桥式整流、滤波和整定电路。电阻 R3 和电容 C5 组成延时电路。稳压二极管 V1 和晶体管 V2 组成鉴幅器，同时 V2 又和继电器 K 组成输出电路。交流电压经电阻 R4、电容器 C3 降压后，由桥式整流电路 VC2 整流，电容 C6 滤波，再由稳压二极管 V3 稳压后，为晶体管 V2 提供一个直流电源。

(2) 电路的工作原理。在电动机正常运行时，负序电压滤波器输出电压为零，即测量电路输出电压也为零，晶体管 V2 截止，继电器 K 不动作。同样在电动机起动或正常运行过程中出现短时的三相不平衡状态时，尽管测量电路短路时也输出电压，由于延时电路电容器上的电压不能突变，经短时的充电，其上的电压仍低于鉴幅器的门限电压，故 V2 仍处于截止状态，K 不动作。

当电动机发生断相故障时，负序电压滤波器输出断相信号电压，经整流、滤波和整定电路输出。通过延时电路延时，当电容 C5 上电压上升到鉴幅器的门限电压时，晶体管 V2 饱和导通，继电器 K 线圈通电，其常开触头闭合，脱扣器线圈 QT 通电，从而驱动主电路开关 QF 断开三相电源，达到保护电动机的目的。

2) 以线电流等于零为原则的断相保护继电器

一个集断相保护、过载保护和短路保护的 ABD3-160 电子式电动机保护继电器电路原理图如图 2.53 所示。其电路的原理框图如图 2.54 所示。下面仅介绍其断相保护电路的基本构成和工作原理。

(1) 电路的基本组成。断相保护电路由变换器 TA_U、TA_V、TA_W分别各接入 U、V、W 三相，二极管 V4、V5、V6 和电容 C4、C5、C6 分别接于 TA_U、TA_V、TA_W的二次绕组，组成各自独立的整流、滤波电路。经整流滤波后的各检测信号又分别送入电阻器 R14、R20、R21，二极管 V7、V8、V9 和三极管 V10、V11、V12 组成的与非门电路，与非门电路输出提供给由二极管 V14、V15、V16 等组成的或门电路作输入信号，或门电路的输出去控制三极管 V24、V25、V26 和继电器 K 等组成的输出电路。

(2) 电路的工作原理。在电动机正常运行时，TA_U、TA_V、TA_W都有电流流过，经各相整流、滤波电路都输出高电位，与非门电路输出低电位，或门电路也输出低电位，则输出电路中，V24 截止、V25 导通、V26 截止，继电器 K 不通电。当电动机任一相发生断相故障时，如 U 相断相，则 TA_U无电流输出，V4 和 C4 所组成的整流和滤波电路输出零电位，三极管 V10 截止，即与非门电路输出高电位，或门电路中二极管 V16 导通，即或门电路输出高电位，使三极管 V24 导通，V25 截止，V26 饱和导通，继电器 K 通电，常闭触头断开，发出动作信号，以致切断电动机三相电源，起到断相保护的目的。

(3) 技术数据为：

① 额定工作电压为 380 V、220 V(应与开关线圈电压一致)；

② 额定电流 160 A；

③ 整定电流范围 2～200 A；

④ 控制触头的控制容量：常闭触头 220 V、3 A，380 V、2 A；

⑤ 反时限延时时间误差不大于 5%；

⑥ 自动复位时间不大于 10 s。

（4）基本性能：

① 电动机在运行中突然断相，保护继电器在 2 s 内完成断相保护动作。电动机在缺相情况下起动，保护继电器拒绝合闸；

② 瞬动时间小于 0.2 s，瞬动电流整定值在 2～1600 A 连续可调；

③ 过电流保护具有反时限动作特性，当电动机的负载电流超过正常工作电流 1.2 倍时，保护动作具有延时特性，动作时间在 7～20 s 内连续可调。当负载电流超过正常工作电流 10 倍时，延时在 2～14 s 内连续可调；

④ 具有过电流报警装置。电动机在运行中，一旦发生过电流，指示灯即发光报警。当故障排除，电动机恢复正常工作时，该指示灯立即熄灭，否则保护继电器将按规定的反时限特性进行跳闸保护。

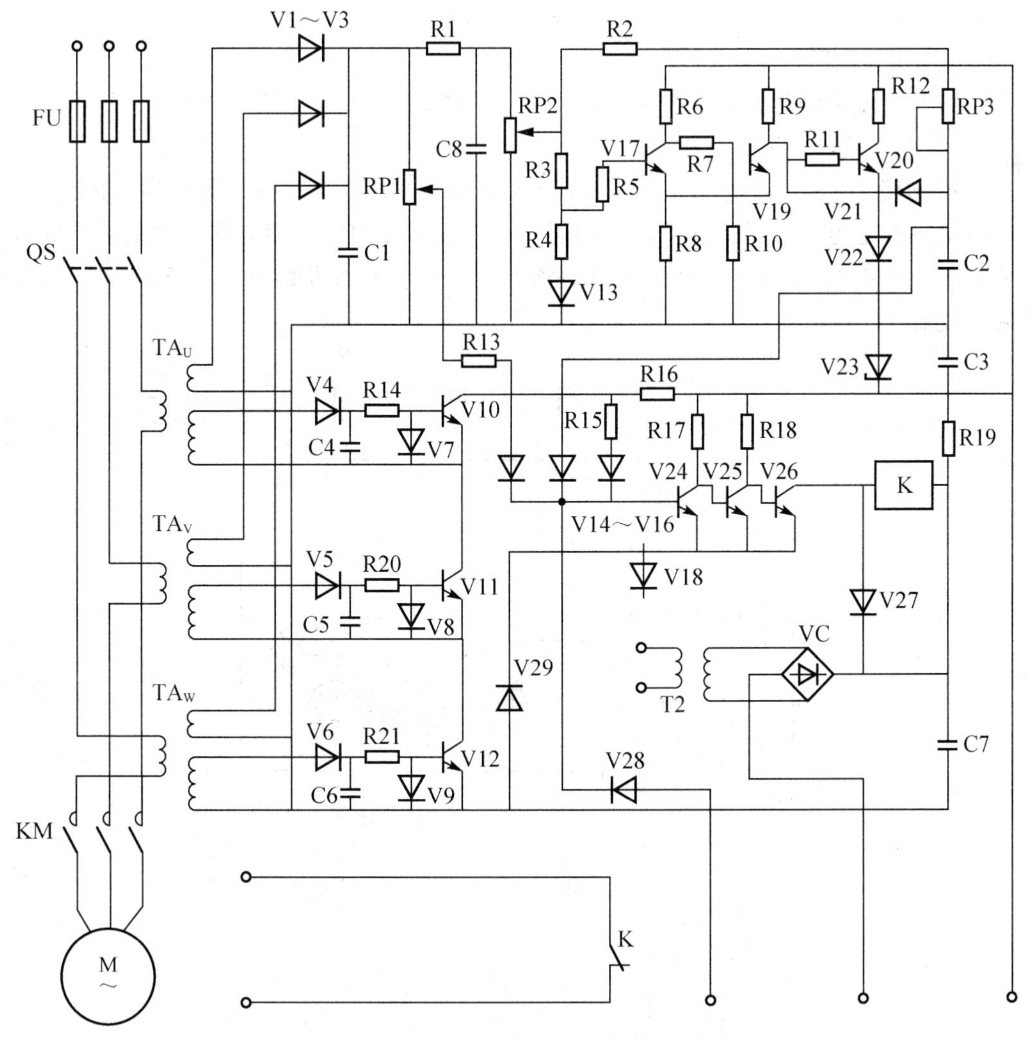

图 2.53 ABD3-160 电子式电动机保护继电器电路原理图

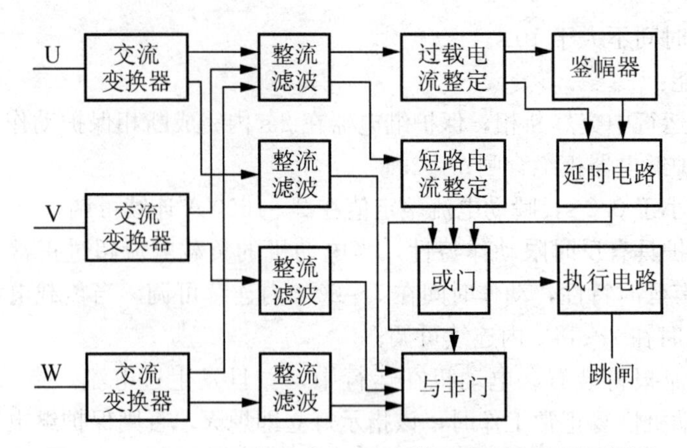

图 2.54　ABD3-160 电子式电动机保护继电器电路原理框图

电子式保护继电器最适合于控制对象经常变动的场合。

(5) 选用和使用方法：

① 应与交流接触器等配合使用，采用穿心方式接线。整定电流 2～20 A 时穿 4 匝；20～200 A 时穿 1 匝，其接线方式如图 2.55 所示。

② 必须接上负载才能正常工作，不接负载时处于缺相状态，保护继电器拒绝合闸。

③ 只有接上电源才开始具备各种功能，如在起动时间较长的电动机上使用，可以用延时接通保护接触器电源的方法来避开起动电流，一般电动机起动时间在 7s 以内，保护继电器都能自行避开。

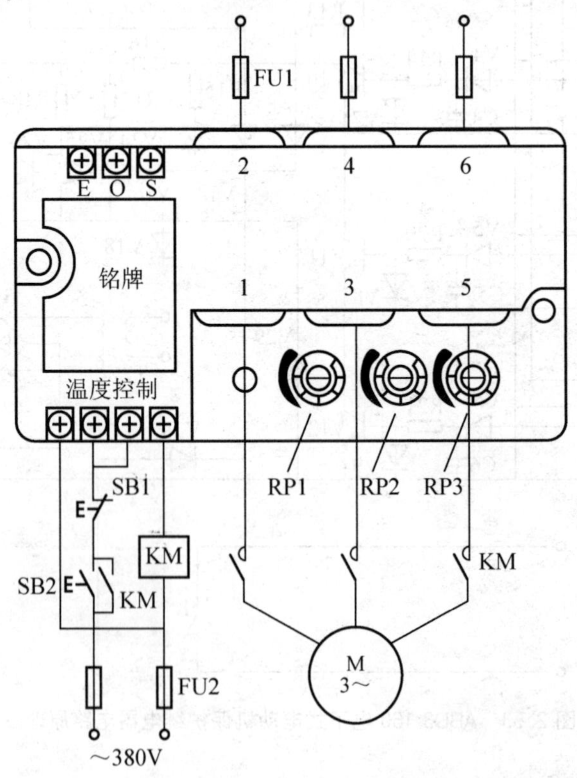

图 2.55　ABD3-160 电子式电动机保护继电器接线图

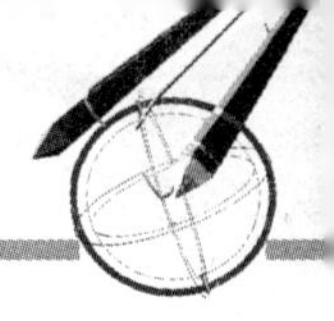

（6）使用时的调整为：

① 大电流瞬动整定。一般情况下不需要调节，如特殊需要，可重新整定，其方法为：调节短路整定电位器 RP1，使整定电流值稍大于电动机起动电流，如电动机起动时，接触器一合即开，说明短路瞬动整定电流太小，只要沿顺时针方向稍调大整定值，使电动机能顺利起动为止。

② 过电流保护整定。在产品出厂时过电流保护电流整定值调在最大位置，在实际使用时，根据不同的电动机，必须进行调整，其方法为：先起动电动机，然后沿逆时针方向即向小的方向，缓慢旋转过电流整定电位器 RP2，直到过电流指示灯刚刚发光，这时保护继电器的电流整定值和电动机实际工作电流相等。然后沿顺时针方向即向大的方向，稍旋一些，使过电流指示灯刚刚熄灭，这时过电流保护的电流整定值约是电动机实际工作电流的 1.2 倍，整定工作完成。

③ 过电流保护动作的延时调整。可调节延时电位器 RP3，沿顺时针方向转，延时长，反之则短。产品出厂时调整在最长延时位置。

部分电子式电动机保护继电器的实物图如图 2.56 所示。

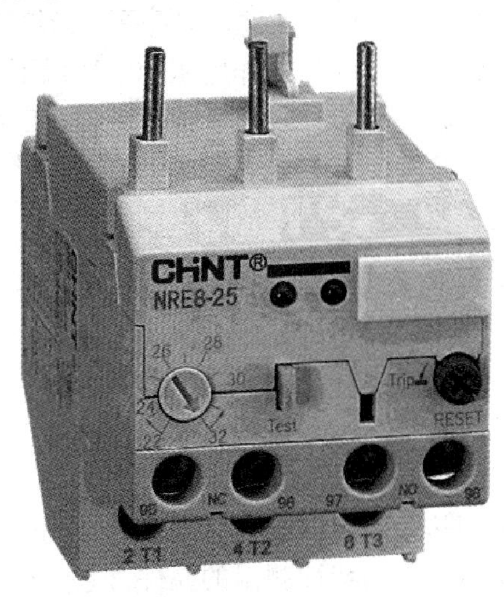

(a) NRE8系列电子式过载继电器

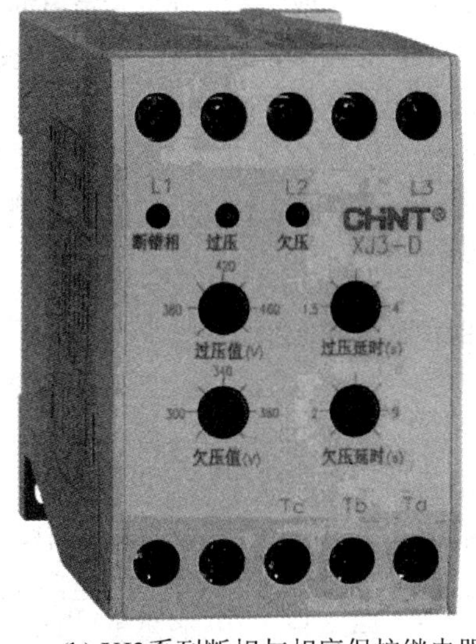

(b) XJ3系列断相与相序保护继电器

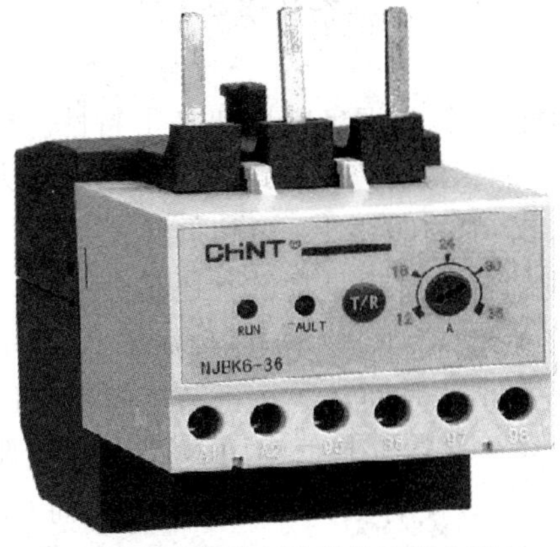

(c) NJBK6系列电动机保护继电器

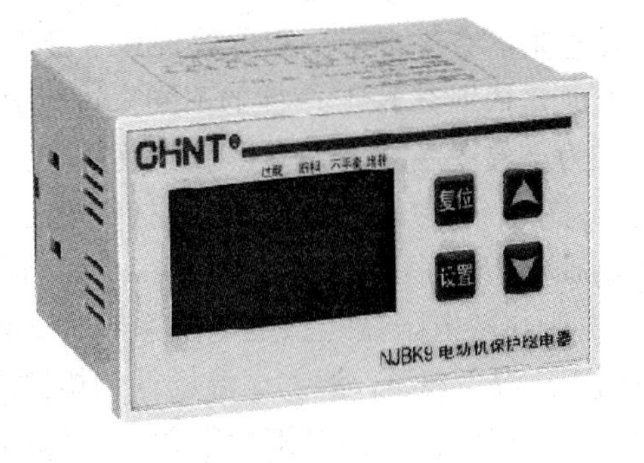

(d) NJBK9系列电动机保护继电器

图 2.56　电子式电动机保护继电器外观图

其中，NRE8 系列电子式过载继电器主要用于交流 50/60 Hz，额定工作电压 690 V 以下，电流为机壳标定的整定电流范围内的电路中，作三相电动机过载、断相保护。该继电器是一种应用微控制器的新型节能、高科技电器，对应于相同规格双金属片式热继电器可节能 80%以上。该继电器利用微控制器检测主电路的电流波形和电流大小，判断电动机是否过载和断相。过载时微控制器通过计算过载电流倍数决定延时的长短，达到延时时间时，通过脱扣机构使其常闭触头断开，常开触头闭合；断相时微控制器缩短延时时间。

XJ3 系列断相与相序保护继电器，在三相交流电路中作过欠压、断相保护及不可逆转传动设备中作相序保护，具有性能可靠、适用范围广、使用方便等特点。该系列保护器按图接入电源控制回路，即能起到保护作用，三相电路中任何一相熔断器开路或供电线路有断相时 XJ3 立即动作，控制触头切断主电路交流接触器线圈电源，从而达到交流接触器主触头动作，对负载进行断相保护。当三相不可逆转的设备在认定相序后，因维修或更改供电线路与原认定相序错接时，XJ3 系列同样能鉴别相序可靠工作，停止对供电回路供电，达到保护设备的目的。

NJBK6 系列电动机保护继电器，适用于交流 50 Hz、额定绝缘电压 690 V 以下、额定工作电流 1～36 A 的长期工作或间断工作的交流电动机的过载、断相、三相电流不平衡及堵转保护。

NJBK9 系列电动机保护继电器，适用于交流 50 Hz，额定工作电压 690 V 以下，额定工作电流 1～200 A 的长期工作或间断工作的交流电动机的过载、堵转、断相、三相电流不平衡、接地及 PTC 温度保护等。该保护器具有 RS485 接口、4～20 mA 模拟量变送接口，可以组网通信，并通过上位机对电机实现远程监控、控制、故障查询等功能。它一般与交流接触器配合使用。

2.4.4 温度保护继电器

1. 测量电路的结构原理

1）热敏电阻器

在反映温度信号的电子式温度继电器中，常用热敏电阻器 R_t 作为温度与电物理量间的变换环节。热敏电阻器是利用半导体的电阻随温度变化的特性测温的元件。它一般由金属氧化物(如钴、锰、镍等氧化物)的粉末，按一定配方压制成型，其形状有珠状、柱状、圆状等，经过 1000～1500℃高温烧结而成。通过不同成分的掺杂和烧结工艺，可以获得各种工作特性。引出线一般用银线。

热敏电阻器有许多特性和参数，其中最重要的特性有温度特性即 R-T 特性。热敏电阻器基本上就是依据其 R-T 特性的不同来进行分类的。按温度增高时，电阻值是增大还是减小，可分为正温度系数(PTC)热敏电阻器(图 2.57 中的曲线 1、3)和负温度系数(NTC)热敏电阻器(图 2.57 中的曲线 2、4)。按特性曲线的变化过程是指数性还是突变性，可分为指数型热敏电阻器(图 2.57 中的曲线 1、2)和开关型(CTR)热敏电阻器(图 2.57 中的曲线 3、4)。由于热敏电阻器的温度电阻系数大、体积小、时间常数小、结构简单等优点而被广泛应用于点温、表温、温差、温场等的检测之中。曲线 5 是低温用 NTC 热敏电阻器 R-T 特性曲线。一般测温、控温用指数型热敏电阻器，以便有较大的调整范围；而 CTR 型热敏电阻器，由于线性范围太窄，所以一般不用作测温元件，而用作开关控制元件故其特别适合于用作温度继电器的感测元件。它的特性本身已具有一定的开关形态，不过这种开关特

性不可能在较大范围内调整其动作值。在一般情况下，动作值只能在转折点 T_R后的一个不大的区间内进行选择。为此必须成系列地提供不同转折点 T_R的 PTC 热敏电阻器，而温度继电器的电子电路是通用的，则可以根据动作温度的不同加以选配热敏电阻器。

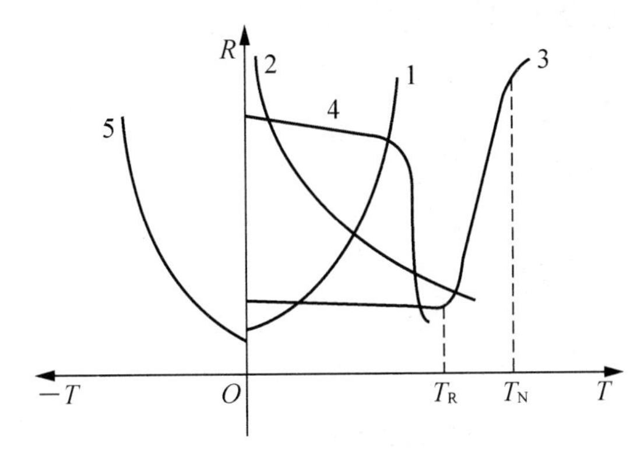

图 2.57 热敏电阻的 R-T 特性曲线

2）结构原理

温度继电器测量电路的结构原理较为简单，常用的有分压式和电桥式。

（1）分压式测量电路的结构原理图。如图 2.58(a)所示：热敏电阻器 RT 与电位器 RP 组成分压电路。当 RT 随温度变化而变化时，分压比改变，于是可从 RT 上取得信号电压 U_x，一旦达到动作温度，即 U_x等于鉴幅器的门限电压 U_d时，鉴幅器输出状态改变，以致后级输出电路动作。改变电位器 RP 可以改变动作温度。

（2）电桥式测量电路的结构原理图。如图 2.58(b)所示：电位器 RP、电阻 R1、R2 和热敏电阻器 RT 组成电桥电路，电压比较器 N 作鉴幅器。门限电压 U_d由 RP 和 R1 对电源分压而得，加至比较器的反相端，信号电压以由电源电压在 RT 上的电压降获得，加至比较器的同相端。RT 为负温度系数的 NTC 型，则当温度低于设定值时，$U_x>U_d$，输出 U_o为高电位；当温度上升为设定值时，$U_x<U_d$，比较器 N 输出状态改变，U_o为低电位，使后级输出电路动作。调节 RP 值，可以改变门限电压 U_d即设定温度值的大小。

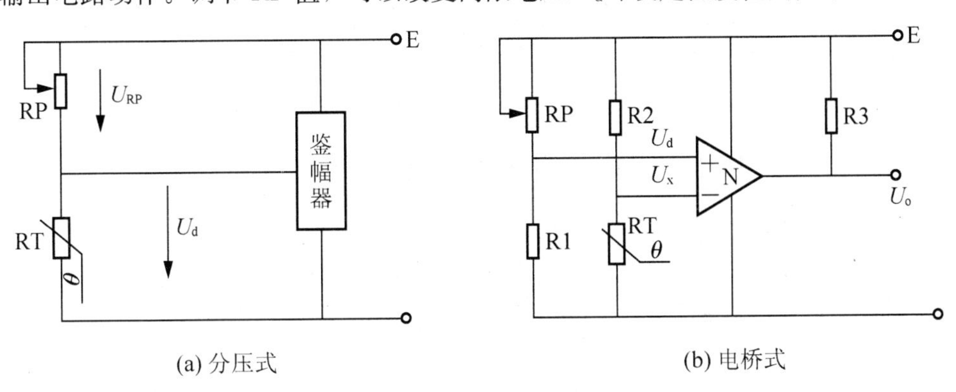

图 2.58 测量电路的结构原理图

2. 温度保护继电器

1）分压式温度保护继电器

分压式温度保护继电器电路原理图如图 2.59 所示。

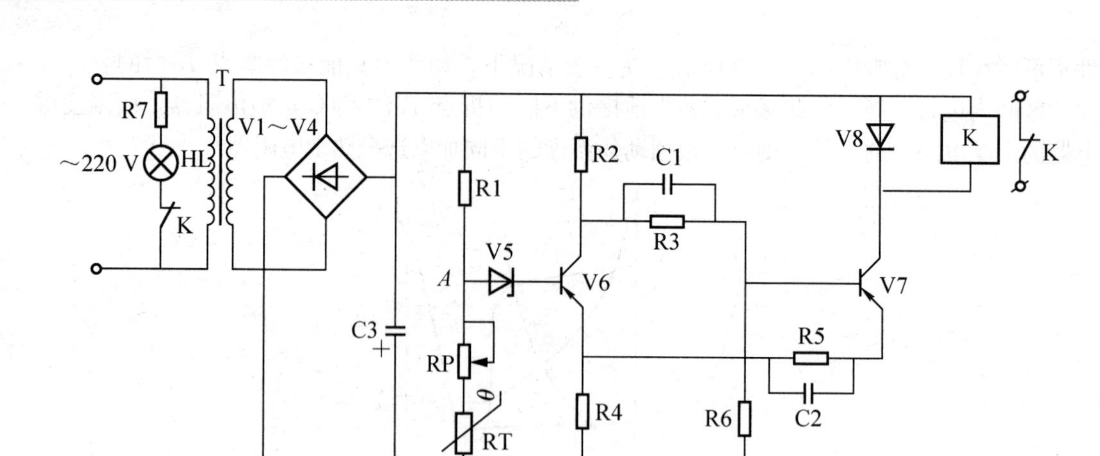

图 2.59　分压式温度保护继电器电路原理图

（1）电路的基本组成。由电阻 R1、电位器 RP 和 NTC 型热敏电阻器 RT 组成分压式测量电路。三极管 V6、V7 组成射极耦合触发器和稳压二极管 V5 作鉴幅器，同时又和继电器 K 组成输出出口电路。电阻 R7、指示灯 HL 和继电器 K 常闭触头组成指示电路。C1 为加速电容器，C2 为正反馈电容器，和电阻 R5 一起用于改善开关特性，电源电路由变压器 T、整流桥 V1～V4 和滤波电容 C3 组成。

（2）电路的工作原理。在正常工作状态，被测温度很低时，RT 具有较大的阻值，A 点上的电压 U_A 较高，大于稳压二极管 V5 和射极耦合触发器动作电压之和即鉴幅器的门限电压，使 V5 被击穿导通，V6 也饱和导通，V7 则截止，继电器 K 不动作，指示灯 HL 发亮。当被测温度上升到设定值时，U_A 小于鉴幅器的门限电压，使 V5、V6 立即由导通进入截止，V7 饱和导通，继电器 K 线圈通电，常闭触头断开发出保护动作信号，同时指示电路也断开，HL 熄灭指示温度保护继电器动作。调节 RP 即改变温度设定值。

2）电桥式温度保护继电器

电桥式温度保护继电器电路原理图如图 2.60 所示。

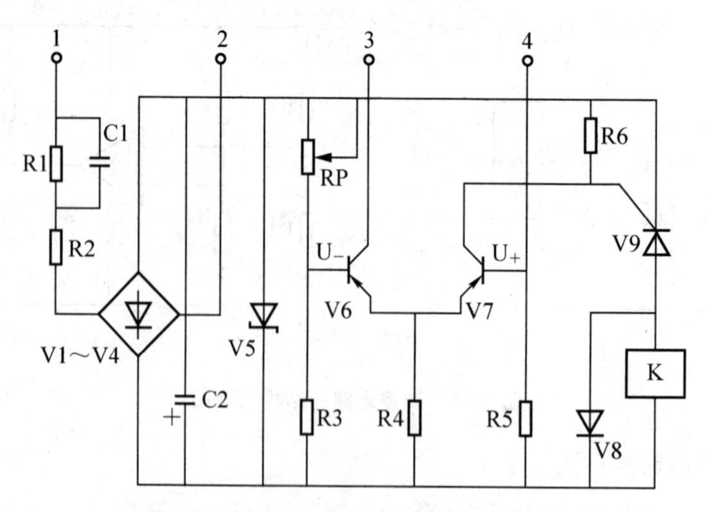

图 2.60　电桥式温度保护继电器电路原理图

（1）电路的基本组成。电位器 RP，电阻 R3、R6 和电路的 3、4 两个端子同 NTC 型热敏电阻器 RT 组成电桥式测量电路。三极管 V6、V7 组成电压比较器作鉴幅器。晶闸管 V9 和继电器 K 组成出口电路。电路的 1、2 两个端子同交流 220 V 电源相连接，利用电阻 R1、R2 和电容器 C1 来降压，因而无须电源变压器，直接经桥式整流电路 V1～V4 整流，由电容 C2 平滑滤波和稳压二极管 V5 稳压输出，为电路提供一个直流工作电源。

（2）电路的工作原理。当被测温度低于设定温度值时，电压比较器的反相端电压 U_-（门限电压）低于比较器同相端电压 U_+（信号电压），比较器输出低电位，即三极管 V7 处于截止状态，则晶闸管 V9 也截止，继电器 K 不动作。随温度的升高，RT 的阻值减小，U_+ 电压也随之降低，当达到设定温度值时，则 U_- 高于 U_+，电压比较器立即翻转，三极管 V7 由截止状态迅速转为导通状态，在其集电极负载电阻器 R6 上产生一个输出电压，以致触发晶闸管 V9 导通，使继电器 K 通电，发出保护动作信号。

3）用于电动机的温度保护继电器

一个热敏电阻器只能检测一相绕组的温度，则一台三相电动机至少需要 3 个热敏电阻器。为使 3 个测量电路共用一个温度继电器的电子电路，那么 3 个测量电路可有两种接线方式。一种为一台电动机的每相绕组内埋设一个热敏电阻器，3 个电阻器再在电动机特设的接线端子上串联起来，然后送出机外与温度保护继电器电子电路连接，此引出线只有两根，配线得到简化，称为热敏电阻器串联接线方式，其构成的温度保护继电器电路原理图如图 2.61 所示。另一种为一台电动机的 3 个热敏电阻器分别引出接线，则至少需要 4 根引出线，此称为热敏电阻器并联接线方式，其构成的温度保护继电器电路原理图如图 2.62所示。串联接线方式测量电路的信号输出电压 U_x是 3 个热敏电阻器 RT_U、RT_V和 RT_W的电压降之和，电动机在额定功率长期运行时，U_x小于鉴幅器的门限电压 U_d，当电动机出现故障，使三相绕组的温度达到整定值，即使只有一相绕组的温度达到整定值，温度保护继电器都应能立即动作，起到对电动机保护作用。其实不然，因为此测量电路的热敏电阻值是 3 个热敏电阻器串联之和，如按上述要求整定保护动作值时，当仅有一相绕组过热时，而另外两相绕组则低于整定保护动作值时，此时 3 个热敏电阻值的串联之和可能尚未达到温度保护继电器动作值，则出现不能有效保护的盲区。热敏电阻器的 R-T 特性的突变特性越差，此盲区就越大。当然如果热敏电阻器的 R-T 特性具有理想的突变特性，则不存在盲区。

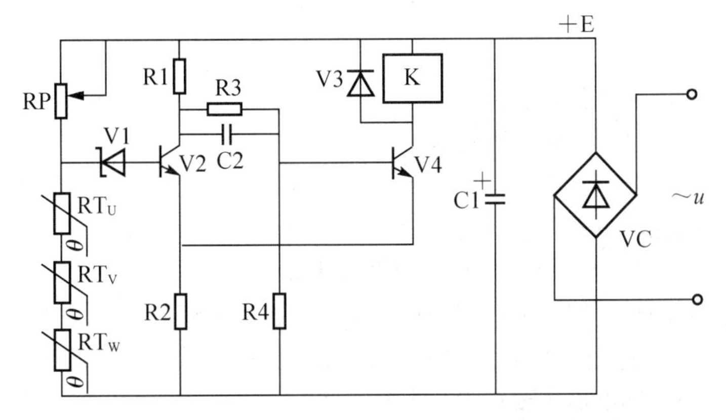

图 2.61　热敏电阻串联方式的温度继电器电路原理图

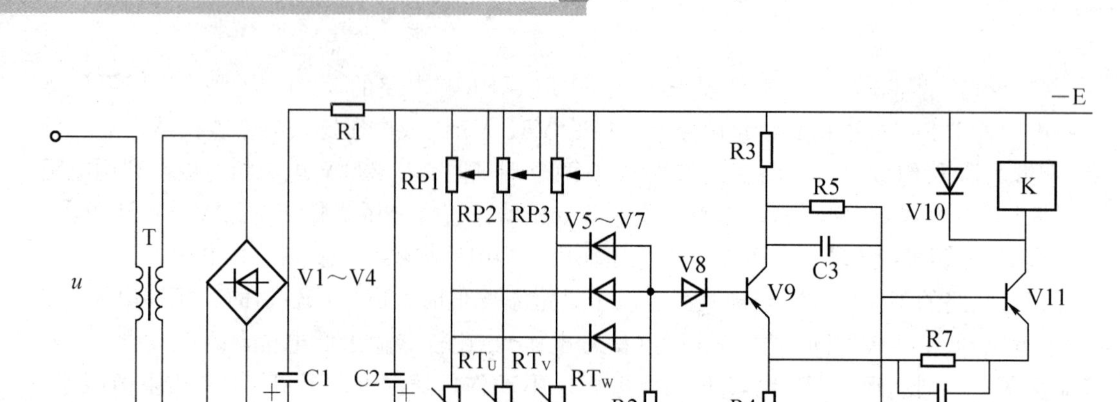

图 2.62 热敏电阻并联方式的温度继电器电路原理图

并联接线方式每一个热敏电阻器有各自的分压电阻器，热敏电阻器 RT_U、RT_V、RT_W 分别输出反映各相绕组温度的电压信号，各电压信号又经二极管 V5～V7 组成的或门电路送至后级公共鉴幅器。只要 3 个热敏电阻器 RT_U、RT_V、RT_W 的特性和参数相同，且 RP1、RP2、RP3 的电阻值相等，即使只有一相绕组温度达到整定保护动作值，温度保护继电器仍能可靠动作，由此可见，采用并联接线方式可克服串联接线方式的不足之处。

小 结

早期的电器基本上都是手动电器。随着技术进步，人们实现由手动到自动的发展过程，但早期的自动电器基本上都是在项目 1 中介绍的有触头电器。在电子技术的飞速发展过程中，人们注重将微电子等新技术、新工艺、新材料等应用于电器的改进和新产品的开发，低压电器的发展趋势是电子化、智能化、组合化、模块化、小型化，并不断向高性能和高可靠性方向发展。从本项目与项目 1 的比较中不难发现，大到电动机的综合保护，小到一个检测运动位置的开关，电子电器都可以实现。

习 题

2.1 电子电器有哪些优点和缺点？

2.2 电子电器的主要技术参数有哪些？

2.3 阻容式晶体管时间继电器由哪些基本环节组成？各基本环节的作用是什么？

2.4 电子式时间继电器与传统的时间继电器相比较有哪些优点？

2.5 JS20 系列时间继电器主要技术数据有哪些？

2.6 数字式时间继电器由哪些基本环节组成？各基本环节的作用是什么？

2.7 常见的数字式时间继电器有哪几种类型？各种类型的特征是什么？

2.8 数字式时间继电器主要技术数据有哪些？

2.9 接近开关按工作原理分有哪几种类型？

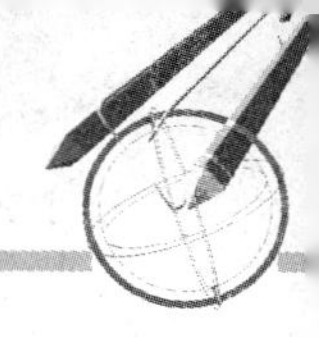

2.10 接近开关的电路由哪几部分组成？各有何作用？

2.11 电容式接近开关为什么能检测一切物质？

2.12 电容式接近开关有哪两种检测方式？两者的区别在哪里？

2.13 差动变压器型接近开关有何优点？试简述其工作原理。

2.14 接近开关的主要技术参数有哪些？

2.15 简述晶闸管开关的用途与分类。

2.16 晶闸管自动开关有哪几种分断方式？加换向电路的作用是什么？

2.17 晶闸管直流开关的关断电路作用是什么？

2.18 简述固体继电器的优点。

2.19 固体继电器有哪些类型？

2.20 漏电保护继电器由哪些基本环节组成？各基本环节的作用是什么？

2.21 如何选用漏电保护继电器？

2.22 常用过载和短路保护继电器的测量电路有哪几种？各自的特点是什么？

2.23 试简述 ABD3-160 电子式电动机保护继电器的过载和短路保护电路的工作原理。

2.24 如何正确使用 ABD3-160 电子式电动机保护继电器？

2.25 温度继电器测量电路的接线方式有哪几种？各自的优点是什么？

2.26 温度继电器所选用的热敏电阻器应具有怎样的 R-T 特性？为什么？

项目3

继电–接触控制电路的基本环节

生产实际中的各种生产机械一般都是由电动机拖动的。各种生产机械的工作性质和加工工艺不同，使得它们对电动机的控制要求不同，要使电动机按照生产机械的要求正常安全地运转，必须配备一定的电器，组成一定的控制电路才能达到目的。其中最常见的是继电-接触控制方式，又叫电器控制。本章主要介绍继电-接触控制方式中的典型电路，如三相异步电动机的起动、运行、制动和调速的基本控制电路，以及直流电动机的控制电路。

在学习各种控制电路之前，首先要掌握绘制、识读电气控制电路图的基本知识。

3.1　电气图与电路分析

知识目标	➢ 了解图形符号和文字符号的作用； ➢ 掌握常用电气元件的图形符号和文字符号； ➢ 了解支路标号和接线端子标号的作用； ➢ 掌握电气原理图、电气位置图和电气安装接线图的作用及绘制规则。
能力目标	➢ 能正确标注支路标号和接线端子标号； ➢ 能正确绘制电气原理图、电气位置图和电气安装接线图。

要点提示

随着中国改革开放的进行，中国制造走向世界，出口设备所附带的技术文件也应该国际化，这样会有利于产品的出口，与国际通用的标准相去甚远的国家标准(俗称老国标)被取代具有重要的意义。电气设备的各种图纸分别具有不同的作用，同时提供给不同的人员使用。原理图一般给图纸审批、设备安装、调试和维护人员使用；电气布置图主要给设备生产企业的电气安装工使用；电气安装接线图主要提供给设备安装、调试工和控制柜接线工使用。无论哪一种图纸，其“规范性”是至关重要的，即制图过程中使用的图形符号、文字符号、支路标号、接线端子标号必须符合国家标准的要求，目的是使所有相关人员都能正确识图。

电气控制电路是由许多电气元件按一定要求连接而成的。为了表达生产机械电气控制系统的结构原理等设计意图，同时也为了便于电气元件的安装、调整、使用和维修，将电气控制系统中各电气元件的连接用一定的图形表达出来，这种图就是电气控制系统图。

生产机械的电气控制系统图包括电气原理图、电气布置图和电气安装接线图 3 种。在图中人们用不同的图形符号、文字符号和序号表示各种电气元件和电气电路或设备的功能、状态和特征，图上还要标上表示导线的线号与接点编号等。各种符号有其不同的用途和规定的画法，以下分别进行说明。

3.1.1　电气控制系统图中的图形符号和文字符号

电气控制系统图中，电气元件的图形符号和文字符号必须有统一的国家标准。我国 1990 年以前采用国家科委 1964 年颁布的《电工系统图图形符号》(GB 312—64)和《电工设备文字符号编制通则》(GB 315—64)的规定。近年来，随着国外先进技术和设备的不断引入，为了便于掌握引进的先进技术和设备及加强国际交流，国家标准逐渐向国际电工协会(IEC)颁布的标准靠拢，并随国际电工协会标准的变化而不断更新。目前使用的是中华人民共和国国家质量监督检验检疫总局和中国国家标准化管理委员会在 2005～2008 年陆续颁布的《电气简图用图形符号》(GB/T 4728)，包括 13 个部分，从 GB/T 4728.1—2005 至 GB/T 4728.13—2008，各部分颁布时间不一，代替 1990 年以前颁布的 GB/T 4728，及 2006～2008 年逐渐颁布的《电气技术用文件的编制》(GB/T 6988)，包括 5 个部分，从 GB/T 6988.1—2008 至 GB/T 6988.5—2006，各部分颁布时间不一，有些还在编制中，用以代替以前颁布的 GB/T 6988)和《电气技术中的文字符号制订通则》(GB 7159—87)。

1. 图形符号

所有图形符号应符合：《电气简图用图形符号》（GB/T 4728）的规定。当GB/T 4728给出几种形式时，应尽可能采用优选形式，在满足需要的前提下，尽量采用最简单的形式，在同一图号的图中使用同一种形式。GB/T 4728示出的符号方位在不改变符号含义的前提下，符号可根据图面布置的需要旋转，但文字和指示方向不得倒置。一般情况下按附录中的符号形式垂直画出，需要水平画出时逆时针方向旋转90°即可。

2. 文字符号

电气图中的文字符号应符合：《电气技术中的文字符号制订通则》（GB 7159—87）。该标准规定的文字符号适用于电气技术领域中技术文件的编制，也可标注在电气设备、装置和元器件上或其近旁，以表示电气设备、装置和元器件的名称、功能、状态和特征。

文字符号分为基本文字符号和辅助文字符号。

1）基本文字符号

基本文字符号有单字母符号和双字母符号两种。其中单字母符号是按拉丁字母将各种电气设备、装置和元器件划分为23大类，每一类用一个专用单字母符号表示，如“C”表示电容器类，“R”表示电阻器类。双字母符号是由一个表示种类的单字母符号与另一个字母组成，其组合形式应以单字母符号在前，另一字母在后的次序列出。只有当用单字母符号不能满足要求，需要将大类进一步划分时，才采用双字母符号，以便更详细、更具体地表示电气设备、装置和元器件，如“F”表示保护器件类，而“FU”表示熔断器，“FR”表示具有延时动作的限流保护器件。

2）辅助文字符号

辅助文字符号是用以表示电气设备、装置和元器件及电路的功能、状态和特征的，如“SYN”表示同步，“L”表示限制，“RD”表示红色等。辅助文字符号也可放在表示种类的单字母符号后边组成双字母符号，如“SP”表示压力传感器，“YB”表示电磁制动器等。为了简化文字符号，若辅助文字符号由两个以上字母组成时，允许只采用其第一位字母进行组合，如“MS”表示同步电动机等。辅助文字符号还可以单独使用，如“ON”表示接通，“M”表示中间线，“PE”表示保护接地等。

3）补充文字符号的原则

当规定的基本文字符号和辅助文字符号不够使用时，可按国家标准中规定的文字符号组成规律和以下原则予以补充。

（1）在不违背GB 7159—87标准编制原则的条件下，可采用国际标准中规定的电气技术文字符号。

（2）在优先采用标准中规定的单字母符号、双字母符号和辅助文字符号前提下，可补充未列出的双字母符号和辅助文字符号。

（3）文字符号应按有关电气名词术语国家标准或专业标准中规定的英文术语缩写而成。基本文字符号不得超过两位字母，辅助文字符号一般不能超过3位字母。

（4）因拉丁字母“I”、“O”易与阿拉伯数字“1”和“0”混淆，因此，“I”和“O”不允许单独作为文字符号使用。

（5）文字符号的字母采用拉丁字母大写正体字。

3.1.2 电气控制系统图中的支路标号和接线端子标号

1. 支路标号

电气控制系统中的支路，一般都应进行支路标号。控制支路标号一般由3位或3位以下的数字组成。主回路标号则由文字符号和数字组成，数字标号用阿拉伯数字，文字符号用汉语拼音字母。标注方法按“等电位”原则进行，即在回路中连于一点上的所有导线(包括接触连接的可拆卸线段)，必须标以相同的支路标号；由线圈、绕组、触头或电阻、电容等元件所间隔的线段，均视为不同的线段，需标以不同的支路标号。对于其他设备引入本系统中的联锁支路，可按原引入设备的支路特征进行标号。

在电气控制系统图中，支路标号的编排次序和标注位置按下述原则进行：在水平绘制的支路中，应尽量自左至右地顺次标号，标号一般注于表示连接导线的上方；在垂直绘制的支路中，应尽量自上至下地顺次标号。

2. 接线端子标号

接线端子标号是指用以连接器件和外部导电件的标记。接线端子标号主要用于基本器件(如电阻器、熔断器、继电器、变压器、旋转电机等)和这些器件组成的设备(如电动机控制设备)的接线端子标记，也适用于执行一定功能的导线线端(如电源接地、机壳接地等)的识别。根据《人机界面标志标识的基本和安全规则　设备端子和导体终端的标示》(GB/T 4026—2010)规定，交流系统三相电源导线和中性线分别用L1、L2、L3、N标号；直流系统电源正、负极导线和中间线分别用L+(或+)、L-(或-)、M标号；保护接地线用PE标号；接地线用E标号。

电源开关之后的三相交流电源主电路分别按U、V、W顺序标记。电源后有分支时，在字母的后面加两位数字来区分，“个”位上的数字表示分支上的第几个点，“十”位上的数字表示第几个分支，如U21表示在第二个分支上U相上第一个支路标号点。

带6个接线端子的三相电器，首端分别用U1、V1、W1标号；尾端分别用U2、V2、W2标号；中间抽头分别用U3、V3、W3标号。

对于同类型的三相电源，其首端或尾端在字母U、V、W前冠以数字来区别，即1U1、1V1、1W1与2U1、2V1、2W1来标号两个同类三相电器的首端，而1U2、1V2、1W2与2U2、2V2、2W2为其尾端标号。

控制电路接线端子采用阿拉伯数字编号，一般由3位或3位以下的数字组成。标注方法也是按照“等电位”原则进行。

3.1.3 电气图

电气图一般分为电气原理图、电气位置图和电气安装接线图3种。

1. 电气原理图

用规定的图形符号，按主电路与辅助电路相互分开并依据各电气元件动作顺序等原则所绘制的电路图，叫电气原理图。它包括所有电气元件的导电部件和接线端头，但并不按照电气元件实际布置的位置来绘制。

原理图的用途是：详细理解电路、设备或成套装置及其组成部分的作用原理；为测试和寻找故障提供信息；作为编制接线图的依据。

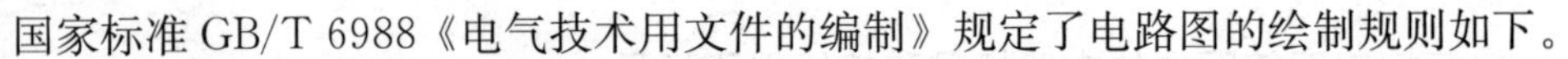

国家标准 GB/T 6988《电气技术用文件的编制》规定了电路图的绘制规则如下。

(1) 电路图应布局合理、清晰，准确地表达作用原理。

(2) 需要测试和拆装外部引出线的端子，应用图形符号“。”表示，电路图的连接点用“·”表示。

(3) 电路图在布局上采用功能布局法，同一功能电气相关元件应画在一起。电路应按动作顺序和信号流自上而下或自左至右的原则绘制。

(4) 电路图中各电气元件，一律采用国家标准规定的图形符号绘出，用国家标准规定的文字符号标号。

(5) 电路图中的元件、器件和设备的可动部分以在非激励或不工作的状态或位置来表示，如继电器和接触器在非激励的状态；断路器和隔离开关在断开位置；带零位的手动控制开关在零位位置，不带零位的手动控制开关在图中规定的位置；机械操作开关，例如行程开关在非工作的状态或位置。

(6) 电路图应按主电路、控制电路、照明电路、信号电路分开绘制。直流和单相电源电路用水平线画出，一般画在图纸上方(直流电源的正极)和下方(直流电源的负极)。多相电源电路集中水平画在图纸上方，相序自上而下排列，中性线(N)和保护接地线(PE)放在相线之下。主电路与电源电路垂直画出。控制电路与信号电路垂直画在两条水平电源线之间。耗电元件(如电器的线圈，电磁铁，信号灯等)直接与下方水平线连接，控制触头连接在上方水平线与耗电元件之间。

(7) 电路图中各元器件触头的图形符号一般垂直绘制，并以“左开右闭”为原则，即垂线左侧的触头为常开触头，垂线右侧的触头为常闭触头。

CW6132 型普通车床的电气原理图如图 3.1 所示。

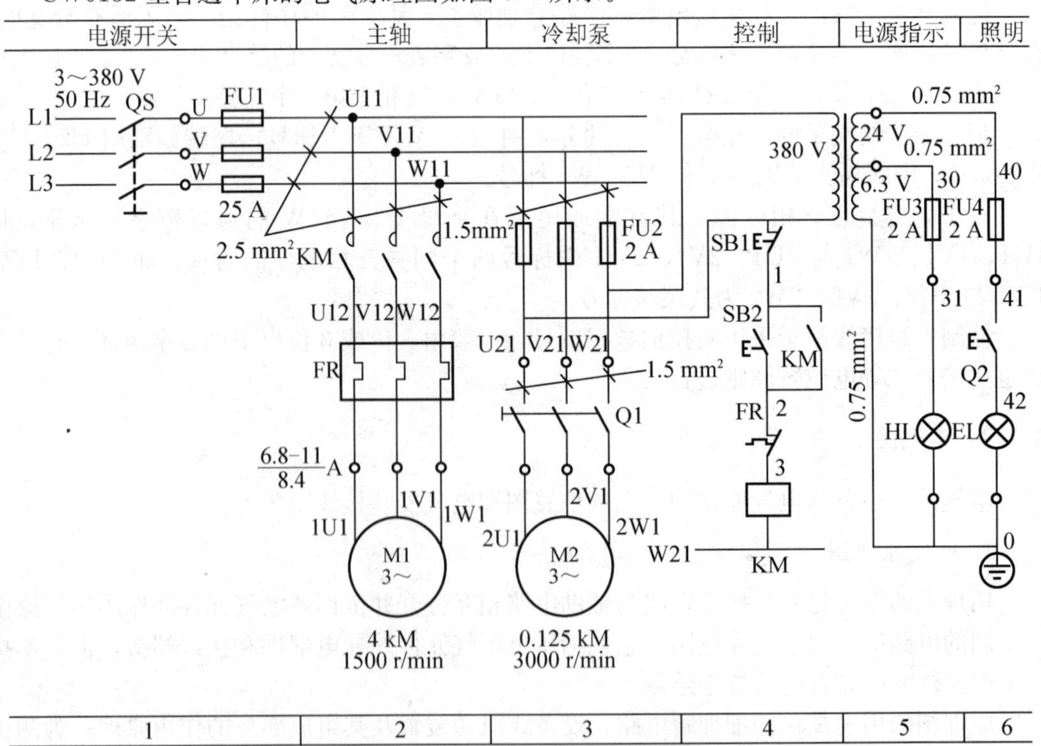

图 3.1　CW6132 型车床电路图

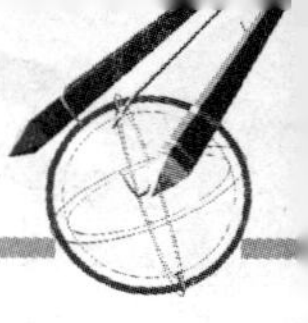

2. 电气位置图

电气位置图是用来表示成套装置、设备或装置中各个项目位置的一种图，如机床上各电气设备的位置、机床电气控制柜上各电器的位置都由相应的位置图来表示。CW6132 型车床电气设备安装位置图如图 3.2 所示，CW6132 型车床控制盘电器位置图如图 3.3 所示。

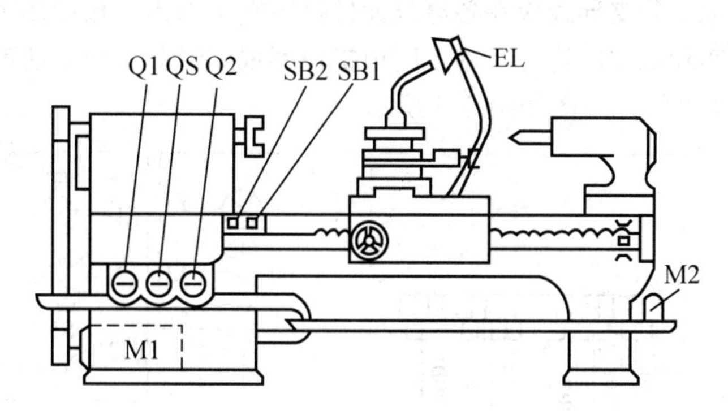

图 3.2 CW6132 型普通车床电气设备安装位置图

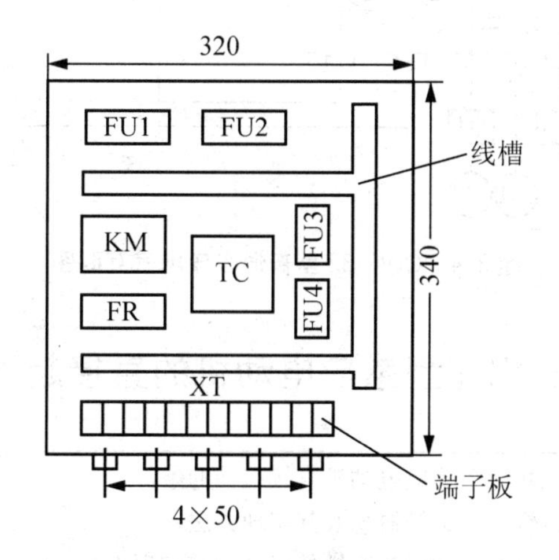

图 3.3 CW6132 型车床控制盘电器位置图

3. 电气安装接线图

用规定的图形符号，按各电气元件相对位置绘制的实际接线图叫安装接线图。它表示成套装置、设备的连接关系，用于安装接线、电路检查、电路维修和故障处理。在实际应用中接线图通常需要与电路图和位置图一起使用。

接线图分为单元接线图、互连接线图、端子接线图、电缆配置图等。

单元接线图表示单元内部的连接情况，通常不包括单元之间的外部连接，但可给出与之有关系的互连图的图号。单元接线图通常应大体按各个项目的相对位置进行布置。

互连接线图表示单元之间和设备的端子及其与外部导线的连接关系，通常不包括单元或设备的内部连接，但可提供与之有关的图号。

电缆配置图表示单元之间外部电缆的敷设，也可表示线缆的路径情况。

总之，安装接线图是实际接线安装的依据和准则。它清楚地表示了各电气元件的相对位置和它们之间的电气连接，所以安装接线图不仅要把同一个电器的各个部件画在一起，而且各个部件的布置要尽可能符合这个电器的实际情况，但对尺寸和比例没有严格要求。各电气元件的图形符号、文字符号和支路标号，均应以原理图为准，并与原理图一致，以便查对。

不在同一个控制箱内和不在同一块配电屏上的各电气元件之间的导线连接，必须通过接线端子进行；同一个控制箱内的各电气元件之间的接线可以直接相连。

在安装接线图中，分支导线应在各电气元件接线端子引出。接线图上所表示的电气连接，一般并不表示实际走线的途径，施工时由操作者根据经验选择最佳走线方式。

CW6132 型车床电气互联图如图 3.4 所示。

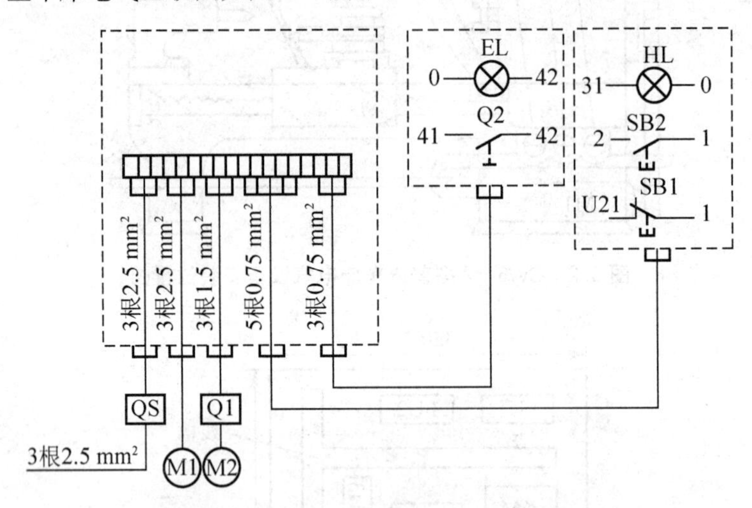

图 3.4　CW6132 型普通车床电气互联图

3.2　三相笼型感应电动机的直接起动电路

知识目标	➢ 了解三相笼型感应电动机直接起动的条件； ➢ 掌握自锁、互锁等概念及其实现方法； ➢ 掌握机械互锁和电气互锁的概念及其实现方法； ➢ 掌握过载、短路、欠压、失压(零压)保护等概念及其实现方法； ➢ 掌握限位保护的概念及其实现方法。
能力目标	➢ 能正确分析单向旋转电路和可逆旋转电路的工作原理； ➢ 能正确对单向旋转电路和可逆旋转电路的电气故障进行分析和判断，并排除其故障。

要点提示

自锁电路的出现使电动机的连续运行得以实现，是实现电气自动化的前提。互锁的实质是相互制约的逻辑关系，除可以使设备的操作更方便外，还起到保护作用，是实现电动机可逆运行控制的前提。在电力拖动系统中使用电动机可逆运行来拖动生产设备往返运动是十分常见的，但在运动行程较短的情况下，使用较多的却是电动机单向旋转，通过机械机构或液压系统实现运动部件的往返运动。

三相笼型感应电动机在生产实际中被广泛应用，它具有结构简单、价格低廉、坚固耐用、使用维护方便等一系列优点。它的控制电路大多由继电器、接触器、按钮等有触头电器组成。对其起动控制有直接起动和减压起动两种方式。在变压器容量允许的情况下，笼型感应电动机应尽可能采用全电压直接起动，这样一方面可以提高控制电路的可靠性，另一方面也可减小电气维修工作量。

3.2.1　单向旋转控制电路

三相笼型感应电动机直接起动单方向旋转控制电路如图3.5所示。它由电源开关QS、熔断器FU1、交流接触器KM的主触头、热继电器FR的热元件与电动机M构成主电路；由起动按钮SB1、停止按钮SB2、交流接触器KM的线圈及其常开辅助触头、热继电器FR的常闭触头和熔断器FU2构成控制回路。

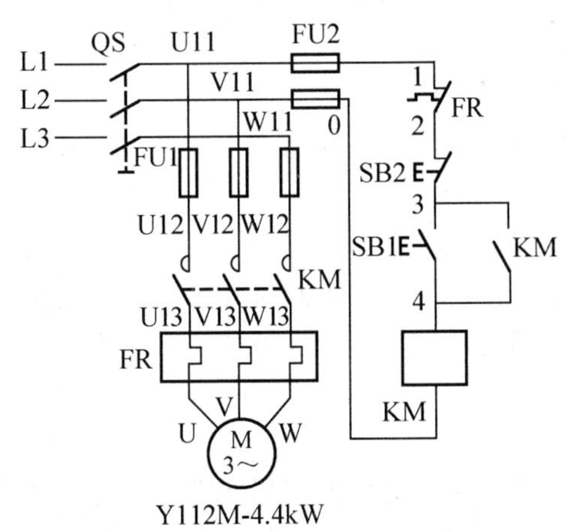

图3.5　电动机直接起动单方向旋转控制电路

1. 电路的工作原理

当电动机M需要起动时，先合上电源开关QS，引入三相电源，此时电动机M尚未接通电源。按下起动按钮SB1，交流接触器KM的线圈得电，使衔铁吸合，同时带动接触器KM的3对主触头闭合，电动机M便接通电源直接起动运转。与此同时与SB1并联的接触器常开辅助触头KM闭合，使接触器KM的线圈经两条路径通电。这样，当松开按钮SB1时，按钮在复位弹簧的作用下恢复断开，接触器KM的线圈仍可通过KM常开辅助触头通电，从而保持电动机的连续运行。像这种当松开起动按钮SB1后，接触器KM通过其常开辅助触头而使线圈保持通电的作用叫做自锁，与起动按钮SB1并联起自锁作用的常开辅助触头叫自锁触头。

要使电动机M停止运转，只需按下停止按钮SB2，将控制电路(即接触器线圈回路)切断，这时接触器KM断电释放，KM的三相常开主触头恢复断开，切断三相电源，电动机M失电停止运转。当松开按钮后，SB2的常闭触头在复位弹簧作用下，虽又恢复到原来的常闭状态，但此时接触器的自锁触头在线圈失电后也已恢复断开，所以不再提供通电路径，即接触器线圈已不再能依靠自锁触头通电。

2. 电路的保护环节

(1) 短路保护。指熔断器 FU 作为电路的短路保护。

(2) 过载保护。指热继电器 FR 作为电路的过载保护。

(3) 欠压保护。"欠压"是指电路电压低于电动机应加的额定电压。"欠压保护"是指当电路电压下降到某一数值时，电动机能自动脱离电源停转，避免电动机在电压不足的状态下运行而损坏。接触器自锁控制电路即可避免电动机欠压运行。因为当电路电压下降到一定值(一般指低于额定电压85%)时，接触器线圈两端的电压也同样下降到此值，从而使接触器线圈磁通减弱，产生的电磁吸力减小。当电磁吸力减小到小于反作用弹簧的拉力时，动铁芯被迫释放，主触头、自锁触头同时分断，自动切断主电路和控制电路，电动机失电停转，达到了欠压保护的目的。

(4) 失压(也叫零压)保护。指电动机在正常运行中，由于外力某种原因引起突然断电时，能自动切断电动机电源，当重新供电时，保证电动机不能自行起动的一种保护。接触器自锁控制电路可实现失压保护，因为接触器自锁触头和主触头在电源断电时已经断开，使控制电路和主电路都不能接通，所以在电源恢复供电时，电动机就不会自行起动运转，保证了人身和设备的安全。

控制电路具备欠、失压保护能力以后，有以下3个方面的优点：第一，防止电压严重下降时电动机低压运行；第二，避免电动机同时起动而造成电压的严重下降；第三，防止电源电压恢复时，电动机突然起动运转造成设备和人身事故。

3.2.2 可逆旋转控制电路

在生产加工过程中，往往要求电动机能够实现可逆运行，即正、反转，如机床工作台的前进与后退；万能铣床主轴的正转与反转；起重机的上升与下降等。

由电动机的原理可知，若改变通入电动机定子绕组的三相电源相序，即把接入电动机三相电源进线中的任意两根对调接线时，电动机就可以反转。所以可逆运行控制电路实质上是两个方向相反的单向运行电路，但为了避免误动作引起电源相间短路， 在这两个相反方向的单向运行电路中加设了必要的联锁。按照电动机可逆运行操作顺序的不同，有"正—停—反"和"正—反—停"两种控制电路。

1. 电动机"正—停—反"控制电路

电动机"正—停—反"控制电路指的是电动机改变运行方向时，必须首先按下停止按钮，然后再按反向起动按钮。接触器联锁的正反转控制电路便是电动机"正—停—反"控制电路，如图3.6所示。电路中采用两个接触器，即正转用的KM1和反转用的KM2。它们分别由正转按钮SB1和反转按钮SB2控制。从主电路中可以看出，这两个接触器的主触头所接通的电源相序不同，KM1按L1—L2—L3相序接线，KM2则按L3—L2—L1相序接线，对调了两相的相序。必须指出，接触器KM1和KM2的主触头绝对不允许同时闭合，否则将造成两相电源(L1相和L3相)短路事故。为了保证一个接触器得电动作时，另一个接触器不能得电动作，在正转控制电路中串接了反转接触器KM2的常闭辅助触头，而在反转控制电路中串接了正转接触器KM1的常闭辅助触头，利用两个接触器的常闭触头KM1、KM2起相互控制作用，即一个接触器通电时，利用其常闭辅助触头的断开来锁

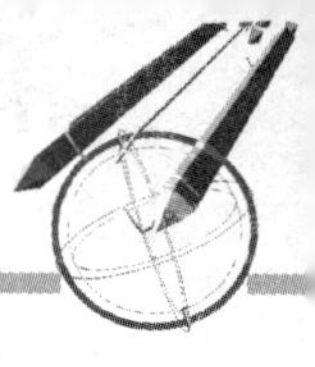

住对方线圈的电路。这种利用两个接触器的常闭辅助触头互相控制的方法叫做联锁(或互锁)，而两对实现联锁作用的常闭辅助触头称为联锁触头(或互锁触头)。利用电器常闭触头实现的联锁(或互锁)称为电气联锁(或互锁)。

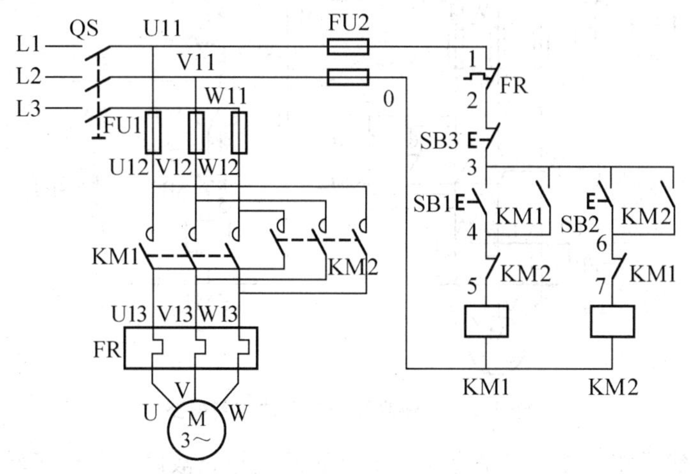

图 3.6 接触器联锁的正反转控制电路

电路工作时，先合上电源开关 QS。正转时，先按下按钮 SB1，接触器 KM1 线圈得电，根据接触器触头的动作顺序可知，其常闭辅助触头先断开，切断 KM2 线圈回路，起到联锁作用，然后 KM1 自锁触头闭合，同时 KM1 主触头闭合，电动机 M 起动正转运行。若想反转时，必须先按下停止按钮 SB3，使 KM1 线圈失电，KM1 的常开主触头断开，电动机 M 失电停转，KM1 的常开辅助触头断开，解除自锁；KM1 的常闭辅助触头恢复闭合，解除对 KM2 的联锁。然后再按下起动按钮 SB2，KM2 线圈得电，KM2 的常闭辅助触头断开对 KM1 联锁，KM2 的常开主触头闭合，电动机 M 起动反转运行，KM2 的常开辅助触头闭合自锁。需要停止时，按下停止按钮 SB3，控制电路失电，KM1(或 KM2)主触头断开，电动机 M 失电停转。

从以上分析可知，接触器联锁正反转控制电路存在明显缺点，即电动机改变转向时，必须先按下停止按钮后，才能按反转起动按钮。为克服电路的不足，可采用电动机“正—反—停”控制电路。

2. 电动机“正—反—停”控制电路

电动机“正—反—停”控制电路有两种典型电路。

1) 按钮联锁的正反转控制电路

按钮联锁的正反转控制电路如图 3.7 所示。这种控制电路的工作原理与接触器联锁的正反转控制电路的工作原理基本相同，只是把接触器的常闭联锁触头换成了复合按钮的常闭触头，这种电路当电动机从正转改变为反转时，可直接按下反转按钮 SB2 实现，不必先按下停止按钮 SB1。由按钮实现的联锁(或互锁)称为机械联锁(或互锁)。

当按下反转按钮 SB2 时，串接在正转控制电路中 SB2 的常闭触头先分断，使正转接触 KM1 线圈失电，KM1 的主触头和自锁触头分断，电动机 M 失电停转。SB2 的常闭触头分断后，其常开触头才随后闭合，接通反转控制电路，电动机 M 反转。这样既保证了接触器 KM1 和 KM2 的线圈不会同时得电，又可不按停止按钮而直接按反转按钮实现反

转。同样，若使电动机从反转运行变为正转运行时，只要直接按下正转按钮 SB1 即可。

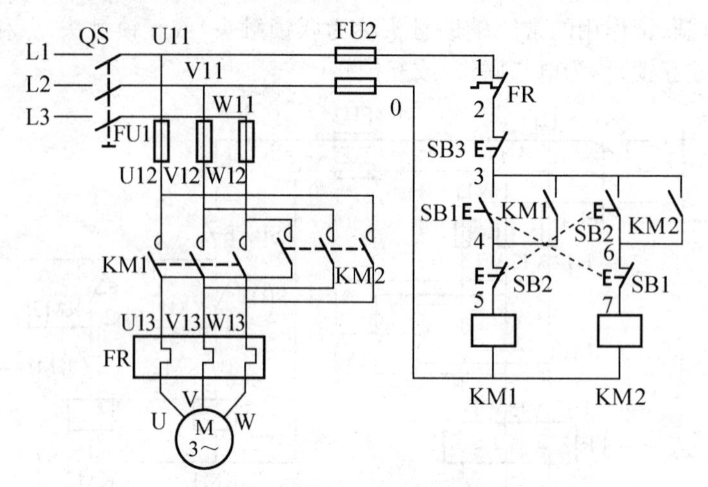

图 3.7　按钮联锁的正反转控制电路

这种电路虽然操作方便，但是容易产生电源两相短路故障。如当正转接触器 KM1 发生熔焊故障时，即使断开接触器线圈回路，主触头也不能分断，这时，若再直接按下反转按钮 SB2，KM2 线圈得电，触头动作，必然造成电源两相短路故障。因此，为了安全可靠，在实际工作中，经常采用按钮、接触器双重联锁的正反转控制电路。

2）按钮、接触器双重联锁的正反转控制路

按钮接触器双重联锁的正反转控制电路如图 3.8 所示。这种电路中既有接触器的联锁(电气联锁)，又有按钮的联锁(机械联锁)，保证了电路可靠地工作，因此，在电力拖动系统中被广泛采用。

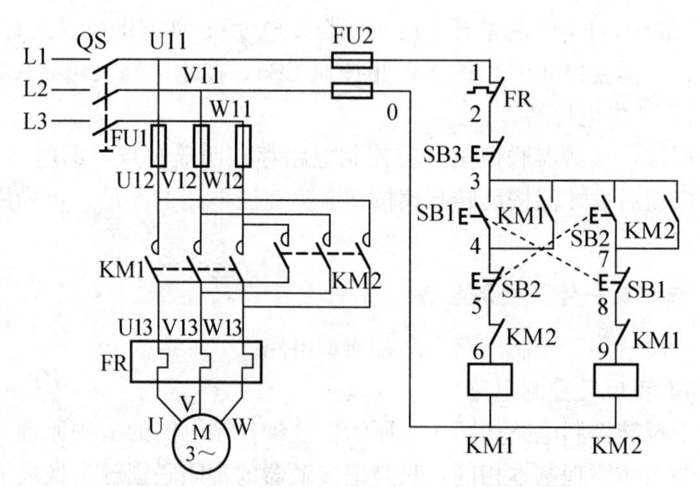

图 3.8　按钮接触器双重联锁的正反转控制电路

电路工作时，先合上电源开关 QS。正转时，先按下起动按钮 SB1，SB1 的常闭触头先分断，对 KM2 联锁(切断反转控制电路)；SB1 的常开触头后闭合，使 KM1 线圈得电，KM1 的常闭辅助触头先分断，再次对 KM2 联锁(此时实现双重联锁)，KM1 的主触头和常开辅助触头同时闭合，电动机 M 起动正转运行。若想反转时，直接按下起动按钮 SB2，SB2 的常闭触头先分断，对 KM1 联锁，KM1 线圈失电，KM1 主触头断开，电动机 M 失电，KM1 联锁触头恢复闭合，为 KM2 线圈得电作好准备；SB2 的常开触头后闭合，KM2 线圈得电，电动机反转起动运行。

需要停止时，按下停止按钮 SB3，整个控制电路失电，主触头分断，电动机 M 失电停止正转或反转。

该电路当 KM1 出现熔焊时，由于电气联锁的存在，KM2 的线圈不会被接通，可避免出现短路故障。

3. 位置控制与自动往复行程控制电路

在生产实践中，有些生产机械的工作台需要限位控制或者自动往复运动，如摇臂钻床、万能铣床、龙门刨床、导轨磨床等，而实现这种控制要求所依靠的主要电器是位置开关。

1）位置控制(或限位控制)电路

位置控制电路如图 3.9 所示。它是以行程开关作控制元件来控制电动机的自动停止。在正转接触器 KM1 的线圈回路中，串接正向行程开关 SQ1 的常闭触头，在反转接触器 KM2 的线圈回路中，串接反向行程开关 SQ2 的常闭触头，这便成为具有自动停止的正反转控制电路。这类电路常用作机床设备的行程极限保护及桥式起重机的行程保护等。它的工作原理是：当按下起动按钮 SB1 后，按触器 KM1 线圈通电吸合并自锁，电动机正转，拖动运动部件作相应的移动，当位移至规定位置(或极限位置)时，安装在运动部件上的挡铁(撞块)便压下行程开关 SQ1，切断 KM1 线圈回路，KM1 断电释放，电动机停止运转，这时即使再按下 SB1，KM1 也不会吸合。只有按下反转起动按钮 SB2，电动机反转，使运动部件退回，挡铁脱离行程开关 SQ1，其常闭触头复原，为下次正向起动作准备。反向自动停止的控制原理与正向相同。

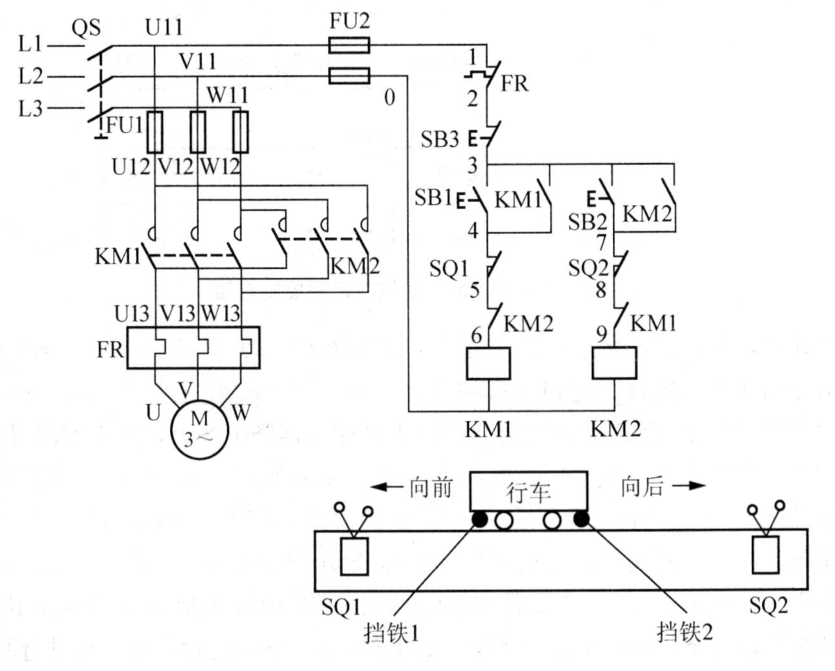

图 3.9　位置控制电路

2）自动往返行程控制电路

在位置控制电路的基础上，将行程开关 SQ1 的常开触头并联在反转起动按钮 SB2 的

两端，将 SQ2 的常开触头并联在正转起动按钮 SB1 的两端，便成为如图 3.10 所示的自动往返行程控制电路了。它的右下角是工作台自动往返运动的示意图。为了使电动机的正反转控制与工作台的左右运动相配合，在控制电路中设置了 4 个位置开关，即 SQ1、SQ2、SQ3、SQ4，并把它们安装在合适的地方。其中 SQ1、SQ2 被用来自动换接电动机正反转控制电路，实现工作台的自动往返行程控制；SQ3、SQ4 被用来作终端保护，以防止 SQ1、SQ2 失灵，工作台越过限定位置而造成事故。在工作台的 T 型槽中装有两块挡铁，挡铁 1 只能和 SQ1、SQ3 相碰撞，挡铁 2 只能和 SQ2、SQ4 相碰撞。当工作台运动到需要位置时，挡铁碰撞行程开关，使其触头动作，自动换接电动机正反转电路，通过机械传动机构使工作台自动往返运动。

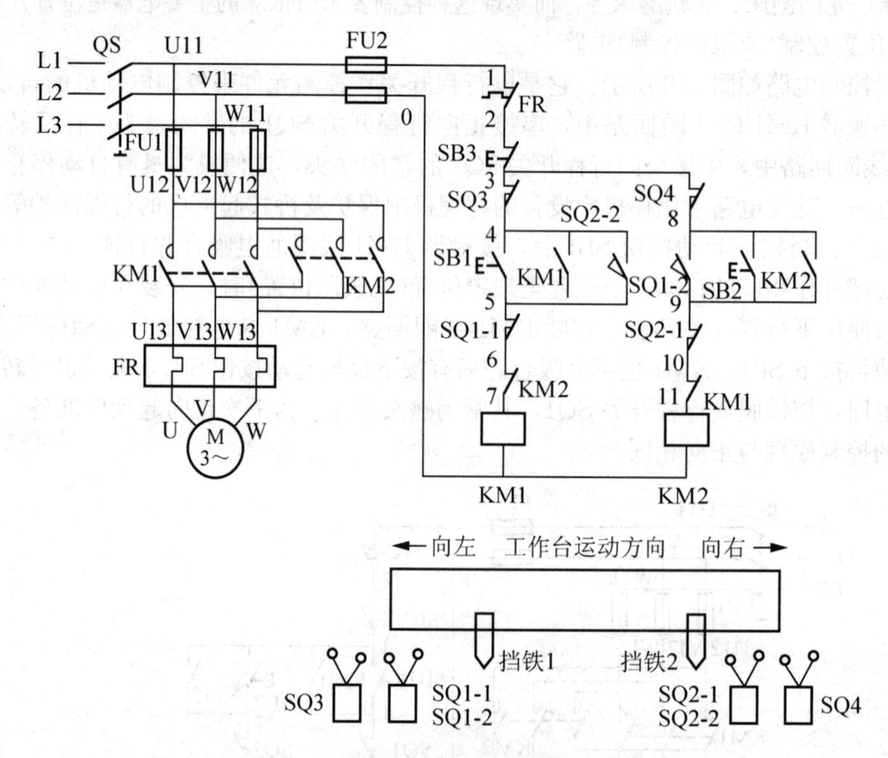

图 3.10　工作台自动往返行程控制电路

电路工作时，先合上电源开关 QS。按下起动按钮 SB1，KM1 线圈得电，KM1 联锁触头和自锁触头分别断开和闭合，起到联锁和自锁保护作用，KM1 主触头闭合，电动机正转，拖动工作台左移，当运动到限定位置时，挡铁 1 碰撞行程开关 SQ1，SQ1 常闭触头(SQ1-1)先分断，KM1 主触头分断，电动机失电，KM1 联锁触头恢复闭合，为 KM2 线圈得电作好准备，SQ1 常开触头(SQ1-2)后闭合，接通 KM2 线圈回路，KM2 主触头闭合，电动机先反接制动停止左移，然后反向起动，拖动工作台右移(SQ1 触头复位)，当工作台移至限定位置时，挡铁 2 碰撞行程开关 SQ2，SQ2 常闭触头(SQ2-1)先分断，KM2 线圈失电，KM2 主触头分断，SQ2 常开触头(SQ2-2)后闭合，KM1 线圈又得电，电动机对右移过程进行制动后又正转，工作台又左移。以后重复上述过程，工作台就在限定的行程内自动往返运动。

停止时，按下停止按钮 SB3，整个控制电路失电，KM1(或 KM2)主触头分断，电动机 M 失电停转，工作台停止运动。

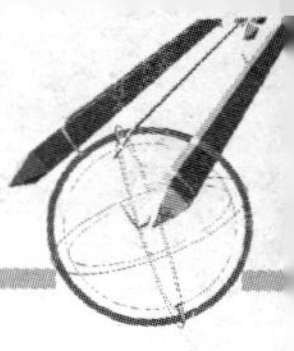

3.3　三相笼型感应电动机的减压起动控制电路

知识目标	➢ 了解三相笼型感应电动机减压起动的必要条件； ➢ 掌握定子串电阻减压起动与定子串电抗减压起动的不同点； ➢ 掌握定子串电阻(电抗)起动、自耦变压器、Y-△转换及⊿-△转换减压起动的特点和适用场合； ➢ 掌握定子串电阻(电抗)减压起动、自耦变压器、Y-△转换及⊿-△转换减压起动的电路的工作原理。
能力目标	➢ 能正确分析定子串电阻(电抗)起动、自耦变压器、Y-△转换及⊿-△转换减压起动电路的工作原理； ➢ 能正确对定子串电阻(电抗)起动、自耦变压器、Y-△转换及⊿-△转换减压起动电路的电气故障进行分析和判断，并排除其故障。

要点提示

电动机的容量相对于为其供电的变压器的容量较大时，为避免电动机起动电流造成电网电压的过分降低就要采用减压起动方式，常用的有定子串电阻(电抗)起动、自耦变压器、Y-△转换及延边⊿-△转换减压起动几种方式。定子串电阻和电抗都可以达到减压的目的，但定子串电阻起动时要消耗有功功率，电阻会发热；定子串电抗起动时由于消耗的是无功功率，所以电抗不发热(理想状态下)，更符合现在节能环保的理念，但一次投资较大，对频繁起制动的电动机更为合适。由于所使用的电阻要承受较大的起动电流，所以电阻的功率较大，为绕线电阻。电阻和电抗都需要较大的安装空间，同时由于电阻的发热，安装时要远离对温度敏感的器件。自耦变压器减压起动方法适用于起动容量较大(14～300 kW)，正常工作时接成Y或△的电动机，起动转矩可以通过改变抽头的连接位置得到改变。它的缺点是自耦变压器价格较贵，而且不允许频繁起动。Y-△转换减压起动成本低、电路简单，但起动转矩较小。因此，这种起动方法，仅适用于正常运行时定子绕组是△接法、空载或轻载状态的电动机。笼型感应电动机采用⊿-△转换减压起动，比采用自耦变压器减压起动结构简单，克服了其不允许频繁起动的缺点。与Y-△转换减压起动方法相比，⊿-△转换减压起动提高了起动转矩，并且还可以在一定范围内进行选择，但电动机必须具有满足要求的定子结构，符合这个要求的也只有JO3系列三相笼型感应电动机。

笼型感应电动机采用全电压直接起动时，控制电路简单，但并不是所有笼型感应电动机在任何情况下都可以采用全压起动。由电动机的原理可知，三相笼型感应电动机直接起动时，起动电流大约是电动机额定电流的4～7倍。在电源变压器容量不足够大的情况下，会导致变压器二次侧电压大幅度下降，这样不但会减小电动机本身的起动转矩，甚至会造成电动机根本无法起动，同时还会影响同一供电网路中其他设备的正常工作。

通常情况下，容量超过10 kW的笼型感应电动机，当为电动机供电的变压器容量不足够大时[编者主张按水利电力出版社出版的设计手册中的经验公式进行判断，即当 $S_N < 5P_N$ 时

要进行减压动，式中 S_N 为变压器的额定容量，P_N 为电动机的额定功率；编者查阅国内大部分教科书，都按 $4(I_{ST}/I_N)<3+S_N/P_N$ 的经验公式进行判断，式中 I_{ST} 为电动机全压起动时的电流、I_N 为电动机的额定电流，按起动电流大约是电动机额定电流的 4～7 倍进行计算，$S_N<(13\sim25)P_N$，显然与 $S_N<5P_N$ 有很大的差距，现在电网导线往往有较大的余量，按 $S_N<5P_N$ 估算即可]，一般都采用减压起动的方式来起动，即起动时降低加在电动机定子绕组上的电压，起动后再将电压恢复到额定值，使电动机在正常电压下运行。因电枢电流和电压成正比，所以在降低电压的同时便可减小起动电流，不致在电网中产生过大的电压降，减小了对电网电压的影响。

常用的减压起动方法有定子绕组串阻抗、自耦变压器、Y-△转换及延边△-△转换减压起动等。

3.3.1 定子绕组串电阻(电抗)减压起动控制电路

定子绕组串电阻(或电抗)减压起动是指在电动机起动时，在三相定子电路中串接电阻(或电抗)，通过电阻(或电抗)的分压作用，使电动机定子绕组上的起动电压降低，起动结束后再将电阻(或电抗)短接，使电动机在额定电压下正常运行。下面分别介绍手动切换的、时间继电器控制的和手动与自动混合控制的 3 种形式的串电阻减压起动控制电路。

1. 手动切换的定子绕组串电阻减压起动电路

手动切换的定子绕组串电阻减压起动电路如图 3.11 所示。其工作原理如下：先合上电源开关 QS，按下起动按钮 SB1，KM1 得电吸合并自锁，电动机 M 串电阻 R 减压起动，待电动机转速上升到一定值时，再按下按钮 SB2，KM2 得电吸合并自锁，R 被短接，电动机 M 在全压下运行。

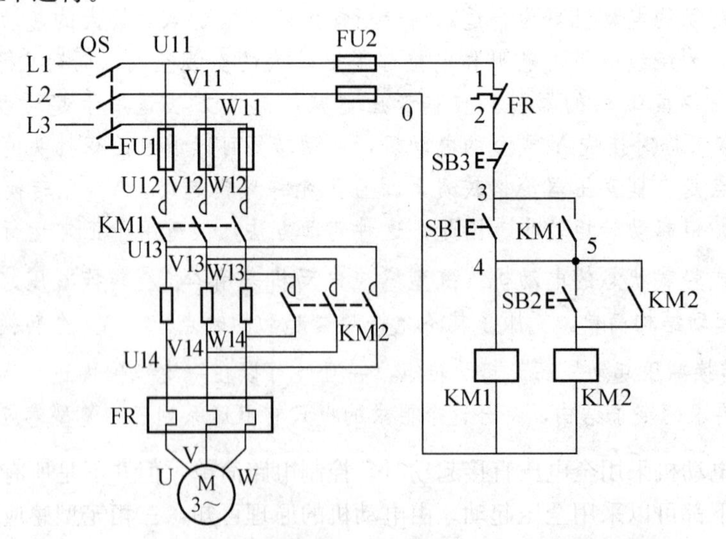

图 3.11 按钮与接触器控制定子绕组串电阻减压起动控制电路

图 3.11 所示的电路中，电动机从减压起动到全压运行需要工作人员操作两次方能完成，工作既不方便也不可靠。因此，实际的控制电路常采用时间继电器来自动完成短接电阻的动作，以实现自动控制。

串电阻减压起动时，电阻在分压的同时将消耗较大的电能，因此会有较大的发热。因

此减压电阻常选择功率较大的绕线式电阻，并将其安装在比较利于散热的地方。当把电阻换成电抗时，同样可以达到减压的目的，电抗器在电机的起动过程中并不消耗有功功率，故不会发热，但一般情况下电抗器的价格比电阻高，在频繁起动的设备上其节能效果才可以体现出来。也有少数设备采用同时串电阻和电抗的方法进行减压起动。

2. 时间继电器控制的定子绕组串电阻减压起动控制电路

时间继电器自动控制电路如图 3.12 所示。这个电路中采用时间继电器 KT 代替了图 3.11电路中的 SB2 的功能，从而实现了电动机从减压起动到全压运行的自动控制。只要调整好时间继电器 KT 触头的动作时间，电动机由减压起动到全压运行这个过程就可准确完成。其工作原理如下：合上电源开关 QS，按下起动按钮 SB1，接触器 KM1 得电吸合并自锁，电动机定子绕组串电阻 R 减压起动；接触器 KM1 得电的同时，时间继电器 KT 得电吸合，其延时闭合常开触头不能立即动作，待电动机转速上升到一定值时，KT 延时结束，KT 延时闭合常开触头闭合。接触器 KM2 得电动作，主回路中电阻被 R 短接，电动机在全压下正常运行。

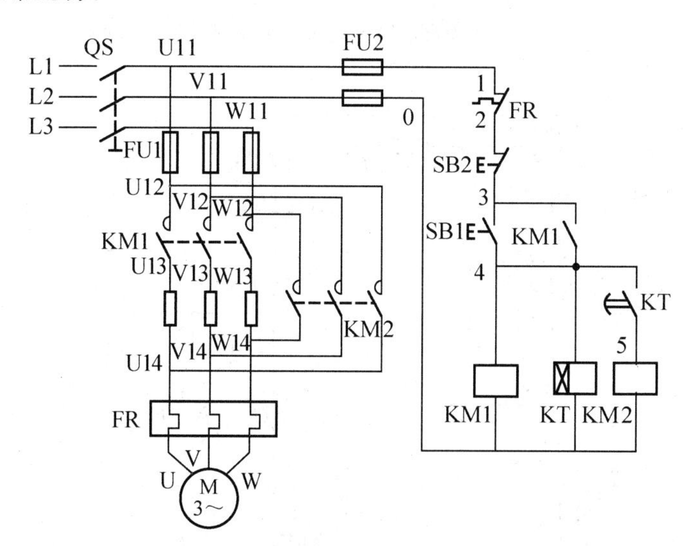

图 3.12　时间继电器控制定子绕组串电阻减压起动控制电路

从主回路看，只要 KM2 得电就能使电动机全压运行，但图 3.12 中电动机起动后，接触器 KM1、KM2 和时间继电器 KT 都处于得电状态，从而使能耗增加，并缩短了电器的使用寿命。图 3.13 就解决了这个问题。在 KM1 的线圈回路中串接了 KM2 的常闭触头进行联锁，当 KM2 得电动作后，其常闭触头就会切断 KM1(及 KT)线圈电路使其失电，同时 KM2 自锁。这样在电动机全压运行后，就会把接触器 KM1 和时间继电器 KT 全部从电路中切除，从而延长其使用寿命，节省了电能，同时也提高了电路的可靠性。

3. 手动与自动混合控制的定子串电阻减压起动电路

手动与自动混合控制串电阻减压起动电路如图 3.14 所示。电路中增设了一个组合开关 SA。工作时，先合上电源开关 QS。当需要手动控制时，把组合开关 SA 扳到 1 位置，起动电阻可以通过按钮 SB2 的手动操作来短接，其详细工作原理与图 3.11 所示电路类同。当需要自动控制时，把组合开关 SA 扳到 2 位置，控制电路可通过时间继电器 KT 和接触

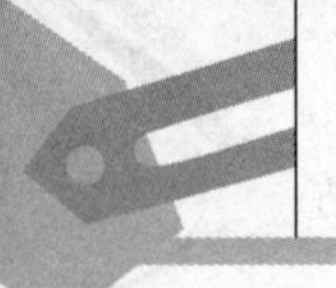

器 KM2 的配合，实现自动控制串电阻减压起动。

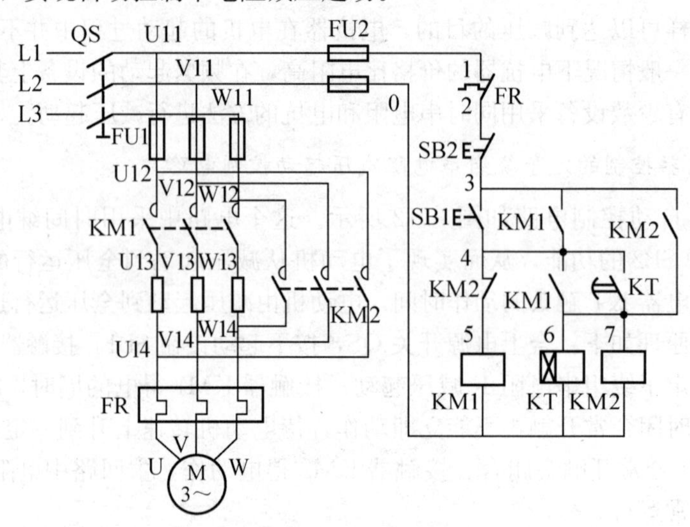

图 3.13　时间继电器控制定子绕组串电阻减压起动控制电路

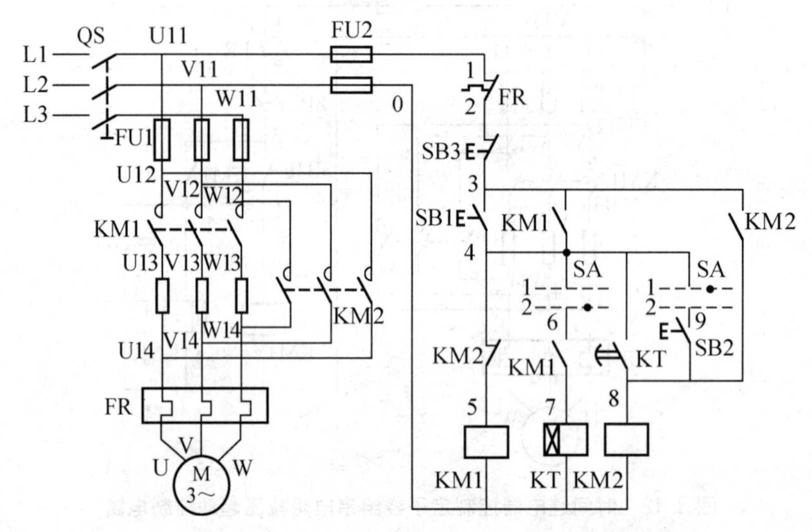

图 3.14　手动自动混合控制定子绕组串电阻减压起动控制电路

3.3.2　自耦变压器减压起动控制电路

在自耦变压器减压起动的控制电路中，电动机起动电流的限制是依靠自耦变压器的减压作用来实现的。电动机起动的时候，定子绕组得到的电压是自耦变压器的二次侧电压，待电动机起动后，再使电动机与自耦变压器脱离，从而在全压下正常运行，这种减压起动分为手动控制和自动控制两种。

手动控制自耦变压器减压起动控制电路如图 3.15 所示。其工作原理如下：先合上电源开关 QS，按下起动按钮 SB1，接触器 KM1、KM2 相继得电并自锁，自耦变压器 TM 接入电动机 M 的主电路中，使电动机作减压起动。当电动机转速上升到接近额定转速时(即起动完毕)，按下按钮 SB2，中间继电器 KA 与接触器 KM3 相继得电动作，切除自耦变压器 TM，电动机进入全电压正常运行状态。

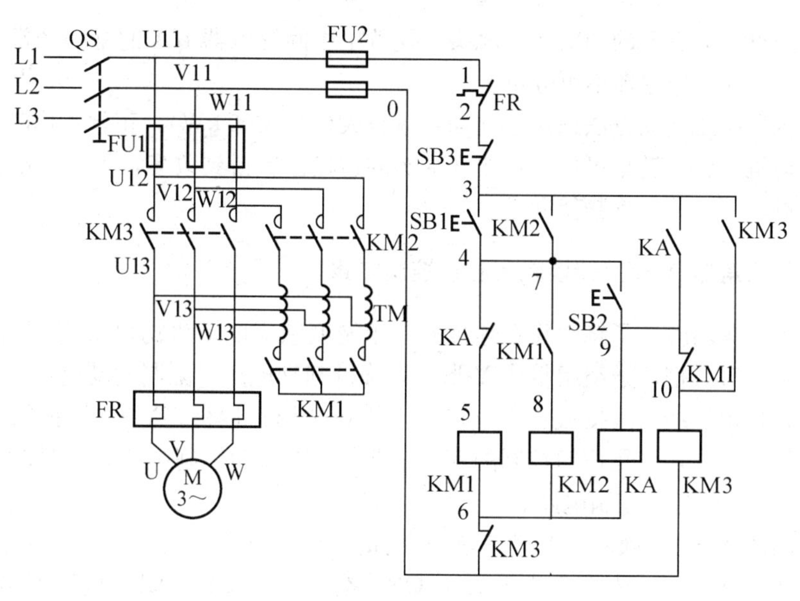

图 3.15　手动控制自耦变压器减压起动控制电路

该控制电路有如下优点：

① 起动时若发生误操作，即直接按下按钮 SB2，接触器 KM3 线圈也不会得电，电动机 M 无法起动，避免电动机全压起动。

② 由于接触器 KM1 的常开辅助触头与 KM2 线圈串联，所以在减压起动完毕按下 SB2 按钮后，只要接触器 KM1 线圈能够断电，接触器 KM2 线圈也必定会被断开，所以即使接触器 KM3 出现故障使触头无法闭合时，也不会使电动机在低电压下运行。

③ 接触器 KM3 的闭合时间领先于接触器 KM2 的释放时间，所在不会出现电动机起动过程中的间隙断电，也就不会出现第二次起动电流。

自动控制自耦变压器减压起动控制电路如图 3.16 所示。它与图 3.15 的主要区别在

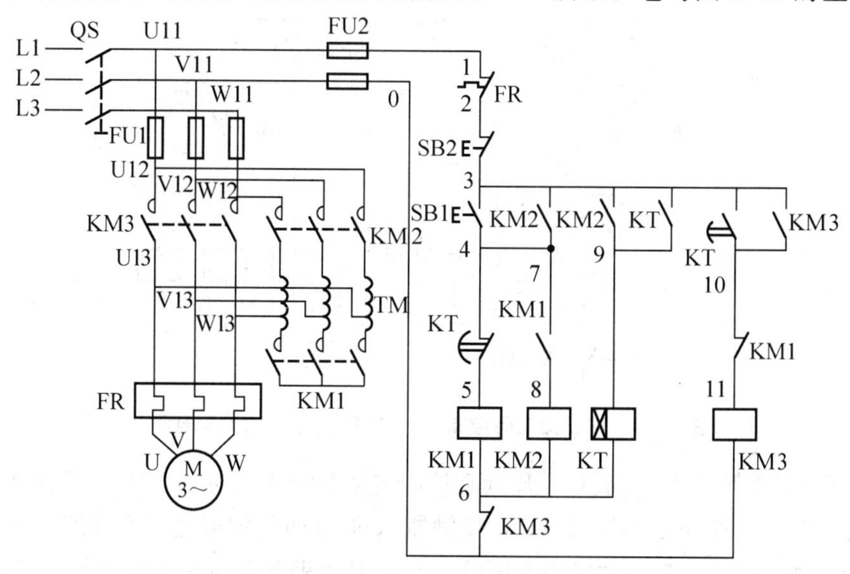

图 3.16　时间继电器控制自耦变压器减压起动控制电路

于，利用时间继电器 KT 的两对延时触头，代替了中间继电器 KA 的常闭和常开触头，并去掉按钮 SB2。其工作原理不再分析。

自耦变压器减压起动方法适用于起动容量较大(14～300 kW)，正常工作时接成星形或三角形的电动机，起动转矩可以通过改变抽头的连接位置得到改变，但它的缺点是自耦变压器价格较贵，而且不允许频繁起动。

3.3.3 星形-三角形(Y-△)转换减压起动控制电路

凡是在正常运转时定子绕组作△连接的三相笼型感应电动机均可采用 Y-△转换减压起动方法。起动时，把定子绕组接成 Y 形，以降低起动电压，限制起动电流，待转速上升到一定值时，将定子绕组改接成△形，使电动机在全压下运行。Y-△转换减压起动控制电路常采用两种形式，一是按钮控制的 Y-△转换减压起动控制电路；二是时间继电器控制的 Y-△转换减压起动控制电路。

按钮控制的 Y-△转换减压起动控制电路如图 3.17 所示，适用于 13 kW 以上的电动机。电路工作原理如下：先合上电源开关 QS，按下起动按钮 SB1，接触器 KM 和 KM_Y(不常用此种形式文字符号来表示不同的电器元件，但为区分不同功能的器件时也可以使用)线圈同时得电，KM_Y主触头闭合，把电动机绕组接成 Y 形，KM 主触头闭合接通电动机电源，使电动机 M 接成 Y 形减压起动。当电动机转速上升到一定值时，按下起动按钮 SB2，SB2 常闭触头先分断，切断 KM_Y线圈回路，SB2 常开触头后闭合，使 $KM_△$线圈得电，电动机 M 被接成△形运行，整个起动过程完成。当需要电动机停转时，按下停止按钮 SB3 即可。

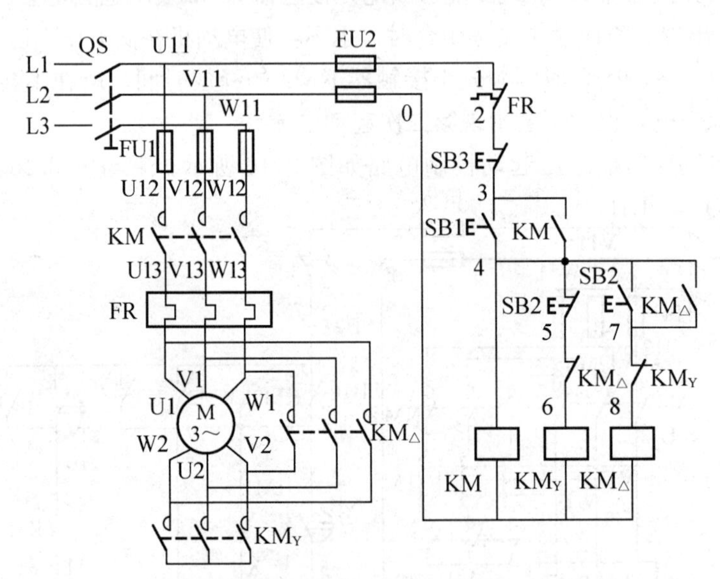

图 3.17　按钮接触器控制 Y-△转换减压起动控制电路

时间继电器控制的 Y-△转换减压起动控制电路如图 3.18 所示。其工作原理如下：先合上电源开关 QS，按下起动按钮 SB1，接触器 KM_Y和时间继电器 KT 线圈同时得电，其中 KM_Y的主触头闭合，把电动机绕组接成 Y 形；其辅助常开触头的闭合使接触器 KM 线圈得电，KM 主触头闭合，此时电动机 M 被接成 Y 形起动。当电动机转速上升到一定值

时，KT 延时也结束，KT 的通电延时断开常闭触头分断，KM_Y和 KT 相继失电，接触器 $KM_{\triangle}$得电，电动机被接成△形运行。

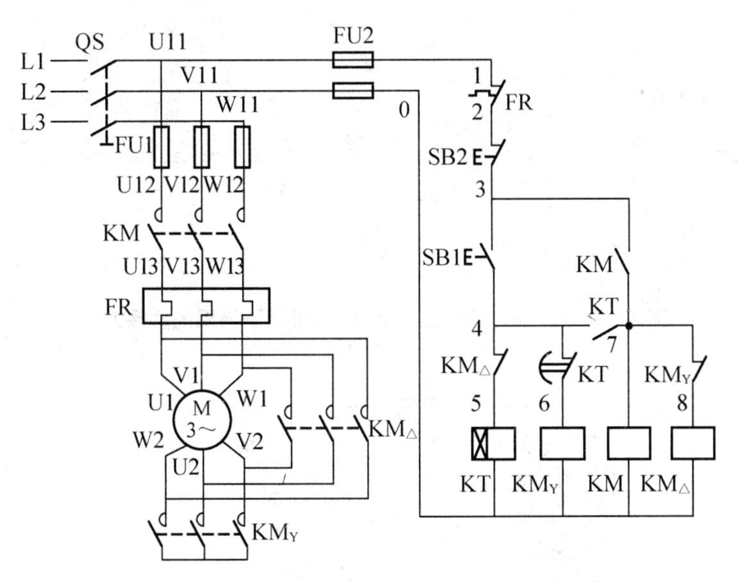

图 3.18　时间继电器控制的 Y-△转换减压起动控制电路

三相笼型感应电动机采用 Y-△转换减压起动时，定子绕组 Y 接法时的起动电压为直接采用△接法时起动电压的 $1/\sqrt{3}$，起动转矩 Y 接法时为△接法时的 1/3，起动电流 Y 接法也为△接法的 1/3。与自耦变压器减压起动相比，Y-△转换减压起动成本低、电路简单，但起动转矩较小。因此，这种起动方法，仅适用于空载或轻载状态下起动。

3.3.4　延边三角形-三角形(⊿-△)转换减压起动控制电路

为解决 Y-△减压起动时起动转矩较低的问题，可采用⊿-△转换减压起动。⊿-△转换减压起动是一种既不用增加专用设备，又可得到较高起动转矩的起动方法。这种减压起动方法是在电动机起动过程中，把定子绕组接成⊿形(定子绕组必须具有中间抽头)，以便减小起动电流，如图 3.19(a)所示；待电动机起动完毕后，再把定子绕组改接成△接法全压运行，如图 3.19(b)所示。当电动机定子绕组接成⊿形时，定子绕组可以看成一部分接成 Y 形[图 3.19(a)中的 U1～U3、V1～V3、W1～W3]，另一部分接成△形[图 3.19(a)中的 U2～U3、V2～V3、W2～W3]。星形接线部分的 3 个绕组是各相定子绕组的一部分，又兼做另一相定子绕组的减压绕组，它的匝数越多，起动时加在另一相定子绕组上的电压就越低。因此，改变⊿连接时定子绕组的抽头比(即 Z1 与 Z2 之比)，就能够改变相电压的大小，从而改变起动转矩的大小。但一般来说，电动机的抽头比已经固定，所以只能在这些抽头比的范围内作有限地变动。

⊿-△转换减压起动的控制电路如图 3.20 所示。起动时，按下起动按钮 SB2，接触器 KM1、KM3 及时间继电器 KT 线圈通电，KM1、KM3 主触头闭合，把电动机接成⊿形减压起动，待电动机转速上升到一定值时，时间继电器 KT 延时结束，其延时常闭触头断开，使接触器 KM3 线圈断电，其主触头复位，同时，KT 延时常开触头闭合，接触器

KM2 线圈得电，主触头闭合，把电动机接成△形全压运行。

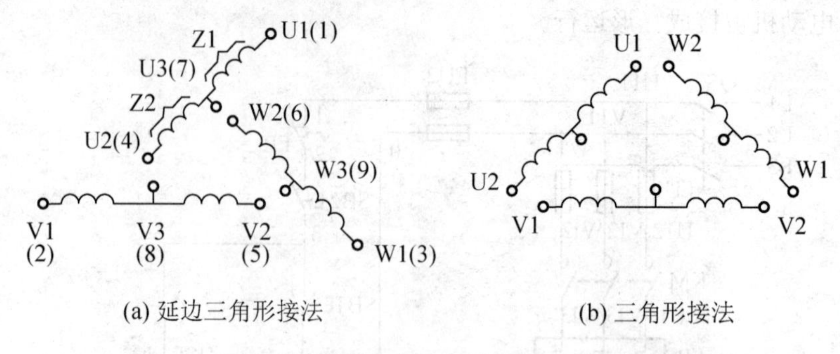

图 3.19　延边三角形减压起动电动机定子绕组的连接方式

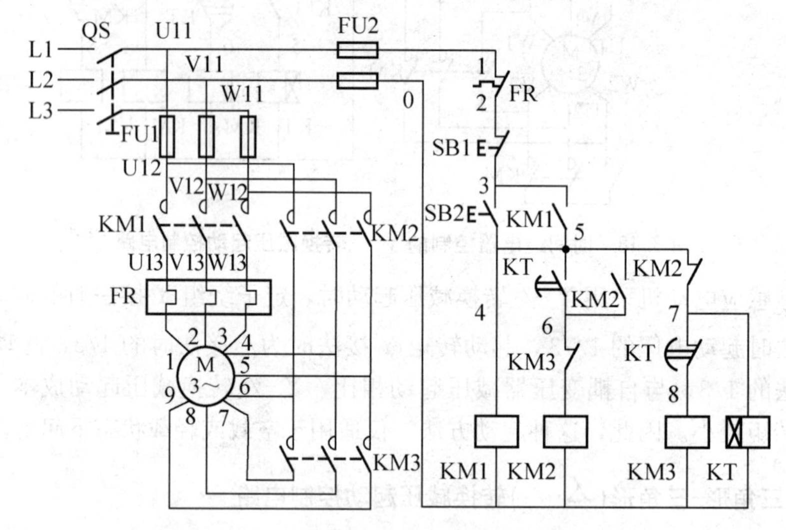

图 3.20　⩓-△转换减压起动控制电路

笼型感应电动机采用⩓-△转换减压起动，比采用自耦变压器减压起动结构简单，克服了其不允许频繁起动的缺点。与 Y-△转换减压起动方法相比，它提高了起动转矩，并且还可以在一定范围内进行选择。但是由于它的起动装置与电动机之间有 9 条连接导线，所以在生产现场为了节省导线，经常将其起动装置与电动机安装在同一工作室内，这在一定程度上限定了起动装置的使用范围；同时，采用⩓-△转换减压起动的电动机必须具有满足要求的定子结构，符合这个要求的也只有 JO3 系列三相笼型感应电动机。

3.4　三相绕线型感应电动机起动控制电路

知识目标	➢ 掌握三相绕线型感应电动机转子绕组串接电阻起动、转子绕组串频敏变阻器起动的特点和适用场合； ➢ 掌握三相绕线型感应电动机转子绕组串接电阻起动、转子绕组串频敏变阻器起动电路的工作原理。

续表

能力目标	➢ 能正确分析三相绕线型感应电动机转子绕组串接电阻起动、转子绕组串频敏变阻器起动电路的工作原理； ➢ 能正确对三相绕线型感应电动机转子绕组串接电阻起动、转子绕组串频敏变阻器起动电路的电气故障进行分析和判断，并排除其故障。

要点提示

三相绕线型感应电动机一般不采用直接起动，减压起动也都是在转子电路采取措施，这是因为绕线型感应电动机的转子结构与笼型感应电动机相比相对复杂，其起动性能也相对优越。如果选择三相绕线型感应电动机就要发挥其起动性能优越的特点，所以三相绕线型感应电动机在起动时一定是通过转子电路参数的改变来改变其起动特性，并不是三相笼型感应电动机减压起动的方法对三相绕线型感应电动机无效。

三相绕线型感应电动机适用于一些要求起动转矩较大，且能平滑调速的场合。其优点是可以通过滑环在转子绕组中串接电阻来改善电动机的机械特性，从而达到减小起动电流，提高转子电路功率因数，增大起动转矩的目的。

3.4.1　转子绕组串接电阻起动控制电路

串接在三相转子回路中的起动电阻，一般都接成星形。起动前，外串电阻全部接入电路，以减小电流获得较大的起动转矩。随着电动机转速的升高，电阻被逐级短接。起动完毕，外串电阻全部切除，转子绕组被直接短接，电动机便在额定状态下运行。电动机转子绕组中串接的电阻在被短接时，有两种方式：一种是三相电阻不平衡短接法，另一种是三相电阻平衡短接法。所谓不平衡短接是每相的起动电阻轮流被短接，而平衡短接是三相的起动电阻同时被短接。

时间原则控制的绕线型感应电动机转子电路串接电阻的起动控制电路如图 3.21 所示。转子回路三段起动电阻的短接是依靠 3 个时间继电器 KT1、KT2、KT3 和 3 个接触器 KM2、KM3、KM4 的相互配合来完成的。电路的工作原理是：先合上电源开关 QS，按下起动按钮 SB2，接触器 KM1 线圈得电，KM1 主触头闭合，电动机 M 串接全部电阻起动；在 KM1 动作以后，时间继电器 KT1 线圈得电，经过 KT1 的延时时间以后，KT1 的常开触头闭合，使得 KM2 线圈得电，KM2 主触头闭合，切除第一组电阻 R1，电动机串接 2 组电阻继续起动；KM2 常开辅助触头的闭合使时间继电器 KT2 线圈得电，经过 KT2 的延时时间以后，KT2 的常开触头闭合，使 KM3 线圈得电，KM3 主触头闭合，切除第二组电阻 R2，电动机串接第一组电阻继续起动；KM3 常闭辅助触头分断，切断 KT1 和 KM2 线圈回路，KT1 和 KM2 断电释放；KM3 常开辅助触头闭合，使时间继电器 KT3 线圈得电，经过 KT3 的延时时间以后，KT3 常开触头闭合，使 KM4 线圈得电，KM4 主触头闭合，切除第三组电阻 R3，电动机 M 起动过程结束，进入正常运行；KM4 常闭辅助触头分断，时间继电器 KT2、KT3 和接触器 KM3 全部断电释放。

从上述分析中可以看出，电路中只有 KM1 和 KM4 是长期通电的，而 KT1、KT2、KT3 及 KM2、KM3 线圈的通电时间均被压缩到最低限度。这样做一方面节省了电能，更重要的是延长了它们的使用寿命。而与起动按钮 SB2 串接的接触器 KM2、KM3 和 KM4 的常闭辅助触头的作用是保证电动机在转子绕组中接入全部外加电阻的条件下才能起动。若接触器 KM2、KM3 和 KM4 中任何一个触头因熔焊或机械故障而没有释放时，电动机就不可能接通电源而直接起动。

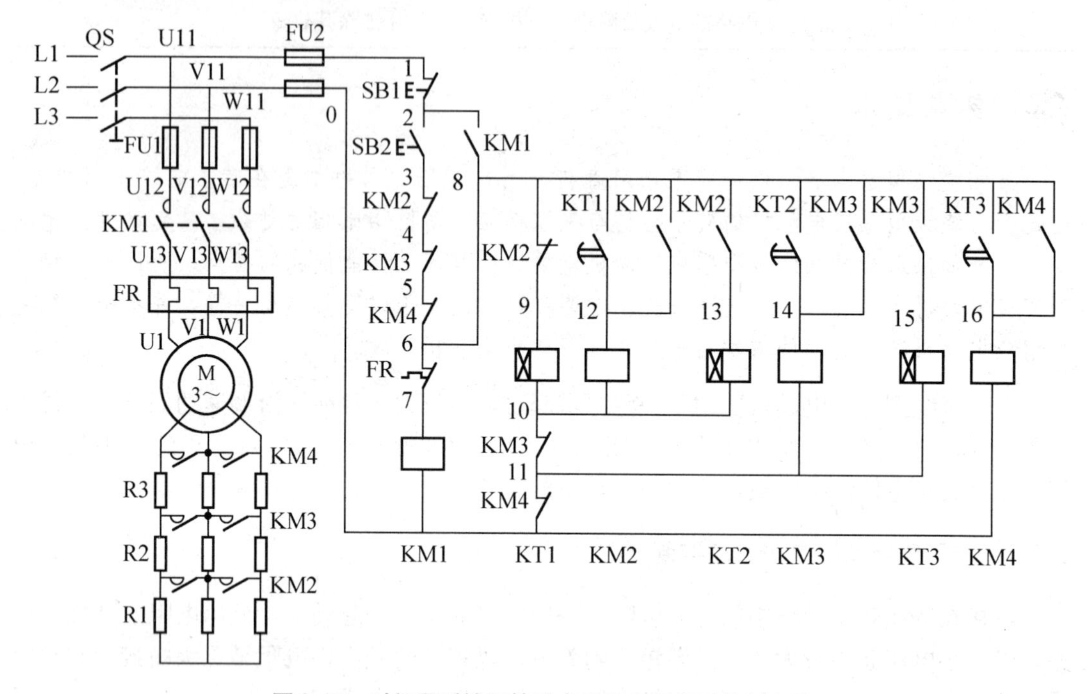

图 3.21　时间原则控制转子电路串电阻起动控制电路

但图 3.21 的控制电路也存在两个问题：一是如果时间继电器损坏时，电路将无法实现电动机的正常起动和运转；二是在电动机起动过程中逐渐减小电阻时，电流和转矩反复突然增大，频繁产生机械冲击。

电流原则控制的绕线型感应电动机转子电路串接电阻的起动控制电路如图 3.22 所示。它是利用 3 个欠电流继电器 KA1、KA2、KA3，根据电动机转子电流的变化，控制接触器 KM2、KM3 和 KM4 依次得电动作，来逐级切除外加电阻。欠电流继电器 KA1、KA2 和 KA3 的线圈串接在电动机转子回路中，这 3 个继电器的吸合电流都一样，但释放电流不同，其中 KA1 的释放电流最大，KA2 次之，KA3 最小。电动机刚起动时，因为起动电流很大，KA1、KA2 和 KA3 都会吸合，它们的常闭触头都断开，接触器 KM2、KM3、KM4 都不动作，电动机串入全部电阻起动。随着电动机转速逐渐升高，电流开始减小，KA1 首先释放，它的常闭触头闭合，使接触器 KM2 线圈通电，短接第一组转子电阻 R1；这时转子电流又重新增加，随着转速的升高，电流又逐渐下降，使 KA2 释放，接触器 KM3 线圈通电，短接第二组电阻 R2；如此继续下去，直到将转子全部电阻短接，电动机起动完毕，进入正常运行状态。

中间继电器 KA 的作用是保证电动机在转子电路中接入全部电阻的情况下开始起动。因为电动机刚起动时，起动电流由零增大到最大值有一段时间，这样就有可能造成 KA1、KA2 和 KA3 没来得及动作，KM2、KM3 和 KM4 得电动作把电阻 R1、R2、R3 短接，电动机直接起动。引入 KA 后，无论 KA1、KA2、KA3 有无动作，开始起动时，可由 KA 的常

开触头来切断 KM1、KM2、KM3 线圈的通电回路，保证电动机开始起动时串入全部电阻。

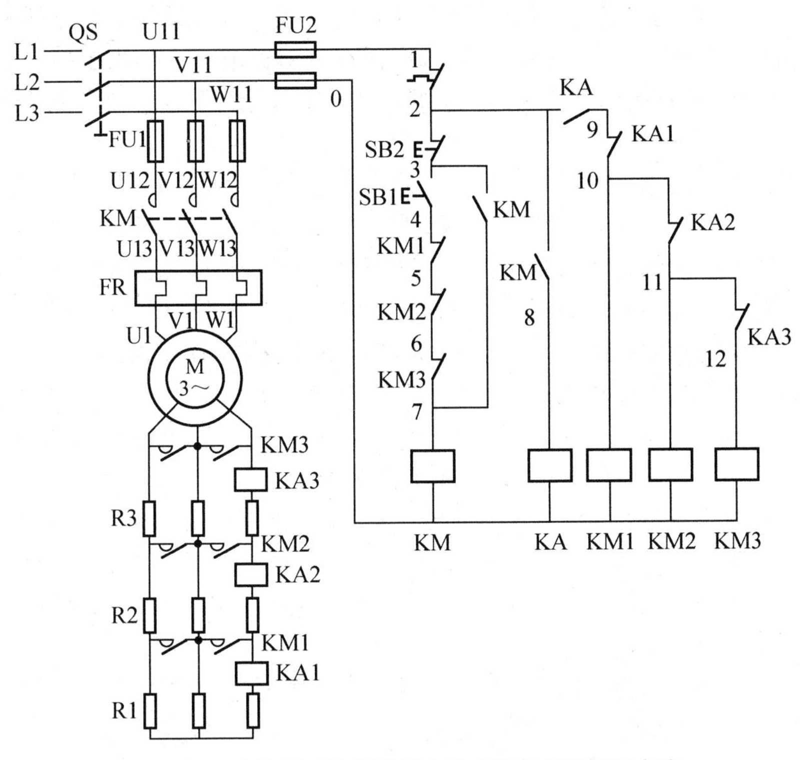

图 3.22　电流原则控制转子电路串电阻起动控制电路

为达到绕线型感应电动机转子绕组中串接电阻减小起动电流，提高转子电路功率因数和增加起动转矩的目的，要求外加电阻必须具有合适的值。外加电阻各级阻值的大小，必须经过计算确定。在计算起动电阻值的大小时，要以起动电阻的级数为前提条件，电阻级数愈多，电动机起动时的转矩波动愈小，即起动愈平滑，同时，电气控制电路也会相对愈复杂。各级起动电阻的计算方法可参见其他教材。

3.4.2　转子绕组串接频敏变阻器起动控制电路

转子绕组串接电阻的起动方法，要获得良好的起动特性，一般需要较多级数的起动电阻，所用电器多、控制电路较复杂、设备投资大、维修不够方便，而且在逐级减小电阻的过程中，电流及转矩反复变化，会产生一定的机械冲击力。所以从 20 世纪 60 年代开始，我国开始推广使用频敏变阻器来控制绕线型感应电动机的起动。

频敏变阻器实质上是一个铁芯损耗非常大的三相电抗器。它由数片 E 型钢板叠成，具有线圈和铁芯两部分，一般作星形接法，并制成开启式，将其串接在转子回路中，相当于转子绕组接入一个铁损很大的电抗器，这时的转子等效电路(一相)如图 3.23 所示。图中 R_d 为绕组直流电阻，R 为铁损等值电阻，L 为等值电感，R、L 值与转子电流频率相关。

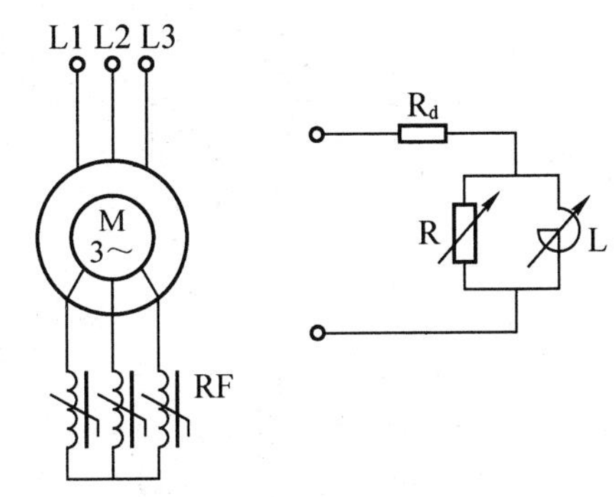

图 3.23　频敏变阻器的等效电路

当电动机起动时，频敏变阻器通过转子电流得到交变磁通，其电抗为 X。由于变阻器铁芯是用厚钢板制成的，交变的磁通在铁芯中产生很大的涡流损耗和较小的磁滞损耗(其中涡流损耗占总损耗的 80%以上)，此涡流损耗在变阻器电路中相当于一个等值电阻 R。由于电抗 X 和电阻 R 都是由交变磁通产生的，其大小都随转子电流频率变化而变化(与 f_2 平方成正比)。

在电动机起动过程中，转子频率是变化的。刚起动时，转速 n 等于零，转子电动势频率 f_2最高($f_2=f_1=50$ Hz)，此时频敏变阻器的电感与电阻均为最大，相当于在转子电路中串入较大的电阻，因此，转子电流相应受到抑制。由于定子电流取决于转子电流，所以定子电流受到限制。而前面已提到过，串入转子电路中的频敏变阻器的等效电阻和等效电抗，在电动机起动过程中是同步变化的，因而其转子电路的功率因数基本不变，从而保证有足够的起动转矩。随着电动机转速的逐渐升高，转子频率逐渐下降，当电动机转速接近额定值时，转子频率很低，约为 f_1的 5%～10%，又由于其阻抗与 f_2平方成正比，所以其阻抗变得很小，相当于串入转子电路中的电阻被切除。

从以上分析可以看出，在绕线型感应电动机的转子回路中串接频敏变阻器起动时，由于频敏变阻器的等值阻抗随起动过程而减小，从而得到自动变阻的目的，因此只需用一级频敏变阻器就可以平稳地把电动机起动起来了。这种起动方式在空气压缩机与桥式起重机等设备中获得了广泛应用。

频敏变阻器有各种结构型式。其中 BP1 系列各种型号的频敏变阻器，可用应用于绕线式异步电动机的偶然起动或重复起动。重复短时工作时，常采用串接方式，不必用接触器及短接设备。在偶然起动时，一般只需一台接触器，在起动结束时将变阻器短接。

绕线型感应电动机转子绕组串接频敏变阻器起动控制电路如图 3.24 所示。

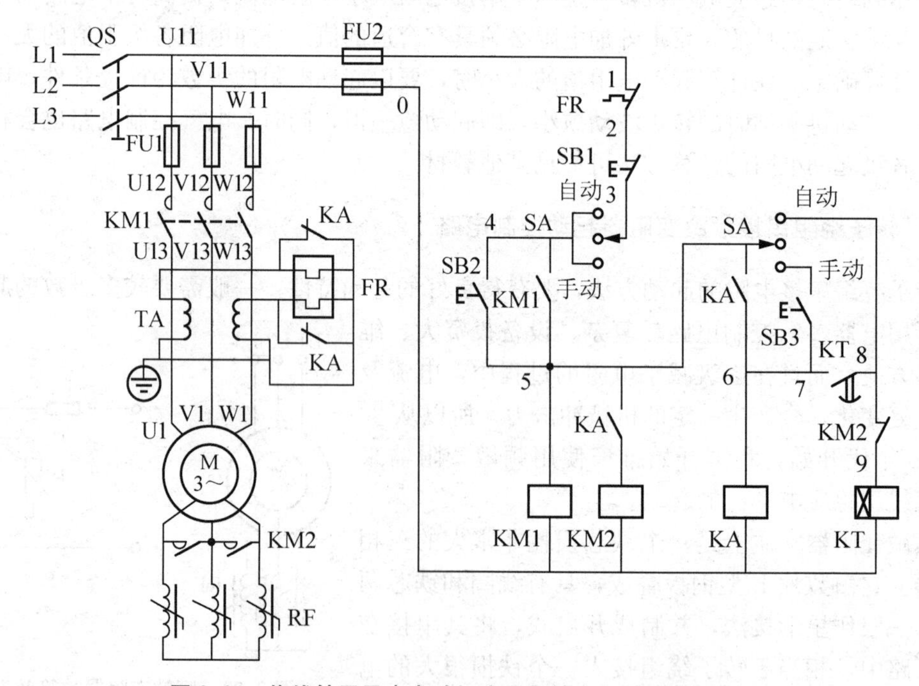

图 3.24　绕线转子异步电动机应用频敏变阻器的控制电路

起动过程由转换开关 SA 实现自动控制和手动控制。采用自动控制时，将转换开关

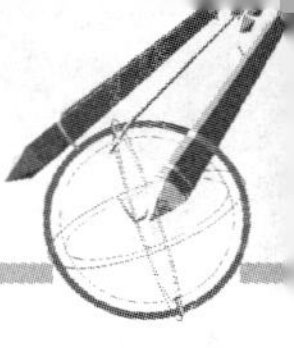

SA扳到“自动”位置，按下起动按钮SB2时，接触器KM1通电并自锁，电动机M串接频敏变阻器RF起动，此时，时间继电器KT线圈也通电，经过KT的延时以后，KT常开触头闭合，中间继电器KA线圈通电并自锁。KA常开触头的闭合使接触器KM2线圈通电，KM2常开触头闭合将频敏变阻器RF短接，电动机M起动结束，进入正常运行。电动机起动过程中，中间继电器KA的线圈未通电，其两对常闭触头将热继电器FR的热元件短接，以免因起动时间较长而使热继电器产生误动作。电流互感器TA的作用是将主电路中的大电流变成小电流。

采用手动控制时，将转换开关SA扳到“手动”位置。时间继电器KT不起作用，利用按钮SB3手动控制中间继电器KA和接触器KM2的动作。

频敏变阻器上设有4个抽头。一个抽头在绕组的背面，标号为N。另外3个抽头在绕组的正面，标号分别为1、2、3。抽头1～N之间为100％匝数，2～N之间为85％匝数，3～N之间为71％匝数。出厂时接在2～N抽头上。频敏变阻器上下铁芯由两面4个拉紧螺栓固定，拧开拉紧螺栓上的螺母，可以在上下铁芯之间垫非磁性垫片，以调整空气隙。出厂时上下铁芯间气隙为零。

如果在使用中遇到下列情况，可以调整匝数和气隙。

(1) 起动电流大，起动太快。可以换接抽头，使匝数增加，减小起动电流，同时起动转矩也减小。

(2) 起动电流小，起动太慢。应换接抽头，使匝数减少，增大起动电流，起动转矩随之增大。

(3) 刚起动时，起动转矩过大，机械冲击大，而起动完毕后，转速又太低。可在上下铁芯之间增加气隙。增加气隙将使起动电流略为增加，起动转矩稍有减小。但起动完毕时，转矩会稍有增大，使稳定转速得到提高。

3.5　三相感应电动机电气制动控制电路

知识目标	➢ 了解电气制动与机械制动的差异； ➢ 掌握三相感应电动机反接制动、能耗制动的特点和适用场合； ➢ 掌握三相感应电动机反接制动、能耗制动电路的工作原理。
能力目标	➢ 能正确分析三相感应电动机反接制动、能耗制动电路的工作原理； ➢ 能正确对三相感应电动机反接制动、能耗制动电路的电气故障进行分析和判断，并排除其故障。

要点提示

电气设备的制动是为了实现快速和准确停车，可采用机械和电气两种方式实现。机械制动常采用电磁抱闸，制动时电动机与电源之间脱离，抱闸的闭合与开启虽然要靠电磁铁产生的电磁力来实现，但制动时是靠制动闸瓦与制动轮之间的摩擦力达到制动效果的，所以仍称为机械制动。电气制动时，电动机与电源之间存在着联系，靠电动机自身产生的力矩来达到制动的目的。三相感应电动机电气制动的方式有反接制动(又分电源反接制动和

倒拉反接制动)、能耗制动、回馈制动等，每一种制动方式都有自己的适用场合和条件，制动过程中能量的利用率也不一样。如果仅从事设备维护工作，不必对各种制动方式都十分熟悉，这是由于现有设备的制动方式都是选择与设计好的。如果从事电气设备控制系统的设计工作，必须对各种制动方式的特点非常了解，这样才能设计出最佳的控制方案。

电动机断开电源以后，由于其本身及其拖动的生产机械转动部分的惯性，不会马上停止转动，而需要一段时间才会完全停下来，这往往不能适应某些生产机械生产工艺和提高效率的要求。为此，采用了一些制动方法来实现快速和准确地停止。常用的有机械制动和电气制动两种制动方式。机械制动是利用机械装置使电动机断开电源后迅速停转，如电磁抱闸。电气制动是靠电动机本身产生一个和电动机原来旋转方向相反的制动力矩，迫使电动机迅速制动停转。常用的电气制动方式有反接制动、能耗制动和回馈制动(再生发电制动)，下面仅对反接制动和能耗制动控制电路进行介绍。

3.5.1 反接制动控制电路

反接制动是依靠改变电动机定子绕组的电源相序来产生制动力矩，迫使电动机迅速停转的。其制动原理如图 3.25 所示。

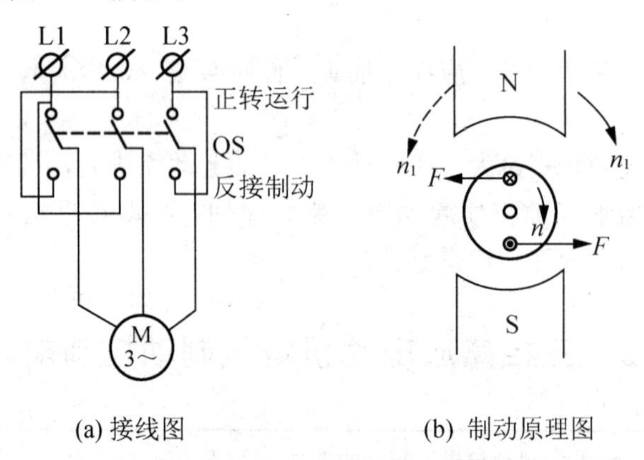

(a) 接线图　　(b) 制动原理图

图 3.25　反接制动原理图

在图 3.25(a)中，当 QS 向上投合时，电动机定子绕组的电源相序为 L1—L2—L3，电动机将沿旋转磁场方向[如图 3.25(b)中顺时针方向] 以 $n<n_1$ 的转速正常运转。当需要电动机停转时，可断开开关 QS，使电动机先脱离电源(此时转子凭惯性仍按原方向旋转)，随后，将开关 QS 迅速向下投合，此时 L1、L3 两相电源线对调，电动机定子绕线组的电源相序变为 L3—L2—L1，旋转磁场反转[如图 3.25 (b) 中逆时针方向]，此时转子将以 n_1+n 的相对转速沿原转动方向切割旋转磁场，在转子绕组中产生感生电流，其方向用右手定则判断，如图 3.25(b)所示。而转子绕组一旦产生电流又受到旋转磁场的作用而产生电磁转矩，其方向由左手定则判断。可见此转矩方向与电动机的转动方向相反，使电动机制动而迅速停转。

应当注意的是，当电动机转速接近零值时，应立即切断电动机电源，否则电动机将反转。为此，在反接制动设施中，常利用速度继电器来切断电源。通常情况下，转速在 120～3000 r/min 范围内时继电器触头动作，当转速低于 100 r/min 时，其触头恢复原位。

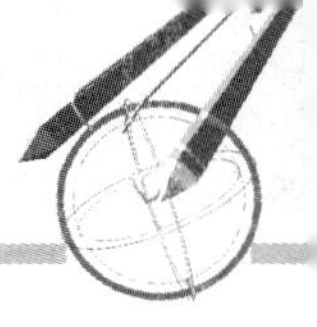

另外，反接制动时，由于旋转磁场与转子的相对转速(n_1+n)很高，故转子绕组中感生电流很大，致使定子绕组中的电流也很大，因此反接制动适用于10 kW以下小容量电动机的制动。同时，为了减小冲击电流，通常要求对4.5 kW以上的电动机进行反接制动时，在定子回路中串入一定的电阻R，以限制反接制动电流。这个电阻称为反接制动电阻(或限流电阻)，大小可参考下述经验公式进行估算。

$$R \approx KU_{\phi}/I_{ST} \tag{3.1}$$

式中：K为系数，要求最大的反接制动电流不超过电动机全电压直接起动电流I_{ST}时，K取1.3；要求最大的反接制动电流不超过电动机全电压直接起动电流I_{ST}的一半时，K取1.5；$U_{[特]}$为电动机定子绕组的相电压，单位为伏［特］，V；I_{ST}为电动机全电压直接起动电流，单位为安培，A；R为电动机反接制动时串接在三相定子绕组中的各相电阻，单位为欧［姆］，Ω。

如果反接制动时只在电源两相中串接电阻(非对称接法)，则电阻值应为上述电阻值的1.5倍。

电动机在反接制动过程中，由电网供给的电能和拖动系统的机械能，全部转变为电动机转子的热损耗，所以，能量损耗大。笼型感应电动机转子内部是短接的，所以无法在其转子中再串入电阻，所以在反接制动过程中转子将承受全部热损耗，这就限制了电动机每小时允许的反接制动次数。

1. 单向起动反接制动控制电路

单向起动反接制动控制电路如图3.26所示。该线路的主电路和正反转控制线路的主电路相同，只是在反接制动时增加了3个限流电阻R。线路中KM1为正转运行接触器，KM2为反接制动接触器，KS为速度继电器(与电动机同轴连接)。起动时，按下起动按钮SB1，接触器KM1通电并自锁，电动机M起动运转，当转速上升到一定值(约120 r/min)时，速度继电器KS常开触头闭合，为反接制动接触器KM2线圈通电作好准备。停车时，按下停止按钮SB2，其常闭触头先断开，接触器KM1线圈断电，电动机M暂时脱离电源，此时由于惯性，KS的常开触头依然处于闭合状态，所以当SB2常开触头闭合时，反接制动接触器KM2线圈通电并自锁，其主触头闭合，使电动机定子绕组得到与正常运转相序相反的三相交流电源，电动机进入反接制动状态，转速迅速下降，当转速下降到一定值(约100 r/min)时，速度继电器KS常开触头恢复断开，接触器KM2线圈失电，反接制动结束。如果制动前电动机的转速为1400 r/min，至100 r/min左右制动结束，电动机的动能已基本消耗完毕(假设100 r/min时电动机的动能为1个单位，1400 r/min时电动机的动能则为256个单位，制动过程消耗电动机动能为255个单位)。

2. 电动机可逆运行的反接制动控制电路

电动机可逆运行的反接制动控制电路如图3.27所示。当需要电动机正转运行时，首先按下正转起动按钮SB2，电动机依靠正转接触器KM1的闭合而得到正相序三相交流电源起动运转，速度继电器KS-1正转的常闭触头和常开触头均已动作，分别处于断开和闭合的状态。但是，由于反接制动接触器KM2的线圈回路中串联着起联锁作用的KM1的常闭辅助触头，它的断开比正转的KS-1常开触头的动作时间早，所以正转KS-1常开触头的闭合起到使KM2准备通电的作用，即并不可能使KM2线圈立即通电。当按下停止按钮 SB1 时，KM1 线圈断电，其联锁触头恢复闭合，反向接触器 KM2 线圈通电，定子绕组得到反相序的三相交流电源，进入正向反接制动状态。由于速度继电器的常闭触头已打开，所以此时反向接触器 KM2 并不可能依靠自锁触头而锁住电源。当电动机转子转速下降到一定值时，KS-1 的正转常开触头和常闭触头均复位，接触器 KM2 的线圈断电，主触头恢复断开，切断电动机绕组回路，正向反接制动过程结束。

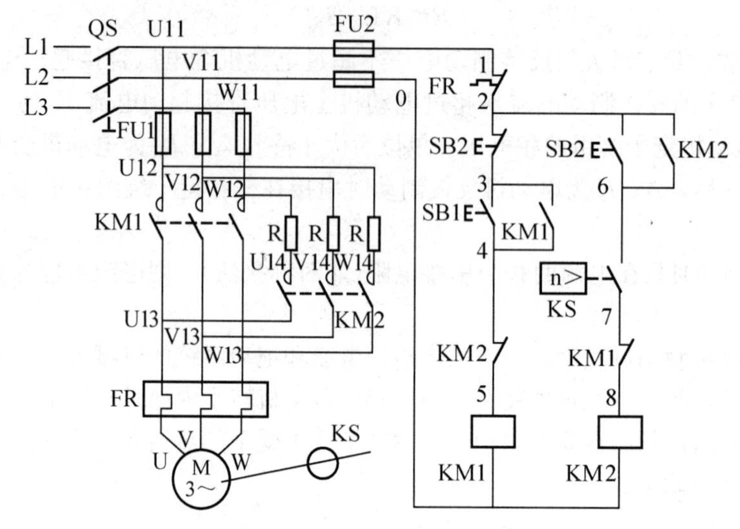

图 3.26　单向起动反接制动控制电路

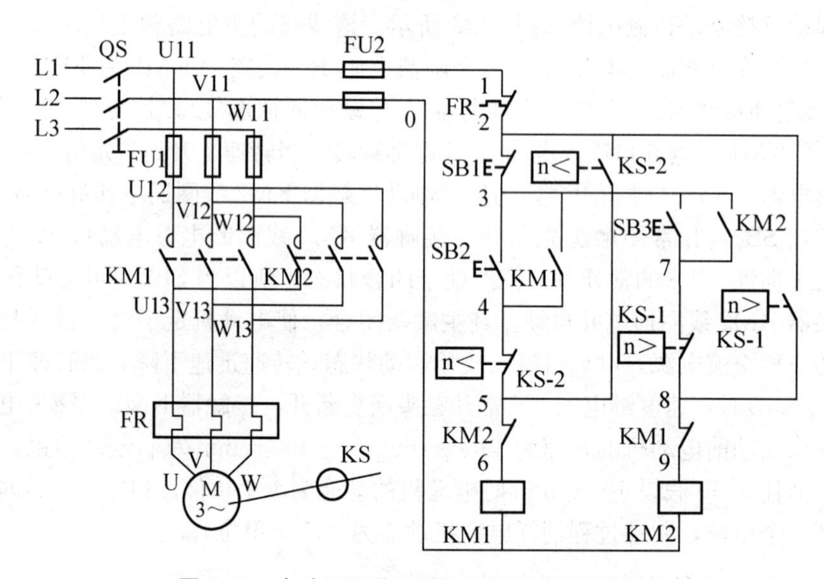

图 3.27　电动机可逆运行的反接制动控制电路

在电动机反向运转时，KS-2 常开触头的闭合，为 KM1 线圈通电做准备。当按下停止按钮 SB1 时，在 KM2 线圈断电的时候，KM1 线圈便立即通电，定子绕组得到正相序的三相交流电源，电动机进入反向反接制动状态。当电动机的转子速度下降到一定值时，KS-2 的常开触头和常闭触头均复位，KM1 的线圈断电，反向反接制动过程结束。

具有反接制动电阻的正反向起动反接制动控制电路如图 3.28 所示。电路中 R 既是反接制动限流电阻，又是正反向起动的限流电阻。电路工作时，先合上电源开关 QS。需正

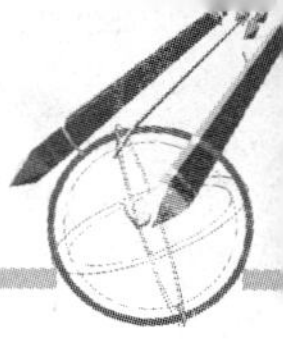

转运行时，按下正转起动按钮 SB2，SB2 常闭触头先断开，对中间继电器 KA4 联锁，SB2 的常开触头后闭合，中间继电器 KA3 线圈通电并自锁，其另一组常开触头闭合，使接触器 KM1 线圈通电，KM1 的主触头闭合，使定子绕组经电阻 R 接通正序三相电源，电动机开始减压起动，此时，虽然中间继电器 KA1 线圈电路中 KM1 常开辅助触头已闭合，但是 KA1 线圈并不能通电，因为速度继电器 KS 的正转常开触头 KS-1 尚未闭合，当电动机转速上升到一定值(约 120 r/min)时，KS 的正转常开触头 KS-1 闭合，中间继电器 KA1 线圈通电并自锁，此时，由于 KA1、KA3 等中间继电器的常开触头均处于闭合状态，接触器 KM3 线圈回路被接通，KM3 主触头闭合，短接了限流电阻 R，电动机开始进入全压正常运转状态。在电动机正常运行的过程中，若按下停止按钮 SB1，则 KA3、KM1 和 KM3 3 个线圈都断电。但由于惯性，此时电动机转子的转速仍然很高，速度继电器的正转常开触头并未复位，中间继电器 KA1 的线圈仍维持继续通电，所以当接触器 KM1 的常闭触头复位后，接触器 KM2 线圈便得电，其常开主触头闭合，使定子绕组经电阻 R 得到反相序的三相交流电源，对电动机进行反接制动。当转子速度继续下降到一定值(约低于 100 r/min)时，KS 的正转常开触头恢复断开状态，KA1 线圈断电，接触器 KM2 释放，反接制动过程结束。

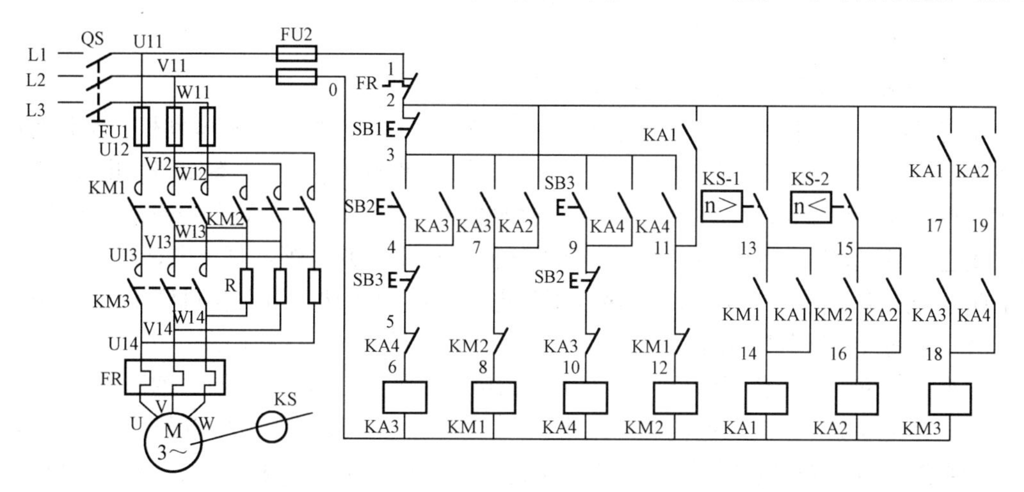

图 3.28　具有反接制动电阻的正反向制动控制电路

电动机的反向起动及反接制动控制是由起动按钮 SB3、中间继电器 KA4 和 KA2、接触器 KM2 和 KM3、停止按钮 SB1 及速度继电器的反转常开触头 KS-2 等来完成的，其起动过程、制动过程和上述类同，不再进行分析。

3.5.2　能耗制动控制电路

所谓能耗制动，就是当电动机切断三相交流电源之后，立即在定子绕组的任意两相中通入直流电，来迫使电动机迅速停转。其制动原理如图 3.29 所示，先断开电源开关 QS1，切断通入电动机定子绕组中的三相交流电源，这时转子仍按原旋转方向作惯性运转，随后立即合上开关 QS2，并将电源开关 QS1 向下投合，电动机 V、W 两相定子绕组通入直流电(Y 接法下)，在定子中产生一个恒定的静止磁场，这样作惯性运转的转子就会因切割磁力线而在转子绕组中产生感生电流，其方向可由右手定则判断出来，上方应标⊗，下方应标⊙。转子绕组中一旦产生了感生电流，就会立即受到静止磁场的作用，产生电磁转矩，

其方向根据左手定则判断正好与电动机的转向相反，使电动机受制动迅速停转。根据制动过程的控制方式，能耗制动有时间原则控制和速度原则控制两种，下面分别以单向能耗制动和正反向能耗制动控制电路为例来说明。

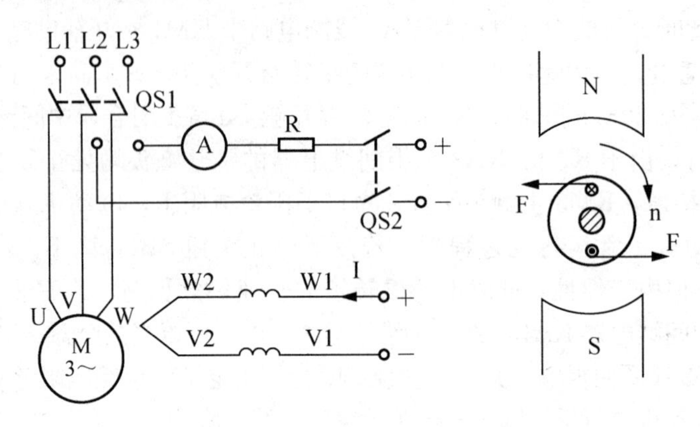

图 3.29　能耗制动原理图

1. 单向能耗制动控制电路

1）无变压器单相半波整流能耗制动电路

无变压器单相半波整流能耗制动自动控制电路如图 3.30 所示。在电动机正常运行时，若按下停止按钮 SB2，SB2 的常闭触头先分断，切断接触器 KM1 线圈回路，电动机由于 KM1 的断电释放，而脱离三相交流电源，暂时失电并惯性运转，而 SB2 的常开触头后闭合，接通 KM2 线圈回路，KM2 线圈和 KT 线圈相继得电并自锁，直流电通过 KM2 主触头的闭合加入定子绕组，电动机 M 接入直流电进行能耗制动，当电动机转子的转速接近于零时，时间继电器延时结束，其常闭触头打开，切断 KM2 线圈回路。由于 KM2 常开辅助触头的复位，也切断了时间继电器 KT 的电源，同时，KM2 主触头的断开，使电动机切断了直流电源并停转，能耗制动结束。图 3.30 中 KT 瞬时闭合常开触头的作用是当 KT 出现线圈断线或机械卡住等故障时，按下 SB2 后能使电动机制动后脱离直流电源。

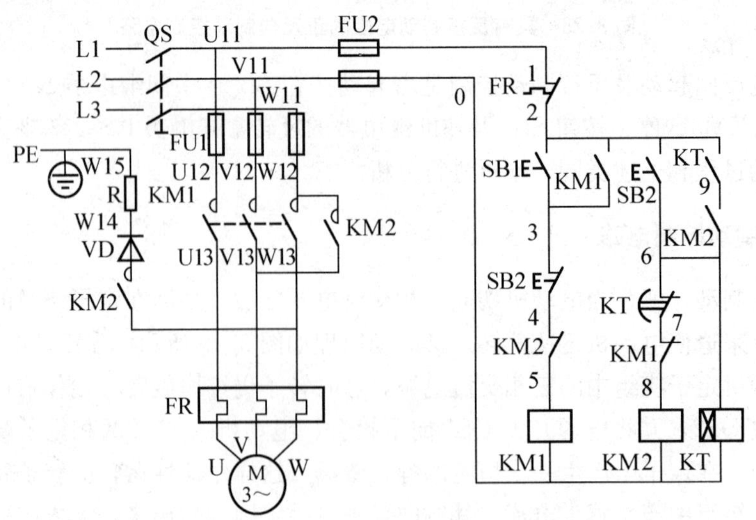

图 3.30　无变压器单相半波整流单向起动能耗制动控制电路

无变压器单相半波整流单向起动能耗制动自动控制电路所需设备少、体积小、成本低，适用于10 kW以下的小容量电动机，且对制动要求不高的场合。

2）有变压器单相桥式整流能耗制动电路

有变压器单相桥式整流能耗制动自动控制电路如图3.31所示。图3.31和图3.30的控制电路完全相同，所以其工作原理也相同。有变压器单相桥式整流能耗制动自动控制电路适用于容量在10 kW以上的电动机。在图3.30中，直流电源由单相桥式整流器VC供给，TC是整流变压器，电阻RP是用来调节直流电流的，从而调节制动强度，整流变压器一次侧与整流器的直流侧同时进行切换，有利于提高触头的使用寿命。

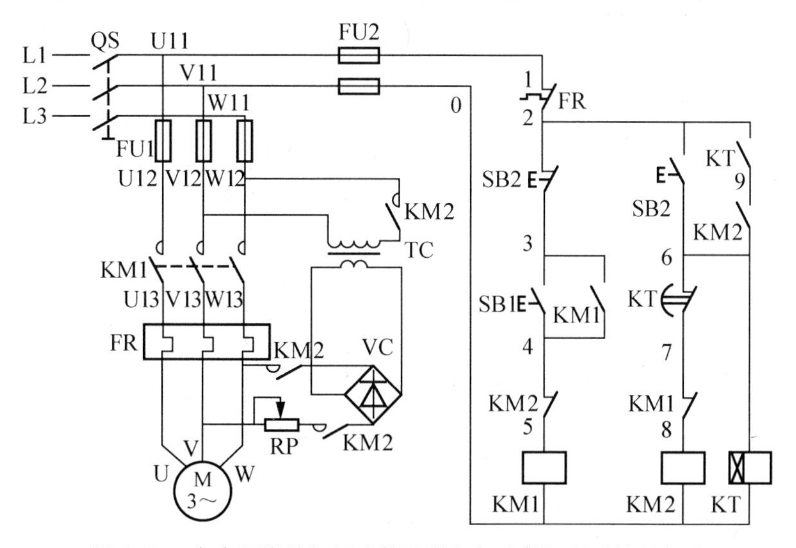

图3.31　有变压器单相桥式整流单向起动能耗制动控制电路

图3.30和图3.31都是采用时间继电器来控制制动过程的，都属于时间原则控制的单相能耗制动控制电路。

3）速度原则控制的单向能耗制动控制电路

速度继电器控制的单向能耗制动控制电路如图3.32所示。该电路与图3.30所示的控制电路也基本相同，仅仅是把控制电路中KT的线圈回路及触头回路取消，而在电动机轴上安装了速度继电器KS，并且用KS的常开触头取代了KT的通电延时断开的常闭触头。这样一来，该电路中的电动机在按下停止按钮SB1时，电动机由于KM1的断电释放而脱离三相交流电源，此时，电动机仍在惯性高速运转，速度继电器KS的常开触头仍然处于闭合状态，所以接触器KM2线圈能够依靠SB1按钮常开触头的闭合接通电源并自锁。于是，两相定子绕组获得直流电源，电动机进入能耗制动状态，当电动机的转速低于约100 r/min时，KS常开触头复位，接触器KM2线圈断电释放，能耗制动结束。

2. 可逆运行能耗制动控制电路

1）时间原则控制的可逆运行的能耗制动控制电路

电动机按时间原则控制的可逆运行能耗制动控制电路如图3.33所示。在电动机正常运行过程中，按下停止按钮SB1，SB1常闭触头先分断，使接触器KM1线圈断电，SB1常开触头后闭合，接通接触器KM3和时间继电器KT的线圈回路，其触头动作，其中KM3常开辅助触头的闭合起着自锁的作用；KM3常闭辅助触头的断开起着联锁作用，锁住电动机起动电路；KM3 常开主触头的闭合，使直流电压加在电动机定子绕组上，电动机进行正向能耗制动，电动机转速迅速下降，当接近零时，时间继电器 KT 延时结束，其通电延时打开的常闭触头断开，切断接触器 KM3 的线圈回路。此时 KM3 的常开辅助触头恢复断开，使时间继电器 KT 线圈也随之失电，正向能耗制动结束。

反向起动与能耗制动过程可自行分析。

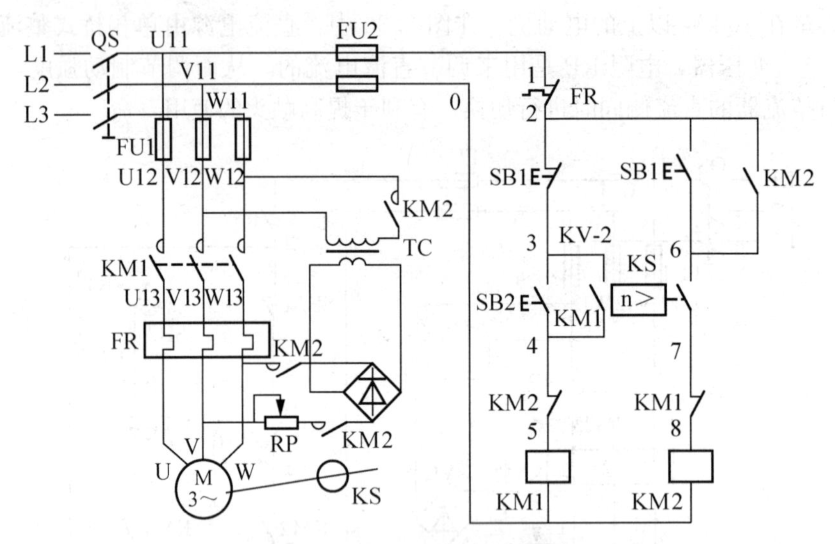

图 3.32　速度原则控制的单向能耗制动控制电路

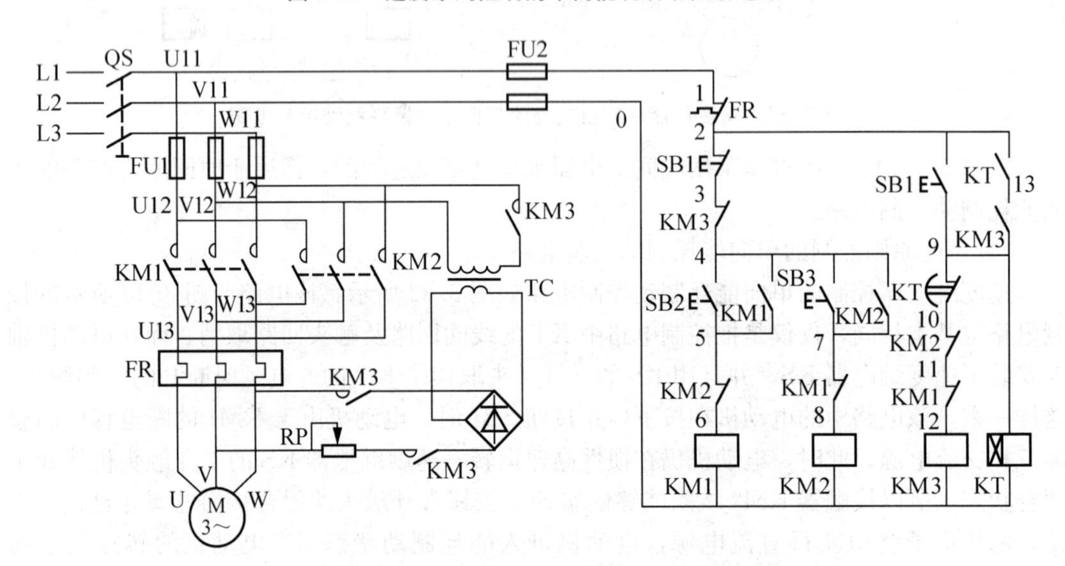

图 3.33　时间原则控制的电动机可逆运行能耗制动控制电路

2）速度原则控制的电动机可逆运行能耗制动控制电路

速度原则控制的电动机可逆运行能耗制动控制电路如图 3.34 所示。该电路与图 3.33 所示的控制电路基本相同，在这里也是用速度继电器 KS 取代了时间继电器 KT。由于速度继电器的触头具有方向性的特点，所以这里把电动机正向运转和反向运转分别闭合的 KS-1 常开触头和 KS-2 常开触头并联以后，再来代替原电路中的 KT 延时断开的常闭触头。在此电路中，电动机处于正向能耗制动状态时，接触器 KM3 的线圈是依靠 KS-1 常开触头和本身的常开辅助触头的共同闭合而锁住电源的，当电动机的正向旋转速度小于100 r/min时，KS-1常开触头复位，接触器KM3线圈断电释放，电动机正向能耗制动结束。在电动机处于反向能耗制动状态时，接触器KM3线圈依靠KS-2常开触头和自身的常开辅助触头的共同闭合而锁住电源，在电动机的反向旋转速度下降到小于100 r/min时，KS-2常开触头复位，接触器KM3线圈断电释放，电动机反向能耗制动结束。

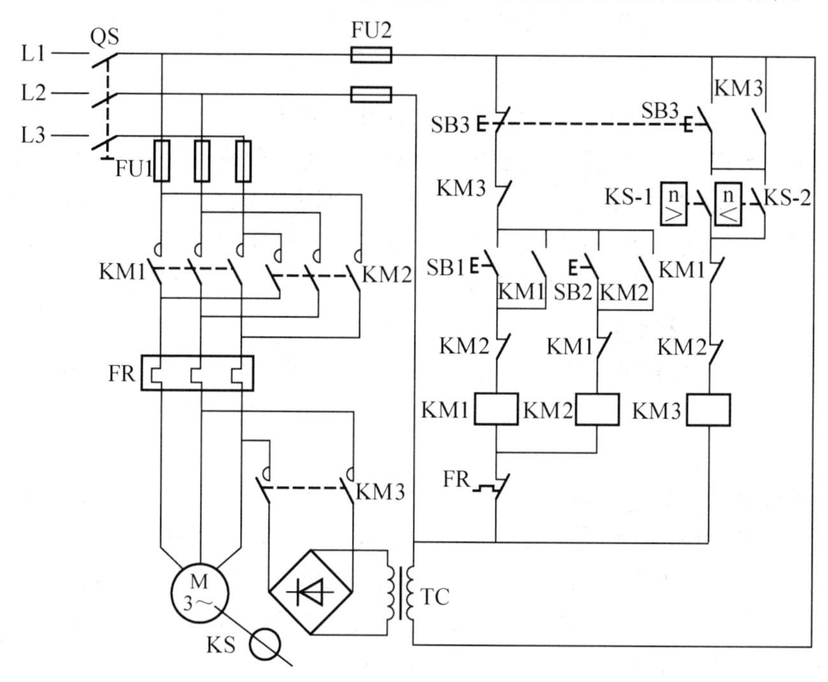

图3.34　速度继电器控制电动机可逆运行能耗制动控制电路

按时间原则控制的能耗制动，一般适用于负载转矩和负载转速比较稳定的生产机械上；而按速度原则控制的能耗制动，则比较适合于能够通过传动系统来实现负载速度变换的生产机械。

由以上分析可知，能耗制动比反接制动所消耗的能量少，其制动电流也比反接制动的制动电流小得多，但能耗制动需要一个直流电源，也就是说需要设置一套整流装置，设备费用较高，制动力较弱，在低速时制动力矩小。因此，能耗制动一般用于要求制动准确、平稳的场合。

能耗制动时产生的制动力矩大小，与通入定子绕组中的直流电流的大小、电动机的转速及转子电路中的电阻等有关。

3.6　三相感应电动机调速控制电路

知识目标	➢ 了解三相感应电动机调速的目的和意义； ➢ 掌握三相感应电动机调速电路的工作原理。
能力目标	➢ 能正确分析三相感应电动机调速电路的工作原理； ➢ 能正确对三相感应电动机调速电路的电气故障进行分析和判断，并排除其故障。

要点提示

生产机械的调速方法有两种：一种是机械调速，常用的有齿轮变速箱、皮带变速机构等，都是在电动机与运动部件之间添加调速机构；另一种是直接改变电动机的转速。改变电动机转速调速时往往可以使机械调速机构得到简化。感应电动机常用的调速方法有以下几种：依靠改变定子绕组的极对数调速(即变极调速)，改变供电电源的频率调速(即变频调速)和改变转子电路中的电阻调速等。感应电动机每一种调速方法适用场合和成本也不一样。

采用感应电动机作为原动机的生产机械，往往有调速的要求。目前常用的感应电动机的调速方法主要有以下几种：依靠改变定子绕组的极对数调速(即变极调速)，改变供电电源的频率调速(即变频调速)和改变转子电路中的电阻调速等。其中，改变转子电路电阻的调速方法只适用于绕线型感应电动机，其内容在起重机电路中将会介绍，变频调速和串级调速比较复杂，需在专门的课程中详细介绍，本节仅介绍通过改变笼型感应电动机极对数的方法实现调速的基本控制电路。

在供电电网频率固定的前提下，电动机的同步转速与它的极对数成反比，极对数增加一倍时，同步转速下降一半，电动机的运行速度也大约下降一半，于是达到调速的目的。

绕线型感应电动机的定子绕组极对数若改变后，它的转子绕组必须相应地重新组合，这一点就生产现场来说，一般是难以实现的。而笼型感应电动机转子绕组的极对数却能够随着定子绕组的极对数的变化而变化，也就是说，笼型感应电动机转子绕组本身没有固定的极对数。所以变更绕组极对数的调速方法，一般只适用于笼型感应电动机。

笼型感应电动机经常采用下列两种方法来变更绕组的极对数：一种是改变定子绕组的接线方式，或者说是变更定子绕组每相的电流方向；另一种是在定子上设置具有不同极对数的两套互相独立的绕组。有时同一台电动机为了获得更多的速度等级(如需要得到3个以上的速度等级)，上述的两种方法经常同时采用，即在定子上设置两套互相独立的绕组，并使每套绕组都具有变更电流方向的能力。

4/2极的双速感应电动机三相定子绕组接线示意图如图3.35所示。图3.35(a)将电动机定子绕组的U1、V1、W1 3个接线端接三相交流电源，而将U2、V2、W2 3个接线端空着，三相定子绕组接成三角形，此时，每相绕组中的两个线圈串联，电流方向如图3.35(a)中箭头所示，电动机磁极为4极，同步转速为1500 r/min；若将电动机定子绕组的3个接线端U2、V2、W2接三相交流电源，把U1、V1、W1 3个接线端子并接在一起，则原来三相定子绕组的三角形接法，即变为双星形接法，如图3.35(b)所示。此时，每相绕组中的两个线圈相互并联，电流方向如图3.35(b)中箭头所示，有三个线圈的电流方向不变，三个线圈中电流方向相反，电动机变为2极，同步转速为3000 r/min。可见双速电动机高速运转时的转速是低速的两倍。

应当注意的是，双速电动机定子绕组从一种接法变为另一种接法时，必须把电源相序反接，以保证电动机旋转方向不变。

双速电动机的控制电路有许多种，可以用双速手动开关进行控制，其电路简单，但不能带负荷起动，通常用交流接触器来改变定子绕组的接线方法从而改变其转速。下面介绍两种常用的电路。

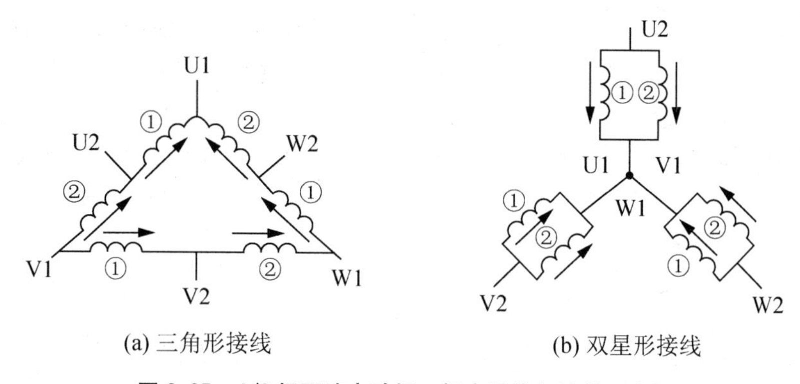

图 3.35 4/2 极双速电动机三相定子绕组接线示意图

3.6.1 按钮控制的双速电动机控制电路

用按钮和接触器控制的双速电动机控制电路如图 3.36 所示。电路工作时，先合上电源开关 QS。按下低速起动按钮 SB1，低速接触器 KM1 线圈得电动作，电动机定子绕组作三角形连接，低速起动运转。若需要换为高速运转，可按下高速按钮 SB2，SB2 常闭触头先分断，切断控制低速运行的接触器 KM1 线圈回路，同时 KM1 联锁触头恢复闭合，SB2 常开触头后闭合，使控制高速的接触器 KM2 和 KM3 线圈同时得电动作，使电动机定子绕组作双星形连接，电动机变为高速运转。由于电动机的高速运转是由 KM2 和 KM3 两个接触器共同来控制的，因此，在其自锁回路中，串联了 KM2 和 KM3 两个常开辅助触头，目的是保证两个接触器都吸合时才允许工作。

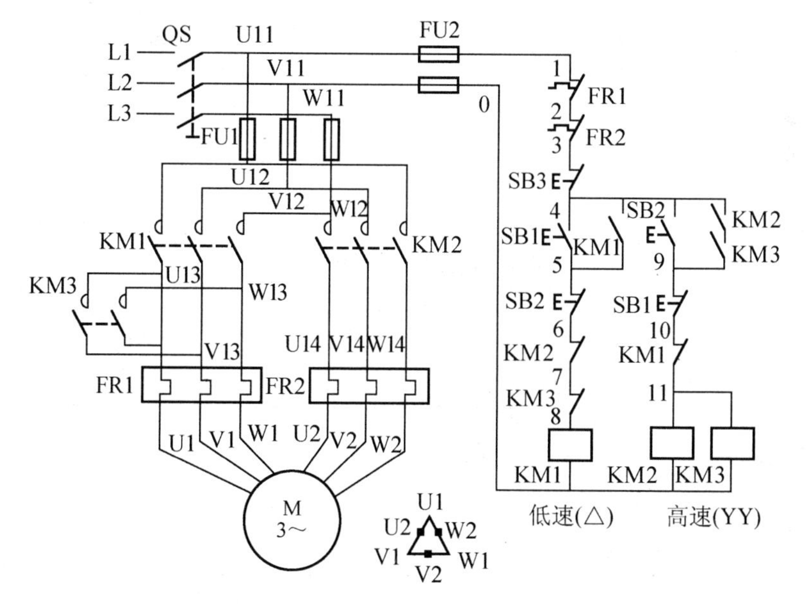

图 3.36 按钮控制的双速电动机控制电路

3.6.2 时间继电器控制的双速电动机控制电路

用转换开关和时间继电器控制双速电动机低速起动高速运转的电路如图 3.37 所示。其工作原理如下：当把转换开关 SA 扳到“低速”位置时，接触器 KM1 线圈得电动作，电动机定子绕组作三角形连接，U1、V1、W1 3个出线端与电源连接，电动机低速运转；当转换开关SA扳到“高速”位置时，时间继电器KT线圈先得电，其瞬时常开触头立即闭合，使接触器KM1线圈得电，其主触头闭合，把电动机定子绕组接成三角形，电动机先低速起动运转，经过一定的延时，时间继电器KT延时常闭触头断开，切断KM1线圈回路，同时KT的延时常开触头闭合，KM2和KM3线圈相继得电动作，电动机定子绕组被接成双星形作高速运转。

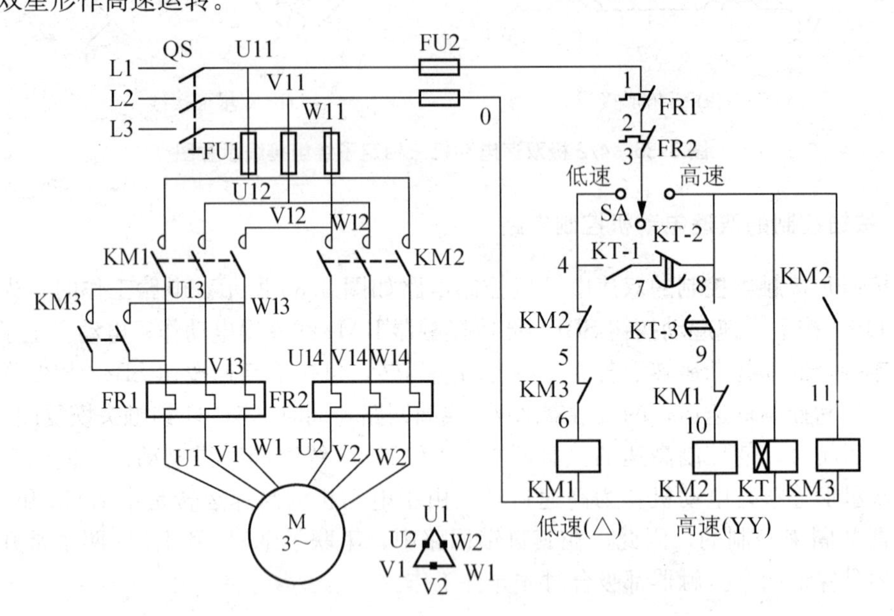

图 3.37　转换开关和时间继电器控制的双速电动机电路

3.7　直流电动机的控制电路

知识目标	➢ 了解直流电动机控制电路的特点； ➢ 掌握直流电动机控制电路的工作原理。
能力目标	➢ 能正确分析直流电动机控制电路(起动、可逆运行、制动)的工作原理； ➢ 能正确对直流电动机控制电路(起动、可逆运行、制动)的电气故障进行分析和判断，并排除其故障。

要点提示

直流电动机的主电路和控制电路与感应电动机相比区别很大，其主电路和控制电路都采用直流电压，分为电枢回路和励磁回路，在控制时需要同时考虑电枢回路和励磁回路。如电动机转向的改变，既可以通过改变电枢电流的方向(此时励磁电流方向不能变)实现，也可以通过改变励磁电流的方向(此时电枢电流方向不能变)实现。控制直流电动机所使用的接触器是直流接触器，与交流接触器相比也有很大的区别。直流电动机控制电路与感应电动机控制电路相比另一个不同点是除了要进行过电流保护外还要进行欠电流保护，即要对直流电动机的励磁电流进行检测，当励磁电流过小时(欠电流状态)，直流电动机是不能

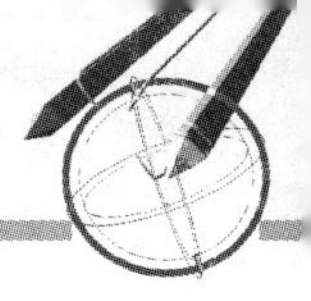

起动的，否则直流电动机会出现“飞车”现象。

直流电动机虽然不如三相交流感应电动机结构简单、价格便宜、制造方便、维护容易，但它具有良好的起动、制动与调速性能，容易实现直流电动机各种运行状态的自动控制。尤其是他励和并励直流电动机，在工业生产中得到了广泛的应用。由于他励和并励直流电动机的运行性能和控制电路接近，所以下面仅以他励直流电动机为例，介绍直流电动机的起动、反转和制动的基本控制电路。

3.7.1　单向运转起动电路

直流电动机起动控制的要求与交流电动机类似，即在保证足够大的起动转矩下，应尽可能地减小起动电流。由电动机的工作原理可知，直流电动机电压平衡方程式与反电动势为：

$$U=E_M+I_MR_m \tag{3.2}$$

$$E_M=C_e\phi n \tag{3.3}$$

式中：U为电源电压，V；E_M为电枢反电动势，V；I_M为电动机电枢电流，A；R_m为电动机电枢电阻，Ω；C_e为电动势常数，与电机的结构有关；ϕ为电动机每极下的主磁通，Wb；n为电动机的转速，r/min。

从公式中可以看出，电动机在起动瞬间，由于$n=0$、$E_M=0$、电枢电流$I_M=U/R_m$，由于电枢电阻R_m很小，所以直流电动机起动特点之一就是起动冲击电流更大，可达额定电流的10～20倍，这样大的起动电流将可能导致电动机换向器和电枢绕组的损坏；同时对电源也是很重的负担；大电流产生的转矩和加速度对机械部件也将产生强烈的冲击。故在选择起动方案时必须予以充分考虑，除小型直流电动机外一般不允许直接起动。

电枢串接二级电阻按时间原则起动控制电路如图3.38所示。图中KM1为电源控制接触器，KM2、KM3为短接起动电阻接触器，KA1为过电流继电器，KA2为欠电流继电器，KT1、KT2为时间继电器，$R1$、$R2$为起动电阻，$R3$为放电电阻。

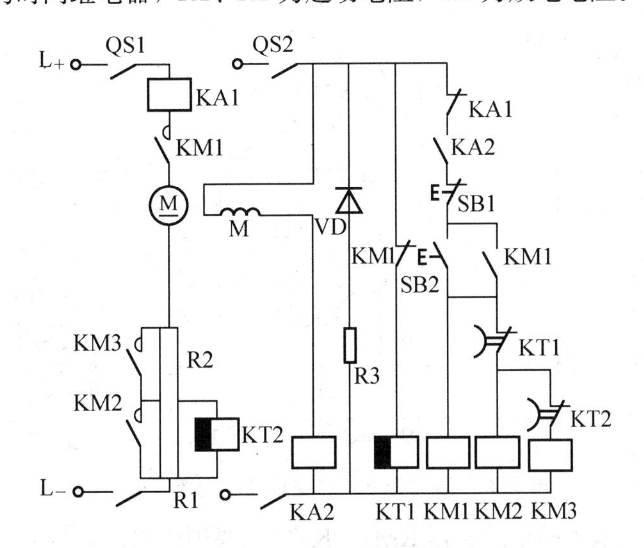

图3.38　直流电动机电枢串二级电阻按时间原则起动控制电路

起动时合上电源开关QS1和QS2。在按下起动按钮SB2以前，断电延时时间继电器KT1线圈已得电，其常闭触头KT1已断开。在电动机励磁电流正常后，KA2的常闭触头

闭合，为电动机的起动做好准备。按下 SB2 后，KM1 通电吸合，主触头闭合，使电动机 M 串 $R1$ 和 $R2$ 起动，同时 KT1 断电释放并开始延时。由于起动电阻 $R1$ 上有压降，使 KT2 通电吸合，其常闭触头断开。KT1 延时时间到，其延时闭合的常闭触头闭合，接通 KM2 的线圈回路，KM2 的常开触头闭合，切除起动电阻 $R1$，电动机进一步加速。同时 KT2 线圈被短接，经过一定延时，其延时闭合的常闭触头闭合，接通接触器 KM3 的线圈回路，KM3 的常开主触头闭合，切除最后一段电阻 $R2$，电动机再一次加速进入全电压运转，起动过程结束。

过电流继电器 KA1 实现电动机过载保护和短路保护；欠电流继电器 KA2 实现电动机弱磁保护；电阻 $R3$ 与二极管 VD 构成电动机励磁绕组断开电源时的放电回路，以免产生过电压。

3.7.2 可逆运转控制电路

改变直流电动机旋转方向的方法有两种：一是保持励磁磁场方向不变，改变电枢电流的方向；二是保持电枢电流的方向不变，改变励磁磁场，即磁通的方向。通过改变磁通的方向改变电动机转向的方法过程较慢，故常采用改变电枢电流的方式改变直流电动机的转向。

直流电动机电枢反接法正反转控制电路如图 3.39 所示。其控制原理如下：按下起动按钮 SB2 时，接触器 KM1 得电，主触头闭合，电动机电枢绕组接通电源，起动运转(设此时运转方向为正转)，并由 KT1、KT2、KM3、KM4 控制电枢回路的电阻 R1、R2。前进至压下 SQ2 时，KM1 线圈失电，KM2 线圈得电，电动机电枢绕组被反接。由于电动机本身的惯性，先进行反接制动，再反向起动。在这一过程中，KT1 线圈有一短时的接通，其常闭触头断开，使 KM3、KM4 线圈断电，保证电枢绕组在反接的过程中串入电阻 R1、R2。

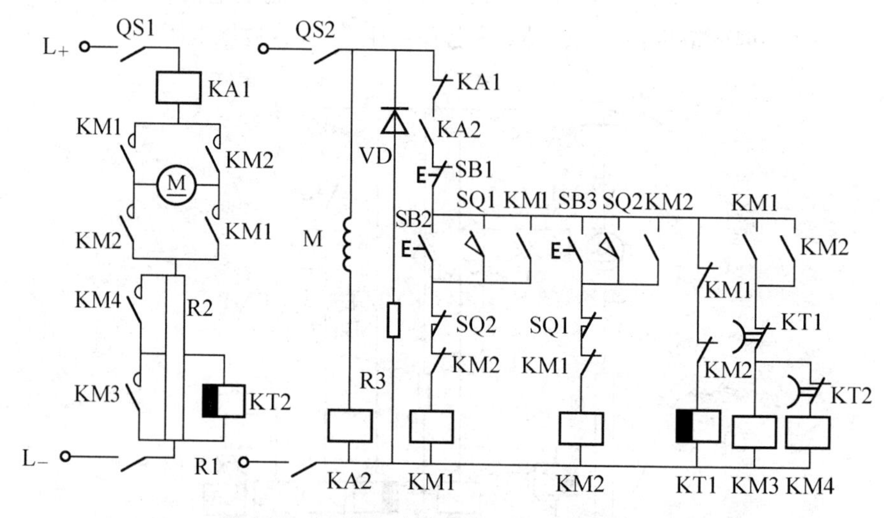

图 3.39 直流电动机可逆运转起动控制电路

在此电路中，采取了两个接触器 KM1、KM2 的联锁控制，避免了因起动按钮 SB1 和 SB2 的误操作而不能使电动机正常工作。KM3、KM4 为短接电枢电阻接触器，KA1 为过电流继电器，KA2 为欠电流继电器，R1、R2 为起动电阻，R3 为放电电阻，SQ1 为反向转正向行程开关，SQ2 为正向转反向行程开关。

3.7.3　制动控制电路

直流电动机的电气制动有能耗制动、反接制动和再生制动。为获得迅速、准确的停止，一般采用能耗制动和反接制动。

1. 直流电动机能耗制动控制电路

直流电动机单向旋转、串二级电阻起动、能耗制动的控制电路如图3.40所示。电路的动作过程如下：电动机起动时，先合上电源开关QS1和QS2，按下起动按钮SB2时，接触器KM1得电吸合，主触头闭合，使电动机M串电阻R1和R2起动，同时KT1断电释放开始延时；由于起动电阻R1上有压降，使KT2通电吸合，使其常闭点断开。KT1延时到，其延时闭合的常闭触头闭合，接通KM2的线圈回路，KM2的常开触头闭合，切除起动电阻R1，电动机进一步加速，同时KT2线圈被短接；经过一定延时，其延时闭合的常闭触头闭合，接通接触器KM3的线圈回路，KM3的常开主触头闭合，切除最后一段电阻R2，电动机再一次加速，进入全电压运转，起动过程结束。

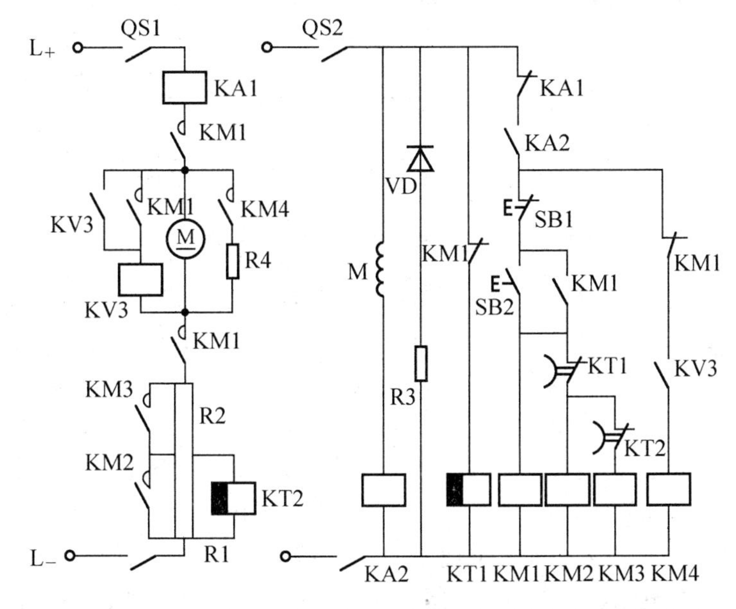

图3.40　直流电动机单向旋转串二级电阻起动能耗制动控制电路

停车时，按下停止按钮SB1，KM1线圈断电释放，其主触头断开电动机电枢直流电源，但电动机因惯性仍按原方向旋转，在保持励磁不变的情况下，电枢导体切割磁场而产生感应电动势，使并联在电动机电枢两端的电压继电器KV3经自锁触头仍保持通电。KV3常开触头闭合，使KM4线圈通电吸合，其常开主触头将电阻R4并接在电枢两端，电动机实现能耗制动，电动机转速迅速下降，电枢电动势也随之下降，当降至一定值时，KV3释放，KM4线圈断电，电动机能耗制动结束。

2. 直流电动机反接制动控制电路

电动机可逆旋转、反接制动控制电路如图3.41所示。其动作原理如下：合上电源开关QS，励磁绕组得电并开始励磁，同时，时间继电器KT1和KT2线圈得电吸合，它们的延时闭合常闭触头瞬时断开，接触器KM4和KM5线圈处于断电状态，时间继电器

KT2 的延时时间大于 KT1 的延时时间，此时电路处于准备工作状态。按下正向起动按钮 SB2，接触器 KM_L线圈得电吸合，其主触头闭合，直流电动机电枢回路串入电阻 R1 和 R2 而减压起动，KM_L的常闭触头(1～16)断开，时间继电器 KT1 和 KT2 断电，经一定的延时时间后，KT1 延时闭合的常闭触头先闭合，然后 KT2 延时闭合的常闭触头闭合，接触器 KM4 和 KM5 先后得电吸合，先后切除电阻 R1 和 R2，直流电动机进入正常运行。

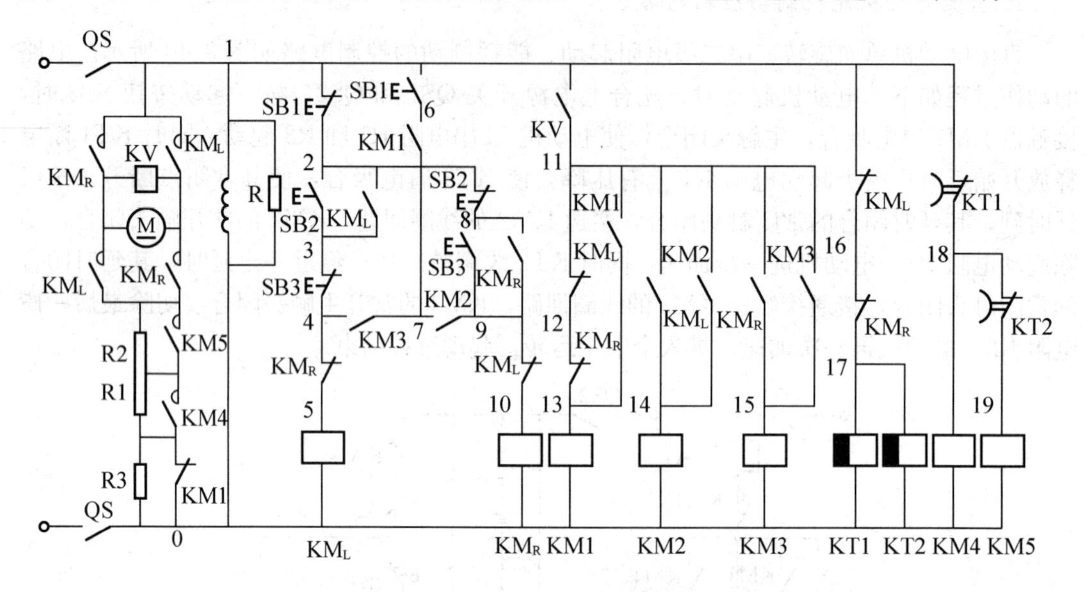

图 3.41　直流电动机反接制动控制电路

由于起动开始时电动机的反电动势为零，电压继电器 KV 不会动作，所以接触器 KM1、KM2(或 KM3)都不会动作，当电动机建立起反电动势后，电压继电器 KV 吸合，其常开触头闭合，接触器 KM2 得电吸合并自锁，其常开触头(7～9)的闭合，为反接制动作好准备。图中 R3 为反接制动限流电阻，R 为电动机停车时励磁绕组的放电电阻。假设电动机原来正转，按下停止按钮 SB1，则正向接触器 KM_L线圈断电释放，此时，电动机由于惯性仍按原方向高速旋转，反电动势仍较高，电压继电器 KV 不会释放，因而 KM_L释放后，KM1 线圈得电吸合并自锁，同时 KM1 触头(6～7)闭合，使接触器 KM_R瞬时得电吸合，电枢通以反向电流，产生制动转矩。同时，在 R3 上的常闭触头断开，使电动机在串入 R3 及 R1、R2 的情况下进行反接制动。待转速降低到 KV 释放电压时，KV 释放，断开接触器 KM1 的线圈通电回路，使 KM1 的常闭触头又恢复闭合而短接 R3；同时，反接制动接触器 KM2 和反向接触器 KM_R线圈也断电释放，为下次起动作好准备。

反向起动运行及反接制动的动作过程与正向类似，读者可自行分析。

小　结

> 本项目介绍了电气图的有关标准，重点介绍了感应电动机的起动、制动、调速等基本环节的控制电路，这些都是阅读、分析、设计生产机械电气控制系统的基础，必须熟练掌握。

电气控制系统图主要有电气原理图、布置图、接线图等，为了正确绘制和阅读分析这些图纸，必须掌握各类图纸的规定画法及国家标准。

各类感应电动机在起动控制中，应注意避免过大的起动电流对电网及传动机械的冲击。小容量笼型感应电动机(通常在10 kW以内)允许采用直接起动方式，容量较大或起动负载大的场合应采用减压起动(串电阻电抗、星形-三角形换接、自耦变压器、延边三角形-三角形换接等方式)的控制方式。绕线型转子感应电动机则应采用转子回路串接电阻或串频敏变阻器等方法来限制其起动电流。起动过程中的状态转换通常采用时间继电器来达到自动控制的目的。

电动机运行中的点动、连续运转、正反转、自动循环及调速控制等基本电路通常是采用各种主令电器、各种控制电器及其触头按一定逻辑关系的不同组合来实现，其共同规律是：当几个条件中只要有一个条件满足，接触器线圈就通电，可以采用并联接法(或逻辑)；只有所有条件都具备接触器才得电，可采用串联接法(与逻辑)；要求第一个接触器得电后，第二个接触器才能得电(或不允许得电)，可以将前者常开(或常闭)触头串接在第二个接触器线圈的控制电路中，或者第二个接触器控制线圈的电源从前者的自锁触头后引入。

常用的制动方式有反接制动和能耗制动，制动控制电路设计应考虑限制制动电流和避免反向再起动。

电气控制电路应具备完善的保护环节。

习　题

3.1　电气原理图中QS、FU、FR、KM、KA、KT、SB、SQ等文字符号分别代表的是什么电器元件？

3.2　电气原理图中，电气元件的技术数据应如何标注？

3.3　三相笼型感应电动机允许采用直接起动的容量大小是如何决定的？

3.4　试画出带有过载保护的笼型感应电动机正常运转的控制电路。

3.5　什么是欠、失压保护？可利用哪些元件实现欠、失压保护？

3.6　画出用通电延时型时间继电器控制笼型感应电动机定子绕组串电抗器的起动控制电路。

3.7　电动机点动控制与连续运转控制电路的区别是什么？试画出几种既可点动又可连续运转的控制电路图。

3.8　简述感应电动机Y-△转换减压起动法的优缺点及适用场合。

3.9　Y-△转换减压起动控制电路如图3.42所示。检查图中哪些地方画错了，请把错处改正过来，并按改正后的电路叙述其工作原理。

3.10　在图3.43中，要求按下起动按钮后能依次完成下列4步动作：第一步，运动部件A从1到2；第二步，运动部件B从3到4；第三步，运动部件A从2回到1；第四步，运动部件B从4回到3。试画出电气控制电路。

3.11　画出笼型感应电动机用自耦变压器起动的控制电路。

3.12　画出绕线转子感应电动机转子串频敏变阻器起动的控制电路。

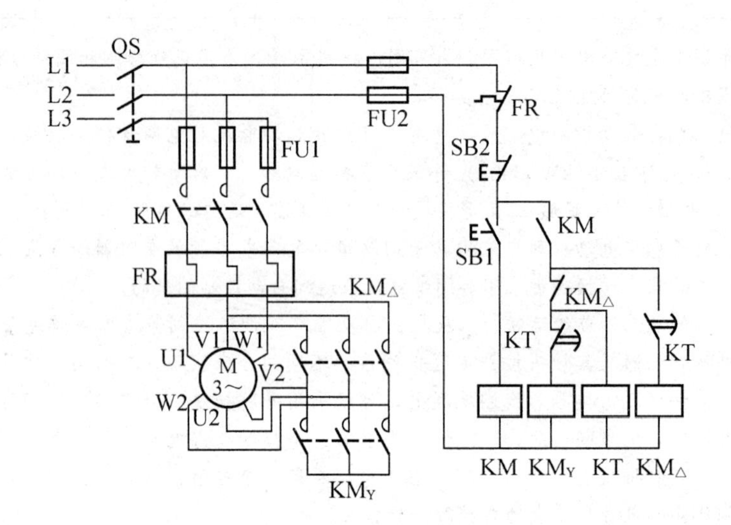

图 3.42　题 3.9 图

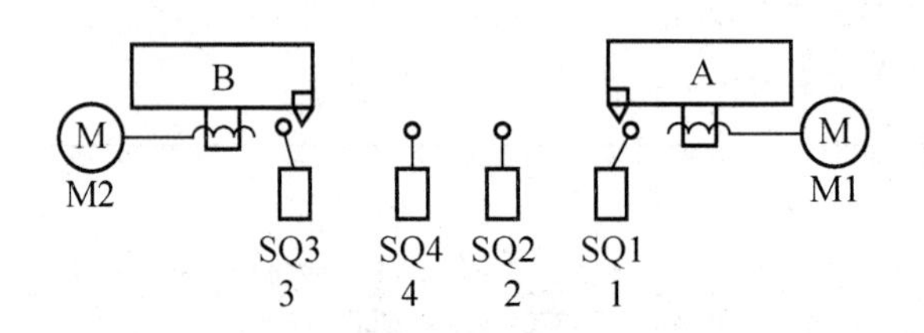

图 3.43　题 3.10 图

3.13　什么叫电气制动？常用的电气制动方法有哪几种？简要说明各种电气制动的原理及适用场合。

3.14　试按下述要求画出某三相笼型感应电动机的控制电路：既能点动又能连续运转；采用能耗制动；有过载、短路、失压及欠压保护。

3.15　图 3.44 所示为一台三级皮带运送机，分别由 M1、M2、M3 拖动。用按钮操作，试按如下要求设计电路图：起动时，按 M1—M2—M3 顺序进行；正常停车时，按 M3—M2—M1 顺序进行；事故停车时，如 M2 停车时，M3 立即停而 M1 延时停。以上原则均按时间原则控制。

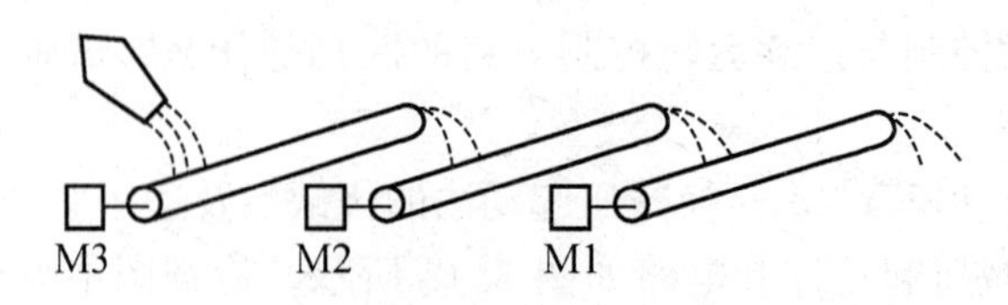

图 3.44　题 3.15 图

3.16　现有一台双速笼型感应电动机，试按下列要求设计电路图：分别用两个起动按钮来控制电动机的高速起动与低速起动，由一个停止按钮来控制电动机的停车；高速起动时，电动机先接成低速，经延时后自动换接成高速运行；具有过载和短路保护。

3.17　图 3.45 所示的一些控制电路各有何缺点或问题？工作时会出现什么现象？应如何改正？

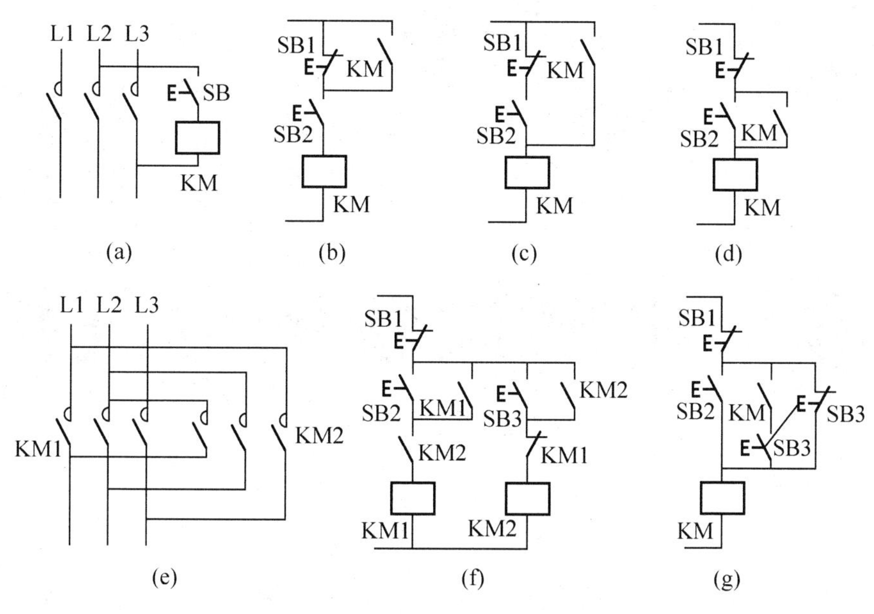

图 3.45　题 3.17 图

3.18　为两台感应电动机设计一个控制电路，其要求如下：两台电动机互不影响地独立操作；能同时控制两台电动机的起动与停止；当一台电动机发生过载时，两台电动机均停止。

3.19　设计一小车运行的控制电路，小车由异步电动机拖动，其动作程序如下：小车由原位开始前进，到终端后自动停止；在终端停留 2 min 后自动返回原位停止；要求能在前进或后退途中任意位置都能停止或起动。

3.20　试画出他励直流电动机既能实现电枢串电阻二极起动又能实现能耗制动的控制电路，并叙述其工作原理。

3.21　直流电动机采用什么方法来改变转向？在控制电路上有何特点？

3.22　直流电动机起动时，为什么要限制起动电流？限制起动电流常用哪几种方法？这些方法分别适用于什么场合？

3.23　直流电动机起动后，若仍未切除起动电阻，对电动机的运行会有何影响？

3.24　常用的电动机保护有哪几种？说明实现各种保护所需用的电器。

项目4

常用机电设备的电气控制

本项目从常用切削机床、起重运输机械和组合机床的电气控制入手，以期学会阅读、分析机床等机电设备电气控制电路的方法；加深对典型控制环节的理解，熟悉其应用；了解机床等电气设备上机械、液压、电气之间的配合关系；学会分析机床等电气设备的电气控制原理。为机床及其他生产机械的电气控制的设计、安装、调试、维护维修等打下基础。

下面以几种典型设备为例，分析其电气控制。

4.1　车床的电气控制

知识目标	➢ 了解车床的结构和拖动形式； ➢ 掌握车床电路的工作原理。
能力目标	➢ 能正确分析车床电路的工作原理； ➢ 能正确对普通车床的电气部分进行维护和维修。

要点提示

车床是机加机床中用量最大的一类机床，其种类和形式多样，但工作原理基本一致，其电气控制也较为简单。

车床主要用于加工各种回转体表面(内外圆柱面、圆锥面、成形回转面)及回转体的端面，也可用钻头、铰刀等进行钻孔和铰孔，还可以用来攻螺丝。车床一般分为卧式和立式，其中尤以卧式车床使用最为普遍。

4.1.1　车床的主要结构及运动情况

卧式车床主要由床身、主轴变速箱、挂轮箱、进给箱、溜板箱、溜板与刀架、尾架、光杠和丝杠等部分组成，如图 4.1 所示。

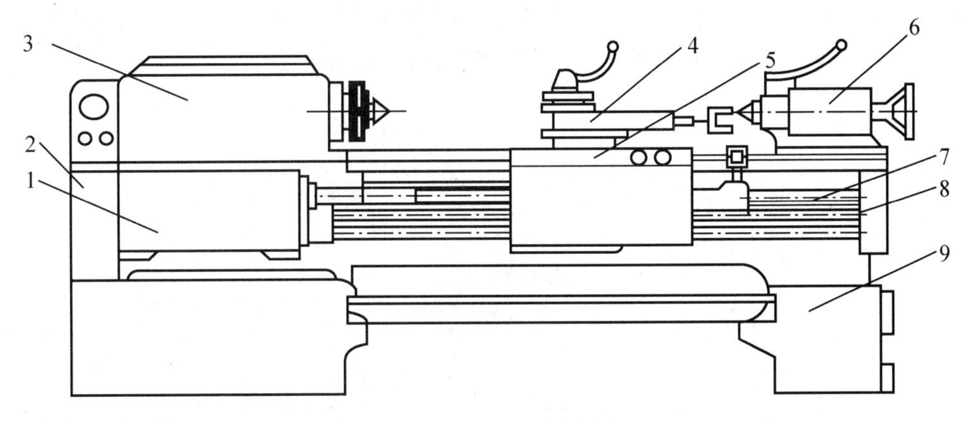

图 4.1　普通车床的结构示意图

1—进给箱　2—挂轮箱　3—主轴变速箱　4—溜板与刀架
5—溜板箱　6—尾架　7—丝杠　8—光杠　9—床身

车床的主运动为工件的旋转运动，卧式车床的工件被水平安装在卡盘和顶尖之间(有时只通过卡盘固定)，主轴通过卡盘带动工件旋转。车削加工时，应根据被加工工件材料、刀具种类、工件尺寸、工艺要求等来选择不同的切削速度。这就要求主轴能在相当大的范围内调速，对于普通车床，调速范围一般大于 70。车削加工时，一般不要求反转，但在加工螺纹时，为避免乱扣，要反转退刀，这就要求主轴能正、反转。

车床的进给运动是溜板带动刀架的纵向或横向直线运动。其运动方式有手动和机动两种。加工螺纹时，工件的旋转速度与刀具的进给速度应有严格的比例关系。为此，车床溜

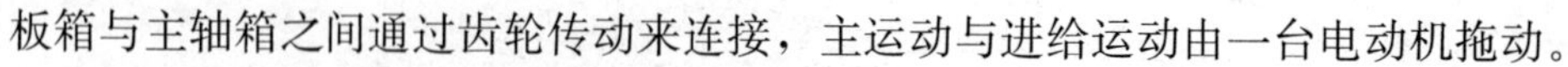

板箱与主轴箱之间通过齿轮传动来连接，主运动与进给运动由一台电动机拖动。

车床的辅助运动有刀架的快速移动、尾架的移动及工件的夹紧与放松等。刀架的快速移动单独由一台电动机实现。

4.1.2　中小型车床对电气控制的要求

根据车床的运动情况和加工工艺要求，中小型车床对电气控制提出如下要求。

（1）主拖动电动机一般选用三相笼型感应电动机，为满足调速要求，采用机械变速。主轴要求正、反转。对于小型车床主轴的正反转由拖动电动机正反转来实现；当主拖动电动机容量较大时，可由摩擦离合器来实现主轴的正反转，电动机只作单向旋转。一般中小型车床的主轴电动机均采用直接起动。当电动机容量较大时，常用 Y-△降压起动。停车时为实现快速停车，一般采用机械或电气制动。

（2）切削加工时，刀具与工件温度较高时，需用切削液进行冷却。为此，设有一台冷却泵电动机，且与主轴电动机有着联锁关系，即冷却泵电动机应在主轴电动机起动后选择起动与否；当主轴电动机停止时，冷却泵电动机便立即停止。

（3）快速移动电动机采用点动控制，单方向旋转，靠机械结构实现不同方向的快速移动。

（4）电路应具有必要的保护环节、安全可靠的照明及信号指示。

4.1.3　CA6140 型普通车床的电气控制

CA6140 型普通车床电路图如图 4.2 所示。图中 M1 为主轴电动机，用以实现主轴旋转和进给运动；M2 为冷却泵电动机；M3 为溜板快速移动电动机。

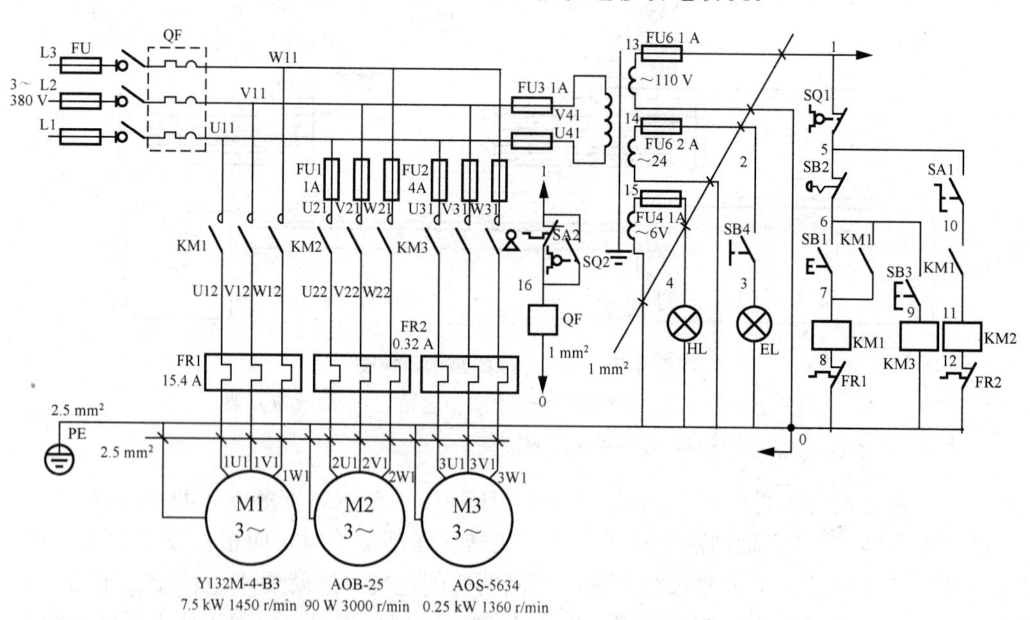

图 4.2　CA6140 型普通车床电气控制电路图

M1、M2、M3 均为三相异步电动机，容量均小于 10 kW，全部采用全压直接起动，皆由交流接触器控制单向旋转。M1 电动机由床鞍上的绿色起动按钮 SB1、红色蘑菇形停

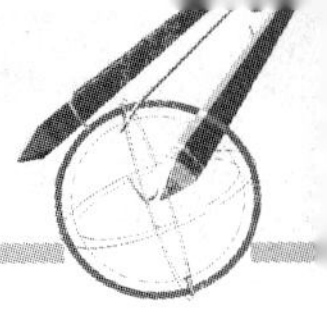

止按钮 SB2 和接触器 KM1 构成电动机单向连续运转控制电路。主轴的正反转由摩擦离合器改变传动链来实现。

M2 电动机是在主轴电动机起动之后，扳动冷却泵控制开关 SA1 来控制接触器 KM2 的通断，实现冷却泵电动机的起动与停止。由于 SA1 开关具有定位功能，故不需自锁。

M3 电动机由装在溜板箱上的快慢速进给手柄内的快速移动按钮 SB3 来控制 KM3 接触器，进而实现 M3 的点动。操作时，先将快速进给手柄扳到所需移动方向，再按下 SB3 按钮，即可实现该方向的快速移动。

CA6140 型普通车床电路具有完善的保护环节，主要有以下环节。

(1) 需要送电时，先用开关钥匙将开关锁 SA2 右旋，再扳动断路器 QF(功能和符号与一般断路器稍有区别)将其合上，此时，电源送入主电路 380 V 交流电压，并经控制变压器输出 110 V 控制电压、24 V 安全照明电压、6 V 信号灯电压。

断电时，将开关锁 SA2 左旋，触头 SA2(1～16)闭合，QF 线圈通电，QF 断开，切断机床电源。若出现误操作，又将 QF 合上，QF 将在 0.1 s 内再次自动跳闸。由于机床接通电源需使用钥匙开关，再合上断路器，增加了安全性。

(2) 在机床控制配电箱门上装有安全行程开关 SQ2，当打开配电箱门时，行程开关触头 SQ2(1～16)闭合，将使 QF 线圈通电，断路器 QF 自动跳开，切断机床电源，以确保人身安全。

(3) 在机床床头皮带罩处设有安全开关 SQ1，当打开床头皮带罩，SQ1(1～5)断开，使接触器 KM1、KM2、KM3 线圈断电释放，电动机全部停止转动，以确保人身安全。

(4) 为满足打开机床配电箱门进行带电检修的需要，可将 SQ2 开关传动杆拉出，使触头 SQ2(1～16)断开，此时 QF 线圈断电，QF 开关仍可合上。当检修完毕，关上箱门后，SQ2 开关传动杆复原，保护作用恢复正常。

(5) 电动机 M1、M2 由热继电器 FR1、FR2 实现电动机过载保护；断路器 QF 实现全电路的过电流、欠电压及热保护；熔断器 FU、FU1～FU6 实现各部分电路的短路保护。

此外，电路还设有 EL 机床照明灯和 HL 信号灯。

4.1.4 CA6140 型普通车床电气控制特点与故障分析

1. CA6140 型车床的电气控制特点

CA6140 型车床的电气控制特点有以下两个。

(1) 机床由 3 台电动机拖动，全部单方向旋转，主轴旋转方向的改变、进给方向的改变、快速移动方向的改变都靠机械传动关系来实现。

(2) 具有较完善的人身安全保护环节：设有带钥匙的电源断路器 QF、机床床头皮带罩处的安全开关 SQ1、机床控制配电箱门上的安全开关 SQ2 等。

2. CA6140 型车床的常见电气故障

CA6140 型车床的常见电气故障往往出现在安全开关 SQ1、SQ2 上，由于长期使用，可能出现开关松动移位，致使打开床头皮带罩时 SQ1(1～5)触头断不开或打开配电盘壁龛门时 SQ2(3～13)不闭合而失去人身安全保护作用。另一个故障是断路器 QF 引起的，当开关锁 SA2 失灵时将会失去保护作用。应检验将开关锁 SA2 左旋时断路器 QF 能否自动跳开，跳开后若又将 QF 合上后，经过 0.1 s 后 QF 能否自动跳闸。

4.2 铣床的电气控制

知识目标	➢ 了解铣床的结构和拖动形式； ➢ 掌握铣床各部分电路的工作原理。
能力目标	➢ 能正确分析铣床电路的工作原理； ➢ 能正确对铣床的电气部分进行维护和维修。

要点提示

铣床是机加机床中用量较大的一类机床，其电路较为典型，尤其是 X62W 型卧式万能铣床的控制电路被称为经典电路，其进给电路的设计非常巧妙，是维修电工考试的必考题目之一。其进给运动(6 个方向)和快移(6 个方向)只使用一台电机，通过不同的传送链、快速移动电磁铁及电动机的正反转来实现。X62W 型卧式万能铣床的另一个特点是运动形式众多，各运动之间往往需要联锁，其实现也是比较巧妙的。

铣床可用来加工平面、斜面、沟槽，装上分度头可以铣切直齿齿轮和螺旋面，装上圆工作台还可铣切凸轮和弧形槽。铣床在机械行业的机床设备中占有相当大的比重，按结构型式和加工性能的不同，可分为升降台式铣床、龙门铣床、仿形铣床和各种专用铣床。

升降台式铣床用于加工尺寸不大的工件，特别适用于单件或批量生产，是铣床中应用最广的一种。升降台式铣床有卧式铣床、卧式万能铣床、立式铣床 3 种基本型式。卧式万能铣床外形如图 4.3 所示。箱形的床身固定在底座上，在床身内装有主轴传动机构及主轴变速机构。在床身的顶部有水平导轨，其上装着带有一个或两个刀杆支架的悬梁。刀杆支架用来支承安装铣刀芯轴的一端，而铣刀芯轴另一端则固定在主轴上。在床身的前方有垂

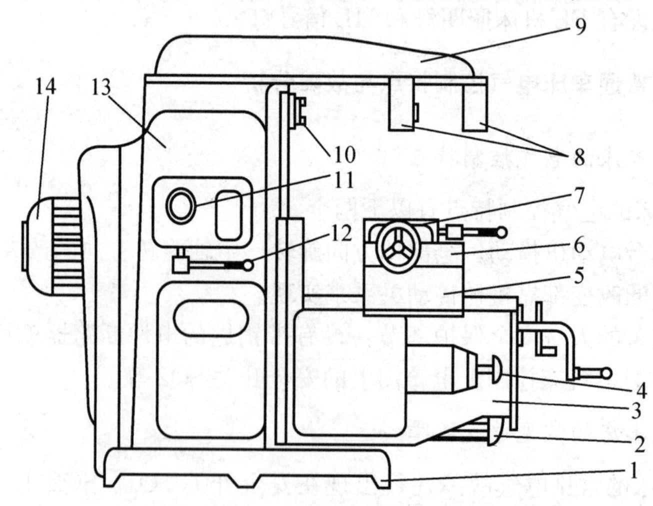

图 4.3 卧式万能铣床外形图

1—底座 2—进给电动机 3—升降台 4—进给变速手柄及变速盘 5—溜板 6—转到部分 7—工作台 8—刀杆支架 9—悬梁 10—主轴 11—主轴变速箱 12—主轴变速手柄 13—床身 14—主轴电动机

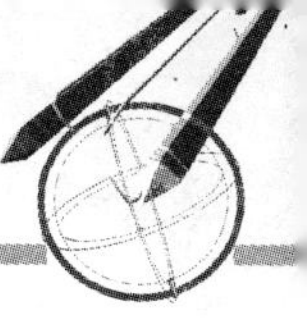

直导轨，一端悬持的升降台可沿之作上下移动。在升降台上面的水平导轨上，装有可平行于主轴轴线方向移动的溜板。工作台可沿溜板上部转动部分的导轨在垂直于主轴轴线的方向移动。这样，安装在工作台上的工件，可以在 3 个方向调整位置或完成进给运动。此外，由于转动部分对溜板可绕垂直轴线转动一个角度(通常为±45°)，这样工作台于水平面上除能平行或垂直于主轴轴线方向进给外，还能在倾斜方向上进给，从而完成铣螺旋槽的加工。

卧式铣床与卧式万能铣床唯一的区别在于卧式铣床没有转动部分，因此不能加工螺旋槽。

下面以 X62W 型卧式万能铣床为例，来分析中小型铣床的电气控制。

4.2.1　X62W 型卧式万能铣床的运动及传动情况

铣床所用的切削刀具为各种形式的铣刀。铣床的主运动是铣刀的旋转运动；工件在垂直方向(上、下)、横向(前、后)和纵向(左、右) 3 个相互垂直方向的直线运动是进给运动；而工件在 3 个相互垂直方向的快速直线运动为辅助运动。

主轴传动系统在床身内部，进给系统在升降台内，为此采用单独传动形式，即主轴和工作台分别由主轴电动机、进给电动机拖动，而工作台的快速移动也由进给电动机经快速移动电磁铁来获得。

主轴由主轴电动机经主轴变速箱驱动，便可获得 18 种转速，调速范围为 50。

工作台在 3 个方向上的进给运动，是由进给电动机经进给变速箱获得 18 种不同转速，再经不同的传动链传递给 3 个进给丝杠后实现的。快移时经快速移动电磁铁将进给传动链中的摩擦离合器合上，减少中间传动装置，工件按原运动方向快速移动。

4.2.2　X62W 型卧式万能铣床的主拖动及其控制

1. 主拖动对电气控制的要求

主拖动对电气控制的要求如下。

(1) 为适应铣削加工需要，要求主传动系统能够调速，且在各种铣削速度下保持功率不变，即主轴要求恒功率调速。为此，主轴电动机采用笼型感应电动机，经主轴齿轮变速箱拖动主轴。

(2) 为能进行顺铣和逆铣加工，要求主轴能够实现正、反转，但旋转方向不需经常变换，仅在加工前预选主轴转动方向。

(3) 为提高主轴旋转的均匀性并消除铣削加工时的振动，主轴上安装有飞轮，但自然停车时停车时间较长，为实现主轴准确停车和缩短停车时间，主轴电动机应设有制动停车环节。

(4) 为使主轴变速时齿轮易于啮合，减小齿轮端面的冲击，要求主轴电动机在主轴变速时应具有变速冲动。

(5) 为适应铣削加工时操作者的正面与侧面操作，应备有两地操作设施。

2. 主拖动控制电路分析

X62W 型卧式万能铣床电气控制电路图如图 4.4 所示。图中 M1 为主轴电动机，M2 为工作台进给电动机，M3 为冷却泵电动机。

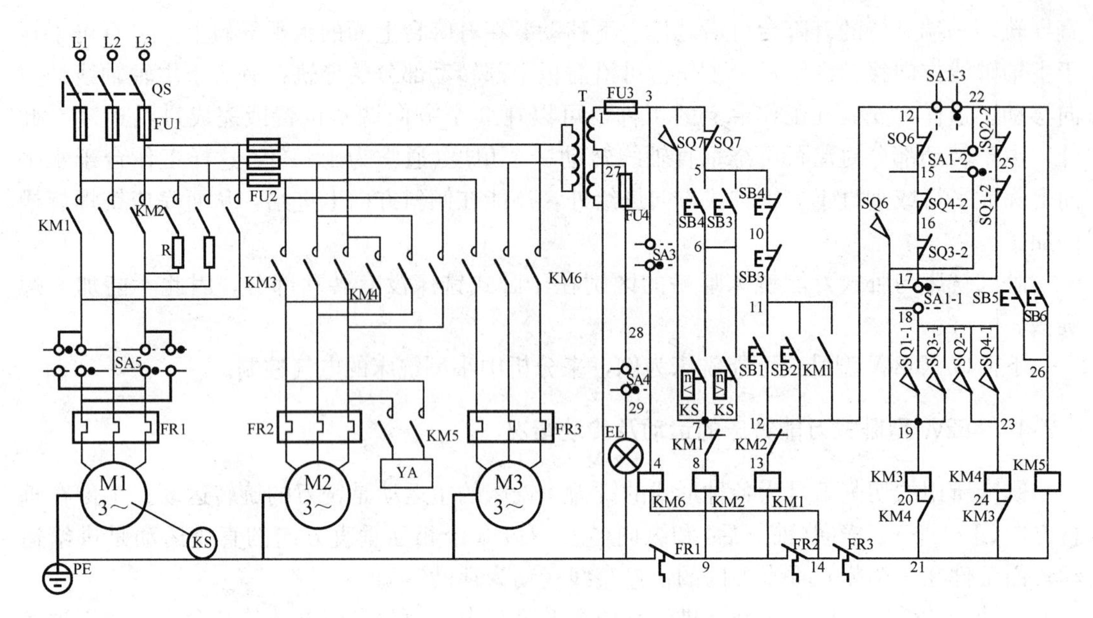

图 4.4　X62W 型卧式万能铣床电气控制电路图

1）主轴电动机的起动控制

主轴电动机 M1 由转换开关 SA5 来预选转向，KM1 控制其直接起动，KM2 实现其串电阻的反接制动，速度继电器 KS 控制其制动过程。由停止按钮 SB3 或 SB4、起动按钮 SB1 或 SB2 构成主轴电动机两地操作控制电路。起动前，应将电源引入，开关 QS 闭合，再把换向开关 SA5 扳到主轴所需的旋转方向，然后按下起动按钮 SB1 或 SB2，使接触器 KM1 线圈通电吸合，其主触头闭合，接通主轴电动机 M1 的电源，M1 便实现直接起动并按 SA5 预选的方向旋转。

2）主轴电动机的制动控制

无论主轴在停止前是正转还是反转，速度继电器 KS 的两个触头总有一个是闭合的，此时按下按钮 SB3 或 SB4，其常闭点先将 KM1 线圈回路切断，其常开点(按钮一定要按到底)再将 KM2 线圈回路接通，进行串电阻的反接制动。主轴电动机的转速迅速下降，至 KS 复位时，接点 6 至 7 之间断开，KM2 断电，制动过程结束。

3）主轴变速控制

主轴变速操纵箱装在床身左侧窗口上，变换主轴转速由一个手柄和一个刻度盘来实现。操作顺序如下：先将主轴变速手柄向下压，使手柄的榫块自槽中滑出，然后拉动手柄，使榫块落到第二道槽内为止；再转动刻度盘，把所需要的转数对准指针；最后把手柄推回原来位置，使榫块落进槽内。

变速时为了使齿轮容易啮合，下压变速手柄及将变速手柄推回原来位置时，将瞬间压下主轴变速行程开关 SQ7，使触头 SQ7(3～7)闭合，触头 SQ7(3～5)断开，使 KM2 线圈瞬间通电吸合，主轴电动机作瞬时点动，利于齿轮啮合，当变速手柄榫块落进槽内时，SQ7 不再受压，触头 SQ7(3～7)断开，切断主轴电动机点动电路。

变速冲动时间长短与主轴变速手柄运动速度有关，为了避免齿轮的撞击，当把手柄向原来位置推动时，要求推动速度快一些，只是在接近最终位置时，把推动速度减慢。当瞬时点动一次未能实现齿轮啮合时，可以重复进行变速手柄的操作，直至齿轮实现良好的啮合。

主轴变速在旋转和不转时均可进行变速操作。在主轴旋转情况下变速时，SQ7(3～5)先使KM1线圈断电，SQ7(3～7)再接通KM2线圈对M1进行反接制动，待电动机转速下降后再进行变速操作。只是变速完成后倘需再次起动电动机，主轴将在新选转速下旋转。

4.2.3 X62W型卧式万能铣床进给拖动及其控制

1. 进给拖动对电气控制的要求

进给拖动对电气控制的要求如下。

(1) 铣床进给系统负载主要为工作台移动时的摩擦转矩，这就对进给拖动系统提出恒转矩的调速要求。X62W型铣床进给系统采用三相笼型感应电动机拖动，经进给齿轮变速获得18种进给速度。这种调速为恒功率调速，为满足恒转矩负载要求，应按进给高速挡所需功率来选择电动机容量。在进给速度较低时，电动机功率得不到充分利用。但因负载转矩较小，按高速选择的电动机功率只有1.5kW，并没有造成电机容量的很大浪费。

(2) X62W型铣床工作台运行方式有手动、进给运动和快速移动3种。其中手动为操作者摇动手柄使工作台移动；进给运动和快速移动则由进给电动机拖动，通过进给电机的正反转实现往复运动。进给运动与快速移动的区别在于快速移动电磁铁YA是否接通。由于进给速度较低，采用自然停车即可。

(3) 为减少按钮数量，避免误操作，对进给电动机的控制采用电气开关、机械挂挡相互联动的手柄操作，且操作手柄扳动方向与其运动方向一致，从而更为直观。

(4) 工作台的进给方向有左右的纵向进给、前后的横向进给和上下的垂直进给，它们都是由进给电动机M2的正反转来实现的。而正反转接触器KM3、KM4是由两个操作手柄来控制的，一个是“纵向”机械操作手柄，另一个是“垂直与横向”机械操作手柄(称为“十字”手柄)，在扳动操作手柄的同时，完成机械挂挡和压合相应的行程开关，从而接通相应的接触器，控制进给电动机，拖动工作台按预定方向运动。

(5) 进给运动的控制也为两地操作。因此，纵向操作手柄与“十字”操作手柄各有两套，可在工作台正面与侧面实现两地操作，且这两套机械操作手柄是联动的。

(6) 工作台上、下、左、右、前、后6个方向的运动，每次只可进行一个方向的运动。因此，应具有6个方向运动的联锁。

(7) 主轴起动后，进给运动才能进行。为满足调整需要，未起动主轴，可进行工作台快速运动。

(8) 为便于进给变速时齿轮的啮合，应具有进给电动机变速冲动。

(9) 工作台上下左右前后6个方向的运动应具有限位保护。

2. 进给拖动电气控制电路的分析

“纵向”操作手柄有左、中、右3个位置，扳向左侧时压合SQ2，扳向右侧时压合SQ1，置于中间位置时SQ1、SQ2均不受压；“十字”操作手柄有上、下、前、后、中5个位置，置于向前及向下位置时压合SQ3，置于向后及向上位置时压合SQ4，置于中间位置时SQ3、SQ4均不受压。

SA1为圆工作台转换开关，有“接通”与“断开”两个位置，3对触头。当不需要圆工作台时，SA1置于“断开”位置，此时触头SA1-1、SA1-3闭合，SA1-2断开。当使用

圆工作台时，SA1置于“接通”位置，其触头通断情况与“断开”时正好相反。

在起动进给电动机之前，应首先起动主轴电动机，使KM1通电吸合，为进给电动机的起动做好准备。

1）工作台6个方向的进给

将纵向进给操作手柄扳向右侧或左侧，在机械上通过联动机构挂上纵向传动链。向右时压下行程开关SQ1，触头SQ1-1闭合，SQ1-2断开，KM3线圈通电吸合，M2正向起动旋转，拖动工作台向右进给；向左时压下行程开关SQ2，触头SQ2-1闭合，SQ2-2断开，KM4线圈通电吸合，M2反向起动旋转，拖动工作台向左进给。向左或向右进给结束后，将纵向进给操作手柄扳到中间位置，行程开关SQ2、SQ1不再受压，触头SQ2-1、SQ1-1断开，KM4、KM3线圈断电释放，M2停转，工作台向左或向右的进给停止。

将“十字”操作手柄扳到向前或向后位置，在机械上通过联动机构挂上横向传动链。向前时压下行程开关SQ3，触头SQ3-1闭合，SQ3-2断开，KM3线圈通电吸合，M2正向起动旋转，拖动工作台向前进给；向后时压下行程开关SQ4，触头SQ4-1闭合，SQ4-2断开，KM4线圈通电吸合，M2反向起动旋转，拖动工作台向后进给。

将操作手柄扳到向下或向上位置，在机械上通过联动机构挂上垂直传动链。向下时压下行程开关SQ3，触头SQ3-1闭合，SQ3-2断开，KM3线圈通电吸合，M2正向起动旋转，拖动工作台向下进给；向后时压下行程开关SQ4，触头SQ4-1闭合，SQ4-2断开，KM4线圈通电吸合，M2反向起动旋转，拖动工作台向上进给。

工作台向前、向后、向上、向下任一方向的进给结束，将“十字”操作手柄扳到中间位置时，对应的行程开关不再受压，KM3、KM4线圈断电释放，M2停止旋转，工作台停止进给。

2）进给变速时变速“冲动”的实现

进给变速只有在主轴起动后，将“纵向”进给操作手柄和“十字”进给操作手柄置于中间位置时才可进行，即进给停止时才能进行变速操作。

进给变速箱是一个独立部件，装在升降台的左边，速度的变换由进给操纵箱来控制。操纵箱装在进给变速箱的前面。变换进给速度的顺序是：将蘑菇形进给变速手柄拉出；转动手柄，把刻度盘上所需的进给速度对准指针；再将蘑菇形手柄推回原位。把蘑菇形手柄向外拉到极限位置的瞬间，行程开关SQ6受压，使触头SQ6-2先断开，SQ6-1后闭合。此时，KM3线圈经SQ1-2～SQ4-2及SQ6-1瞬时通电吸合，M2短时旋转，以利于变速齿轮的啮合。当蘑菇形手柄推回原位时，行程开关SQ6不再受压，进给电动机停转。如果一次瞬时点动齿轮仍未进入啮合状态，可再次拉出手柄并再次推回，直到齿轮进入啮合状态为止。

3）进给方向快速移动的控制

主轴开动后，将进给操作手柄扳到所需要的位置，则工作台开始按手柄所指方向以选定的进给速度运动，此时如按下工作台快速移动按钮SB5或SB6，接通快速移动电磁铁，将进给传动链中的摩擦离合器合上，减少中间传动装置，工件按原运动方向快速移动。

在主轴不转的情况下也可进行快速移动，这时应将主轴方向预选开关SA5置于“停止”位置，按下SB1或SB2，使KM1通电吸合并自锁后，再进行快移操作。

3. 圆工作台的控制

圆工作台的回转运动是由进给电动机经传动机构驱动的，使用圆工作台首先应把圆工

作台转换开关 SA1 扳到“接通”位置，工作台两个进给操作手柄置于中间位置，按下主轴起动按钮 SB1 或 SB2，主轴电动机起动旋转。此时，KM3 线圈经 SQ1-2～SQ4-2 等常闭触头和 SA1-2 通电吸合，进给电动机起动旋转，拖动圆工作台单方向回转。

4.2.4　X62W 型卧式万能铣床冷却泵和机床照明的控制

冷却泵电动机 M3 通常在铣削加工时由转换开关 SA3 控制，当 SA3 扳到接通位置时，KM6 线圈通电吸合，M3 起动旋转，并用热继电器 FR3 作过载保护。

机床照明由照明变压器 T2 输出 36V 安全电压，并由开关 SA4 控制照明灯 EL。

4.2.5　X62W 型卧式万能铣床控制电路的联锁与保护

X62W 型卧式万能铣床运动较多，电气控制电路较为复杂，为安全可靠地工作，应具有完善的联锁与保护。

1. 主运动与进给运动的顺序联锁

进给电气控制电路接在主轴电动机控制接触器 KM1 常开辅助触头之后，这就保证了只有在起动主轴电动机之后才可起动进给电动机。而当主轴电动机停止时，进给电动机立即停止。

2. 工作台 6 个运动方向的联锁

铣床工作时，只允许工作台一个方向运动。为此，工作台上、下、左、右、前、后 6 个方向之间都有联锁。其中工作台“纵向”操作手柄只能置于向左或向右中的一个位置，实现了工作台左、右运动方向之间的联锁；同理，“十字”操作手柄实现了上、下、前、后 4 个运动方向之间的联锁。如果这两个操作手柄同时置于某一进给位置，SQ1-2 与 SQ2-2 总有一个被压断，SQ3-2 与 SQ4-2 也总有一个被压断，15～17 支路与 22～17 支路均被切断，使 KM3 或 KM4 不可能通电吸合，进给电动机无法起动。这就保证了不允许同时操纵两个机械手柄，从而实现了 6 个方向之间的联锁。

3. 长工作台与圆工作台的联锁

圆工作台的运动必须与长工作台 6 个方向的运动有可靠的联锁，否则可能造成刀具和机床的损坏。若已使用圆工作台，则圆工作台转换开关 SA1 置于“接通”位置，进给电动机控制接触器 KM3 经由 SQ6-2、SQ1-2～SQ4-2、SA1-2 等触头接通，若此时又操纵纵向或垂直与横向操作手柄，将压下行程开关 SQ1～SQ4 中的某一个，于是由 SQ1-2～SQ4-2 断开 KM3 电路，进给电动机立即停止。

相反，若长工作台正在运动，扳动圆工作台选择开关 SA1 于“接通”位置，此时触头 SA1-1 将切断 KM3 和 KM4 线圈电路，进给电动机也将立即停止。

4. 具有完善的保护

该电路具有熔断器的短路保护，热继电器的过载保护，工作台 6 个运动方向的限位保护。限位保护采用机械和电气相配合的方法。工作台左右运动的行程长短，由安装在工作台前方操作手柄两侧的挡铁来决定，当工作台左右运动到预定位置时，挡铁撞动纵向操作手柄，使它返回中间位置，使工作台停止，实现限位保护；在铣床床身导轨旁设置了上、下两块挡铁，当升降台上下运动到一定位置时，挡铁撞动操作手柄，使其回到中间位置，

实现工作台垂直运动的限位保护；工作台横向运动的限位保护由安装在工作台左侧底部的挡铁撞动垂直与横向操作手柄返回中间位置来实现。

4.2.6 X62W型卧式万能铣床电气控制常见故障分析

X62W型铣床主轴电动机采用反接制动，进给电动机采用电气与机械联合控制，主轴及进给变速均有“变速冲动”，控制电路联锁较多。下面就这几方面来分析其电气控制常见故障。

1. 主轴停车制动效果不明显或无制动

其主要原因是速度继电器KS出现故障。当出现KS触头不能闭合时，主轴电动机制动接触器KM2不能在停车制动时通电吸合，出现主轴停车无制动的现象(要同时考虑是否是KM2出现故障所致)。若KS复位过早，制动过程过早结束，将出现主轴停车制动效果不明显的现象。

2. 主轴停车后短时反向旋转

其主要原因是KS复位过晚，使主轴电动机M1反向起动。

3. 主轴变速与进给变速时无变速冲动

该故障多因操作变速手柄时未能压合主轴变速开关SQ7或未能压合进给变速开关SQ6之缘故。造成的原因主要是开关松动或开关移位所致。

4. 工作台控制电路的故障

这部分电路故障较多。如工作台能够左、右运动，但无垂直与横向运动。这表明进给电动机M2与KM3、KM4接触器运行正常。但操作“十字”手柄却无运动，这可能是由手柄压合不上行程开关SQ3或SQ4；也可能是SQ1或SQ2在纵向操纵手柄扳回中间位置时不能复位所致。有时，进给变速冲动开关SQ6损坏，其常闭触头SQ6(19～22)闭合不上，也会出现上述故障。

5. 工作台不能快速移动

该故障多由快速移动电磁铁YA发生故障引起。一方面是其线圈烧毁、线圈接线松动等使YA不起作用，另一方面是KM5或其线路出现故障使YA不能正常工作。

至于其他故障，在此不一一列举。只要电路工作原理清晰，操作手柄与开关相互关系清楚，各电器安装位置明确，根据故障现象不难分析出故障原因，借助于仪表等测试手段也不难找出故障点并排除之。

4.3 磨床的电气控制

知识目标	➢ 了解磨床的结构和拖动形式； ➢ 掌握磨床各部分电路的工作原理。
能力目标	➢ 能正确分析磨床电路的工作原理； ➢ 能正确对磨床的电气部分进行维护和维修。

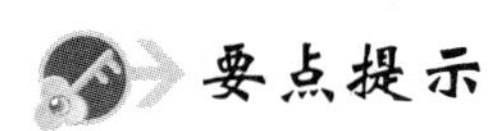

磨床的特殊之处在于其工件的固定方式与其他机床不一样，采用电磁吸盘来吸持加工工件。电磁吸盘在吸持工件时要有足够的电流，为避免工件吸持不牢，在磨削加工过程中飞出，需要欠电流的保护，取下工件时需要退磁(反向励磁)。另一特殊之处是为了保证加工精度，确保工作台往复运动换向时惯性小、无冲击，使其运行平稳，不采用电动机驱动，而采用液压驱动，实现工作台往复运动及砂轮箱的横向进给。

磨床是用砂轮的周边或端面进行加工的精密机床。砂轮的旋转是主运动，工件或砂轮的往复运动为进给运动，而砂轮架的快速移动及工作台的移动为辅助运动。磨床的种类很多，按其工作性质可分为外圆磨床、内圆磨床、平面磨床、工具磨床及一些专用磨床等。其中尤以平面磨床应用最为普遍，下面以 M7130 型平面磨床为例进行分析与讨论。

4.3.1 磨床的主要结构及运动情况

平面磨床外形图如图 4.5 所示。磨床工作台表面的 T 形槽用来固定电磁吸盘，再由电磁吸盘来吸持加工工件。工作台沿床身上导轨的往返运动由油压驱动活塞杆实现，并带动电磁吸盘和加工工件作往返运动。工作台的行程可通过调节装在工作台正面槽中的撞块的位置来改变。换向撞块是通过碰撞工作台往复运动换向手柄来改变油路方向，以实现工作台往复运动的。床身导轨有自动润滑装置进行润滑。

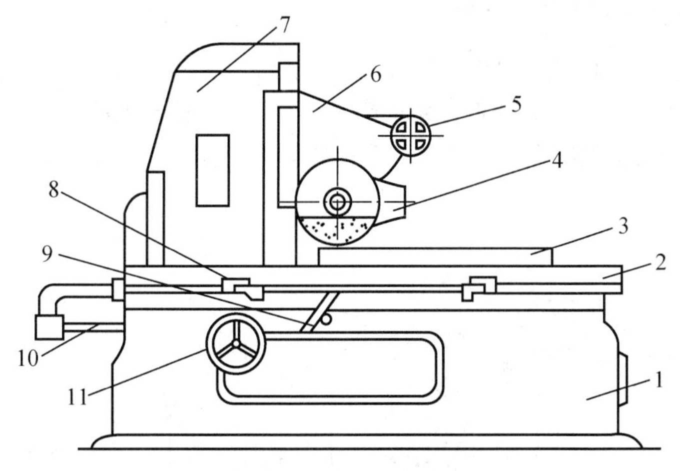

图 4.5 平面磨床外形图

1—床身 2—工作台 3—电磁吸盘 4—砂轮箱 5—砂轮箱横向移动手轮 6—滑座 7—立柱
8—工作台换向撞块 9—工作台往复运动换向手柄 10—活塞杆 11—砂轮箱垂直进刀手轮

在床身上固定有立柱，沿立柱的垂直导轨上装有滑座，砂轮箱能沿滑座的水平导轨作横向移动。砂轮轴由装入式砂轮电动机直接拖动。在滑座内部往往也装有液压传动机构。滑座可在立柱导轨上作上下垂直移动，并可由垂直进刀手轮操作。砂轮箱的水平轴向移动可由横向移动手轮操作，也可由液压传动作连续或间断横向移动，连续移动用于调节砂轮位置或整修砂轮，间断移动用于进给。

平面磨床的主运动是砂轮的旋转运动。进给运动有垂直进给、横向进给和纵向进给。垂直进给为滑座在立柱上的上下运动，当加工完整个平面后，砂轮箱作一次间断性的垂直

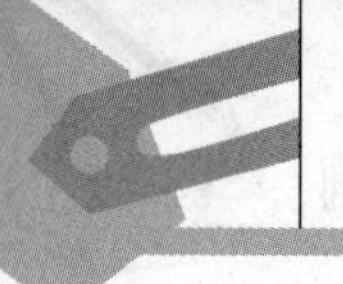

进给；横向进给为砂轮箱在滑座上的水平运动，工作台每完成一次往复运动时，砂轮箱便作一次间断性的横向进给；纵向进给，即工作台沿床身的往复运动。

4.3.2 M7130型平面磨床电力拖动特点及控制要求

M7130型平面磨床采用3台电动机拖动，其中砂轮电动机拖动砂轮旋转；液压电动机驱动油泵，供出压力油，经液压传动机构来完成工作台往复运动并实现砂轮的横向自动进给，并承担工作台导轨的润滑；冷却泵电动机拖动冷却泵，供给磨削加工时需要的冷却液。

为保证加工精度，确保工作台往复运动换向时惯性小、无冲击，使其运行平稳，不采用电动机驱动，而采用液压驱动，实现工作台往复运动及砂轮箱的横向进给。

磨削加工时无调速要求，但要求砂轮转速高，通常采用装入式两极笼型电动机直接拖动，这样还能提高砂轮主轴刚度，进而提高磨削加工精度。

为减小工件在磨削加工中的热变形，并冲走磨屑，以保证加工精度，需使用冷却液。为保证工件在磨削过程中受热后能自由伸缩，采用电磁吸盘来吸持工件。

为此，M7130型平面磨床由砂轮电动机、液压泵电动机及冷却泵电动机分别拖动，均只单方向旋转。冷却泵电动机与砂轮电动机具有顺序联锁关系(在砂轮电动机起动后才可开动冷却泵电动机)；无论电磁吸盘工作与否，均可开动各电动机，以便进行磨床的调整运动；具有完善的保护环节、工件退磁环节和机床照明电路。

4.3.3 M7130型平面磨床电气控制

M7130型平面磨床电气控制电路图如图4.6所示。其电气设备均安装在床身后部的配电箱内，控制按钮安装在床身前部的电气操纵盒上。电气控制电路图可分为主电路、电动机控制电路、电磁吸盘控制电路及机床照明电路等部分。

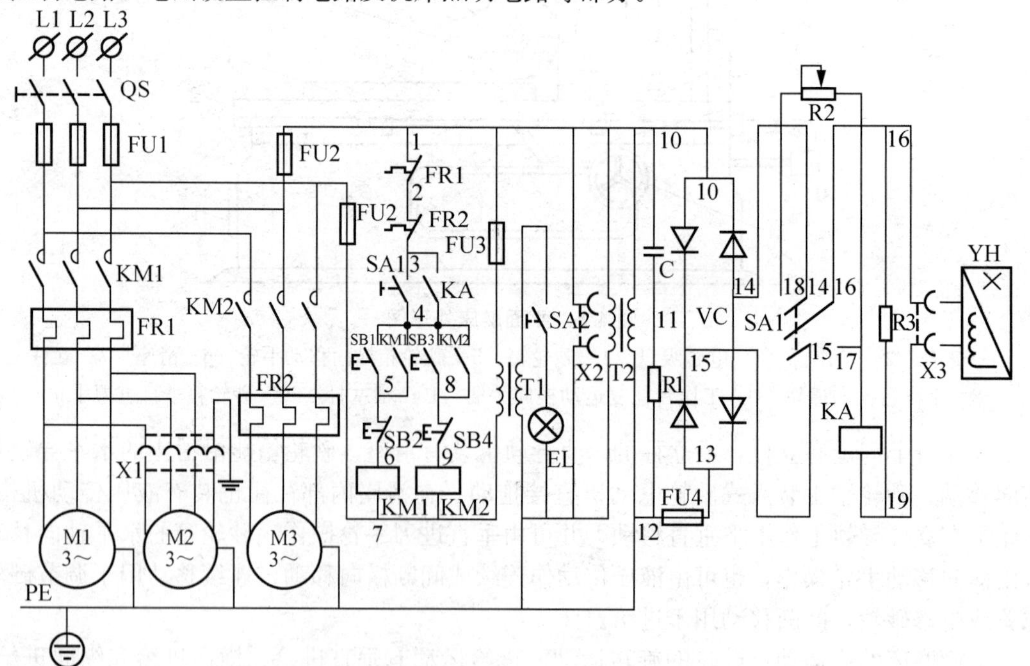

图4.6 M7130型平面磨床电气控制电路图

1. 主电路

砂轮电动机 M1、冷却泵电动机 M2 与液压泵电动机 M3 皆为单向旋转。其中 M1、M2 由接触器 KM1 控制，再经接插器 X1 供电给 M2，电动机 M3 由接触器 KM2 控制。

3 台电动机共用熔断器 FU1 作短路保护；M1、M2 由热继电器 FR1 作过载保护、M3 由热继电器 FR2 作过载保护。

2. 电动机控制电路

按钮 SB1、SB2 与接触器 KM1 构成砂轮电动机 M1 单向旋转控制电路；按钮 SB3、SB4 与接触器 KM2 构成液压泵电动机 M3 单向旋转控制电路。但电动机的起动必须满足下述条件之一。

(1) 电磁吸盘 YH 工作，欠电流继电器 KA 通电吸合，其触头 KA(3～4)闭合，表明吸盘电流足够大，足以将工件吸牢。

(2) 电磁吸盘 YH 不工作，转换开关 SA1 置于“去磁”位置，其触头 SA(3～4)闭合。

满足上述条件之一时，可分别操作按钮 SB1 或 SB3，起动 M1 与 M3 电动机进行磨削加工。当加工完成，按下停止按钮 SB2 或 SB4，M1 与 M3 停止旋转。

3. 电磁吸盘控制电路

1) 电磁吸盘构造与原理

电磁吸盘结构如图 4.7 所示。图中钢制吸盘体的中部凸起的芯体上绕有线圈，钢制盖板被隔磁板隔开。在线圈中通入直流电流，芯体将被磁化，磁力线经由盖板、工件、吸盘体、芯体闭合，将工件牢牢吸住。盖板中的隔磁板由铅、铜、巴氏合金等非磁性材料制成，其作用是使磁力线不直接通过盖板闭合，而是通过工件才能回到吸盘体，以增强对工件的吸持力。

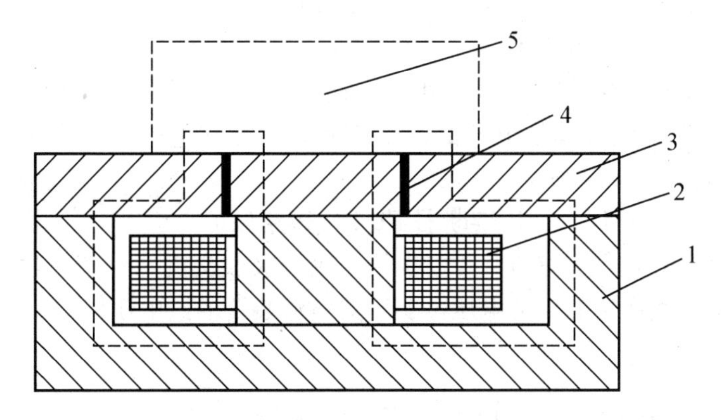

图 4.7　电磁吸盘结构与工作原理

1—钢制吸盘体　2—线圈　3—钢制盖板　4—隔磁板　5—工件

电磁吸盘具有夹紧迅速，不损伤工件，能同时吸持多个小工件；在加工过程中，工件发热可自由伸延，加工精度高等优点，但也存在夹紧力不及机械夹紧装置，调节不便；需用直流电源供电；不能吸持非磁性材料工件等缺点。

2) 电磁吸盘控制电路

电磁吸盘控制电路由整流装置、控制装置及保护装置等部分组成。

电磁吸盘整流装置由变压器 T2 与桥式全波整流器 VC 组成，输出 110 V 直流电压供电磁吸盘使用。

电磁吸盘由转换开关 SA1 控制。SA1 有 3 个位置：充磁、断电与去磁。当开关处于“充磁”位置时，触头 SA1(14～16)与 SA1(15～17)接通；当开关置于“去磁”位置时，触头 SA1(14～18)、SA1(16～15)及 SA1(4～3)接通；当开关置于“断电”位置时，SA1 所有触头都断开。对应 SA1 各位置，其电路工作情况如下。

当 SA1 置于“充磁”位置时，电磁吸盘 YH 获得 110V 直流电压，与 YH 串联的欠电流继电器 KA 线圈有电流通过，当吸盘电流足够大时，KA 动作，触头 KA(3～4)闭合，表明工件被吸牢，此时可进行磨削加工。

加工完毕，按下 SB2 与 SB4，停止 M1、M3 后，需将开关 SA1 扳至“退磁”位置，此时，电磁吸盘中通入反方向电流，并在电路中串入可变电阻 R2，用以限制并调节反向去磁电流大小，以达到既可退磁又不致反向磁化的目的。退磁结束后，再将 SA1 扳到“断电”位置，便可取下工件。若工件对去磁要求严格，在取下工件后，还要用交流去磁器进行去磁。交流去磁器是平面磨床的一个附件，使用时，将交流去磁器插头插在床身的插座 X2 上，再将工件放在去磁器上来回移动若干次即可。

3）电磁吸盘保护环节

电磁吸盘具有欠电流保护、过电压保护及短路保护等。

(1) 电磁吸盘的欠电流保护。目的是为了防止在磨削过程中出现断电事故或吸盘电流减小，致使电磁吸力消失或减小，造成工件飞出的事故。具体措施是在电磁吸盘线圈电路中串入欠电流继电器 KA，只有当电磁吸盘直流电压符合设计要求，吸盘具有足够的电流来产生吸力时，欠电流继电器 KA 才吸合，触头 KA(3～4)闭合，为起动 M1、M3 电动机做好准备。若在磨削加工中，吸盘电流过小，将使欠电流继电器 KA 释放，触头 KA(3～4)断开，接触器 KM1、KM2 线圈断电，电动机 M1、M3 停止旋转，避免事故发生。

(2) 电磁吸盘线圈的过电压保护。电磁吸盘线圈匝数多、电感大，通电工作时线圈中储有较大的磁场能量。当线圈断电时，由于电磁感应，在线圈两端产生大的感应电动势，瞬时反向的高电压对线圈和其他电器的绝缘不利，为此在电磁吸盘线圈两端并联了电阻 R3，作为放电电阻，消耗磁场能量。

(3) 电磁吸盘的短路保护。用熔断器 FU4 作短路保护。

电阻 R1 与电容 C 串联并联在 T2 二次侧，用以吸收交流电路产生过电压和直流侧电路通断时在 T2 二次侧产生的浪涌电压，实现对整流装置的过电压保护。

4. 机床照明电路

机床照明电路由照明变压器 T1 将交流 380 V 降为 36 V，并由开关 SA2 控制照明灯 EL。

4.3.4 平面磨床电气控制常见故障分析

平面磨床电气控制常见故障常出现在电磁吸盘电路中，下面仅对此进行分析。

(1) 电磁吸盘没有吸力。出现该故障时首先应检查三相交流电源是否正常，然后再检查 FU1、FU2 与 FU4 熔断器是否完好，接触是否正常，再检查接插器 X3 接触是否良好。如上述检查均未发现故障，则进一步检查电磁吸盘电路，包括欠电流继电器 KA 线圈是否

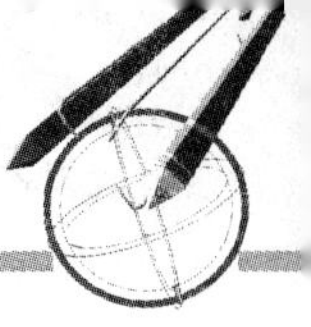

断开，吸盘线圈是否断路等。

(2) 电磁吸盘吸力不足。常见的原因有交流电源电压低，导致整流直流电压下降，以致吸力不足。若整流直流电压正常，电磁吸力仍不足，则有可能是X3接插器接触不良。

造成电磁吸盘吸力不足的另一原因是桥式整流电路的故障。如整流桥一臂发生开路，将使直流输出电压下降一半，使吸力减小。若有一臂整流元件击穿形成短路，则与它相邻的另一桥臂的整流元件会因过电流而损坏，此时T2也会因电路短路而造成过电流，致使电磁吸盘吸力很小，甚至无吸力。

(3) 电磁吸盘退磁效果差，造成工件难以取下。其故障原因往往在于退磁电压过高或去磁回路断开，无法去磁或去磁时间掌握不好等。

4.4　摇臂钻床的电气控制

知识目标	➢ 了解钻床的结构和拖动形式； ➢ 掌握钻床各部分电路的工作原理。
能力目标	➢ 能正确分析钻床电路的工作原理； ➢ 能正确对钻床的电气部分进行维护和维修。

要点提示

摇臂钻床使用的电机较多，有4台电动机拖动，摇臂钻床的主运动与进给运动皆为主轴的运动，由一台主轴电动机拖动；摇臂的升降由升降电动机拖动；冷却泵由冷却泵电动机拖动；液压泵电动机拖动液压泵供出压力油来实现内外立柱的夹紧与放松、主轴箱与摇臂的夹紧与放松。内外立柱的夹紧与放松、主轴箱与摇臂的夹紧与放松是摇臂钻床与其他机床的区别之一。摇臂钻床的某些运动之间存在着关联，如摇臂的升降必须从摇臂的松开开始，最后以摇臂的夹紧结束。

钻床是一种用途较广的加工机床，可以用来进行钻孔、扩孔、铰孔、攻螺纹及修刮端面等多种形式的加工。钻床按用途和结构可分为立式钻床、台式钻床、摇臂钻床、多轴钻床、深孔钻床、卧式钻床及其他专用钻床等。在各类钻床中，摇臂钻床操作方便、灵活，适用范围广，具有典型性。下面以Z3040型摇臂钻床为例，分析其电气控制原理。

4.4.1　摇臂钻床的主要结构及运动情况

摇臂钻床主要由底座、内立柱、外立柱、摇臂、主轴箱、主轴及工作台等部分组成，如图4.8所示。立柱为双层结构，内立柱固定在底座的一端，在它外面套着外立柱，外立柱可绕内立柱作360°回转，摇臂的一端套在外立柱上，借助丝杠的正反转可沿外立柱作上下移动，以调整主轴箱和刀具的高度。但由于丝杠与外立柱连为一体，而升降螺母固定在摇臂上，所以摇臂只能与外立柱一起绕内立柱回转。主轴箱是一个复合部件，它由主轴拖动电动机、主轴及其传动机构、进给及其变速机构、机床的操作机构等部分组成。主轴箱安装在摇臂的水平导轨上，可以通过手轮操作使其在水平导轨上沿摇臂移动。

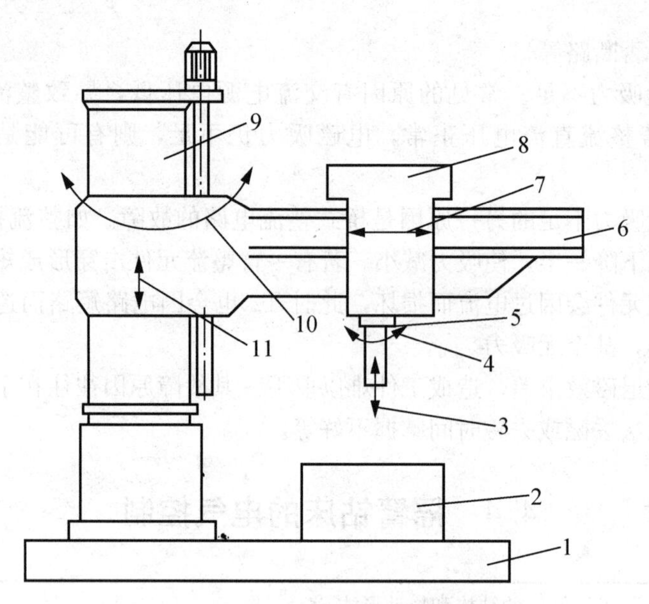

图 4.8 摇臂钻床结构及运动情况示意图

1—底座 2—工作台 3—主轴纵向进给 4—主轴旋转主运动 5—主轴 6—摇臂
7—主轴箱沿摇臂径向运动 8—主轴箱 9—内外立柱 10—摇臂回转运动 11—摇臂垂直运动

钻削加工时，要求主轴带动刀具旋转并进行主轴轴向的进给，此时，主轴箱由夹紧装置将其紧固在摇臂水平导轨上，外立柱紧固在内立柱上，摇臂紧固在外立柱上，然后进行钻削加工。摇臂钻床的主运动为主轴的旋转运动；进给运动为主轴的轴向运动；辅助运动有摇臂沿外立柱的垂直移动、主轴箱沿摇臂水平导轨的移动、摇臂与外立柱一起绕内立柱的回转运动。

4.4.2 摇臂钻床的电力拖动特点及控制要求

摇臂钻床的电力拖动特点及控制要求如下。

(1) 摇臂钻床应有 4 台电动机拖动：摇臂钻床的主运动与进给运动皆为主轴的运动，为此这两种运动由一台主轴电动机拖动；摇臂的升降由升降电动机拖动；冷却泵由冷却泵电动机拖动；液压泵电动机拖动液压泵供出压力油来实现内外立柱的夹紧与放松、主轴箱与摇臂的夹紧与放松。

(2) 为适应多种形式的加工，要求主轴及进给有较大的调速范围。

(3) 为加工螺纹，主轴要求正、反转。摇臂钻床主轴正反转一般采用机械方法来实现，这样主轴电动机只需单方向旋转。

(4) 摇臂的升降由升降电动机正、反转实现。

(5) 摇臂的移动严格按照摇臂松开→移动→摇臂夹紧的程序进行。因此，摇臂的夹紧、放松与摇臂升降按自动控制进行。

(6) 具有机床安全照明和信号指示。

(7) 具有必要的联锁和保护环节。

4.4.3 Z3040 型摇臂钻床的电气控制

该摇臂钻床具有两套液压控制系统：一套是操纵机构液压系统，由主轴电动机拖动齿

轮泵送出压力油，通过操纵机构实现主轴正转、反转、停车制动、空挡、预选与变速等；另一套是夹紧机构液压系统，由液压泵电动机拖动液压泵送出压力油来实现摇臂的夹紧与松开、主轴箱的夹紧与松开、立柱的夹紧与松开。前者安装于主轴箱内，后者安装于摇臂电器盒下部。

操纵机构液压系统由主轴操作手柄来改变两个操纵阀的相互位置，使压力油作不同的分配，获得不同的动作。操作手柄有“空挡”、“变速”、“正转”、“反转”、“停车”5个位置。

将操作手柄扳至“空挡”位置时，压力油使主轴传动中的滑移齿轮处于中间脱开位置。这时，可用手轻便地转动主轴。

将主轴操作手柄扳至“变速”位置时，改变两个操纵阀的相互位置，使齿轮泵送出的压力油进入主轴转速预选阀和主轴进给量预选阀，然后进入各变速油缸。与此同时，另一油路系统推动拨叉缓慢移动，逐渐压紧主轴正转摩擦离合器，接通主轴电动机到主轴的传动链，带动主轴缓慢旋转，称为缓速，以利于齿轮的顺利啮合。当变速完成，松开操作手柄，此时手柄在弹簧作用下由“变速”位置自动复位到主轴“停车”位置，然后再操纵主轴正转或反转，主轴将在新的转速或进给量下工作。

起动主轴时，首先按下主轴电动机起动按钮，主轴电动机起动旋转，拖动齿轮泵，送出压力油。然后操纵主轴手柄，扳至所需位置(“正转”或“反转”)，于是两个操纵阀相互位置改变，使一股压力油将制动摩擦离合器松开，为主轴旋转创造条件；另一股压力油压紧正转(反转)摩擦离合器，接通主轴电动机到主轴的传动链，驱动主轴正转或反转。

主轴停车时，将操作手柄扳回“停车”(中间)位置，这时主轴电动机仍拖动齿轮泵旋转，但此时整个液压系统为低压油，无法松开制动摩擦离合器，而在制动弹簧作用下将制动摩擦离合器压紧，使制动轴上的齿轮不能转动，实现主轴停车。所以主轴停车时主轴电动机仍在旋转，只是不能将动力传到主轴。

夹紧机构液压系统是由液压泵电动机拖动液压泵送出压力油实现的。其中主轴箱和立柱的夹紧放松由一个油路单独控制，而摇臂的夹紧放松因要与摇臂的升降运动构成自动循环，故由另一油路来控制。这两个油路均由电磁阀操纵。

Z3040型摇臂钻床电路图如图4.9所示。图中M1为主轴电动机，M2为摇臂升降电动机，M3为液压泵电动机，M4为冷却泵电动机。

1. 主轴电动机的控制

主轴电动机M1为单向旋转，由按钮SB1、SB2和接触器KM1构成主轴电动机单向运转控制电路。主轴电动机起动后拖动齿轮泵送出压力油，再操纵主轴操作手柄，驱动主轴实现正转或反转。

2. 摇臂升降的控制

由按钮SB3、SB4点动控制接触器KM2、KM3实现摇臂升降电动机M2的正、反转，拖动摇臂上升或下降。当摇臂升降指令发出时，先使摇臂松开，然后摇臂上升或下降，待摇臂升降到位时，又自行重新夹紧。由于摇臂的松开与夹紧是由夹紧机构液压系统实现的，所以摇臂升降控制需与夹紧机构液压系统紧密配合。

液压泵电动机M3由接触器KM4、KM5控制，实现电动机正、反转，拖动双向液压泵，送出压力油，经二位六通阀送至摇臂夹紧机构实现夹紧与松开。

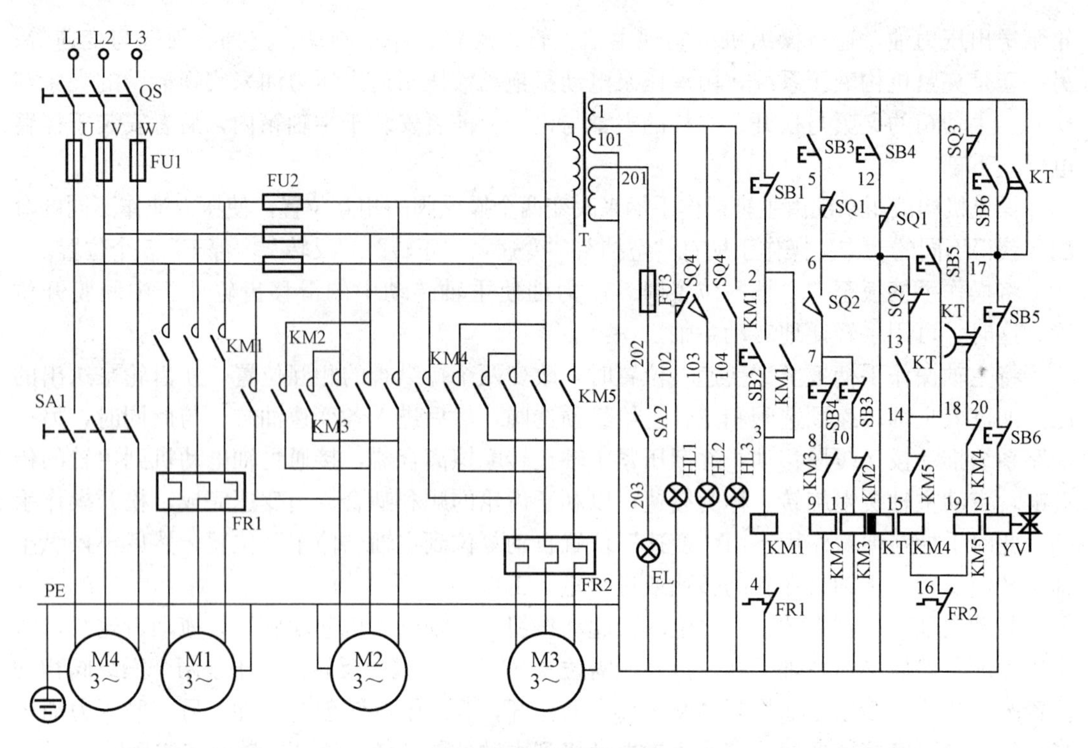

图 4.9　Z3040 型摇臂钻床电路图

下面以摇臂上升为例分析摇臂升降的控制。按下上升点动按钮 SB3，时间继电器 KT 线圈通电，瞬动常开触头 KT(13～14)闭合，接触器 KM4 线圈通电，液压泵电动机 M3 起动旋转，拖动液压泵送出压力油，同时 KT 的断电延时断开触头 KT(1～17)也立即闭合，电磁阀 YV 线圈通电。于是液压泵送出的压力油经二位六通阀进入摇臂夹紧机构的松开油腔，推动活塞和菱形块，将摇臂松开。同时，活塞杆通过弹簧片压上行程开关 SQ2，发出摇臂松开信号，即 SQ2(6～13)断开，断开 KM4 线圈电路，M3 停止旋转，液压泵停止供油，摇臂维持在松开状态；SQ2(6～7)闭合，接通 KM2 线圈电路，使 KM2 线圈通电，摇臂升降电动机 M2 起动旋转，拖动摇臂上升。所以行程开关 SQ2 是用来反映摇臂是否松开且发出松开信号的元件。当摇臂上升到所需位置时，松开 SB3，KM2 与 KT 线圈同时断电，M2 电动机停止旋转，摇臂停止上升，而 KT 断电延时闭合触头 KT(17～18)经延时 1～3 s 后才闭合，断电延时断开触头 KT(1～17)经同样延时后才断开，所以在 1～3 s 时间内 KM5 线圈仍处于断电状态，电磁阀 YV 仍处于通电状态，确保摇臂升降电动机 M2 在断开电源后到完全停止运转才开始摇臂的夹紧动作，所以 KT 延时长短应根据 M2 电动机切断电源至完全停止旋转的惯性大小来调整。当 KT 断电延时(1～3 s)时间到，触头 KT(17～18)闭合，KM5 线圈通电吸合，液压泵电动机 M3 反向起动，拖动液压泵，供出压力油，同时触头 KT(1～17)断开，电磁阀 YV 线圈断电，这时压力油经二位六通阀进入摇臂夹紧油腔，反方向推动活塞和菱形块，将摇臂夹紧。同时，活塞杆通过弹簧片压下行程开关 SQ3，使触头 SQ3(1～17)断开，KM5 线圈断电，M3 停止旋转，摇臂夹紧完成。所以 SQ3 为摇臂夹紧信号开关。摇臂升降的极限保护由组合式行程开关 SQ1 来实现，SQ1 有两对常闭触头，当摇臂上升或下降到极限位置时相应触头动作，切断对应上升或下降接触器 KM2 与 KM3，使摇臂升降电动机 M2 停止旋转，摇臂停止移动。SQ1 开关两对触头平时应

调整在同时接通位置；一旦动作时，应使一对触头断开，而另一对触头仍保持闭合。

摇臂自动夹紧程度由行程开关 SQ3 控制。若夹紧机构液压系统出现故障不能夹紧，将使触头 SQ3(1～17)断不开，或者由于 SQ3 开关安装调整不当，摇臂夹紧后仍不能压下 SQ3。这时都会使 M3 长期处于过载状态，易将电动机烧毁，为此，M3 主电路采用热继电器 FR2 作过载保护。

3. 主轴箱、立柱松开与夹紧的控制

主轴箱和立柱的夹紧与松开是同时进行的。当按下复合按钮 SB5 时，接触器 KM4 线圈通电，液压泵电动机 M3 正转，拖动液压泵送出压力油，同时电磁阀 YV 线圈电路被切断，压力油经二位六通阀，进入主轴箱与立柱松开油腔，推动活塞和菱形块，使主轴箱与立柱松开，而由于 YV 线圈断电，压力油不会进入摇臂松开油腔，摇臂仍处于夹紧状态。当主轴箱与立柱松开时，行程开关 SQ4 不受压，触头 SQ4(101～102)闭合，指示灯 HL1 亮，表示主轴箱与立柱确已松开。可以手动操作主轴箱在摇臂的水平导轨上移动，也可推动摇臂(套在外立柱上)使外立柱绕内立柱旋转移动，当移动到位后再按下夹紧复合按钮 SB6，接触器 KM5 线圈通电，液压泵电动机 M3 反转，拖动液压泵送出压力油至夹紧油腔，使主轴箱与立柱夹紧。当确已夹紧时，压下 SQ4，触头 SQ4(101～103)闭合，HL2 灯亮，而触头 SQ4(101～102)断开，HL1 灭，指示主轴箱与立柱已夹紧，可以进行钻削加工。

4. 冷却泵电动机 M4 的控制

冷却泵电动机容量为 0.125 kW，由 SA1 开关控制单向旋转。

5. 具有完善的联锁、保护环节

行程开关 SQ2 实现摇臂松开到位，开始升降的联锁。行程开关 SQ3 实现摇臂完全夹紧，液压泵电动机 M3 停止旋转的联锁。时间继电器 KT 实现摇臂升降电动机 M2 自切断电源且惯性旋转停止后再进行夹紧的联锁。摇臂升降电动机正反转，由上升下降按钮 SB3、SB4 实现机械互锁外，还有正反转接触器 KM1、KM2 常闭触头实现电气双重互锁。主轴箱与立柱夹紧、松开时，为保证压力油不进入摇臂夹紧油路，在进行主轴箱与立柱松开、夹紧操作时，即按下 SB5 或 SB6 按钮时，用 SB5 或 SB6 常闭触头接入电磁阀线圈 YV 电路，切断 YV 电路来实现联锁。

电路设有熔断器 FU1 作为总电路和电动机 M1、M4 的短路保护，熔断器 FU2 作为电动机 M2、M3 及控制变压器 T 一次侧的短路保护。热继电器 FR1、FR2 作为电动机 M1、M3 的过载保护。组合行程开关 SQ1 作摇臂上升、下降的极限位置保护。FU3 作照明的短路保护。各接触器实现电路的失压或欠压保护等。

6. 照明与信号指示电路

HL3 为主轴旋转工作指示灯。HL2 为主轴箱、立柱夹紧指示灯。HL1 为主轴箱、立柱松开指示灯，灯亮时，可以手动操作主轴箱移动或使摇臂回转移动。照明灯 EL 由控制变压器供给 36 V 安全电压，经 SA2 开关操作实现照明。

4.4.4　Z3040 型摇臂钻床电气控制电路常见故障分析

Z3040 型摇臂钻床的控制是机、电、液的联合控制，这也是该钻床的重要特点。摇臂

移动中的故障为其常见故障。

1. 摇臂不能上升

常见故障为SQ2安装位置不当或位置发生移动。这样，摇臂虽已松开，但活塞杆仍压不上SQ2，致使摇臂不能移动。有时也会出现因液压系统发生故障，使摇臂没有完全松开，活塞杆压不上SQ2，为此，应配合机械、液压系统调整好SQ2位置并安装牢固。有时电动机M3电源相序接反，此时按下摇臂上升按钮SB3时，电动机M3反转，使摇臂夹紧，更压不上SQ2，摇臂也不会上升。所以，机床大修或安装完毕后，必须认真检查电源相序及电动机正反转是否正确。

2. 摇臂移动后夹不紧

摇臂夹紧动作的结束是由行程开关SQ3来控制的。若摇臂夹不紧，说明摇臂控制电路能动作，只是夹紧力不够，这是由于SQ3动作过早，使液压泵电动机M3在摇臂还未充分夹紧时就停止旋转，这往往是由于SQ3安装位置不当或松动移位，过早地被活塞杆压上动作所致。

3. 液压系统的故障

有时电气控制系统工作正常，而电磁阀芯卡住或油路堵塞，造成液压控制系统失灵，也会造成摇臂无法移动。所以，在维修工作中应正确判断是电气控制系统还是液压系统的故障，而这两者之间又相互联系，为此应相互配合共同排除故障。

4.5 镗床的电气控制

知识目标	➢ 了解镗床的结构和拖动形式； ➢ 掌握镗床各部分电路的工作原理。
能力目标	➢ 能正确分析镗床电路的工作原理； ➢ 能正确对镗床的电气部分进行维护和维修。

要点提示

镗床是一种精密加工机床。比较特殊的是镗床的进给运动，既有刀具的进给又有工件的进给，具体为镗轴的轴向进给、平旋盘刀具溜板的径向进给、镗头架的垂直进给、工作台的横向和纵向进给。镗床的快速运动由单独快移电动机实现。

镗床是一种精密加工机床，主要用于加工精度高的孔，以及各孔间距离要求较为精确的零件，如一些箱体零件，变速箱、主轴箱等。往往在其上要加工多个尺寸不同的孔，且孔径大、精度高，对孔的同轴度、垂直度、平行度及孔间距等均有精确要求。这些都是钻床难以胜任的。镗床由于刚性好、其可动部分在导轨上的活动间隙小等可满足上述要求。

镗床除镗孔外，在万能镗床上还可以钻孔、绞孔和扩孔；用镗轴或平旋盘铣削平面；加上车螺纹附件后车削螺纹；装上平旋盘刀架可以加工大的孔径、端面和外圆。

按用途不同，镗床可分为卧式镗床、立式镗床、坐标镗床、金刚镗床和专用镗床。下面以T68型卧式镗床为例，分析其电气控制。

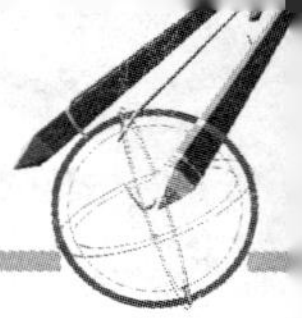

4.5.1　卧式镗床的结构、运动形式和拖动特点

1. 卧式镗床的结构

卧式镗床的外形图如图 4.10 所示。镗床主要由床身、前立柱、镗头架、后立柱、尾座、上溜板、下溜板和工作台等部分组成。

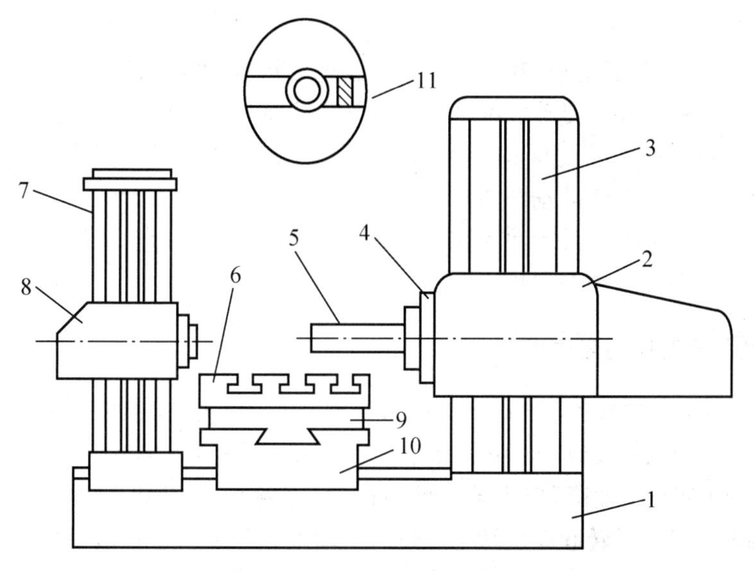

图 4.10　卧式镗床外形图

1—床身　2—镗头架　3—前立柱　4—平旋盘　5—镗轴　6—工作台
7—后立柱　8—尾座　9—上溜板　10—下溜板　11—刀具溜板

床身是一整体铸件，其一端固定有前立柱，另一端固定有后立柱(可沿床身上的水平导轨左右移动)。在前立柱的垂直导轨上装有镗头架，并由悬挂在前立柱空心部分对重心来平衡。镗头架可沿导轨垂直移动，其上装有主轴部分、主轴变速箱、进给箱与操纵机构等部件。切削刀具固定在镗轴前端的锥形孔里，或装在平旋盘上的刀具溜板上。在镗削加工中，镗轴一面旋转，一面沿轴向作进给运动。平旋盘只能旋转，装在其上的刀具溜板作径向进给。平旋盘主轴为空心轴，镗轴穿过其中空部分，经由各自的传动链传动。镗轴和平旋盘可独自旋转，也可以以不同速度同时旋转。一般情况下大都使用镗轴，只有用车刀切削端面时才使用平旋盘。

在后立柱上面的导轨上安放有尾座，用来支撑镗杆的末端。尾座和镗头架要同时升降，保证两者的轴心在同一条水平线上。

工作台安放在床身中部的导轨上，由上、下溜板和可转动的工作台组成。下溜板可沿床身上的导轨作纵向移动；上溜板可沿下溜板上的导轨作横向运动，工作台相对于上溜板可作回转运动。

2. 卧式镗床的运动形式

卧式镗床的主要运动形式有以下几种。

(1) 主运动。指镗轴与平旋盘的旋转运动。

(2) 进给运动。指镗轴的轴向进给，平旋盘刀具溜板的径向进给，镗头架的垂直进

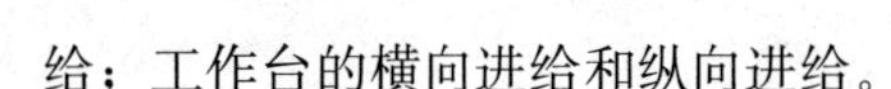

给；工作台的横向进给和纵向进给。

（3）辅助运动。指工作台的回转，后立柱的轴向移动和尾架垂直移动。

3. 卧式镗床的电气控制特点

卧式镗床的电气控制有如下特点。

（1）主运动和进给运动由一台电动机拖动。要求主轴能正、反转，一般采用多速笼型三相感应电动机拖动。

（2）为满足加工过程调整工作的需要，主轴电动机应能实现正、反转点动控制。

（3）要求主轴停车制定迅速、准确，为此设有主轴电动机电气制动环节。

（4）主轴及进给速度可在开车前预选，也可在工作过程中进行变速，为便于变速时齿轮的顺利啮合，应设置变速冲动环节。

（5）为缩短辅助时间，设置快速移动电动机，拖动机床各运动部件实现快速移动。

（6）应设置必要的联锁与保护环节。

4.5.2 T68型卧式镗床的电气控制

T68型卧式镗床的电气控制电路图如图4.11所示。M1为主电动机，用于实现镗床的主运动和进给运动，为双速电动机，功率为5.5/7.5 kW，转速为1460/2880 r/min；M2为快速移动电动机，用于实现主轴箱和工作台的快速移动，功率为2.5 kW，转速为1460 r/min。控制电路由主轴电动机正反转起动旋转与正反转点动控制环节、主轴电动机转停车反接制动控制环节、主轴变速与进给变速时的冲动环节、工作台快速移动控制及机床的联锁与保护环节等组成。

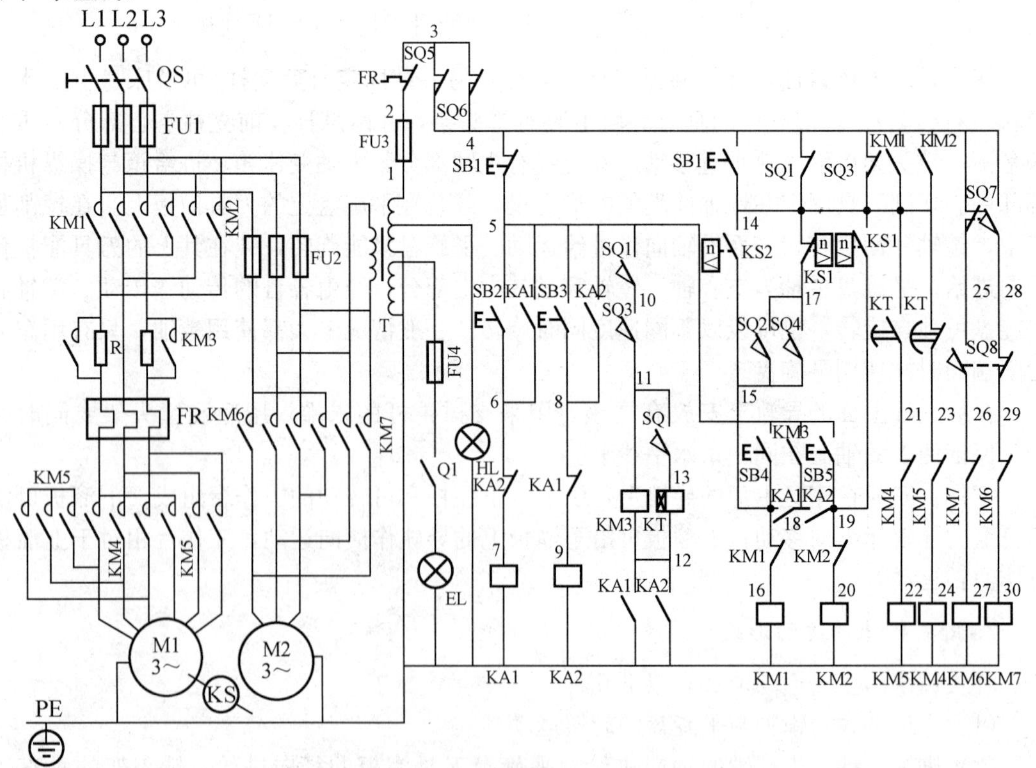

图4.11 T68型卧式镗床电气控制电路图

1. 主电动机的正反转控制

1）主轴电动机正反转点动控制

由正反转接触器KM1、KM2与正反转点动按钮SB4、SB5组成主电动机M1的点动控制电路。按下SB4或SB5时，KM1或KM2点动接通，此时M1串入降压电阻R并接成△连接(低速)进行低速点动。

2）主电动机正反向低速旋转控制

选择电动机低速运转时应将速度选择手柄置于低速挡位，此时高低速行程开关SQ处于释放状态，SQ(11～13)断开。当主轴变速和进给变速手柄处于原位时，SQ1、SQ3被压下，SQ1(5～10)、SQ3(10～11)闭合。按下SB2或SB3时，KA1或KA2通电吸合，使KM3、KM1或KM2、KM4相继通电吸合。M1定子绕组连接成△形，在全压下直接起动低速旋转。

3）主电动机正反向高低速旋转控制

选择电动机高速运转时应将速度选择手柄置于高速挡位，此时高低速行程开关SQ处于压合状态，SQ(11～13)闭合。按下起动按钮时，KM3通电吸合的同时，时间继电器KT也通电吸合。因此，电动机M1在低速运转3s左右的时间后，KT的通电延时断开触头KT(14～23)断开，KM4断电释放；同时，KT的通电延时闭合触头KT(14～21)闭合，KM5通电吸合，将电动机M1的定子绕组接成YY形，从而使电动机M1由低速起动后转为高速运转。

2. 主电动机停车与制动的控制

主电动机的正反转反接制动控制电路由SB1、速度继电器KS、接触器KM1、KM2、KM3组成。

以主电动机正向旋转时的停车制动为例，此时速度继电器KS的正向常开触头KS1(14～19)闭合。停车时，按下SB1，SB1(4～5)断开。若电动机M1原来处于低速正转状态，此时KM1、KM3、KM4和KA1断电释放；若电动机M1原来处于高速正转状态，此时KM1、KM3、KM5、KA1和KT断电释放，限流电阻R串入M1定子电路，而SB1(4～14)闭合，KM2经KS(14～19)通电吸合，并通过KM2(4～14)自锁。KM2、KM4的主触头闭合，经R接通电动机M1的三相电源，M1进行反接制动，其转速迅速下降。当速度下降至速度继电器复位时，KS1(14～19)断开，KM2、KM4线圈先后断电释放，其主触头切断主电动机的三相电源，反接制动结束。

停车时一定要将SB1按到底，保证SB1(4～14)闭合。否则，将无反接制动的过程。

3. 主轴变速与进给变速的变速冲动

T68型卧式镗床的主轴变速与进给变速可以在主轴电动机停车时进行，也可以在电动机运行中进行。为便于变速时齿轮的啮合，主电动机要在连续低速状态下运行，即实现变速冲动。

1）变速的操作过程

主轴变速时，先将变速操作盘上的变速手柄拉出，然后转动变速盘，选好新的速度，再将变速手柄推回。手柄拉出和推回的过程中，与其联动的行程开关SQ1、SQ2相应动作。拉出时SQ1不受压，SQ2压下；手柄推回时，SQ1受压，SQ2不受压。

2）主轴电动机停车状态下的变速冲动

主轴电动机不转时进行主轴变速操作，将变速手柄拉出，由于SQ1释放、SQ2压合，通过SQ1(4～14)、KS1(14～17)、SQ2(17～15)使KM1通电吸合，通过SQ1(4～14)、KT(14～23)、KM5(23～24)使KM4通电吸合，电动机M1串入电阻R，在低速接法下正向起动。若电动机转速上升得过高，则KS1(14～17)断开，KS1(14～19)闭合，又使KM1断电释放、KM2通电吸合，进行反接制动，使电动机的速度降低。电动机转速降低后，又使得KS1(14～17)闭合，KS1(14～19)断开，KM1通电吸合、KM2断电释放，电动机又加速，如此反复，将电动机的转速维持在一定的范围内，以便于变速齿轮的啮合。至变速手柄推回时，SQ1压合、SQ2释放，变速冲动过程结束，按下主轴电动机起动按钮，主轴电动机起动并工作在新的速度下。

3）主轴电动机旋转状态下的变速冲动

主轴旋转时也可进行变速操作。以变速前主轴电动机处于正转运行状态为例进行分析。拉出主轴变速手柄时，SQ1释放，SQ1(5～10)断开，KM3和KT(高速时)断电释放，KM3(5～18)使KM1断电释放。同时通过SQ1(4～14)、KS1(14～19)使KM2通电吸合，KM4也通电吸合，电动机M1先在低速接法下串入电阻R反接制动，其转速很快下降。然后通过KS1(14～17)和KS1(14～19)的交替通断，使KM1、KM2交替通断，重复前述的(主轴电动机不转时)的冲动过程。由于变速前KA1处于吸合状态并自锁，当完成变速过程，将主轴变速手柄推回使SQ1重新受压后，KM3、KT(高速时)又通电吸合，主轴电动机又自动起动，在原先选择的状态(高、低速)下继续正向旋转。

由以上分析可知，变速后主轴电动机处于变速前的状态，即变速前如果是停止的，变速后仍处于停止状态；变速前是正向高速旋转的，变速后仍是正向高速旋转；变速前是正向低速旋转的，变速后仍是正向低速旋转；变速前是反向高速旋转的，变速后仍是反向高速旋转；变速前是反向低速旋转的，变速后仍是反向低速旋转。

进给的变速冲动与主轴的变速冲动控制情况相同，区别在于此时操作的是进给变速手柄，与其联动的行程开关是SQ3、SQ4。当进给变速手柄拉出时SQ3不受压、SQ4受压；当进给变速手柄推回时SQ3受压、SQ4不受压。

4. 镗头架和工作台快速移动的控制

机床各部件的快速移动，由快速移动操作手柄控制，快速移动电动机M2拖动。运动部件及运动方向的选择由装设在工作台前方的手柄操纵。快速操作手柄有“正向”、“反向”、“停止”3个位置。在“正向”与“反向”位置时将分别压下行程开关SQ7和SQ8，使接触器KM6或KM7通电吸合，实现电动机M2的正反转，并通过相应的传动机构使预选的运动部件按选定的方向快速移动。当快速操作手柄置于“停止”位置时，行程开关SQ7和SQ8均不受压，接触器KM6或KM7处于断电释放状态，电动机M2停转，快速移动结束。

5. 机床的联锁保护

为保证主轴进给和工作台进给不能同时进行，设置了联锁保护开关SQ5和SQ6。其中，SQ5是与工作台和镗头架自动进给手柄联动的行程开关，SQ6是与主轴和平旋盘刀架自动进给手柄联动的行程开关。将SQ5和SQ6的常闭触头串联后接在控制电路中，当同时选择了

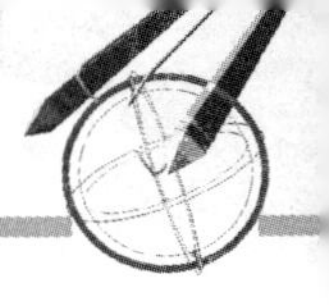

两种进给运动时，SQ5 和 SQ6 都被压下，其常闭触头将控制电路切断，实现联锁保护。

4.5.3　T68 型卧式镗床的常见电气故障分析

T68 型卧式镗床的主电动机为双速电动机，机械装置与电气的配合较多，下面侧重分析这方面的故障。

(1) 主轴的实际转速比变速盘指示的转速成倍提高或降低。T68 型卧式镗床主轴是依靠电气与机械相结合进行变速的。主轴电动机的高、低速转换是通过与高、低速选择手柄联动的行程开关 SQ 来控制的。SQ 安装在主轴变速操作手柄旁，当主轴变速机构转动时，将推动撞钉，再由撞钉去推动簧片，经簧片去压合 SQ，实现 SQ(11～13)的闭合与断开。在安装调整时，应使撞钉动作与变速指示盘指示的转速相对应，否则会使 SQ 的动作相反，出现主轴实际转速比变速盘指示的转速成倍提高或降低的现象。

(2) 主轴电动机只有高速挡而无低速挡，或只有低速挡而无高速挡。常见的原因是时间继电器 KT 不动作，或行程开关 SQ 安装不当。若 SQ 始终处于接通状态，则主轴电动机只有高速；若 SQ 始终处于断开状态，则主轴电动机只有低速。

(3) 主轴电动机无变速冲动或在运行中变速后主轴电动机不能自行起动。主轴的变速冲动是由与变速手柄联动的行程开关 SQ1 和 SQ2 来控制的，而 SQ1、SQ2 采用的是 LX1 型行程开关，它们往往由于安装不牢发生位置偏移，使触头接触不良，无法完成控制任务。甚至因 SQ1 的绝缘被击穿，导致 SQ1(5～10)发生短路。这时即使变速手柄拉出，电路仍断不开，使主轴变速无法实现。

4.6　桥式起重机的电气控制

知识目标	➢ 了解桥式起重机的结构和拖动形式； ➢ 掌握桥式起重机各部分电路的工作原理。
能力目标	➢ 能正确分析桥式起重机电路的工作原理； ➢ 能正确对桥式起重机的电气部分进行维护和维修。

要点提示

起重设备在机电设备中是一大类，并具有一定的特殊性，其负荷分为两类，一类是移行机构(大车、小车)，为反抗性负载，另一类是位能性负载(主钩、副钩)。位能性负载具有自身的特殊性。负载不同，所使用的电动机也不同，对控制系统提出的要求也不同。为满足其工作要求，起重用电机常采用绕线型感应电动机，通过其转子电路电阻的改变实现电动机工作状态和速度的变化。根据起质量的大小，起重电动机的控制又分为凸轮控制器控制和主令控制器控制两种。

4.6.1　桥式起重机概述

起重机类型很多，按其构造分有桥架型起重机(如桥式起重机、龙门起重机等)，缆索型起重机，臂架型起重机(如塔式起重机、流动式起重机、门座起重机、铁路起重机、浮

动起重机、桅杆起重机等)；按其取物装置和用途分有吊钩起重机，抓斗起重机，电磁起重机，冶金起重机，堆垛起重机，集装箱起重机，安装起重机，救援起重机等。它们广泛应用于厂矿企业、港口车站、仓库料场、建筑安装、电站等部门。

桥式起重机是机械和冶金工业企业中广泛使用的起重设备，又称“天车”或“行车”，是一种横架在固定跨间上空用来吊运各种物件的设备。

1. 桥式起重机的结构及运动情况

桥式起重机通常由大车(又称桥架)、大车移行机构、小车及小车移行机构、提升机构、驾驶室、主滑线与辅助滑线等部分组成，桥式起重机总体结构如图 4.12 所示。

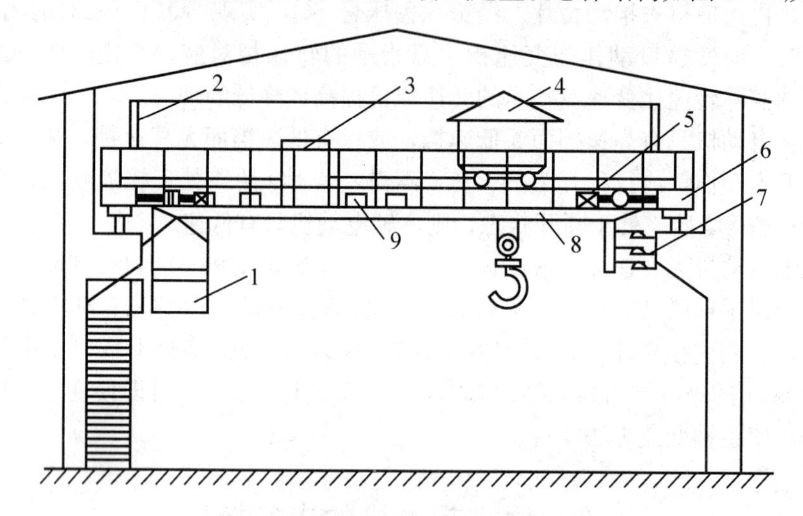

图 4.12　桥式起重机总体结构示意图

1—驾驶室　2—辅助滑线架　3—控制盘　4—小车　5—大车电动机
6—大车端梁　7—主滑线　8—大车主梁　9—电阻箱

1) 桥架

桥架由主梁、端梁、走台等部分组成。主梁跨架在跨间的上空，有箱型结构、腹板结构及圆管结构等型式。主梁两端联有端梁，在主梁外侧设走台，并附有安全栏杆。在主梁一端的下方安有驾驶室，在驾驶室一侧的走台上装有大车移行机构，在另一侧走台上装有辅助滑线，以便向小车的电气设备供电。在主梁上方铺有导轨以供小车在其上移动。整个桥式起重机在大车移行机构拖动下，沿车间长度方向的导轨移动。

2) 大车移行机构

大车移行机构由大车拖动电动机、传动轴、联轴节、减速器、车轮及制动器等部件构成。大车移动机构有集中拖动与分别拖动两种。集中拖动是由一台电动机经减速机构拖动两个主动轮；分别拖动是由两台电动机分别拖动两个主动轮。由于后者自重轻，安装调试方便，实践证明使用效果良好，故获得广泛应用。

3) 小车

小车安放在桥架导轨上，可沿车间宽度方向移动。小车主要由小车架、小车移行机构、提升机构等组成。小车移行机构由小车电动机、制动器、联轴节、减速器及车轮等组成。小车电动机经减速器拖动小车主动轮，使小车沿导轨移动。由于小车主动轮相距较近，故由一台小车电动机拖动。

4）提升机构

提升机构由提升电动机、减速器、卷筒、制动器等组成。提升电动机经联轴节、制动轮与减速器连接，减速器的输出轴与缠绕钢丝绳的卷筒相连接，钢丝绳的另一端装有吊钩，当卷筒转动时，吊钩就随钢丝绳在卷筒上的缠绕或放开而提升或下放。对于15 t及15 t以上的起重机，备有两套提升机构，即主钩与副钩。

5）驾驶室

驾驶室是控制起重机的吊舱。其内装有大小车移行机构的控制装置，提升机构的控制装置和起重机的保护装置等。

驾驶室固定在主梁的一端，也有装在小车下方随小车移动的。驾驶室上方开有通向走台的舱口，供检修人员上下用。

由上可知，桥式起重机由3～5台电动机拖动，即1～2台大车移行电动机，1台小车移行电动机，1～2台提升机构电动机。由提升机构实现重物的上下运动；由小车带动提升机构及重物在车间宽度方向获得左右运动；由大车带动小车沿车间长度方向作前后运动。这样可实现重物在车间的全方位移动。

2. 桥式起重机的主要技术参数

桥式起重机的主要技术参数有起重量、跨度、起升高度、起升速度、工作速度和工作级别。

（1）起重量。指被起升物的质量，以吨(t)为单位，有额定起重量和最大起重量两个参数。额定起重量是指起重机允许吊起的重物连同吊具质量的总和，最大起重量是指在正常工作条件下允许吊起的最大额定起质量，其值在国家标准GB 783—87中已有规定。

（2）跨度。指起重机主梁两端车轮中心线间的距离，以米(m)为单位，即大车轨道中心线间的距离。

（3）起升高度。指用具或抓取装置上极限位置与下极限位置之间的距离，以米(m)为单位。

（4）工作速度。指桥式起重机的工作速度包括起升速度及大、小车运行速度。起升速度指吊物在稳定运动状态下，额定载荷时的垂直位移速度，中、小起重量的起重机起升速度一般为8～20 m/min；小车运行速度为小车稳定运动状态下的运行速度，一般为30～50 m/min；大车运行速度为起重机稳定运动状态下大车的运行速度，一般为80～120 m/min。

（5）工作级别。指起重机的工作级别是按起重机利用等级和载荷状态划分的，它反映了起重机的工作特性。应按其工作级别来使用起重机，这样才可安全、有效地利用起重机。

3. 桥式起重机对电力拖动和电气控制的要求

桥式起重机工作性质为断续周期工作制，拖动电动机经常处于起动、制动、调速、反转等工作状态；起重机负载很不规律，并经常承受大的过载和机械冲击；起重机工作环境差，往往粉尘大，温度高，空气潮湿。

1）起重用电动机的特点

为适应起重机的工作特点，专门设计制造了YZR系列起重及冶金用三相感应电动机。其特点是：电动机按断续周期工作制设计制造；具有较大的起动转矩、最大转矩和过载能力，适应重载下的起动、制动和反转；电动机转子制成细长形，以减少转动惯量，加快过渡过程和减小能量损耗；电动机制成封闭型，具有坚固的机械结构和较大的气隙，适应工作环境差和较大机械冲击；具有较高的耐热绝缘等级，允许温升较高。

2）提升机构与移行机构对电力拖动自动控制的要求

为提高起重机的生产效率与安全性，对起重机提升机构电力拖动自动控制提出如下要求：具有合理的升降速度，空钩能实现快速升降，轻载提升速度大于重载时的提升速度；具有一定的调速范围，普通起重机的调速范围为2～3 m/min；提升的第一挡作为预备挡，用以消除传动系统中的齿轮间隙，将钢丝绳张紧，避免过大的机械冲击。该级起动转矩一般限制在额定转矩的一半以下；下放重物时，依据负载大小，提升电动机可运行在电动状态(强力下放)、倒拉反接制动状态、再生发电制动状态等状态下，以满足不同下降速度的要求；提升电动机应设有机械抱闸并配有电气制动。大车与小车移行机构对电力拖动自动控制的要求比较简单，要求有一定的调速范围，分成几挡进行控制，为实现准确停车采用机械制动。

桥式起重机应用广泛，其电气控制设备均已系列化、标准化。

4.6.2 提升机构的电气控制

根据提升机构对电力拖动自动控制的要求，为适应各种负载下提升与下放时获得不同的运行速度，要求提升电动机运行在电动状态与各种制动状态，通常采用凸轮控制器与主令控制器两种不同的控制方式来实现。

1. 凸轮控制器控制的提升机构控制电路

凸轮控制器是一种大型手动控制电器，是起重机上重要的电气设备之一，用以控制电动机的正反转、调速、起动与停止。凸轮控制器构成的控制系统，电路简单、维修方便，广泛用于中、小型起重机的平移机构的控制和小型起重机提升机构的控制。

1）凸轮控制器的构造与型号

凸轮控制器从外部看，由机械结构、电气结构和防护结构3部分组成。其中，手柄、转轴、凸轮、杠杆、弹簧、定位棘轮为机械结构，触头、接线柱和连接板等为电气结构，而上下盖板、外罩及灭弧罩为防护结构。凸轮控制器工作原理图如图4.13所示。当转轴在手柄扳动下转动时，固定在轴上的凸轮同时转动，当凸轮的凸起部位顶住滚子时，由于杠杆作用，使动触头与静触头分开；当凸轮凹处与滚子相对时，动触头在弹簧作用下，使动、静触头闭合，实现触头的接通与断开。在方轴上可以叠装不同形状的凸轮块，以便能使一系列的触头按预先安排的顺序接通与断开。将这些触头接于电动机电路中，便可实现控制电动机的目的。起重机常用的凸轮控制器有KT10、KT14系列等交流凸轮控制器。在电路中是以其圆柱表面的展开图来表示的，竖虚线为工作位置，横虚线为触头位置，在横竖两条虚线交点处若用黑圆点标注，则表明控制器该触头在该位置时是闭合接通的；若无黑圆点标注，则表明该触头在该位置时是断开的。

2）凸轮控制器控制的提升机构控制电路

KT14-25J/1型凸轮控制器控制提升机构电气原理图如图4.14所示。它具有以下特点：通过凸轮控制器触头来换接电动机定子电源相序实现电动机正反转及改变电动机转子外接电阻实现调速，在控制器提升、下放对应挡位时，电动机工作情况完全相同，为可逆对称电路；由于凸轮控制器触头数量有限，为获得尽可能多的调速等级，电动机转子串接不对称电阻；在提升与下放重物时，可根据载荷情况(轻载、中载还是重载)和电动机机械特

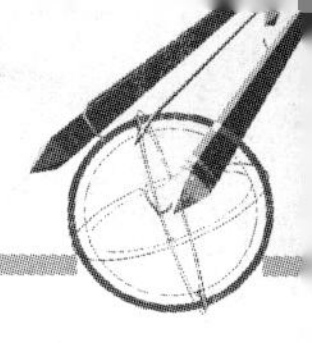

性，选择相应的操作方案和合适的工作速度挡位，以期获得经济、合理、安全的操作。

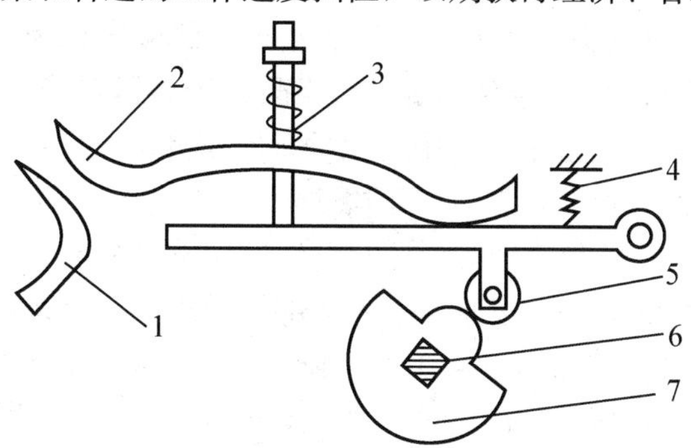

图 4.13　凸轮控制器工作原理图

1—静触头　2—动触头　3—触头弹簧　4—复位弹簧　5—滚子　6—绝缘方轴　7—凸轮

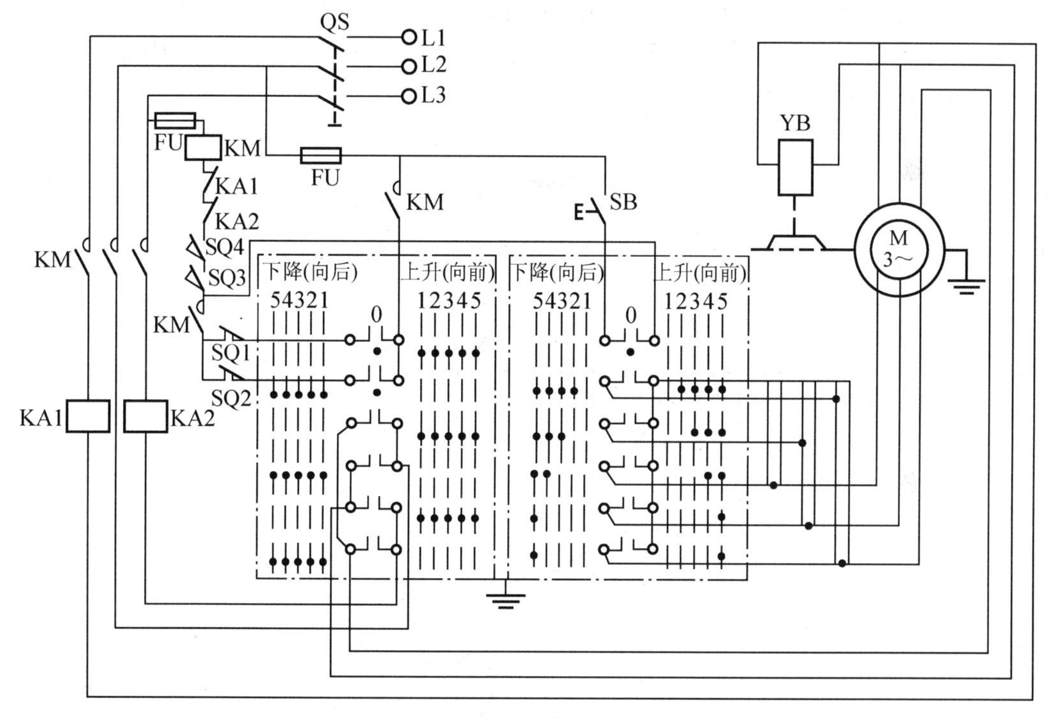

图 4.14　KT14-25/J1 型凸轮控制器提升机构电气原理图

下面对其工作情况进行分析。由图 4.14 可知：凸轮控制器共有 11 个挡位，左右各有 5 个工作位置，称为“上升 1～5”挡和“下降 1～5”挡，中间位置为“0”位；共有 9 对常开主触头、3 对常闭触头，采用对称接法。其中 4 对常开主触头接于电动机定子电路，实现电动机正反转控制；另外，5 对主触头接于电动机转子电路，实现转子电阻的接入和切除。由于转子串接不对称电阻，在凸轮控制器提升或下放的 5 个位置，将逐级切除转子电阻，故获得如图 4.15 所示的机械特性，得到不同的运行速度。其余 3 对常闭触头，其中 1 对用以实现零位保护，另外两对常闭触头与上升限位开关 SQ1 和下降限位开关 SQ2 实现限位保护。

此外，在凸轮控制器控制电路中，由 KA1、KA2 实现电动机的过电流保护(既有短路保护功能，又能对短时过载及时作出反映)；SQ3 为紧急开关，作事故情况下的紧急停车用；SQ4 为驾驶室顶舱口门上安装的舱口门安全开关，防止人在桥架上开车造成人身事

故；YB为电动机机械制动电磁抱闸线圈。

将凸轮控制器的12对触头按从上到下和从左到右的顺序记为1～12号触头。当凸轮控制器置于“0”位时，1、2、7号触头接通；当凸轮控制器置于“上升1～5挡”时，1、3、5号触头接通，1号触头实现上升的限位保护，3号和5号触头控制电源实现电动机的正向旋转提升重物；当凸轮控制器置于“下降1～5挡”时，2、4、6号触头接通，2号触头实现下降的限位保护，4号和6号触头控制电源实现电动机的反向旋转下降重物。上升与下降1挡时，8～12号触头均不接通，串入全部转子电阻，电动机的机械特性最软，如图4.15所示的上1和下1特性曲线；上升与下降2挡时，8号触头接通，切除右边一相转子电阻中的一段，电动机机械特性的硬度增加，如图4.15所示的上2和下2；上升与下降3挡时，8号和9号触头接通，9号触头再切除中间一相转子电阻中的一段，电动机机械特性的硬度进一步增加，如图4.15所示的上3和下3；上升与下降4挡时，8～10号触头接通，10号触头再切除左边一相转子电阻中的一段，电动机的机械特性如图4.15所示的上4和下4；上升与下降5挡时，8～12号触头接通，切除全部转子电阻，电动机的机械特性最硬，如图4.15所示的上5和下5。

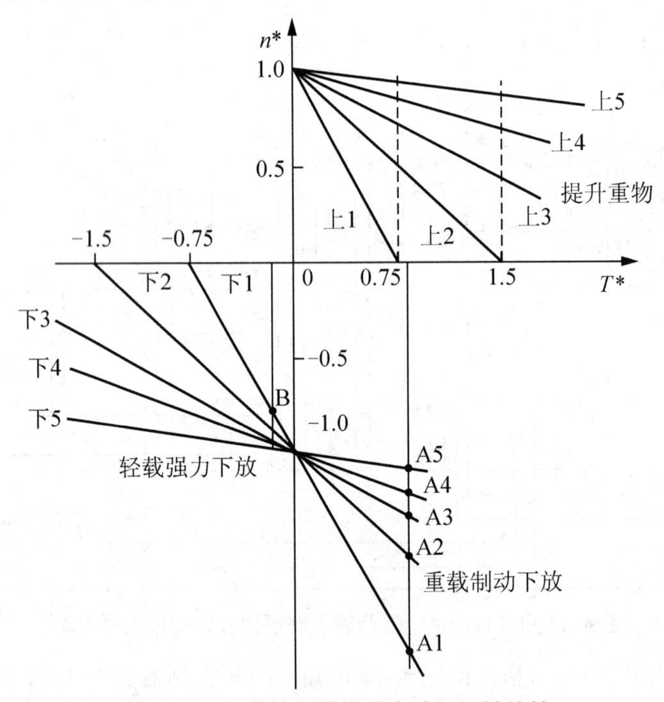

图4.15　凸轮控制器提升电动机机械特性

当提升机构起吊负载较轻时，扳动凸轮控制器手柄由“0”位依次经由提升“1”、“2”、“3”、“4”直至“5”挡，速度会逐步升高。在实际操作中应注意以下几点：一是严禁采用快速推挡操作，只允许逐步加速，若加速时间太短，会产生过大的加速度，给提升机构和桥架主梁造成强烈的冲击，为此，应逐级推挡，且每挡停留1 s为宜；二是一般不允许控制器手柄长时间置于提升第1挡提升物件，因在此挡位提升速度较低，特别对于提升距离较长时，采用该挡工作极不经济；三是当物件已提至所需高度时应制动停车，应提前将控制器手柄逐级扳回至“0”位，此时每挡也应有1 s左右的停留时间，使电动机逐级减速，最后制动停车。

当提升机构起吊中型负载时，由于物件较重，为避免电动机转速增加过快对起重机的冲击，控制器手柄可在提升“1”挡停留2 s左右，然后再逐级加速。

在提升机构起吊重型负载时，当控制器手柄由“0”位推至提升“1”挡时，由于电动机起动转矩小于负载转矩，故电动机不能起动。这时，应将手柄迅速通过提升“1”挡而置于提升“2”挡，然后再逐级加速，直至到提升“5”挡。无论在提升过程中，还是将已提升的重物停留在空中，在将控制手柄扳回“0”位的操作时，手柄不能在提升“1”挡有所停留，不然重物不但不上升，反而以倒拉反接制动状态下降，发生重物下降的误动作，或发生重物在空中停不住的危险事故。所以，由提升“5”挡扳回“0”挡位的正确操作是：在扳回每一挡位时应有适当的停留，一般为1 s。在提升“2”挡应停留稍长些，使速度减下来后再迅速扳至“0”位，制动停车。

无论是重载还是轻载提升工作时，在平稳起动后都应把控制器手柄推至提升“5”挡位，而不允许在其他挡位长时间提升重物。一方面，由于其他挡位提升速度低，生产效率低；另一方面，由于电动机转子长时间串入电阻，电能损耗太大，不经济。

下放轻型负载时，可将控制器手柄扳到下放“1”挡，从图4.15中可知，电动机工作在反转电动状态下。

当下放重型负载时，电动机工作在再生发电制动状态。这时，应将控制器手柄从“0”位迅速扳至下放“5”挡，使被吊物件以稍高于同步转速下放。

2. 主令控制器控制的提升机构电路

这种控制电路是由主令控制器发出指令，控制相应的接触器动作，来控制提升机构电动机，以期实现提升与下降重物时要求的各种运行状态。由于主令控制器控制电路使用元件多，线路较复杂，一般在下列情况下采用：拖动电动机容量大，凸轮控制器容量不够；操作频率高，每小时通断次数接近或超过600次；起重机工作繁重，要求电气设备具有较高寿命；起重机要求具有良好的调速、点动运行的性能。

主令控制器是用以频繁切换复杂的多回路控制电路的主令电器，主要用作起重机、轧钢机的控制，其结构与工作原理基本上与凸轮控制器相同，也是利用凸轮来控制触头的通断。在方形转轴上安装一串不同形状的凸轮块，以期获得按一定顺序动作的触头，再用这些触头去控制接触器，获得按一定要求动作的电路。

常用的主令控制器有LK14、LK17系列。LK14系列主令控制器与接触器等组成的PQR10B控制系统电路图如图4.16所示，用以控制桥式起重机的提升机构。

主令控制器有12对触头，在提升与下放时各有6个工作位置，通过主令控制器操作手柄置于不同工作位置，使12对触头相应闭合与断开，进而控制电动机定子电路与转子电路的控制接触器，实现电动机工作状态的改变，使物件获得上升与下降的不同速度。由于主令控制器为手动操作，所以电动机工作状态的变换由操作者掌握。

图中KM1、KM2用以变换电动机定子电源相序，实现电动机正反转。KM3为制动接触器，用以控制电动机三相电磁制动器线圈YB。在电动机转子电路中接有7段对称接法的转子电阻。其中前两段R1、R2为反接制动电阻，分别由反接制动接触器KM4、KM5控制；后4段R3～R6为起动加速电阻，由加速接触器KM6～KM9控制；最后一段R7为固定接入转子中起软化机械特性作用的常串电阻。当主令控制器手柄置于不同控制挡位时，获得如图4.17所示的机械特性。

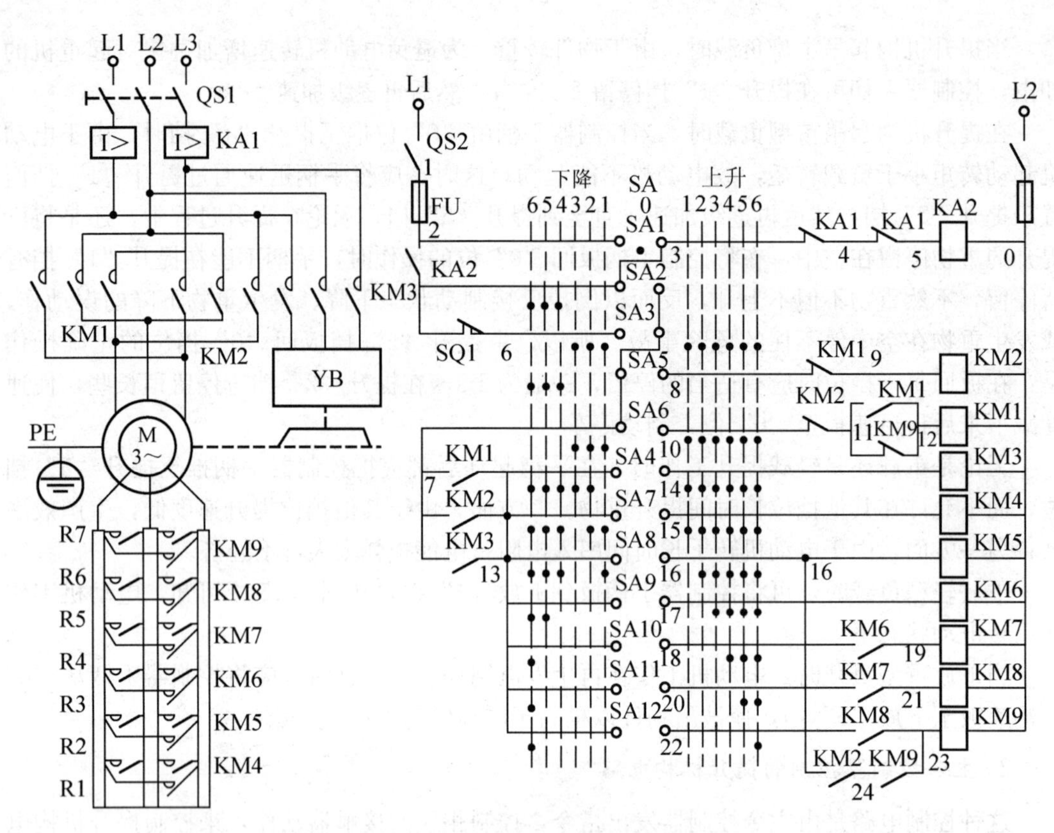

图 4. 16　PQR10B 型主令控制电路

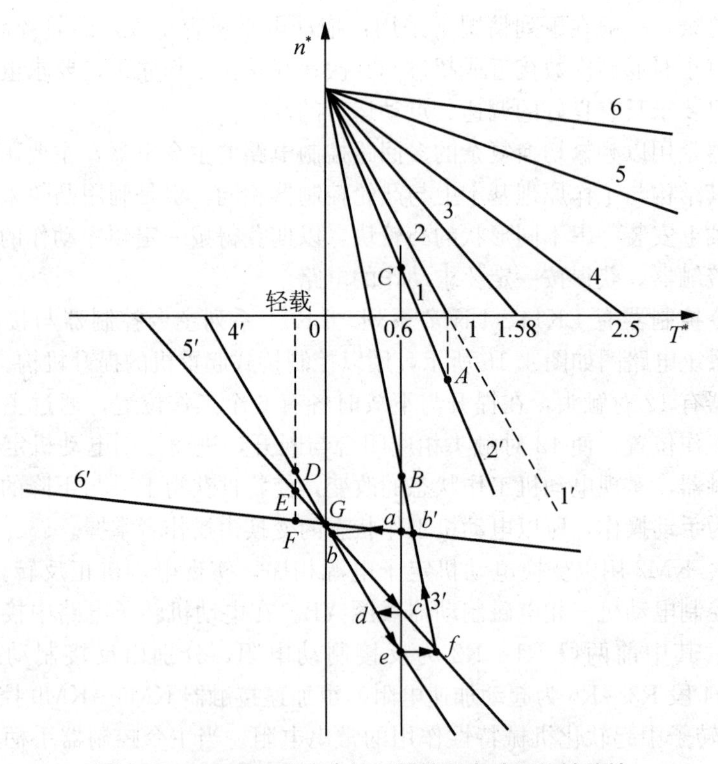

图 4. 17　PQR10B 型主令控制器控制电动机机械特性

主令控制器 SA 手柄置于“0”位，合上电源开关 QS1、QS2，此时零电压继电器 KA2 线圈通电并自锁，实现零压保护，并为起动作准备。

1）提升重物的控制

控制器提升控制共有 6 个挡位，在提升各挡位上，触头 SA3、SA4、SA6 与 SA7 都闭合，于是将上升行程开关 SQ1 接入，实现提升限位保护；接触器 KM3、KM1、KM4 始终通电吸合；电磁抱闸松开，短接电阻 R1，电动机按提升相序接通电源，产生提升方向电磁转矩，在提升“1”位时起动转矩小，作为消除齿轮间隙的预备起动级。当主令控制器手柄依次扳到上升“2”位至上升“6”位时，控制器触头 SA8～SA12 依次闭合，接触器 KM5～KM9 依次通电吸合，将 R2～R6 各段转子电阻逐级短接。于是获得图 4.17 中第一象限内的机械特性 1～6，得到 5 种提升速度，可根据负载大小选择合适挡位进行提升操作。

2）下降重物的控制

主令控制器在下降重物时也有 6 个挡位，但在前 3 个挡位，正转接触器 KM1 通电吸合，电动机仍以提升相序接线，产生向上的电磁转矩。只有在下降的后 3 个挡位，反转接触器 KM2 才通电吸合，电动机产生向下的电磁转矩。所以，前 3 个挡位为倒拉反接制动下降，而后 3 个挡位为强力下降。

下降“1”为预备挡，此时控制器触头 SA4 断开，KM3 断电释放，制动器未松开；触头 SA6、SA7、SA8 闭合，接触器 KM4、KM5、KM1 通电吸合，电动机转子短接二段电阻 R1、R2，定子按提升相序接通三相交流电源，但此时由于制动器未打开，故电动机并不旋转。该挡位是为适应提升机构由提升变换到下降重物，消除因机械传动间隙产生冲击而设的。所以此挡不能停留，必须迅速通过，以防电动机在堵转状态下时间过长而烧毁电动机。

下降“2”挡是为重载低速下降而设的。此时控制器触头 SA6、SA4、SA7 闭合，接触器 KM1、KM3、KM4 通电吸合，制动器打开，电动机转子串入 R2～R7 电阻，定子按提升相序接线，在重载时获得倒拉反接制动低速下降，如运行在图 4.17 中的 A 点上低速下降重物。

下降“3”挡是为中型载荷低速下降而设的。在该挡位时，控制器触头 SA6、SA4 闭合，接触器 KM1、KM3 通电吸合，此时电动机转子串入全部电阻，制动器松开，电动机定子按提升相序接线，在中型载荷作用下电动机按下降重物方向运转，获得倒拉反接制动下降，如运行在图 4.17 中的 B 点上低速下降重物。

在上述制动下降的 3 个挡位，控制器触头 SA3 始终闭合，将提升行程开关接入，其目的在于当对吊物重量估计不准，如将中型载荷误认为重型载荷而将控制器手柄置于下降“2”挡位时，将会发生重物不但不下降反而上升的现象，并运行在图 4.17 中的 C 点提升重物，此时 SQ1 起上升限位保护作用。

另外，在下降“2”与“3”挡位还应注意，轻载时不应将控制器手柄在此停留，因为此时将出现不但不下降反而提升重物的现象。

控制器手柄在下降“4”、“5”、“6”挡位时为强力下降，解决负载转矩小于摩擦转矩（轻载），依靠自身重量不能下降的问题。当控制器手柄扳至下降“4”挡时，控制器触头 SA2、SA5、SA4、SA7 与 SA8 始终闭合。接触器 KM2、KM3、KM4、KM5 通电吸合，

制动器松开，电动机定子按下降重物相序接线，转子短接两段电阻 R1、R2 起动旋转，电动机工作在反转电动状态，机械特性如图 4.17 中的特性 4′所示。

当控制器手柄扳至下降“5”挡位时，触头 SA9 闭合，接触器 KM6 通电吸合，短接电阻 R3，电动机转速升高，机械特性如图 4.17 中的特性 5′所示；当控制器手柄扳至下降“6”挡位时，触头 SA10、SA11、SA12 都闭合，接触器 KM7、KM8、KM9 通电吸合，电动机转子只串入一段常串电阻 R7 运行，获得图 4.17 中的特性 6′。轻载重物在下降“4”、“5”、“6”挡位时将分别在 *D*、*E*、*F* 点以低于同步转速的速度下降。

3）电路的联锁与保护

为保证提升机构的安全运行，电路设计上采取了很多安全措施。

(1) 限制高速下降的环节。对于轻型载荷，允许控制器手柄置下降“4”、“5”、“6”挡位进行强力下降。若此时司机估计错误，重物并不是轻型载荷，将控制器手柄扳在下降“6”挡位，此时电动机在重物重力转矩和电动机本身电磁转矩作用下，将运转在再生发电制动状态，其速度将要超过同步转速(工作在图 4.17 中 *a* 点)，这将比较危险。这时，应将控制器手柄从下降“6”挡扳回下降“3”挡位，这当中势必要经过下降“5”挡位与下降“4”挡位，工作点将由 $a \to b \to c \to d \to e \to f \to B$，最终在 *B* 点以低速稳定下降。为避免这中间的高速，控制器手柄在由下降“6”挡位扳回至下降“3”挡位时，应躲开下降“5”挡与下降“4”挡对应的两条机械特性。为此，在控制电路中将触头 KM2(16～24)、KM9(24～23)串联后接在控制器触头 SA8 与接触器 KM9 线圈之间，当控制器手柄由下降“6”挡位扳回至下降“3”或“2”挡位时，接触器 KM9 仍保持通电吸合状态，转子始终串入常串电阻 R7，电动机仍运行在下降“6”挡位机械特性上，由 *a* 点经 b'点平稳过渡到 *B* 点，不致产生高速下降。在该环节中串入触头 KM2(16～24)是为了当提升电动机正转接线时，该触头断开，使 KM9 不能形成自锁电路，从而使保护环节在提升重物时不起作用。

(2) 确保反接制动电阻串入情况下进行制动下降的环节。当控制器手柄由下降“4”挡位扳到下降“3”挡位时，触头 SA5 断开，SA6 闭合。接触器 KM2 断电释放，而 KM1 通电吸合，电动机处于反接制动状态。为避免反接时过大的冲击电流，应使接触器 KM9 断电释放，以便接入反接电阻，且只有在 KM9 断电释放后才允许 KM1 通电吸合。为此，一方面在控制器触头闭合顺序上保证在 SA8 断开后，SA6 才闭合；另一方面增设了 KM1(11～12)常开触头与 KM9(11～12)常闭触头相并联的联锁触头。这就保证了在 KM9 断电释放后 KM1 才能通电并自锁。此环节还可防止由于 KM9 主触头因电流过大而发生熔焊使触头分不开，将转子电阻及 R1～R6 短接，只剩下常串电阻 R7，此时若将控制器手柄扳到提升挡位将造成转子只串入 R7，发生直接起动事故。

(3) 制动下降挡位与强力下降挡位相互转换时断开机械制动的环节。在控制器下降“3”挡位与下降“4”挡位转换时，接触器 KM1、KM2 之间设有电气互锁，在换接过程中，必有一瞬间这两个接触器均处于断电状态，将使制动接触器 KM3 断电，造成电动机在高速下进行机械制动。为此，在 KM3 线圈电路中设有 KM1、KM2、KM3 三对常开触头构成的并联电路对 KM3 实现自锁，确保在 KM1、KM2 换接过程中 KM3 始终通电吸合，避免了上述情况的发生。

(4) 顺序联锁保护环节。在加速接触器 KM7、KM8、KM9 线圈电路中串接了前一级

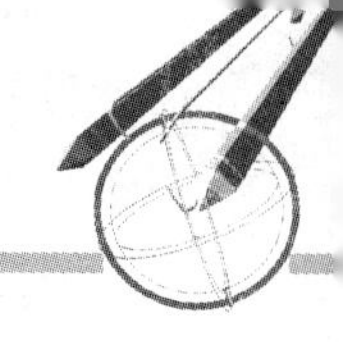

加速接触器的常开辅助触头，确保转子电阻 R3～R6 按顺序依次短接，实现特性平滑过渡，电动机转速逐级提高。

（5）完善的保护。由过电流继电器 KA1 实现过电流保护；零电压继电器 KA2 与主令控制器 SA 实现零电压保护与零位保护；行程开关 SQ1 实现上升的限位保护等。

4.6.3 移行机构的电气控制

大车与小车移行机构在工作中要求有一定的调速范围，能获得几挡的移行速度。移行机构应设有电磁制动器和限位行程开关，设有能吸收车体动能的缓冲器。移行机构电动机的负载为反抗性负载，提升机构电动机的负载为位能性负载。对反抗性负载拖动电机的控制比对位能性负载拖动电机的控制要简单得多。桥式起重机小车移行机构采用 KT14-25J/1 型凸轮控制器，大车移行机构采用 KT14-25J/2 型凸轮控制器，其电路及工作情况不再重复。

4.6.4 起重机的保护

起重机电气控制一般具有下列保护与联锁环节：电动机过载保护；短路保护；零压保护；控制器的零位保护；行程限位保护；舱盖、栏杆安全开关及紧急断电保护等。另外，还有缓冲器、提升高度限位器、负荷限制器及超速开关等。

1. 保护箱

采用凸轮控制器或凸轮、主令两种控制器操作的交流桥式起重机，广泛使用保护箱。保护箱由刀开关、接触器、过电流继电器等组成，用于控制和保护起重机，实现电动机过流保护，零压、零位、限位等保护。起重机上用的标准保护箱为 XQB1 系列。

2. 制动器与制动电磁铁

制动器是保证起重机安全、可靠、正常工作的重要部件。在桥式起重机上常用块式制动器，它是一种构造简单、安装方便、工作可靠的制动器，由制动轮、制动瓦块、制动臂和松闸器及其他一些附属装置组成。制动器有失电作用型和得电作用型两种，分别在失电时或得电时产生制动效果。为防止突然停电重物下落，提升机构的制动器必须使用失电作用型。失电作用型制动器，靠制动弹簧带动制动臂，再由制动臂带动制动瓦块抱死制动轮产生制动效果。制动器性能好坏很大程度上取决于松闸器的性能，松闸器有制动电磁铁和液压推杆等，分别靠电磁铁或液压装置产生反作用力推动制动臂，再由制动臂带动制动瓦块松开制动轮。根据松闸杠杆的不同，块式制动器又分为短行程、长行程制动器。

3. 其他安全装置

（1）缓冲器。用来吸收大车或小车运行到终点与道轨两端挡板相撞时的动能，达到减缓冲击的目的。在桥式起重机上常用的有橡胶缓冲器、弹簧缓冲器、液压缓冲器和聚氨酯发泡塑料缓冲器等。其中，弹簧缓冲器使用较多，聚氨酯发泡塑料和液压缓冲器应用越来越广。

（2）提升高度限位器。用来防止司机操作失误或其他原因引起吊钩绕过卷筒，可能造成起吊钢丝绳拉断、钢丝绳固定端板开裂脱落或挤碎滑轮等重大事故。为此，起重机必须装有提升高度限位器，当吊钩提升到一定高度时能自动切断电动机电源而停止提升。常用的有压绳式限位器、螺杆式限位器与重锤式限位器。它们都是在运动到极限位置时，使限

位开关动作，切断电动机电源使电动机停止工作。

(3) 载荷限制器及称量装置。载荷限制器是控制起重机起吊极限载荷的一种安全装置；称量装置是用来显示起重机起吊物件具体质量数字的装置，简称电子秤。载荷传感器的安装位置根据不同场合决定，可安装在起重小车的定滑轮支架上、起重小车提升卷筒轴支承座上或起重小车的吊钩与钢丝绳之间。电子秤主要由载荷传感器、电子放大器和数字显示装置等组成。载荷传感器将物品质量的变化直接转换为电量的变化，并由数字显示装置显示出来。

4.7 组合机床的电气控制

知识目标	➢ 了解组合机床的特点、结构形式； ➢ 掌握组合机床典型电路、通用部件控制电路的工作原理。
能力目标	➢ 能正确分析组合机床典型电路、通用部件控制电路的工作原理； ➢ 能正确对组合机床的电气部分进行维护和维修。

要点提示

组合机床是机加设备发展到一定阶段的产物，对于提高机加行业的效率至关重要。它既克服了普通机床生产效率低、操作频繁、工人劳动强度大的缺点，又克服了专用机床开发设计周期长、技术要求较高、加工工件结构与尺寸改变时需重新调整或重新设计制造机床的弊端。从某些方面来讲，在工业化、大批量生产的今天，组合机床使用的数量决定着产品的生产效率，也由此决定着企业的生产成本。所以，一名电气设备工程技术人员必须熟悉组合机床及其电气控制。

本项目第一节对通用机床的电气控制进行了分析和讨论，这些通用机床难以实现多刀、多面同时加工，只能一道工序一道工序进行。因此生产效率低、操作频繁、工人劳动强度大。为实现生产专业化、自动化，提高生产效率，逐步形成了各类专用机床。

专用机床往往是为完成工件某道或几道工序的加工而设计的。一般采用多刀加工，具有自动化程度高、加工精度稳定、生产效率高、结构简单、操作方便等优点。但当加工工件结构与尺寸改变时，需重新调整或重新设计制造机床。所以，专用机床是为满足某些特殊加工要求专门设计制造的机床，其使用自然受到一定的限制。

为了克服专用机床的弊端，组合机床应运而生。组合机床是以通用部件为基础，配合少量的专用部件组合而成的。它具有结构简单、生产效率和自动化程度高、便于调整组合成新的机床、适应加工工件结构尺寸及形状变化的需要、机床本身的生产周期短等特点。

单工位三面复合式组合机床的结构示意图如图 4.18 所示。它是由底座、立柱、滑台、切削头、动力箱等通用部件，多轴箱、夹具等专用部件及控制、冷却、排屑、润滑等辅助部件组成的。

通用部件是系列设计，由专业生产厂成批制造，具有结构稳定、工作可靠、经济效果好、使用维修方便等优点。可以根据需要，组成新的组合机床。在组合机床中通用部件一般占机床零部件总量的 70%～80%。

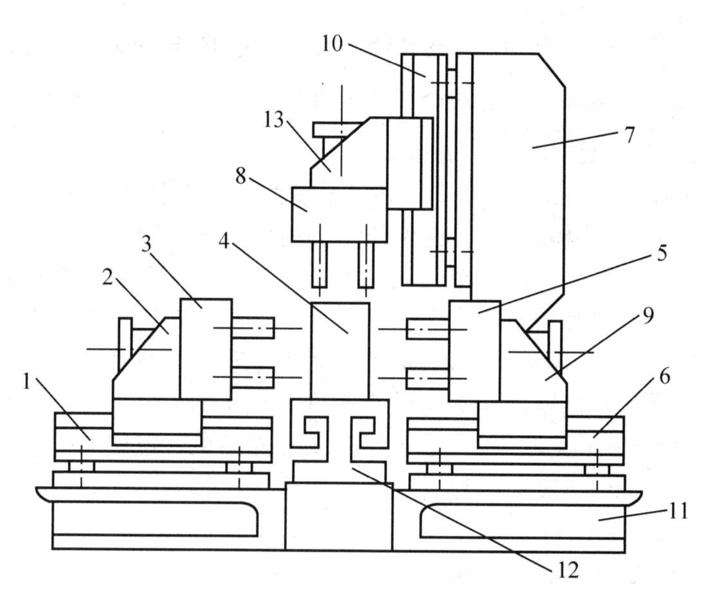

图 4.18 单工位三面复合式组合机床结构示意图

1、6、10—滑台 2、9、13—动力头 3、5、8—变速箱 4—工件 7—立柱 11—底座 12—工作台

组合机床通用部件有动力部件(动力滑台、动力箱和各种切削头)、支承部件(各种底座)、输送部件(各种工作台)、控制部件(包括液压元件、控制挡铁、操纵板、按钮台及电气控制部分)、辅助部件(包括冷却、排屑、润滑等装置,以及机械手、定位、夹紧、导向等部件)。

组合机床往往是从几个方向对工件同时进行加工的。其加工工序集中,对各个部件的运动(动作)顺序、速度、起动、停止、正向、反向、前进、后退都应协调配合,按一定程序自动或半自动地进行。各部件的相互位置及各个环节均应精心调整,以免造成不必要的损失。

4.7.1 组合机床控制电路基本环节

1. 多台电动机同时起动并能单独工作的电路

组合机床通常为多刀、多面加工工件,为提高生产效率,常常要求几台电动机同时起动,而在安装调整时,又要求这些电动机能单独工作和调整。多台电动机同时起动并能单独工作的电路如图 4.19 所示。图中 KM1、KM2、KM3 分别为 3 台电动机的控制接触器,SA1、SA2、SA3 分别为 3 台电动机单独工作的调整开关,FR1、FR2、FR3 分别为 3 台电动机的过载保护热继电器,SB1 为停止按钮,SB2 为起动按钮。

同时起动时,调整开关 SA1～SA3 处于常开触头断开,常闭触头闭合状态。按下 SB2,KM1～KM3 通电吸合并自锁,3 台电动机同时起动。

单独调整组合机床某一运动部件时,只要求某一台电动机单独工作。此时操作相应调整开关便可实现。如需 M1 电动机单独工作,扳动 SA2、SA3,使其常闭触头断开,常

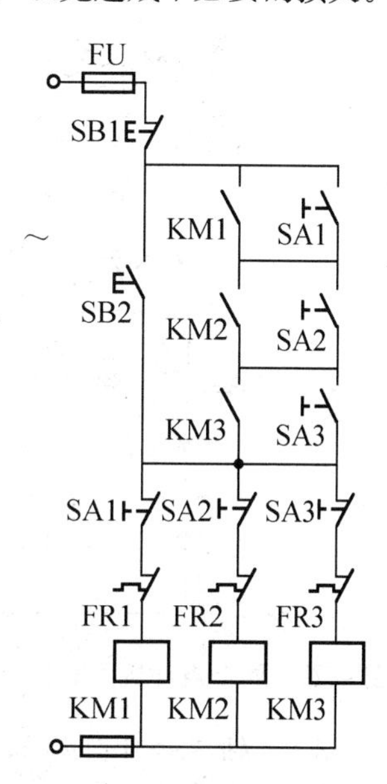

图 4.19 多台电动机同时起动并可单独工作的电路

开触头闭合；再按下 SB2，KM1 通电并经 SA2、SA3 闭合触头自锁，M1 起动运行。

2. 两台动力头同时起动，同时或分别停止的电路

1）两台动力头同时起动、同时停止

此时的电路如图 4.20 所示：KM1、KM2 分别为甲、乙电动机控制接触器，KA 为中间继电器，SQ1、SQ3 为甲动力头在原位压下的行程开关，SQ2、SQ4 为乙动力头在原位压下的行程开关。SA1、SA2 为单独调整开关，FR1、FR2 为甲、乙电动机过载保护热继电器，SB1 为停止按钮，SB2 为起动按钮。起动时，按下 SB2，KM1、KM2 通电并自锁，电动机同时起动，拖动甲、乙动力头同时前进；当动力头离开原位后，SQ1～SQ4 都复位，KA 通电并自锁，其常闭触头断开，但 KM1、KM2 通过 SQ1、SQ2 触头仍保持通电，动力头继续运动。当甲、乙动力头加工结束，退回原位时，分别压下 SQ1～SQ4 开关，使 KM1、KM2 断电释放，同时停止。同时 KA 也断电释放，为下次起动作准备。通过 SA1 或 SA2 可实现对甲、乙动力头的单独调整。

2）两台动力头同时起动、分别停止

此时的电路如图 4.21 所示：起动时，按下双常开按钮 SB2，KM1、KM2 通电并自锁，电动机同时起动，拖动甲、乙动力头同时前进；当动力头离开原位后，SQ1～SQ4 全都复位，KA 通电并自锁，其常闭触头断开，但 KM1、KM2 通过 SQ1、SQ2 触头仍保持通电，动力头继续运动。若甲动力头加工结束先退回原位时，压下 SQ1、SQ3，使 KM1 断电释放，甲动力头先停止，后加工结束的乙动力头退回原位时，压下 SQ2、SQ4，使 KM2 和 KA 断电释放，乙动力头后停止。

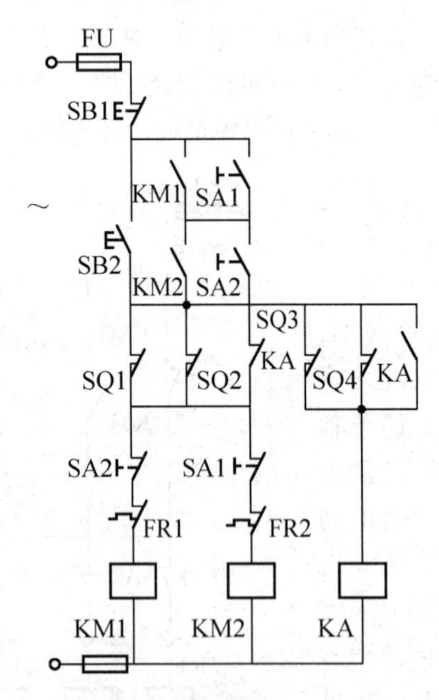

图 4.20　两台电动机同时起动、同时停机的电路

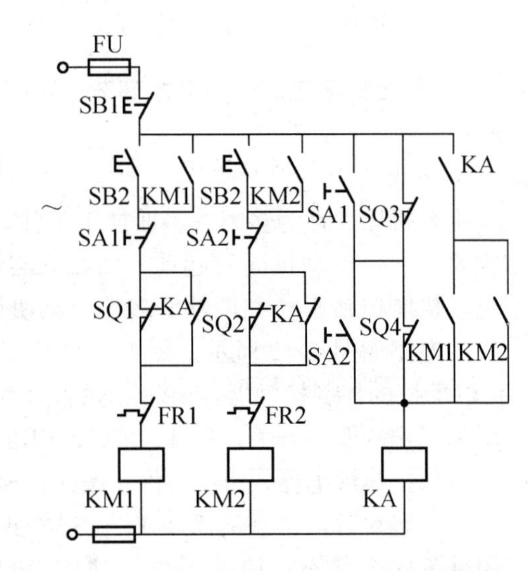

图 4.21　两台电动机同时起动、分别停机的电路

3. 主轴不转时引入和退出的电路

组合机床在加工中有时要求电动机拖动的动力部件在主轴不转的状态下向前运动，当运动到接近工件加工部位时才起动旋转。加工结束，动力头退离工件时主轴即停转，而进

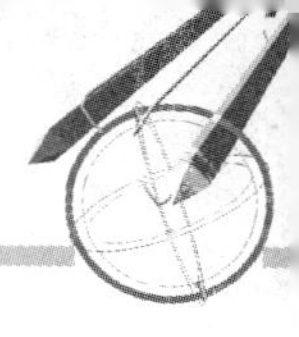

给电动机在动力部件退回原位后才停转。在加工过程中，主轴电动机与进给电动机之间要互锁，以确保刀具、工件、设备的安全。

主轴不转时引入和退出的电路如图 4.22 所示。图中 KM1、KM2 分别为主轴电动机、进给电动机控制接触器，SQ1 为接近工件加工部位行程开关，SQ2 为到达工件加工部位行程开关。SA1、SA2 为进给电动机和主轴电动机单独工作的调整开关。

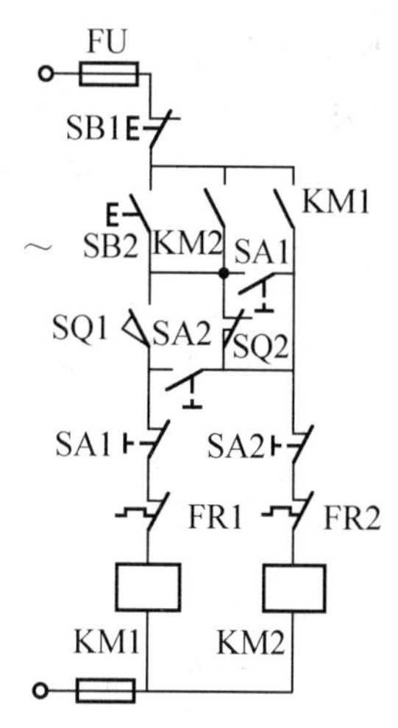

图 4.22　主轴不转时引入与退出的电路

起动时，按下 SB2，KM2 经 SQ2 常闭触头通电吸合并自锁，进给电动机起动旋转，拖动运动部件移动。当移动到主轴接近工件加工部位时，长挡铁压下 SQ1，KM1 通电吸合，主轴电动机起动旋转，当运动部件到达主轴加工部位时，长挡铁压下 SQ2，开始加工，而 KM1 通过 KM2 已闭合的常开触头，KM2 通过 KM1 已闭合的常开触头维持吸合状态。由于 SQ1、SQ2 在整个加工过程中一直被长挡铁压下，这就确保了在整个加工过程中进给运动与主轴旋转互为依存的关系。加工结束，动力头退回，当长挡铁退出放开 SQ2 时，KM1 常开辅助触头与 KM2 常开辅助触头并联供电给 KM1、KM2，动力头继续后退，当长挡铁放开 SQ1 时，KM1 断电释放，主轴电动机停止转动，但 KM2 仍自锁，动力头继续后退，实现了主轴不转时的退出，直至动力头退至原位，按下停止按钮 SB1，进给电动机停转，整个加工过程结束。

4. 危险区自动切断电动机的电路

组合机床加工工件时，往往从几个加工面用多把刀具同时进行，这时就有可能出现刀具在工件内部发生相撞的危险，这个区域称为“危险区”。危险区示意图如图 4.23 所示，为保证安全和提高加工效率，合理的加工工艺有两种：一是两钻头同时起动，在进入危险区之前，其中一台动力头暂停进给，另一台动力头继续加工，直至加工结束退离危险区，再起动暂停进给的那一台动力头继续加工，直至全部加工完成；二是两钻头前后起动，一台动力完成任务从危险区退回时，另一台动力头再进入危险区。

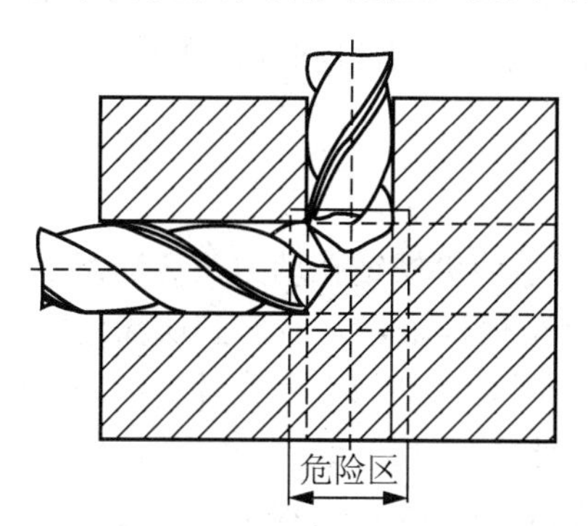

图 4.23　危险区示意图

两钻头同时起动危险区自动切断电动机的电路如图 4.24 所示。图中 KM1、KM2 为甲、乙动力头接触器，KA1、KA2 为中间继电器，SQ1、SQ3 为甲动力头原位行程开关，SQ2、SQ4 为乙动力头原位行程开关，SQ5 为危险区开关，SA1、SA2 为单独调整开关。按下起动按钮 SB2，KM1、KM2 同时通电吸合，同时 KA1 通电吸合并自锁。甲、乙动力头同时起动运行，当动力头离开原位，SQ1～SQ4 全部复位，KA2 通电吸合并自锁，其常闭触头断开，为加工结束停机作准备。此时 KA1、KM2 分别经由 SQ1、SQ2 常闭触头继续通电。当动力头加工进入危险区时，甲动力头压下行程开关 SQ5，使 KM1 断电释放，甲动力头停止进给，乙动力头仍继续进给加工，直至加工结束，退回原位并压下 SQ2、SQ4，KM2 才断电释放，乙动力头停在原位。此时 KM1 因 SQ2 常开触头闭合，使 KM1 再次通电吸合，甲动力头重新起动继续进给直至加工结束，退回原位并压下 SQ1、SQ3，此时 KA1、KM1、

KA2 相继断电释放，整个加工过程结束。

两台动力头前后起动以实现避开危险区的电路如图 4.25 所示。按下起动按钮 SB2，KA1 通电吸合自锁，KM2 经 KA2 常闭触头通电吸合，乙动力头起动运行并离开原位，SQ2、SQ4 复位，至压下 SQ5 时，KM1 通电吸合，甲动力头起动运行并离开原位，SQ1、SQ3 复位，KA2 通电吸合并自锁，此时 KA1 经 SQ1 常闭触头吸合、KM2 经 SQ2 常闭触头吸合。当乙动力头加工结束退回原位并压下 SQ2、SQ4 时，KM2 断电释放，乙动力头先停止；至甲动力头加工结束退回原位并压下 SQ1、SQ3 时，KA1 断电释放，KM1、KA2 断电释放，加工过程结束。

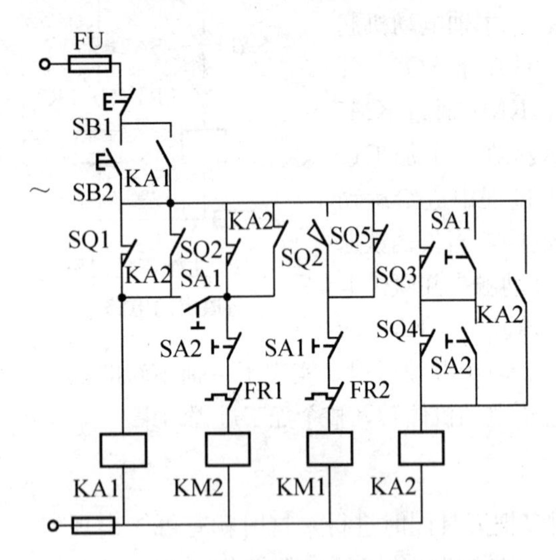

图 4.24　两动力头同时起动避开危险区电路

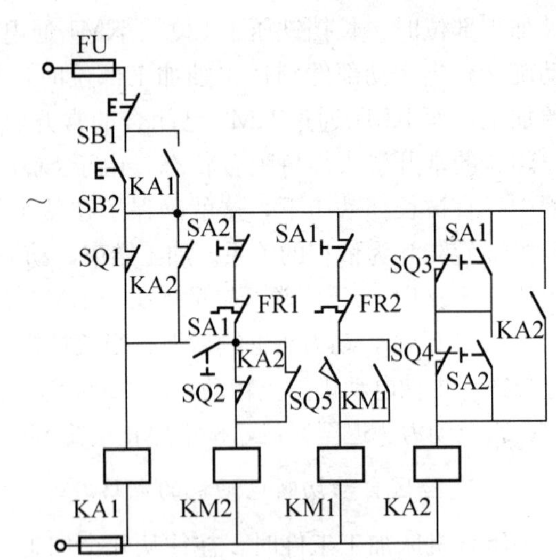

图 4.25　两台动力头分别起动以避开危险区的电路

4.7.2　通用部件的参考电路

通用部件一般为由专门工厂设计制造的成套设备，它们大多由机械、液压、电气结合组成，实现自动控制。如动力头、动力滑台等通用部件，都由机械与电气控制系统紧密结合而成。下面通过几种常用通用部件的控制电路来进一步讲述组合机床通用部件的控制特点。

1. 小型机械动力头的电气控制

1）小型机械钻孔动力头的控制电路

这种动力头的主轴旋转和进给运动由一台电动机拖动。小型机械钻孔动力头传动系统示意图如图 4.26 所示。工作时电动机旋转，通过减速器传至蜗杆轴，并减速到所需的主轴转速。蜗杆轴通过花键套筒与主轴连接，带动主轴旋转。同时蜗杆与空套在轴上的蜗轮耦合减速，当进给电磁离合器合上时，电动机的传动与进给机构连接，经配换齿轮、蜗杆蜗轮副，带动端面凸轮旋转，通过其端面上的滚子带动主轴套筒移动，实现主轴的进给运动。端面凸轮为鼓形结构，其半径增大时主轴进给，半径减小时主轴后退，故动力头电动机只需单方向旋转。进给凸轮旋转一周，主轴从原位开始进给，当加工到位后即退回原位，进给电磁离合器断电，蜗轮与轴脱开，制动电磁离合器接通，对进给运动系统进行制动，使端面凸轮停在准确位置上。同时，随着主轴的退回，带动挡铁退回原位，压下行程开关，发出工作循环完成的信号，弹簧通过杠杆拉紧主轴套筒，使滚子紧紧靠在端面凸轮

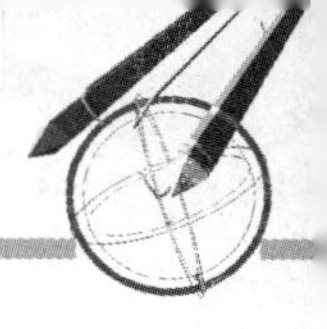

的曲面上，为下一个工作循环作准备。

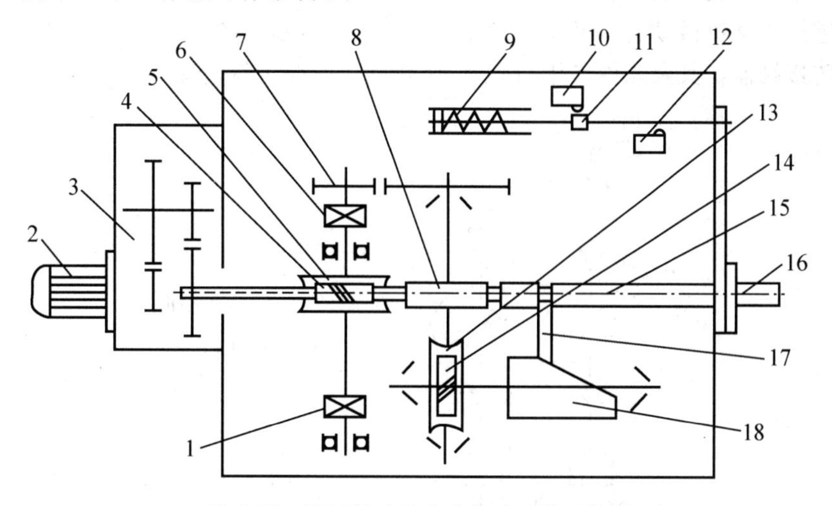

图 4.26　机械钻孔动力头传动系统示意图

1—进给电磁离合器　2—拖动电动机　3—减速器　4、14—蜗杆　5、13—涡轮　6—制动电磁离合器　7—配换齿轮　8—花键套筒　9—弹簧　10—原位开关　11—挡铁　12—终端开关　15—主轴套筒　16—主轴　17—凸轮滚子　18—端面凸轮

小型机械钻孔动力头控制电路如图 4.27 所示。图中 KM 为动力头电动机控制接触器，YC1 为进给电磁离合器，YC2 为制动电磁离合器，SQ1 为主轴套筒原位开关，SQ2 为主轴套筒终点开关。按下起动按钮 SB2，KM 通电吸合并自锁，电动机起动旋转，带动主轴旋转。开始加工时再按下进给按钮 SB3，KA1 通电吸合并自锁，进给电磁离合器 YC1 通电，YC2 断电，主轴快速进给，当进给到一定位置时转为工作进给，当加工至终点时压下 SQ2，使 KA2 通电吸合并自锁，其常闭触头打开，为动力头主轴退至原位 KA1 断电作准备。当主轴退回原位压下 SQ1 时，KA1、KA2、YC1 相继断电释放，YC2 通电，停止进给并制动。但此时主轴电动机并未停转，待按下停止按钮 SB1，KM 断电释放，电动机才停转。

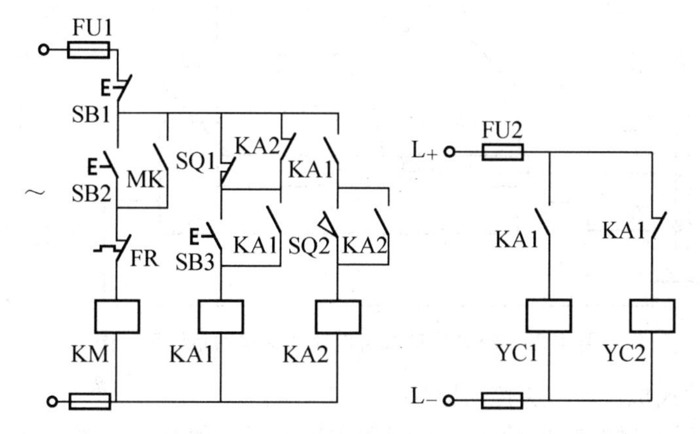

图 4.27　小型机械钻孔动力头控制电路

2）凸轮进给小型机械动力头攻螺纹电路

组合机床进行攻螺纹加工时，要求主轴能实现正反转和进给，并以相同速度向前进给和向后退回。这种要求可由机械或电气方法来实现。为简化机械结构，凸轮进给的小型机

械动力头多采用电动机的正反转来实现。

凸轮进给小型机械动力头攻螺纹电路如图 4.28 所示。图中 KM1、KM2 为主轴电动机正、反转接触器，其余元件作用与图 4.27 相同，电路工作情况不再分析。

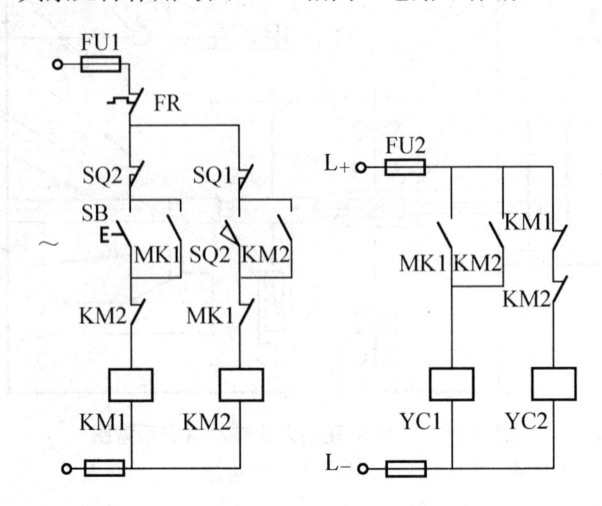

图 4.28　凸轮进给小型机械动力头攻螺纹电路

2. 箱体移动式机械动力头电路

箱体移动式机械动力头安装在滑座上，上面装有一台主电动机，一台快速电动机。主电动机拖动主轴旋转，同时通过电磁离合器、进给机构带动螺母套筒实现箱体一次或二次工作进给运动，快速电动机通过丝杠进给装置实现箱体快速前进或后退。箱体移动式机械动力头传动系统示意图如图 4.29 所示。

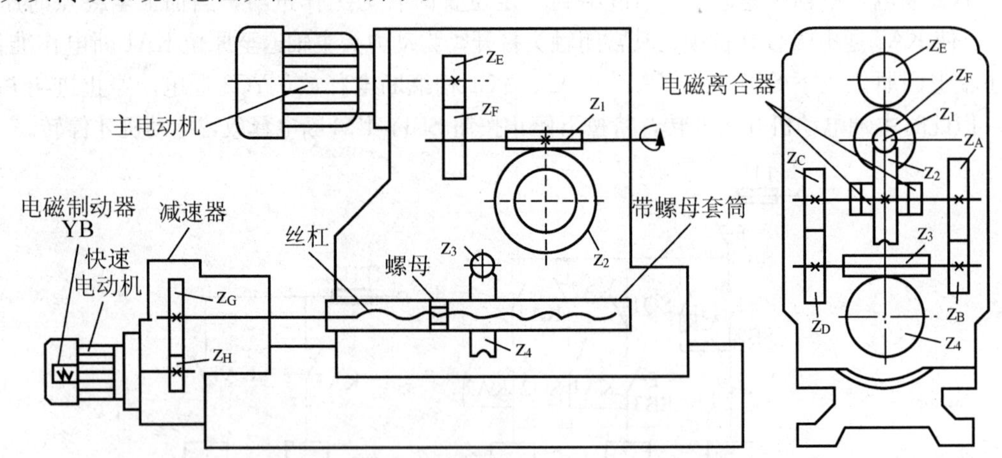

图 4.29　箱体移动式机械动力头传动系统示意图

1）箱体移动式机械动力头传动原理

主电动机 M1 通过变速齿轮 z_E、z_F 带动主轴旋转。箱体的进给运动由主轴上的蜗杆 z_1、蜗轮 z_2，经过电磁离合器 YC1(一次进给)或 YC2(二次进给)，再经过一对变换齿轮 z_A、z_B(一次进给)或 z_C、z_D(二次进给)传递给第二对蜗杆 z_3、蜗轮 z_4，带动装有螺母的套筒回转，由于丝杠被快速电动机 M2 端部的制动电磁铁 YB 抱住不转，所以套筒回转实现了箱体(或主轴)的一次(或二次)进给。动力头的快速进给由快速电动机 M2 经减速齿轮

z_G、z_H带动丝杠旋转，这时装有螺母的套筒不转，丝杠驱动箱体实现快速进给，此时制动电磁铁是松开的。

主轴电动机与快速电动机配合，可完成如图 4.30(a)～(c)所示的工作循环。

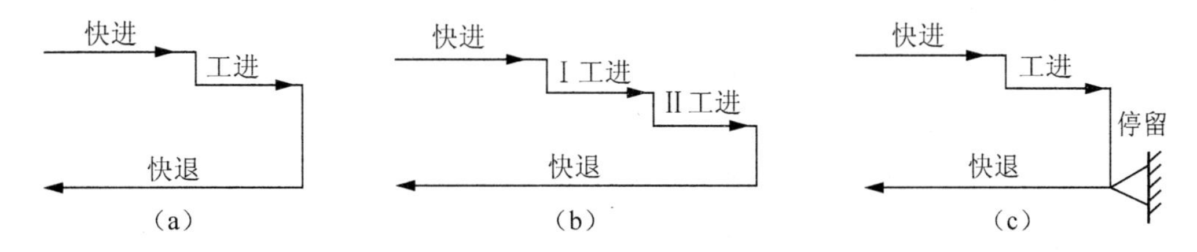

图 4.30　箱体移动式机械动力头工作循环图

2）具有二次进给的控制电路

具有二次工作进给的控制电路如图 4.31 所示。图中 KM1、KM2 为快速电动机正、反转接触器，KM3 为主轴电动机接触器，KA 为中间继电器，SQ1 为原位开关，SQ2 为接近工件快进转工进开关，SQ3 为Ⅰ工进转Ⅱ工进开关，SQ4 为加工结束快速退回开关，YB 为快速电动机制动电磁铁，YC1 为Ⅰ次工进电磁离合器，YC2 为Ⅱ次工进电磁离合器。按下双常开起动按钮 SB2，KM1 通电吸合并自锁，制动电磁铁 YB 通电，快速电动机起动旋转，箱体动力头向前快速移动，同时，KA 通电吸合并自锁，为主轴电动机通电作准备。当动力头快速移动到接近工件时，压下 SQ2，使 KM1 断电释放，KM3 通电吸合，前者使快速电动机停转并制动，后者使主轴电动机起动，主轴旋转。同时，YC1 通电，动力头按Ⅰ次工进速度进行加工，加工至压下 SQ3，YC1 断电、YC2 通电，动力头按Ⅱ次工进速度进行加工，直至加工结束压下 SQ4，KA、KM3 相继断电，主轴电动机停止；同时使 KM2 通电吸合并自锁，箱体动力头快速电动机反转，并使 YB 通电，箱体动力头快速退回，退回至压下 SQ1 时，KM2 断电释放，YB 断电，快速电动机停转并制动，动力头停在原位，工作循环结束。

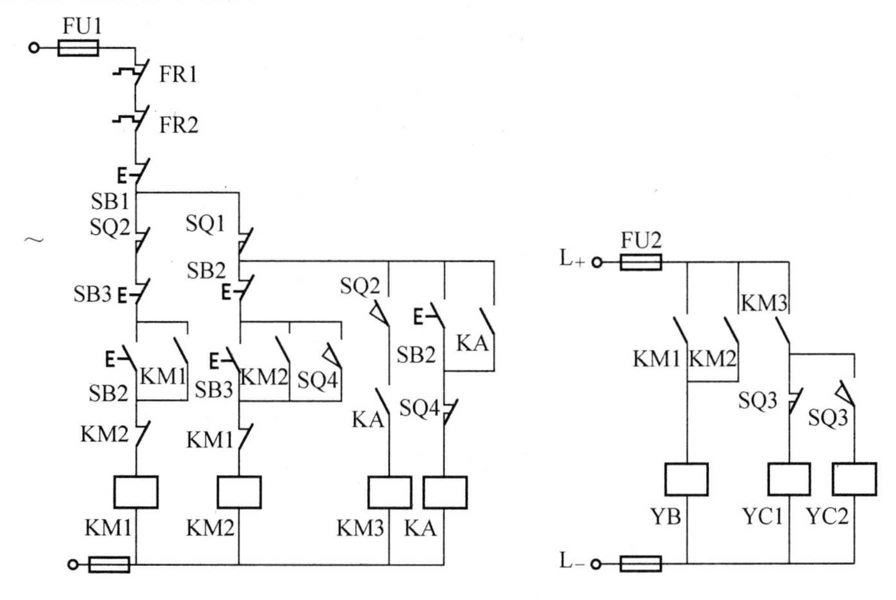

图 4.31　箱体移动式机械动力头二次进给的控制电路

该电路操作时应注意，按下起动按钮 SB2，要延续至动力头离开原位，SQ1 复位后才可松开，否则 KA 无法通电，KM3 也无法通电工作。

3. 机械动力滑台控制电路

机械动力滑台由动力滑台、机械滑座、电动机及传动装置等组成。在机械动力滑台上可以配置各种切削头，用来完成钻、扩、铰、镗、铣及攻螺纹等加工，也可作工作台使用。因此，使用具有很大的灵活性。

1）机械动力滑台

机械动力滑台上装有快速电动机和工作进给电动机，用以拖动滑台实现快速移动和工作进给。机械动力滑台传动示意图如图 4.32 所示，它是只完成进给运动的动力部件。滑台的快速移动由快速进给电动机经齿轮 z_1～z_4 及 z_5～z_6 带动丝杠快速旋转，并由螺母带动滑台作快速移动。快速电动机的正反向旋转，实现滑台的快进与快退。滑台的工作进给由工作进给电动机经齿轮 z_7～z_8、配换齿轮 z_A～z_D、蜗杆、蜗轮(蜗轮系空套在轴上)、行星齿轮 z_1～z_4(快速电动机被制动，z_1齿轮不转，z_2齿轮除绕 z_1旋转外，又绕其本身的转轴旋转，z_2与 z_3是双联齿轮，于是 z_3又带动 z_4旋转)，再经齿轮 z_5～z_6带动丝杠作慢速旋转，带动滑台作工作进给。

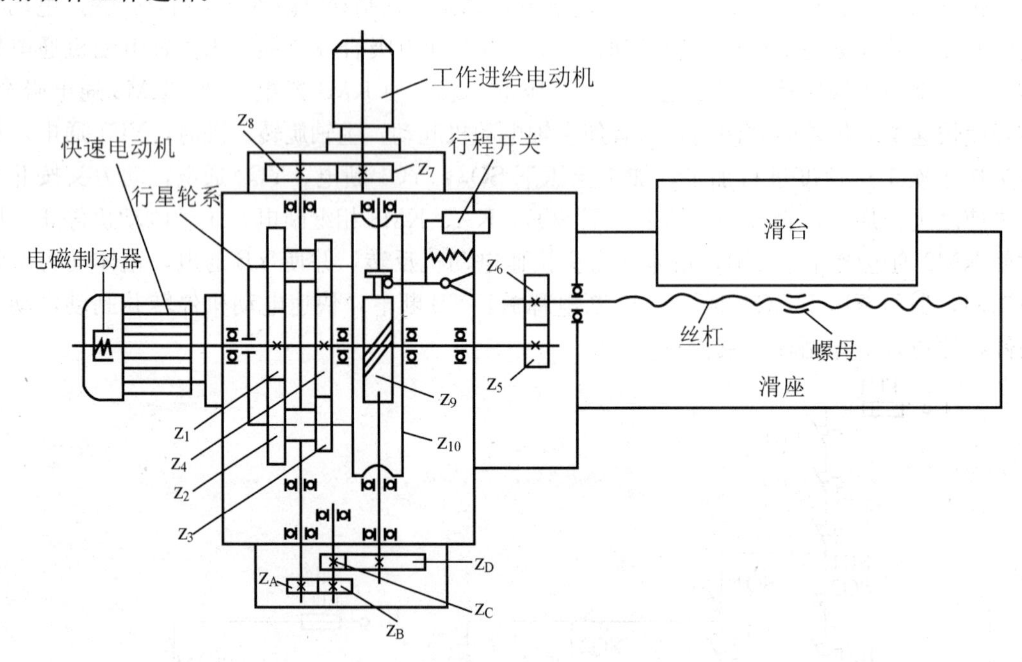

图 4.32 机械动力滑台传动示意图

当滑台在工作中顶上死挡铁或发生故障不能继续前进时，丝杠、蜗轮不能转动，而工作进给电动机仍继续旋转。由于蜗轮不动，蜗杆的转动将使蜗杆沿轴线窜动，通过杠杆机构压下行程开关，发出快退信号，于是快速电动机反向旋转，滑台退回原位。

根据不同的加工工艺要求进行相应的控制，机械动力滑台能实现多种形式的工作循环。

2）机械动力滑台的电气控制电路

下面分别分析不带反向工作进给和带反向工作进给的两种机械动力滑台的控制电路。

不带反向工作进给的机械动力滑台的控制电路如图 4.33 所示。图中 KM 为主轴电动

机控制接触器的常开辅助触头，KM1、KM2 为快速电动机正、反转接触器，KM3 为进给电动机接触器，YB 为快速电动机制动电磁铁，SQ1 为原位开关，SQ2 为快进转工进开关，SQ3、SQ4 为工进转快退开关。电路工作情况：在主轴电动机起动工作的情况下，KM 常开触头闭合。此时，按下向前工作按钮 SB1，KM1 通电吸合并自锁，YB 通电，快速电动机正向起动，滑台快速向前移动，当挡铁压下 SQ2 时，KM1、YB 相继断电释放，快速电动机停转并制动。同时 KM3 通电吸合并自锁，进给电动机起动，滑台转为工作进给。进给加工至终点，挡铁压下 SQ3，KM3 断电释放，进给电动机停转，同时 KM2 通电吸合并自锁。KM2 常闭触头断开，一方面对 KM1 起互锁作用，另一方面为滑台退回原位切断电源作准备；KM2 常开触头闭合，使 YB 通电，快速电动机反向起动，滑台快速退回，直至挡铁压下原位开关 SQ1，KM2、YB 断电，快速电动机停转并制动，滑台停在原位，工作循环结束。图中 KM 常开触头保证了在主轴电动机起动后，滑台才可工作。调整开关 SA 为主轴电动机不工作时，单独调整滑台用。SQ4 为滑台前进极限行程开关，在 SQ3 失灵时起限位保护作用。

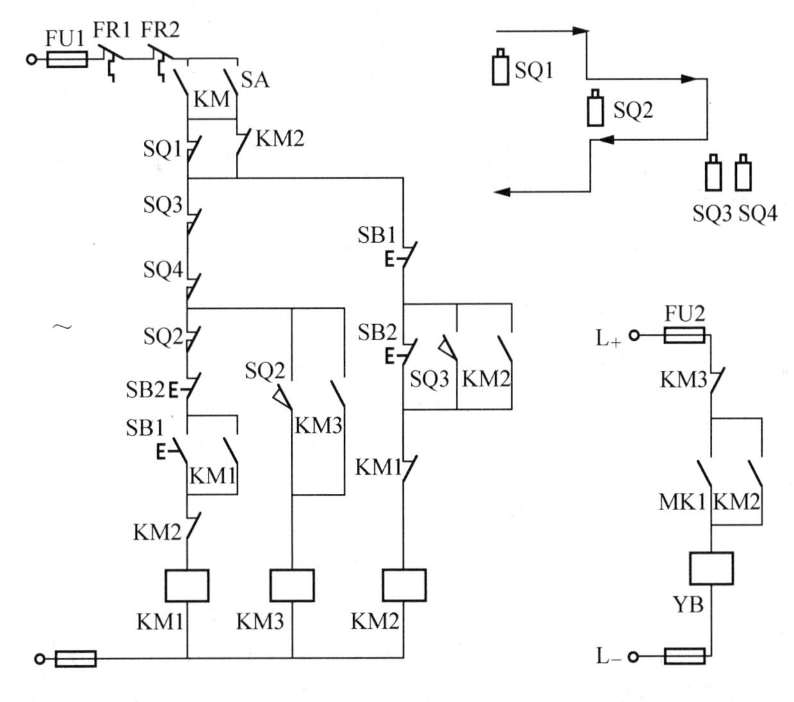

图 4.33　不带反向工作进给的机械动力滑台的控制电路

带反向工作进给的机械动力滑台的控制电路如图 4.34 所示。图中 M1 为进给电动机，M2 为快速电动机，KM1、KM2 为两台电动机的正、反转接触器，KM3 为 M2 的控制接触器，SQ1 为原位开关，SQ2 为快进转工进或工退转快退开关，SQ3 为工作进给结束开关，SQ4 为超行程限位开关，KM 为主轴电动机接触器常开辅助触头。电路工作情况：在主轴电动机起动情况下，按下滑台向前工作按钮 SB1，KM1 通电吸合并自锁，M1 正向起动。同时，KM3 通电吸合，M2 也正向起动，滑台以快速前进速度加工进速度向前移动。当前进到压下 SQ2 时，KM3 断电释放，YB 断电，快速电动机 M2 停转并制动，滑台仅以工作进给速度继续向前，直至加工结束压下 SQ3，KM1 断电释放，KM2 通电吸合，工进

电动机反转，滑台以工进速度后退，退至放开 SQ2 开关，KM3 再次通电吸合，快速电动机反向起动，滑台以快退速度加工退速度快速退回原位，压下 SQ1，KM2、KM3 断电，电动机 M1、M2 同时停转，M2 并有制动，滑台停在原位，工作循环结束。对于具有工进、工退加工形式的滑台，大多用于攻螺纹加工。

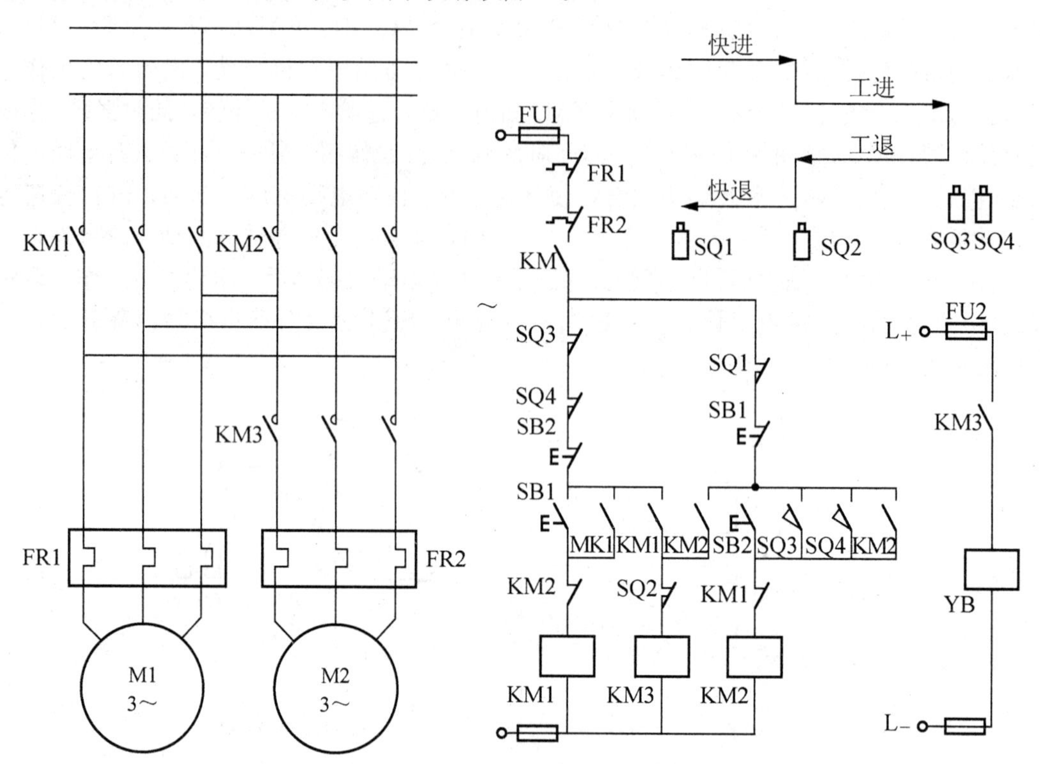

图 4.34　具有反向工作进给的机械动力滑台的控制电路

4. 液压动力滑台的控制电路

液压动力滑台通过液压传动系统可方便地进行无级调速，且正反向平稳，冲击力小，便于频繁地换向工作。根据加工工艺要求，液压动力滑台可组成一次工作进给、二次工作进给、死挡铁停留、跳跃式进给、反向进给和分级进给等多种工作循环。

液压动力滑台是一种他驱式动力部件，由滑台、滑座和液压缸 3 部分组成，由于它自身不带液压泵、油箱等装置，需设置专门的液压站与其配套，它是由电动机带动液压泵送出压力油，经电气、液压元件的控制，推动液压缸中的活塞来带动工作台运动。

1）液压动力滑台液压系统工作分析

液压动力滑台二次进给液压系统图如图 4.35 所示。该系统由限压式变量泵Ⅰ，液压缸Ⅱ，三位五通液压阀Ⅲ，三位五通电磁阀Ⅳ，调速阀Ⅴ、Ⅵ，二位二通电磁阀Ⅶ，二位二通行程阀Ⅷ，单向阀Ⅸ、ⅩⅢ、ⅩⅣ、ⅩⅤ、ⅩⅥ，压力继电器Ⅹ(KP)，顺序阀Ⅺ，背压阀Ⅻ等组成。

滑台在各个工作顺序时，液压系统工作情况如下所述。

(1) 快速趋近。液压泵电动机起动后，压力油沿管 1、辅助油路，进入阀Ⅳ，再沿管 7、单向阀ⅩⅤ、管 8，进入阀Ⅲ的左腔，把三位五通阀推向右端，右端的回油沿管 10、节

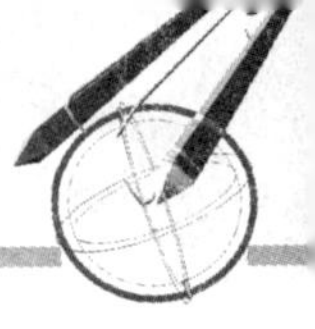

流阀ⅩⅥ、管 9、阀Ⅳ流回油箱。于是，接通了工作油路，液压泵的压力油经单向阀ⅩⅣ、阀Ⅲ、管 2、行程阀Ⅷ、管 3 进入液压缸的左腔，液压缸带动滑台向左运动。液压缸右腔的回油路，经管 5、阀Ⅲ、管 6、单向阀ⅩⅢ(因快速趋近时负载小，油压低，顺序阀Ⅺ不通)及管 2、管 3 又进入液压缸左腔。同时，由于快速趋近油压低，变量泵的输出流量最大，滑台获得最大速度快速趋近。

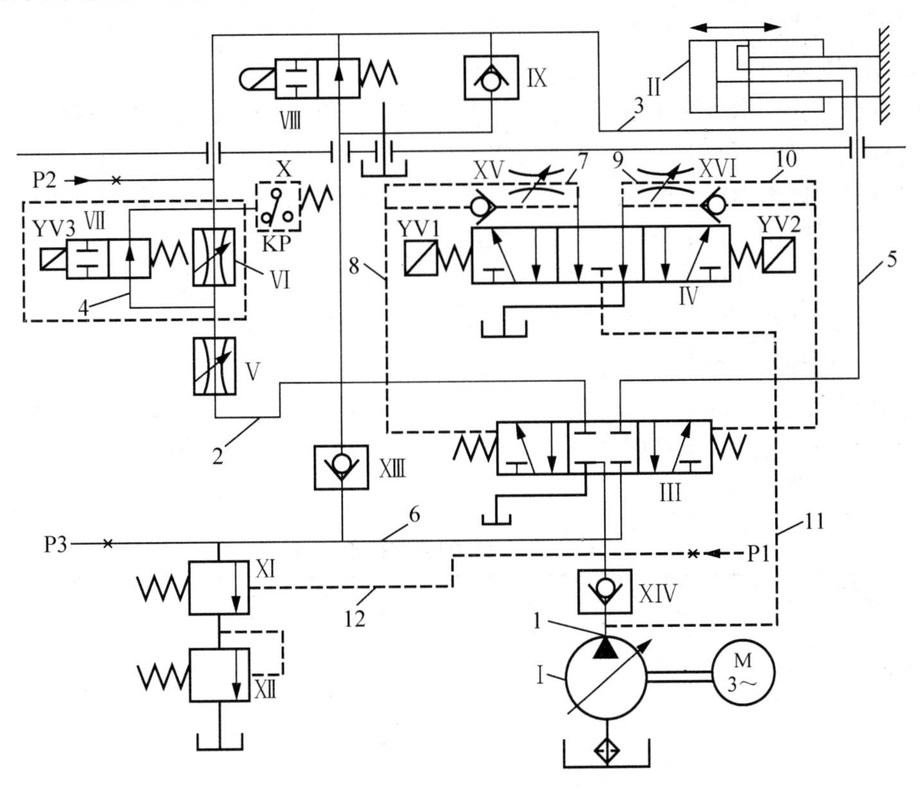

图 4.35　液压动力滑台二次进给液压系统图

1～10—管　11—辅助油路

(2) 一次工作进给。当快速趋近终了时，滑台上的挡铁压下行程阀Ⅷ，切断管 2 与管 3 之间的通道。来自液压泵的压力油经管 1、单向阀ⅩⅣ、管 2、调速阀、管 4、阀Ⅶ、管 3 进入液压缸的左腔，滑台由快速趋近转入一次工作进给，进给速度由阀Ⅴ来控制。液压缸右腔的回油经管 5、阀Ⅲ、顺序阀Ⅺ(因工作进给时负载大，油压升高，顺序阀被打开)和背压阀Ⅻ流回油箱。

(3) 二次工作进给。当滑台一次进给终了，挡铁压下 SQ2，电磁阀 YV3 通电，将管 4 和管 3 之间的通道切断，使液压泵的压力油经由调速阀Ⅴ、Ⅵ、管 3 进入液压缸的左腔，滑台由一次工作进给转为二次工作进给。因调速阀Ⅵ的通油截面比阀Ⅴ小，所以，二次工作进给速度较一次工作进给速度慢。

(4) 死挡铁停留。当工作进给终了时，滑台碰上死挡铁，停止前进，油路的工作状态与二次工作进给时相同；于是，管 3 的油压升高，压力继电器 KP 动作，但阀Ⅲ、阀Ⅴ仍保持原来位置，即进给状态。所谓“死挡铁停留”，就是指当加工至终点时，原动力(压力油)继续作用在运动部件上，即压力油继续注入前进油腔中。此时，滑台或动力头在死挡

铁的限制下停止前进，经过一定的延时(用压力继电器或时间继电器控制)后，再退回原位，以实现某些加工工艺的要求。

(5) 快速退回。滑台死挡铁停留一段时间后，管 3 的压力升高，压力继电器 KP 动作，发出信号使阀Ⅳ、阀Ⅲ均改变状态，此时，液压泵的压力油从管 1、单向阀ⅩⅣ、阀Ⅲ、管 5 进入液压缸右腔，液压缸带动滑台向右移动。液压缸左腔的油经单向阀Ⅸ、管 2、阀Ⅲ流回油箱。这个过程由于进油管路、回油管路均未经过调速阀，且滑台退回时负载小，油压低，变量泵输出流量最大，滑台获得快速退回。

(6) 原位停止。滑台快速退回原位时，挡铁压下原位开关 SQ1，阀Ⅳ的电磁铁断电，在其两边弹簧力平衡状态下，回到中间位置。同时，阀Ⅲ两端失去油压作用，也回到中间位置；其他阀也回复到工作前的状态。这时变量泵的油流不出去，油压憋高，便自动地使液压泵偏心调节到零，流量降至零，液压泵卸荷，滑台便停在原位。

由上分析可知，液压动力滑台要实现其工作循环，必须有电气控制电路与之配合。

2) 液压动力滑台电液配合的控制电路

下面分析两种液压动力滑台的控制电路。

(1) 具有一次工作进给及死挡铁停留的工作循环是组合机床比较常用的工作循环之一，其液压系统工作时，各种阀的动作状态见表 4.1，电气控制电路如图 4.36 所示，动作过程如下所述。

表 4.1 元件的动作状态

工步＼元件	YV1	YV2	行程阀	KP
原位	−	−	−	−
快进	+	−	−	−
工进	+	−	+	−
死挡铁停留	+	−	+	−/+
快退	−	+	+/−	−

注：表中“−”表示无外力作用；“+”表示受外力作用动作。

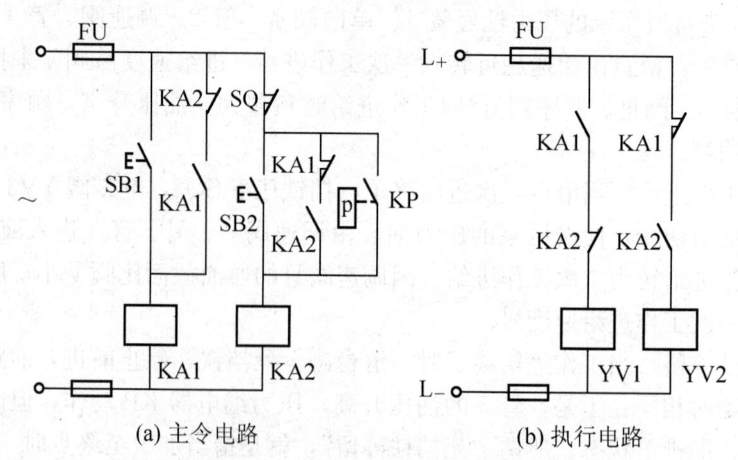

(a) 主令电路 (b) 执行电路

图 4.36 一次工作进给、死挡铁停留的控制电路

① 滑台快进。在液压泵电动机起动后，液压泵输出高压油。按下向前按钮 SB1，KA1 通电并自锁，同时电磁阀 YV1 通电，液压控制阀Ⅲ动作，压力油打入进给液压缸左腔，滑台快速趋近。

② 一次工作进给。滑台快速趋近到压下行程阀Ⅷ时，快速趋近转为一次工作进给。这时，油路工作状态的改变是由行程阀来实现的，所以，电路工作状态并未改变。

③ 死挡铁停留。当工作进给终了时，滑台被死挡铁挡住，进给油路压力升高，使压力继电器 KP 动作，发出滑台快退信号。这时，油路工作状态和工作进给时相同。

④ 快速退回。死挡铁停留，进油路压力升高，压力继电器 KP 动作，使 KA2 通电吸合并自锁，同时 KA1、YV1 断电释放，YV2 通电。阀Ⅳ、阀Ⅲ改变工作状态，使压力油打入液压缸右腔，滑台向后快速退回。

⑤ 原位停止。滑台快速退回原位后压下 SQ，KA2、YV2 断电释放，滑台停在原位。这时的电路、油路均处于原位状态，滑台工作循环结束。

(2) 具有二次工作进给的液压系统，各种阀的动作状态见表 4.2，其主令电路与图 4.36相同，执行电路如图 4.37 所示。

表 4.2　元件的动作状态

工步＼元件	YV1	YV2	YV3	行程阀	KP
快进	+	−	−	−	−
一工进	+	−	−	+	−
二工进	+	−	+	+	−
死挡铁停留	+	−	+	+	−/+
快退	−	+	−	+/−	−
原位	−	−	−	−	−

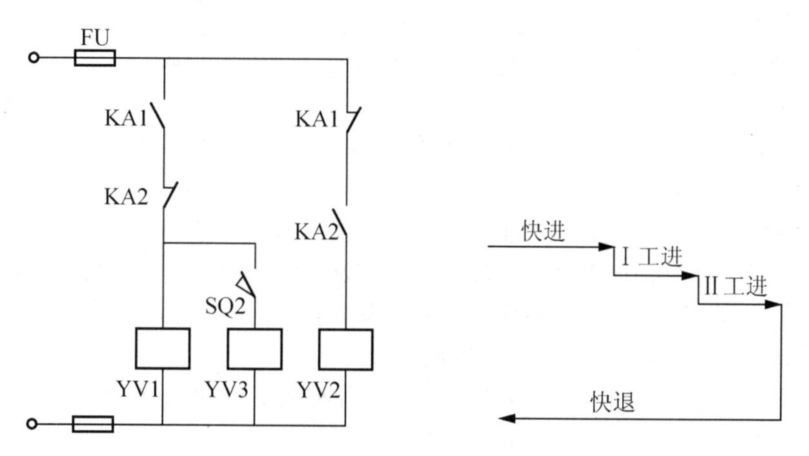

图 4.37　具有二次工作进给控制电路的执行电路

滑台从一次工作进给转为二次工作进给时，压下 SQ2，电磁阀 YV3 通电，油路中压力油经过二次节流，进入液压缸的压力油流量减少，滑台转为二次工作进给。在整个二次工作进给过程中，行程开关 SQ2 一直受压，故应采用长挡铁。滑台处于其他工作状态时，

其油路及油路工作状态均与具有一次工作进给的情况相同。

小　　结

本项目4.1～4.5节分析了几种常用机床的电气控制，以及机电结合的情况，并对一些常见故障进行了分析，目的在于让学生掌握分析一般生产机械电气控制系统的方法，培养学生分析与排除电气设备故障的能力。4.6节分析了桥式起重机的控制系统，从电动机的参数与机械特性和负载之间的关系出发，分析了控制系统的原理和正确的操作方法。4.7节分析了组合机床及其电气控制的特点，其控制系统大多由机械、电气、气动和液压相互配合而组成，其中电气控制起着中枢的作用。

习　　题

4.1　CA6140型普通车床的电气控制具有哪些特点和保护环节？其保护是通过哪些电气元件实现的？

4.2　X62W型卧式万能铣床由哪些基本控制环节组成？

4.3　X62W型卧式万能铣床控制电路中具有哪些联锁与保护？分析这些联锁与保护的必要性。它们是如何实现的？

4.4　X62W型卧式万能铣床主轴旋转时的变速与主轴不转时的变速电路工作情况有何不同？进给变速冲动是如何实现的？

4.5　分析X62W型卧式万能铣床下列故障的原因：

① 主轴停车时，正、反向都没有停车制动；

② 进给运动中，不能向前向右，能向上向左，圆工作台不能运动；

③ 进给运动中，能向上、下、左、右、前，不能向后。

4.6　在平面磨床中为什么采用电磁吸盘来吸持工件？电磁吸盘为何采用直流供电而不用交流供电？

4.7　M7130型平面磨床电气控制具有哪些特点和保护环节？其保护是通过哪些电气元件实现的？

4.8　试简述将工件从电磁吸盘上取下时的操作步骤及电路的工作情况。

4.9　Z3040型摇臂钻床电路中，行程开关SQ1～SQ4的作用是什么？

4.10　试述Z3040型摇臂钻床操作摇臂下降时电路的工作情况。

4.11　Z3040型摇臂钻床电路中，有哪些联锁与保护？

4.12　试简述T68型镗床主轴电动机M1高速起动控制的操作过程及电路的工作情况。

4.13　T68型镗床电路中SQ、SQ1～SQ8各有什么作用？安装在何处？它们分别由哪些操作手柄控制？

4.14　在T68型镗床电路中接触器KM3在主轴电动机M1什么状态下不工作？

4.15　试简述T68型镗床快速进给的控制过程。

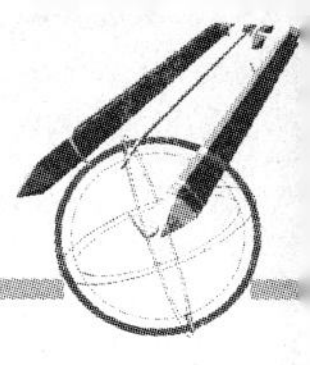

4.16　T68型镗床的变速冲动与X62铣床有何异同？

4.17　起重用电动机具有哪些特点？

4.18　提升重物与下降重物时，起重机提升机构电动机各处在何种工作状态？它们是如何实现的？

4.19　凸轮控制器各触头的作用是什么？为何转子电阻采用不对称接法？使用凸轮控制器控制起重机提升机构时，其操作时应注意什么？为什么？

4.20　PQR10B型主令控制电路有何特点？操作时应注意什么？控制电路设有哪些联锁环节？是如何实现的？

4.21　凸轮控制器电路和主令控制器电路有何不同？各有何特点？

4.22　组合机床由哪些主要部件组成？其电气控制有何特点？

4.23　试设计控制两台电动机，既能同时起动和停机，又能单独工作，并能点动的控制电路。

4.24　试设计两面相向钻孔专用机床，要求满足如下控制要求：

① 甲、乙动力头分别起动加工；

② 两动力头加工结束，分别退回原位停止；

③ 乙动力头加工到危险区时，甲动力头应已退回；

④ 具有必要的保护环节。

项目5

继电-接触器控制系统的设计

在生产中，机械设备的使用效能与其自动化的程度有着密切的关系，机电一体化已成为现代工业发展的总趋势。目前，大多机电一体化的生产机械广泛采用继电-接触器控制系统。对机电一体化的设备进行继电-接触器控制系统设计并提供完整、规范的技术资料是相关工程技术人员必须掌握的。

5.1　生产机械电力装备设计的基本原则和内容

知识目标	➢ 掌握生产机械电力装备设计的内容； ➢ 掌握生产机械电力装备设计的原则。
能力目标	➢ 能正确确定生产机械电力装备设计的内容； ➢ 在生产机械电力装备设计过程中能自觉遵守设计原则。

要点提示

生产机械电力装备设计的内容就是在生产机械电力装备设计时设计师的工作任务。生产机械电力装备设计的原则就是设计师在设计过程中应该遵循的规律。

生产机械电力装备的设计应与机械部分的设计同步进行，紧密配合，共同拟订控制方案，协同解决设计中出现的各种问题，才能取得最佳效果。例如，在采取机械变速时，电气控制可以得到简化，但往往需要考虑机械变速装置的安装空间、可靠性、使用效能及价格等；若采取电气调速，则机械变速机构可以得到简化。到底什么样的方案是最佳的？这就要进行认真的研究和分析。

生产机械电力装备设计的基本内容有以下几个方面。

（1）确定电力拖动方案，选择拖动电动机的容量和型号。

（2）设计生产机械电力拖动自动控制系统。

（3）选择电气元件，制定电气一览表。

（4）进行生产机械电力装备施工设计。

（5）编写生产机械电气控制系统的电气说明书与设计文件。

5.2　电力拖动方案确定的原则

知识目标	➢ 掌握生产机械电力拖动方案确定的原则。
能力目标	➢ 能正确确定生产机械的电力拖动方案。

要点提示

生产机械电力拖动方案确定的原则就是如何选择和确定合适的拖动方案。拖动方案是控制系统设计的前提，生产机械首先要确定电动机的数量、型号和作用才能设计其控制系统。拖动方案往往与设备的成本和性能密切相关。拖动方案也应该与时俱进，如当电动机价格较贵时，往往采用集中拖动，即一台电动机拖动多个运动部件，这样可以减少电动机的数量，但传动机构相对复杂。当电动机价格较低时，往往采用分散拖动，尽量减少每台电动机拖动的运动部件的数量，因此传动机构得以简化。再如，如果采取对电动机进行调速，机械变速就可以简化甚至取消，随着变频器性能的提高和价格的下降，越来越多的系统采用变频调速取代机械变速机构。

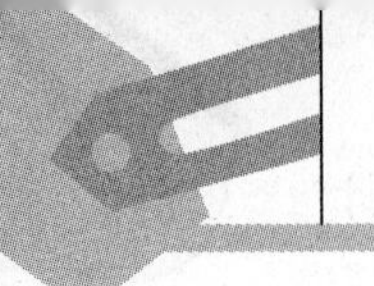

对各类生产机械电气控制系统的设计，首要的是选择和确定合适的拖动方案。它主要根据生产机械的调速要求来确定。

5.2.1 无电气调速要求的生产机械

在不要求电气调速和起动不频繁的场合，首先考虑采用笼型异步电动机。在负载静转矩很大的拖动装置中，可考虑采用绕线异步电动机。对于负载很平稳、容量大且起动次数很少的，采用同步电动机更为合理，不仅可以充分发挥同步电动机效率高、功率因数高的优点，还可以调节励磁使它工作在过励状态下，提高电网的功率因素。

5.2.2 要求电气调速的生产机械

对于要求电气调速的生产机械，应根据生产机械提出的一系列调速技术要求(调速范围、调速平滑性、机械特性硬度、转速调节级数及工作可靠性等)来选择拖动方案，在满足技术性能指标的前提下，进行经济性能比较(设备初投资、调速效率、功率因数及维修费用等)，最后确定最佳拖动方案。

(1) 调速范围 $D=2\sim3$，调速级数$\leqslant2\sim4$，一般采用改变极对数的双速或多速笼型异步电动机拖动。

(2) 调速范围 $D<3$，且不要求平滑调速时，采用绕线型异步电动机，但仅适用于短时或重复短时负载的场合。

(3) 调速范围 $D=3\sim10$，且要求平滑调速，在容量不大的情况下，可采用带滑差离合器的交流电动机拖动系统。若需长期运行在低速状态下，也可考虑采用晶闸管电源的直流拖动系统。

(4) 调速范围 $D=10\sim100$ 时，可采用G-M系统(直流发动机—电动机系统)或晶闸管电源的直流拖动系统。

5.2.3 电动机调速性质的确定

电动机调速性质是指电动机在整个调速范围内转矩、功率与转速的关系，是容许恒功率输出还是恒转矩输出。

电动机的调速性质应与生产机械的负载特性相适应。以车床为例，其主运动需恒功率传动，进给运动则要求恒转矩传动。对于电动机，若采用双速笼型异步电动机拖动，当定子绕组由△形接法改为双Y形接法时，转速由低速升为高速，功率却变化不大，适用于恒功率传动；由Y形接法改为双Y形接法时，电动机输出转矩不变，适用于恒转矩传动。对于直流他励电动机，改变电枢电压调速为恒转矩调速，而改变励磁调速为恒功率调速。

若采用不对应调速，即恒转矩负载采用恒功率调速或恒功率负载采用恒转矩调速，都将使电动机额定功率增大 D 倍(D 为调速范围)，且使部分转矩未得到充分利用。所以，选择调速方法，应尽可能使它与负载性质相同。

5.2.4 拖动电动机的选择

请参阅《电机原理及电力拖动》等相关书籍和资料。

5.3 继电-接触器控制系统设计的一般要求

知识目标	➢ 掌握继电-接触器控制系统设计的一般要求。
能力目标	➢ 能正确设计继电-接触器控制系统，达到安全、可靠、经济、方便的要求。

要点提示

不能满足生产机械工艺要求的控制系统是无用的，满足生产机械的工艺要求是对电气控制系统的最基本的要求，在此基础上再考虑安全性、可靠性和经济性。人们往往认为安全性、可靠性和经济性是矛盾的，即安全性和可靠性高的产品其经济性就差，实际上可能存在安全性和可靠性高的产品，其经济性同时也很好，这就是最优化的设计方案。人们往往能设计出生产机械的电气控制系统，但它不一定是最优化的电气控制系统。在某一时期最优化的控制系统，在技术发展以后就不一定是最优化的了。

生产机械电气控制系统是生产机械不可缺少的重要组成部分，它对生产机械能否正确、可靠地工作起着决定性的作用。为此，必须正确设计电气控制电路，合理选用电气元件，使控制系统满足如下要求。

5.3.1 电气控制系统应满足生产机械的工艺要求

在设计前，应对生产机械工作性能、结构特点、运动情况、加工工艺过程及加工情况有充分的了解，并在此基础上考虑控制方案，如控制方式、起动、制动、反向及调速要求、必要的联锁与保护环节，以保证生产机械工艺要求的实现。

在设计时要按照 GB 5226.1—2008：《机械电气安全 机械电气设备 第1部分：通用技术条件》的相关规定进行，如电器元件的安装环境、距离等方面的要求；导线线径、颜色的选择；电击防护和电气设备的保护要求等。

5.3.2 控制电路电流种类与电压数值的要求

国家标准 GB 5226.1—2008 规定：控制电路由交流电源供电时应使用变压器供电，这些变压器应有独立的绕组。如果使用几个变压器，建议这些变压器的绕组按使二次侧电压同相位的方式连接。用单一电动机起动器和不超过两只控制器件时不强制使用变压器，可以把控制电路直接接到相线与接地中线之间。当机床有几个控制变压器时，一个变压器尽可能只给机床一个单元的控制电路供电，只有这样才使不工作的那个控制电路不会危及人身、机床和工件的安全。

由变压器供电的交流控制电路，二次侧电压为 24 V 或 48 V，50 Hz。对于触头外露在空气中的电路，若电压过低而使电路工作不可靠时，应采用 48 V 或更高的电压[110 V(优选值)和 220 V]，50 Hz。

对于电磁线圈在 5 个以下的控制电路可直接接在两相线间或相线与中线之间。

直流控制电路的电压有：24 V，48 V，110 V，220 V。对于大型机床，因其线路长，串连的触头多，压降大，故不推荐使用 24 V 或 48 V 交直流电压。

对于只能使用低电压的电子电路和电子装置可以采用相应的低电压。

5.3.3 保证控制电路工作的可靠性

保证控制电路工作的可靠性要满足以下 4 个要求。

(1) 电器元件工作要可靠。电气元件应工作可靠、牢固、稳定并符合使用环境条件，电气元件的动作时间要小(需延时的除外)，线圈的吸引和释放时间应不影响电路正常工作。

(2) 电器元件要正确连接。每个电磁动作器件的线圈、信号灯或向信号灯供电的变压器的一次线圈，必须连接在控制电路接地的一边。各个器件的触头应接在线圈和控制电路的另一边之间。

如果保护继电器的触头与被它所控制的器件线圈之间的导线是在同一个电柜或壁龛内，该保护继电器的触头可以连接在控制电路接地边和线圈之间。

凡触头不同于上述接法，但能使外部控制附件简化时，可不接在线圈和控制电路另一边之间，但必须设法避免出现故障时所产生的危险。

在实际接线中，应将线圈并联后接到其额定电压值电路上，切忌将两个交流电磁线圈串联后再接于其额定电压之和的交流电源上。因在交流串联电路中电压依阻抗大小正比分配，即使是两个型号相同的交流接触器 KM1、KM2 也不能按图 5.1 所示串联后接于二倍线圈额定电压的交流电源上。否则，当其中一个接触器先动作，该接触器磁路气隙减小，使该线圈电感量增大，阻抗加大，分配到的电压增大，而使未吸合的接触器因电压低不能吸合；同时线路电流增加，有可能将接触器线圈烧毁。

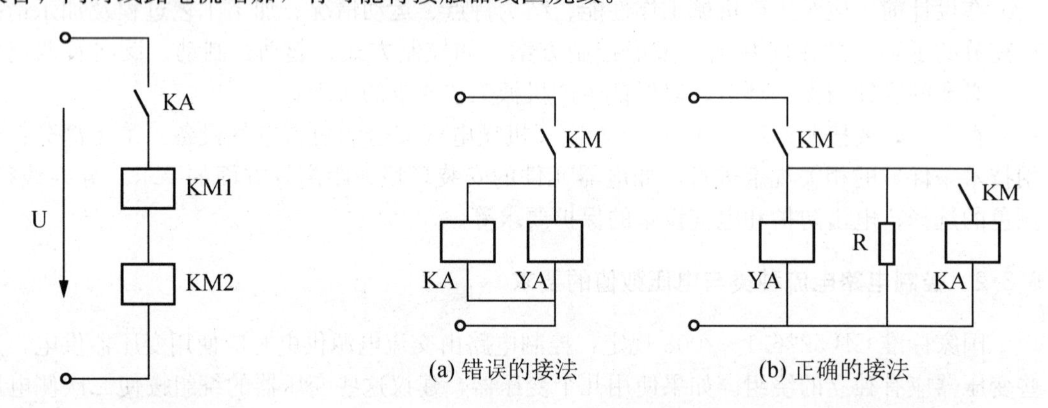

图 5.1 错误的线圈连接　　图 5.2 直流电磁铁与直流继电器线圈的连接

在直流控制电路中，直流电磁铁线圈与直流中间继电器线圈并联时应注意[见图 5.2(a)]，当触头 KM 断开时，由于电磁铁 YA 线圈的电感量大，产生大的感应电动势，加在中间继电器 KA 线圈上，流经 KA 线圈的电流有可能大于其工作电流，造成 YA 误动作，以后随着感应电流下降再释放，为此在 YA 两端并联放电电阻 R，并在 KA 支路中串入 KM 常开触头，如图 5.2(b)所示。

触头的连接应遵照国家标准，但在具体连接时还应考虑以下两点：首先在设计控制电路时，应尽量使分布在电路不同位置的同一电器触头接到同一极性或同一相上，以免在电器触头上发生电源短路。行程开关 SQ 的两对触头与电磁线圈的连接电路所图 5.3 所示。其中图 5.3(a)的可靠性比图 5.3(b)高。另外，应考虑电器触头的接通和分断能力，如果

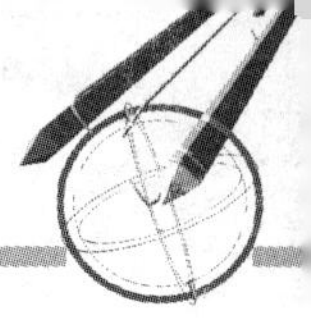

触头串联可提高分断能力。

(3) 尽量节省资源。应尽量减少触头数量和连接导线数量和长度。

(4) 防止出现寄生电路。所谓寄生电路，是指控制电路在正常工作或事故情况下，发生意外接通的电路。若在控制电路中存在寄生电路，将破坏电器和电路的工作顺序，造成误动作。存在寄生电路的控制电路如图 5.4 所示。

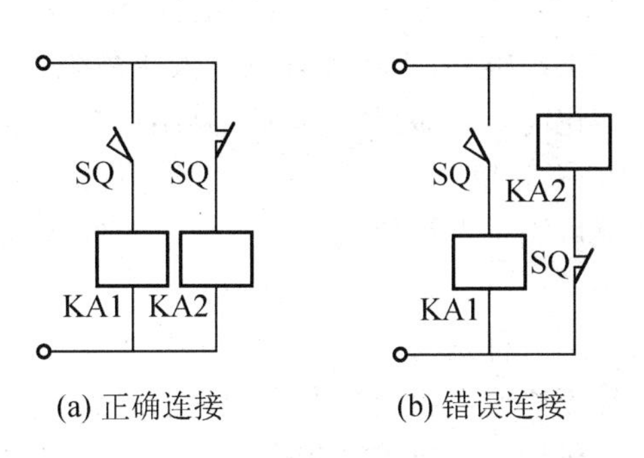

图 5.3　触点的连接方法

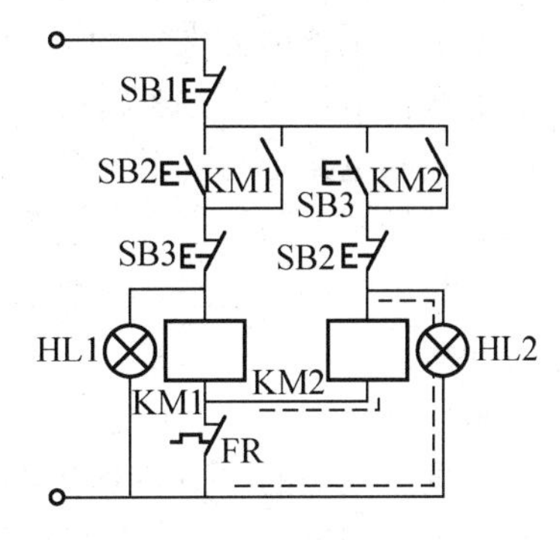

图 5.4　存在寄生电路的控制电路

在正常情况下，电路能完成起动、正反转和停止的操作控制，信号灯也能指示电动机正、反转工作状态；但当电动机过热使热继电器 FR 常闭触头断开时，将出现图中虚线所示之寄生电路，使接触器 KM1 不能断电释放，电动机失去过热保护。如若将 FR 常闭触头移至停止按钮 SB1 之后，便可防止寄生电路。“7·23”温州动车事故的信号灯异常估计就存在寄生电路(正常情况下应该是没有信号，而不应该存在错误的信号)。

5.3.4　保证电气控制电路工作的安全性

电气控制电路在事故情况下，应能保证操作人员、电气设备、生产机械的安全，并能有效地制止事故的扩大。为此，在电气控制电路中应采取一定的保护措施，常用的有：采用漏电保护开关的自动切断电源的保护、短路保护、过载保护、失压保护、欠压保护、联锁保护、行程保护与过流保护等。

5.3.5　操作和维修方便

电气控制电路应从操作与维修人员工作出发，力求操作简便，维修方便。

电气控制电路在满足生产机械要求前提下力求简单、经济。

5.4　电气控制电路的设计

知识目标	➢ 掌握继电-接触器控制系统设计的方法。
能力目标	➢ 能正确设计继电-接触器控制系统。

要点提示

电气控制系统的设计是对基本元器件和典型环节的综合应用。设计时最需要的是全面

考虑问题和耐心细致，可以化整为零、分步解决，最后再综合考虑。设计技巧只能通过不断地实践才能掌握。

当生产机械电力拖动方案及电动机容量确定之后，在明确控制系统设计要求基础上就可以进行电气控制电路的设计。设计电气控制电路有经验设计法与逻辑设计法。经验设计法是根据生产机械对电气控制的要求，先设计出各个独立的控制电路，然后根据生产机械的工艺要求决定各部分电路的联锁或联系，在满足生产机械控制要求的前提下，反复斟酌，努力获得最佳方案。逻辑设计法是从生产机械工艺资料(工作循环图、液压系统图)出发，根据控制电路中的逻辑关系并经逻辑函数式的化简，再做出相应的电路结构图，这样设计出来的控制电路既符合工艺要求，又能达到电路简单、工作可靠、经济合理的目的。对于较为简单的控制电路，一般采用经验设计法就可满足设计要求，故本章只对经验设计法进行介绍。

经验设计法在具体设计过程中常有两种做法：第一种是根据生产机械工艺要求与工艺过程，将现已成型的典型环节组合起来，并加以补充修改，综合成所需的控制电路；第二种是在没有成型典型环节运用的情况下，按照生产机械工艺要求逐步进行设计，采取边分析边画图的办法。经验设计法易于掌握，但也有如下缺点。

(1) 当试画出来的电气控制电路达不到控制要求时，往往采用增加电器元件或触头数量来解决。这样设计出来的电路不一定是最简单、最经济的。

(2) 设计中可能因考虑不周出现差错，影响电路可靠性及工作性能。

(3) 设计过程需反复修改，设计进度慢。

(4) 设计程序不固定。

为保证电路的可靠性、安全性，要反复审核电路工作情况，有条件的还应进行模拟试验，直至电路动作准确无误，完全满足工艺要求为止。

下面以项目 3 中的习题 3.15 为例，来说明经验设计法的方法与步骤。

5.4.1 习题 3.15 的控制要求

图 3.44（174 页）所示为一台三级皮带运送机，分别由 M1、M2、M3 拖动。用按钮操作，试按如下要求设计电路图：起动时，按 M1→M2→M3 顺序进行；正常停车时，按 M3→M2→M1 顺序进行；事故停车时，如 M2 停车时，M3 立即停止而 M1 延时停止。以上原则均按时间原则控制。

5.4.2 电气控制电路设计方法与步骤

(1) 从传送机的运动要求出发，确定电动机控制方式。电动机 M1、M2、M3 均为单方向旋转，起动与停止无特殊要求，因此 M1、M2、M3 选取最常用的笼型异步电动机，全压起动，自由停车，故分别由 KM1、KM2、KM3 进行控制。

(2) 根据经验设计法的步骤，先设计正常起动的控制电路。这是一个顺序动作环节，根据前面讲过的典型环节控制电路，比较容易设计出如图 5.5 所示的电路。图中 SB1 为起动按钮，KT1、KT2 为 M1 与 M2、M2 与 M3 起动的间隔时间。

(3) 再设计正常停止的控制电路。引入中间继电器 KA1，代表正常停止，同时由时间继电器 KT3、KT4 控制停止过程的时间。正常停止的过程是接到停止信号，立即切

断 KM3，延时后再切断 KM2，再延时后切断 KM1，故可以使用 KA1 断开 KM3、KT3 断开 KM2、KT4 断开 KM1。正常停止的控制电路如图 5.6 所示。图中 SB2 为正常停止按钮。

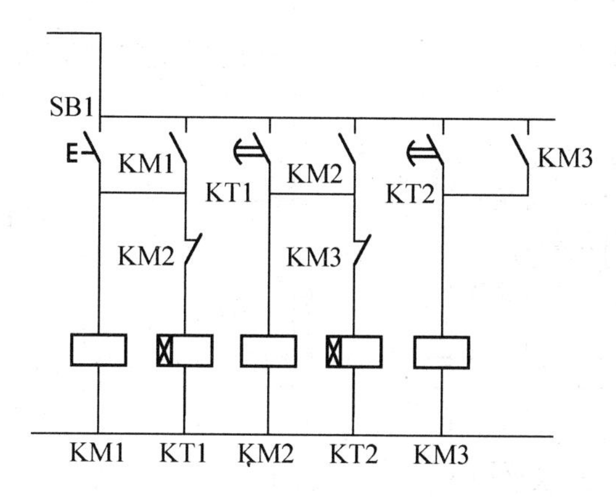

图 5.5　起动环节控制电路

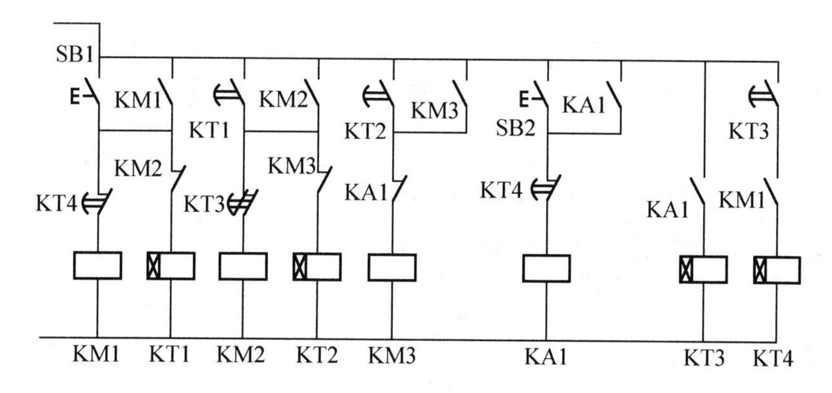

图 5.6　正常起动与停止控制电路

(4) 最后设计非正常停止控制电路。当 M1 出现故障时，要求 M1、M2、M3 全部立即停止，故可以将 M1 故障按钮(SB3)串在整个控制电路的最前面，用来切断整个控制电路。当 M2 出现故障时，M2、M3 应立即停止。此时，为便于电路的设计，引入中间继电器 KA2，代表 M2 故障时的停车要求，故 KA2 接通时，应立即切断 KM2、KM3 的线圈，同时接通 KT4 延时，延时结束后再切断 KM1 的线圈。M3 故障时，停车过程与正常停止的过程是一样的。在 M3 故障时，可以按 SB2 停车；也可以将 M3 故障时的停止按钮(SB5)与正常停止按钮(SB2)并联在一起。

最后对电气控制电路的校核，校核电气控制电路是否满足生产机械的工艺要求，是否存在寄生电路等，形成最后的控制电路，如图 5.7 所示。

经验设计法广泛应用于一般继电-接触器控制电路的设计中，掌握较多的典型环节和电路，具有丰富的实践经验对设计工作大有益处，通过不断实践能够较快掌握这一设计方法。

在继电接触式控制电路设计完成后，下一步即着手选择各种控制电器。正确合理地选择控制电器是电器控制电路安全运行、可靠工作的保证，必须认真对待。各种常用低压电气的选择方法在项目 1、项目 2 中已进行较为详细的阐述，这里不再赘述。

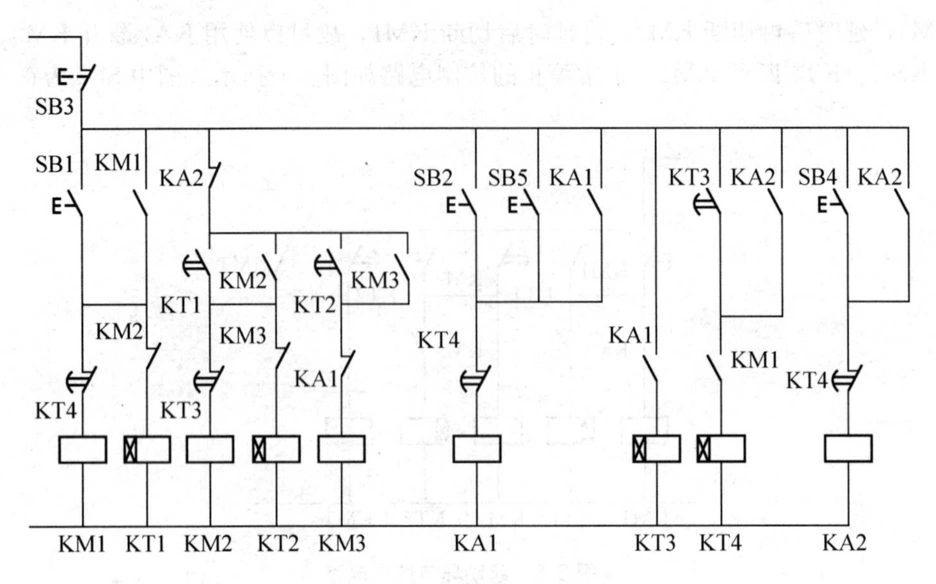

图 5.7　完整的控制电路

5.5　生产机械电气设备施工设计

知识目标	➢　掌握生产机械电气设备施工设计内容、步骤和有关设计规范。
能力目标	➢　能正确进行生产机械电气设备施工设计。

生产机械电气设备施工设计的目的是将已设计好的原理图变成可以进行设备生产与施工的各种技术文件。这些技术文件提供给不同的生产工人使用，规范和具体是十分重要的，如电路中使用的导线，除要按规范选择导线的材质、线径、颜色、芯型(单芯或多芯)外，还要在接线图中进行具体的标注，这样接线人员才能依据图纸完成配线工作。做到规范的前提就是相关技术人员对相关国家标准的熟悉。

继电接触式控制系统在完成电气控制电路设计、电气元件选择后，就应进行电气设备的施工设计。施工设计的目的是完成将设计思想变成机械设备所需的一系列技术文件。GB 5226.1—2008：《机械电气安全 机械电气设备 第1部分 通用技术条件》对施工设计进行了较为具体的规定，下面对其详述。

5.5.1　技术文件

1. 概述

技术文件就是安装、操作和维护机械电气设备所需的资料，应以简图、图、表图、表格和说明书的形式提供。这些资料应使用供方和用户共同商定的语言(有特殊协定时)。提供的资料可随电气设备的复杂程度而异。对于很简单的设备，有关资料可以包含在一个文

件中，只要这个文件能显示电气设备的所有器件并使之能够连接到电网上。

2. 提供的资料

随电气设备提供的资料应包括：主要文件和配套文件。

(1) 主要文件。是指元器件清单或文件清单。

(2) 配套文件。包括：

① 设备、装置、安装及电源连接方式的清楚全面的描述；

② 电源要求；

③ 实际环境(如照明、振动、噪声级、大气污染)的资料(在适当的场合)；

④ 概略图或框图(在适当的场合)；

⑤ 电路图；

⑥ 在适当的场合提供编制的程序、操作顺序、检查周期、功能试验的周期和方法、调整维护和维修指南(尤其对保护器件及其电路)、建议的备用元器件清单、提供的工具清单；

⑦ 安全防护装置、连接功能和防止危险的防护装置、尤其是以协作方式工作的机械防护装置的联锁的详细说明(包括互连接线图)；

⑧ 安全防护的说明和有必要暂停安全防护功能时(如调整或维修)所提供措施的说明；

⑨ 保证机械安全和安全维护的程序说明(维护说明书)；

⑩ 搬运、运输和存放的有关资料；

⑪ 负载电流、峰值起动电流和允许电压降的有关资料；

⑫ 由于采取的保护措施引起遗留风险的资料，指出是否需要任何特殊培训的信息和任何需要个人保护设备的资料。

3. 适用于所有文件的要求

除非制造商和用户之间另有协议，否则按下列要求：文件应依照 GB/T 6988 的相关部分制定；参照代号依照 GB/T 5094：《工业系统、装置与设备以及工业产品结构原则与参照代号》的相关部分制定；说明书/手册应依照 GB/T 19678—2005：《说明书的编制 构成、内容和表示方法》制定；元器件清单应依照 GB/T 19045—2003：《明细表的编制》中的 B 类提供。

4. 安装文件

安装文件应给出初始安装机械(包括试车)所需的全部资料。应清楚表明安装现场电源电缆的推荐位置、类型和截面积；应说明机械电气设备电源线用的过电流保护器件的型式、特性、额定电流和整定值的选择所需的数据；如必要，应详细说明由用户准备的地基中管道尺寸、用途和位置；应详细说明由用户准备的机械和关联设备之间管道、电缆托架或电缆支撑物的尺寸、类型及用途；如必要，图上应标明移动或维修电气设备所需的空间；在需要的场合应提供互联接线图或互联接线表，这种图或表应给出所有外部连接的完整信息。如果电气设备预期使用一个以上电源供电，则图或表应指明使用的每个电源所要求的变更或连接方式。

5. 概略图和功能图

如果需要便于了解操作的原理，应提供概略图。概略图象征性地表示电气设备及其功能关

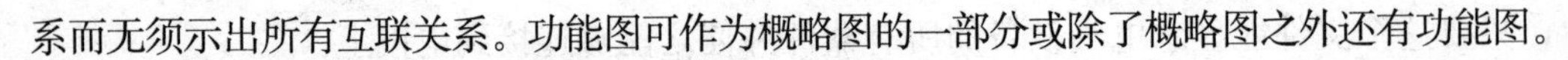

系而无须示出所有互联关系。功能图可作为概略图的一部分或除了概略图之外还有功能图。

6. 电路图

电路图为应提供的技术文件。这些图应表示出机械及其关联电气设备的电气电路。GB/T 4728 中没有出现的图形符号应单独指明，并在图上或支持文件上说明。机械上的和贯穿于所有文件中的器件和元件的符号和标志应完全一致。如必要应提供表明接口连接的端子图，这种图可与电路图一起使用，这种图应包括所表明的每个单元所涉及的详细电路图。电路图中有些控制器件和元件有关功能特性若从其符号表示法不能明显表达出来，则应在图上其符号附件说明或加注脚注。

7. 操作说明书

技术文件中应包含一份详述电气设备安装和使用的正确方法的操作说明书，应特别注意安全措施的规定。如果能为设备操作编制程序，则应提供编程方法、需要的设备、程序检验和附加安全措施的详细资料。

8. 维修说明书

技术文件中应包含一份详述调整、维护、预防性检查和修理的正确方法的维修说明书。对维修间隔和记录的建议应为说明书的一部分。如果提供正确操作的验证方法(如软件测试程序)，则这些方法的使用应详细说明。

9. 元器件清单

如果提供元器件清单，至少应包括订购备用件或替换件所需的信息(如元件、器件、软件、测试设备和技术文件)，这些文件是预防性维修和设备保养所需要的，其中包括建议用户在仓库中储备的元器件。

5.5.2 电击防护

1. 概述

电气设备应具备在直接接触或间接接触情况下保护人们免受电击的能力。

2. 直接接触的防护

1）概述

电气设备的每个电路或部件，都应采取残余电压的防护措施。在这些防护措施不适用的场合，可以采取其他防护措施，如使用遮栏、置于伸臂范围以外、使用阻挡物、使用结构或安装防护通道技术等。GB 16895.21—2004《建筑物电气装置第 4—41 部分：安全防护——电击防护》进行了具体的规定，并为强制性国家标准。

当电气设备安装在任何人(包括儿童)都能打开的地方，采用外壳作防护或用绝缘物防护措施，直接接触的最低防护等级至少为 IP4X 或 IPXXD(GB 4208—2008《外壳防护等级(IP)代码》)。

2）用外壳作防护

带电部件应安装在符号有关技术要求的外壳内，直接接触的最低防护等级为 IP2X 或 IPXXD。如果壳体上部表面是容易接近的，直接接触的防护等级应为 IP4X 或 IPXXD。只

有在下列条件下才允许开启外壳(即开门、罩、盖板等)：使用钥匙或工具开启外壳(目的是为了限制熟练或受过训练的人员进入)；开启外壳之前先切断其内部的带电部件，这个技术要求可由门与切断开关(如电源切断开关)的联锁机构来实现，使得只有在切断开关后才能打开门，以及把门关闭后才能接通开关；只有所有带电部件直接接触的防护等级至少为 IP2X 或 IPXXB 时，才允许不使用钥匙或工具和不切断带电部件去开启外壳。用遮栏提供这种防护条件时，要求使用工具才能拆除遮栏，或拆除遮栏时所有被保护的带电部分能自动断电。

3）用绝缘物防护带电体

带电体应用绝缘物完全覆盖住，只有用破坏性办法才能去掉绝缘层，在正常工作条件下绝缘物应能经得住机械的、化学的、电气的和热的应力作用。

4）残余电压的防护

电源切断后，任何残余电压高于 60 V 的部分，都应在 5 s 之内放电到 60 V 或 60 V 以下，只要这种放电速率不妨碍电气设备的正常功能(元件存储电荷小于等于 60 μC 时可以免除此要求)。如果这种保护办法会干扰电气设备的正常功能，则应在容易看见的位置或装有电容的外壳附近作耐久性警告标志提醒注意危害，并说明在开门以前的必要延时。

对插头/插座或类似的器件，拔出它们裸露出导体(如插针)，放电时间不应超过 1 s，否则这些导体应加以防护，直接接触的防护等级至少为 IP2X 或 IPXXB。如果放电时间不小于 1 s，最低防护防护等级又未达到 IP2X 或 IPXXB 的器件，应采用附加的断开器件或适当的警告措施。

3. 间接接触的防护

1）概述

间接接触防护用来预防带电部分与外露可导电部分之间因绝缘失效时所产生的危险情况。对电气设备的每个电路或部件，至少应采用防止出现危险触摸电压或在触及触摸电压可能造成危险之前自动切断电源。

2）出现触摸电压的预防

防止出现触摸电压的措施包括：采用Ⅱ类电气设备或等效绝缘；采取电气隔离。

3）用自动切断电源作防护

在故障情况下的这种措施是经保护器件自动操作切断一路或多路相线。切断应在极短的时间内出现，以限制触摸电压使其在持续的时间内没有危险。

5.5.3　电气设备的保护

1. 概述

电气设备的保护措施包括：由于短路而引起的过电流；过载或电动机冷却功能损失；异常温度；失压或欠电压；机械或机械部件超速；接地故障/残余电流；相序错误；闪电和开关浪涌引起的过电压等。

2. 过电流保护

1）概述

机械电路中的电流如果会超过元件的额定值或导线的载流能力，则应配置过电流保护。

2）电源线

除非用户另有要求，电气设备供方不负责向电气设备电源线提供过电流保护。电气设备供方应在安装图上说明这种过电流保护器件的必要数据。

3）动力线路

每根带电导体应装设过电流检测和过电流断开器件并进行合适的选择。

交流动力线路的中性导线、直流动力电路的接地导线和连接到活动机器的外露可导电部分的直流动力线路在所有关联的带电导线未切断之前不应断开。如果中性导线的截面积至少大于或等效于有关相线，则中线上不必设置过电流检测和切断器件。对于截面积小于有关相线的中线，每个回路的中性导体都应装设过电流检测。这种过电流检测保护应分断包括中性导体在内的相应回路的所有带电导体。如果是下列情况，则不需要这种措施：特殊的中性导体，它被由设置在电源侧(例如电气装置进线端)的保护电气进行有效的过电流保护；特殊的回路，它是由剩余电流动作保护电气保护的，而该电气的剩余动作电流不超过相应中性导体载流量的0.2倍，这个电气应能分断包括中性导体在内的相应回路的所有带电导体。该电气的所有极都应具有足够的分断容量。

在IT系统(电源端的中性点不接地或有一点通过阻抗接地，电气装置的外露可导电部分直接接地的配电系统)中，强烈建议不采用中线。

4）控制电路

直接连接电源电压的控制电路和由控制电路变压器供电的电路，其导线应配置过电流保护。

由控制电路变压器或直流电源供电的控制电路导线应提供防止过电流的措施。在控制电路连接到保护连接电路的场合，在设有开关的导线上插接过电流保护器件。在控制电路未连接到保护连接电路的场合，当所有的控制电路采用相同截面积导线时，在设有开关的导线上插接过电流保护器件；当不同的分支控制电路采用不同截面积导线时，在设有开关的导线和各分支电路的公共导线都应插接过电流保护器件。通过变压器供电的控制电路，副边线圈一侧接保护连接电路，过电流保护器件仅要求设在另一侧(原边)电路导线上。

5）插座及其有关导线

主要用来给维修设备供电的通用插座，其馈电电路应有过电流保护。这些插座的每个馈电电路的未接地带电导线上均应设置过电流保护器件。

6）照明电路

供给照明电路的所有未接地导线，应使用单独的过电流保护器件防护短路，与防止其他电路的防护器件分离开。

7）变压器

变压器应按照制造厂说明书设置过电流保护。应避免变压器合闸电流引起误跳闸和受二次侧短路的影响使绕组温升超过变压器绝缘等级允许的温升值。过电流保护器件的型式和整定值应按照变压器供方的推荐值。

8）过电流保护器件的设置

过电流保护器件应安装在导线截面积减小或导线载流容量减小处，但下列场合除外：支线路载流容量不小于负载所需容量；导线载流容量减小处与连接电流保护器件之

间导线长度不大于 3 m；采用减小短路可能性的方法安装导线，如导线用外壳或通道保护。

9）过电流保护器件

额定短路分断能力应不小于保护器件安装处的预期故障电流。流经过电流保护器件的短路电流除了来自电源的电流还包括附加电流(如电动机、功率因数补偿电容器)。

如果在电源侧已设有保护器件，且具有必要的分断能力，则负载侧允许选用较小分断能力的保护器件。此时，两套保护器件的特性应相互协调，以便经过两套串接器件的能量不超过能耐受值，不损伤负载侧过电流保护器件和其保护的导线。

10）过电流保护器件额定值和整定值

熔断器的额定电流或其他过电流保护器件的整定电流应选择得尽可能小，但要满足预期的过电流通过，如电动机起动或变压器合闸期间。选择这些器件时应考虑到控制开关电气由于过电流引起损坏的保护问题，如防备控制开关电气触点的熔焊。过电流保护器件的额定电流或整定电流取决于受保护导线的载流能力。

3. 电动机的过热保护

1）概述

额定功率大于 0.5 kW 以上的电动机应提供电动机过热保护。在工作中不允许自动切断电动机运转的场合例外，但此时应发出过热报警信号。电动机的过热保护有过载保护、超温保护、限流保护。

2）过载保护

在提供过载保护的场合，所有通电导体都应接入过载检测(中线除外)。对于单相电动机或直流电源，检测器件只允许用在一根未接地通电导线中。

若过载是切断电路的方法作为保护，则开关电器应断开所有通电导体，但中线除外。

对于特殊工作制要求频繁起动、制动的电动机，配置过载保护是困难的，可以采用特殊工作制电动机或超温保护专门设计的保护器件。

对于不会出现过载情况的电动机，不要求过载保护。

3）超温保护

在电动机散热条件较差的场合(如尘埃环境)，建议采用带超温保护的电动机。即使在此情况下不会出现过载的电动机，仍建议设置超温保护。

4）限流保护

在三相电动机中用限制电流的方法达到防止电动机过热的目的。对于单相电动机或直流电源，电流限制器件只允许用在未接地带电导线中。

4. 异常温度的保护

正常运行中可能达到异常温度以致会引起危险情况的发热电阻或其他电路(例如由于短时工作制或冷却介质不良)，应提供恰当的检测并进行相应的保护。

5. 电源欠压和失压保护

如果电源降低或中断会引起危险情况，损坏机械或加工件，则应在预定的电压值下设置欠电压保护(如断开电源)。若机械运行允许电压中断或降落一短暂时刻，则可配置带延时的欠电压保护器件。电源欠压和失压保护同时是为防止电压复原或引入电源接通后机械

的自行重新起动。

6. 电动机的超速保护

如果电动机超速能引起危险情况，则应提供超速检测手段并引发相应的保护。

7. 相序保护

电源电压相序错误会引起危险情况或损坏机械时，应提供相序保护。

8. 闪电和开关浪涌引起过电压的防护

闪电和开关浪涌引起的过电压应用保护器件进行防护。闪电过电压拟制器应连接到电源切断开关的引入端子。开关浪涌电压拟制器应连接到所有要求这种保护设备的端子。

5.5.4 等电位连接

1. 概述

等电位连接分保护连接和功能连接。保护连接是为了保护人员防止来自间接接触的电击，是故障防护的基本措施。功能连接的目的是尽量减小因绝缘失效或敏感电气设备受电骚扰而影响机械运行的后果。

通常的功能连接可由连接到保护连接的电路来实现。保护连接电路的电骚扰水平不是足够低的场合，有必要将功能连接电路连接到单独的功能接地体上。

2. 保护连接电路

1）概述

保护连接电路由下列部分组成：PE 端子、机械设备上的保护导线(包括电路的滑动触点)、电气设备外露可导电部分和可导电结构件、机械结构的外部可导电部分。保护连接电路的所有部件的设计，应能够承受保护连接电路中由于流过接地故障电流所造成的最高热应力和机械应力。

电气设备或机械的结构件的电导率小于连接到外露可导电部分最小保护导线的电导率场合，应设辅助连接导线。辅助连接导线的截面积不应小于其相应保护导线的一半。如果采用 IT 配电系统，机械结构应作为保护连接电路的一部分。

符合Ⅱ类设备或等效绝缘作防护的可导电结构件不必连接到保护连接电路上。采用电气隔离作防护的设备的外露可导电部分不应连接到保护连接电路上。

2）保护导线

保护导线应按要求做出标记。应采用铜导线。在使用非铜质导体的场合，其单位长度电阻不应超过允许的铜导体单位长度电阻，并且截面积不应小于 16 mm^2。保护导线的截面积应符合 GB 16895.3—2004《建筑物电气装置 第 5～54 部分：电气设备的选择和安装——接地配置、保护导体和保护连接导体》或 GB 7251.1—2005《低压成套开关设备和控制设备 第 1 部分：型式试验和部分型式试验成套设备》中的相关规定。

3）保护连接电路的连续性

无论什么原因(如维修)拆移部件时，不应使余留部件的保护连接电路连续性中断。

连接件和连接点的设计应确保不受机械、化学或电化学的作用而削弱其导电能力。当

外壳和导体采用铝材或铝合金材料时，要特别考虑电蚀问题。

金属软管、硬管和电缆护套不应作为保护导线。这些金属导管本身也应连接到保护连接电路上。

电气设备安装在门、盖或面板上时，应确保其保护电路连接的连续性，并建议采用保护导线。否则，其紧固件、铰链、滑动接点应设计成低电阻。

有裸露危险的电缆(如拖曳软电缆)应采取适当措施(如监控)确保电缆保护导体的连续性。

4）禁止开关器件接入保护连接电路

保护连接电路中不应接有开关或过电流保护器件(如开关、熔断器)，不应设置中断保护连接导线的手段。

当保护连接电路的连续性可用移动式集流器或插接件断开时，保护连接电路只应在通电导线全部断开之后再断开，且保护连接电路连续性的重新建立应在所有通电导线重新接通之前。该规定同时适用于可移动或可插拔的插入式器件。

5）不必连接到保护连接电路上的零件

有些零件在安装后不会构成危险，就不必把它的裸露导体部分连接到保护连接电路上。如不能大面积触摸或不能用手握住和尺寸很小(50mm×50mm 以下)的零件；位于不大可能接触带电体的位置或绝缘不易失效的零件。

6）保护导线的连接点

所有保护导线都应进行端子连接。保护导线连接点不应有其他的作用。每个保护导线接点都应有标记或标签。采用GB/T 5465.2—2008 的图形符号(优先)，或用PE字母，或用黄/绿双色组合。

7）电气设备对地泄漏电流大于10 mA(交/直流)的附加保护要求

当电气设备的对地泄漏电流大于10 mA(交/直流)时，在任一引入电源处有关保护连接电路应满足下列一项或多项要求：

① 保护导线全长的截面积应大于10 mm^2(铜质)或16 mm^2(铝质)；

② 当保护导线截面积小于10 mm^2(铜质)或16 mm^2(铝质)时，应提供第二保护导线，其截面积不应小于第一保护导线，达到两保护导线面积之和不小于10 mm^2(铜质)或16 mm^2(铝质)；

③ 在保护导线连续性损失的情况下，电源应自动断开。

另外，在PE端子附近，需要时在临近电气设备铭牌的地方应设警告标志，提供的信息应包括泄漏电流和外部保护导线的截面积。

3. 功能连接

功能连接的目的是防止因绝缘失效而引起的非正常运行，可连接到共用导线。

4. 限制大泄漏电流影响的措施

限制大泄漏电流的影响，可用有独立绕组的专用电源变压器对大泄漏电流设备供电来实现。设备的外露可导电部分，以及变压器的二次绕组均应连接到保护连接电路上。

5.5.5 操作板和安装在机械上的控制器件

1. 总则

1）概述

操作板和安装在机械上的控制器件应按照GB/T 18209《机械安全　指示、标志和操作》的相关规定选择、安装和标示或编码，并尽可能适用。应使疏忽操作的可能性降到最低，如采用定位装置，适应性设计，提供附加保护措施。特别考虑操作者输入装置(如触摸屏、键盘和键区)的选择、排列、编程和使用。对于危险机械的控制也应特别考虑。

2）位置和安装

安装在机械上的控制器件应满足：维修时易于接近；由于物料搬运活动引起损坏的可能性减至最小。手动控制器件的操动器应这样选择和安装：操动器不低于维修站台以上0.6 m，并处于操作者易够得着的范围内；操作者进行操作时不会处于危险位置；意外操作的可能性减至最小。脚动控制器件的操动器应这样选择和安装：操作者在正常工作位置易触及的范围内；操作者操作时不会处于危险情况。

3）防护

防护等级应符合GB/T 4208—2008：《外壳防护等级(IP代码)》的要求，达到防止：实际环境中使用机械上发生的侵蚀性液体、油、雾或气体的作用；杂质(铁屑、粉尘、物质粒子)的侵入。操作板上直接接触的控制器件防护等级至少应采用IPXXD。

4）位置传感器

位置传感器(如位置开关、接近开关)的安装应确保即使超程也不会损坏。电路中使用的具有相关安全功能(保持机械的安全状态或防止由机械产生危险情况)的位置传感器应具有直接断开操作功能(开关的操动器通过无弹性部件，即不采用弹簧作规定的动作可直接使触头分离)或提供类似可靠性措施。

5）便携式和悬挂控制站

便携式和悬挂操作控制站及其控制器件的选择和安装应使得冲击和振动(如操作控制站下落或受障碍物碰撞)引起机械的意外运转减小到最小。

2. 按钮

前面已讲述。

3. 指示灯和显示器

1）使用方式

指示灯和显示器用来发出指示和确认信息。指示时用于引起操作者注意或指示操作者应该完成某种任务，红、黄、蓝和绿色通常用于这种方式；确认时用于确认一种指令、一种状态或情况，或者用于确认一种变化或转换阶段的结束，蓝色和白色通常用于这种方式，某些情况下也可用绿色。

指示灯和显示器的选择及安装方式应保证从操作者的正常位置看得到，用于警告灯的指示灯电路应配备检查这些指示灯的可操作性装置。

2）颜色

除非供方和用户间另有协议，否则指示灯玻璃的颜色应根据机械的状态符合表5.1的

要求。机械上指示塔台适用的颜色自顶向下依次为红、黄、蓝、绿和白色。

表 5.1　指示灯的颜色及其对于机械状态的含义

颜色	含　　义	说　　明	操作者的动作
红	紧急	危险情况	立即动作去处理危险情况(如断开机械电源，发出危险状态报警并保持机械的清除状态)
黄	异常	异常情况 紧急临界情况	监视和(或)干预(如重建需要的功能)
绿	正常	正常情况	任选
蓝	强制性	指示操作者需要动作	强制性动作
白	无确定性质	其他情况，可用于红、黄、绿、蓝色的应用有疑问时	监视

3）闪烁灯和显示器

为了进一步区别或发出信息，尤其是给予附加的强调，闪烁灯和显示器可用于下列目的：引起注意；要求立即动作；指示指令与实际情况有差异；指示进程中的变化(转换期间闪烁)。

对于较重要的信息，建议使用较高的闪烁频率，同时应提供音响报警。

4. 旋动控制器件

具有旋动部分的器件(如电位器和选择开关)的安装应防止其静止部分转动。

5. 急停器件

1）急停器件的位置

急停器件应易于接近、设置在各个操作控制站及其他可能要求引发急停功能的位置。有多个急停器件时，应使用信息加以区分，以免急停器件相混淆。

2）急停器件的型式

急停器件的型式包括：掌掀或蘑菇头式按钮开关；拉线操作开关；不带机械防护装置的脚踏开关。急停开关应具有直接断开操作功能。

3）急停器件的颜色

急停器件应为红色，最接近急停器件周围的衬托色则应为黄色。

5.5.6　控制设备的位置、安装和电柜

1. 一般要求

所有控制设备的位置和安装应易于：接近和维修；防御外界影响和不限制机构的操作；机械及有关设备的操作和维修。

2. 位置和安装

1）易接近和维修

控制设备的所有元件的设置和排列不用移动它们或其配线就能清楚识别。对于为了正确运行而需要检验或需要易于更换的元件，应在不拆卸机械的其他设备或部件情况下就能

得以进行(开门、卸罩盖或阻挡物除外)。

所有控制设备的安装都应易于从正面操作和维修。当需要用专用工具调整、维修或拆卸器件时应提供这些专用工具。为了常规维修或调整而需接近的器件，应设置于维修站台以上 0.4～2 m 之间。建议端子至少在维修站台以上 0.2 m，且使导线和电缆容易连接其上。

除操作、指示、测量、冷却器件外，在门上和通常可拆卸的外壳孔盖上不应安装控制器件。当控制器件是通过插接方式连接时，它们的插接应通过型号(形状)、标记或标识或参照代号清楚区分。

正常工作中需插拔的插头应具有非互换性，缺少这种特性会导致错误工作。正常工作中需插拔的插头/插座连接器的安装应提供畅通无阻的通道。

当提供用于连接测试设备的测试点时应：在安装上提供畅通无阻的通道；有符合技术文件的清楚标识；有足够实物绝缘；有充分的空间。

2） 实际隔离或成组

与电气设备无直接联系的非电气部件和器件不应安装在装有控制器件的外壳中。

安装并连有电源电压或连有电源与控制两种电压的控制器件，应与仅连有控制电压的控制器件分隔开独立成组。

下列的接线端子应单独成组：动力电路；相关的控制电路；由外部电源馈电的控制电路。但若能使各组容易识别(如通过标记、用不同尺寸、使用遮挡、颜色)，则各组可以邻近安装。

在布置器件位置时(包括互联)，由供方为它们规定的电气间隙和爬电距离应考虑实际环境条件或外部影响。

3） 热效应

发热元件(如散热片、功率电阻)的安装应使附近所有元件的温度保持在允许的范围内。通常将其安装在易于散热及较高的位置，必要时采取强制散热措施。

3. 防护等级

控制设备应有足够的能力防止外界固体物和液体的侵入，并考虑到机械运行时的外界影响(位置和实际运行环境)，且应充分防止粉尘、冷却液等。控制设备外壳的防护等级应不低于 IP22。

4. 电柜门和通孔

制造电柜的材料应能承受机械、电气和热应力及正常工作中可能碰到的温度和其他环境因素的影响。

紧固门和盖的紧固件应为系留式的(有连接，不易丢失)。为观察内部安装的指示器件而提供的窗，应选择合适的能经受机械应力和耐化学腐蚀的材料，如不少于 3 mm 厚的钢化玻璃和聚碳酸酯板。

建议电柜门使用垂直铰链，开角最小 95°，门宽不超过 0.9 m。

当外壳上有通孔(如电缆通道)，包括通向地板或地基和通向机械其他部件的通孔，均应提供措施以确保获得设备规定的防护等级。电缆的进口在现场应容易打开。机械内部装有电器件的壁龛底面可提供适当的通孔，以便能排出冷凝水。

设备在正常或异常工作中，一旦表面温度足以引起燃烧危险或对外壳材质有损害时：应将设备装入能承受这种温度而没有燃烧或损害的危险的外壳中；设备的安装和位置应与邻近的设备有足够的距离以便安全散热；用能耐受设备发热的材料屏蔽，避免燃烧或损害的危险。

5.5.7　导线和电缆

1. 一般要求

导线和电缆的选择应适合于工作条件(如电压、电流、电击的防护、电缆的分组)和可能存在的外界影响(如环境温度、存在的水或腐蚀物质、燃烧危险和机械应力包括安装期间的应力)。

2. 导线

一般情况，导线应为铜质的，如果采用铝线，其截面积至少应为 15 mm^2。

为保证足够的机械强度，导线的截面积应不小于表 5.2 规定的值。然而小截面导线或不同于表 5.2 结构的导线可能在设备中使用，但要通过其他措施获得足够的机械强度而不削弱正常的功能。

表 5.2　铜导线最小截面积

位置	用途	电线、电缆型式				
		单芯		多芯		
		5 或 5 类软线	硬线 1 类或软线 2 类	双芯屏蔽线	双芯无屏蔽线	三芯或三芯以上屏蔽线或无屏蔽线
(保护)外壳外部配线	配线电路固定配线	1.0	1.5	0.75	0.75	0.75
	动力电路，受频繁运动的支配	1.0	—	0.75	0.75	0.75
	控制电路	1.0	1.0	0.2	0.5	0.2
	数据通信	—	—	—	—	0.08
外壳内部配线	动力电路(固定连接)	0.75	0.75	0.75	0.75	0.75
	控制电路	0.2	0.2	0.2	0.2	0.2
	数据通信	—	—	—	—	0.08

1 类和 2 类导线主要用于刚性的非运动部件之间；易遭受频繁运动的所有导线，均应采用 5 类或 6 类绞合软线。

3. 绝缘

导线的绝缘等级应符合国家标准的规定，并没有破损。由于火的蔓延或者有毒或腐蚀性烟雾扩散，绝缘导线或电缆(如 PVC)可能构成火灾危险时，应寻求电缆供方的指导采取防护措施。

4. 正常工作时的载流容量

导线和电缆的载流容量取决于几个因素，如绝缘材料、电缆中的导体数、安装方法、

集聚和环境温度。导线的截面积必须按正常工作条件下流过的最大稳定电流来选择，并要考虑环境条件。机床用电线的载流容量见表 5.3，这些数值为正常工作条件下的最大稳定电流，另外还应考虑电动机起动、电磁铁线圈吸合或其他电流峰值引起的电压降，因此，在设计中应考虑导线的最小截面积，施工时也应注意。

表 5.3 机床用电线的载流量

导线截面积 S/mm^2	一般机床载流量 I/A		机床自动线载流量 I/A	
	在线槽中	在大气中	在线槽中	在大气中
0.196	2.5	2.7	2	2.2
0.283	3.5	3.8	3	3.3
0.5	6	6.5	5	5.5
0.73	9	10	7.5	8.5
1	12	13.5	10	11.5
1.5	15.5	17.5	13	15
2.5	21	24	18	20
4	28	32	24	27
6	36	41	31	34
10	50	57	43	48
16	68	76	58	65
25	89	101	76	86
35	111	125	94	106
50	134	151	114	128
70	171	192	145	163
95	207	232	176	197
120	239	269	203	228
150	275	309	234	262
185	314	353	276	300
240	369	415	314	353

5.5.8 配线技术

1. 连接和布线

1）一般要求

所有连线，尤其是保护连接电路的连线应牢固，防止意外松脱。连接方法应适合被连接导线的截面积和性质。只有专门设计的端子，才允许一个端子连接两根或多根导线，但一个端子只应连接一根保护导线。只有提供的端子适合焊接工艺才允许焊接连接。接线座

的端子应清楚标示或用标签标明与电路图上相一致的标记。软导线管和电缆的敷设应使液体能排离该装置。当器件或端子不具备端接多股芯线的条件时，应提供拢合绞心束的方法，不允许用焊锡来达到此目的。屏蔽线的端接应防止绞合线磨损并容易拆卸。识别标牌应清晰、耐久，适合实际环境。接线座的安装和接线应使内部和外部配线不跨越端子。

2）导线和电缆敷设

导线和电缆的敷设应使两端子之间无接头或拼接点(使用带适合防护意外断开的插头/插座组合进行连接此时不认为是接头)。特殊情况例外，如使用超长电缆时可以拼接。为满足连接和拆卸电缆和电缆束的需要，应提供足够的附加长度。电缆端部应夹牢以防止导线端部的机械应力。只要可能就应将保护导线靠近有关的负载导线安装，以便减小回路阻抗。

3）不同电路的导线

不同电路的导线可以并排放置，可以穿在同一管道中(如导线管或电缆管道装置)，也可处于同一多芯电缆中，只要这种安排不削弱各自电路的原有功能。如果这些电路的工作电压不同，应把它们用适当的遮栏彼此隔开，或者把同一管道中的导线都用承受最高电压导线的绝缘。

2. 导线的标识

1）一般要求

每根导线应按照技术文件的要求在每个端部做出标记。建议导线标识用数字、字母＋数字、颜色、颜色＋数字、颜色＋字母＋数字的组合等形式。数字应为阿拉伯数字，字母应为罗马字(大写或小写)。

2）保护导线的标识

应依靠形状、位置、标记或颜色使保护导线容易识别。当只采用色标时，应在导线全长上采用黄/绿双色组合(保护导线的色标是绝对专用的)。如果保护导线容易从其形状、位置或结构(如编织导线、裸绞导线)识别，则不必在这个长度上使用颜色代码，而应在端头或易接近的位置清楚标示 GB/T 5465.2—2008 中的图形符号或用黄/绿双色组合标记。

3）中线的标识

如果电路中只包含用颜色标识的中线，其颜色应为蓝色。为避免与其他颜色混淆，建议使用不饱和蓝及浅蓝。如果颜色是中线的唯一标识，可能混淆的场合不应使用浅蓝色标记其他导线。

4）颜色的标识

当使用颜色代码作导线标识时，除保护导线和中线外，可以使用黑、棕、红、橙、黄、绿、蓝、紫、灰、白、粉、青绿。建议交流和直流动力电路使用黑色；交流控制电路使用红色；直流控制电路使用蓝色。

3. 电柜内配线

电柜内的导线应牢固并保持在适当的位置。只有在用阻燃绝缘材料制造时才允许使用非金属管道。建议安装在电柜内的电气设备要设计和制作成允许从电柜的正面修、改、配线(操作和维修)。如果有困难，或控制器件是背后配线，则应提供检修门或能旋出的配电盘。

安装在门上或其他活动部件上的器件，应采用适合活动部件频繁运动的软导线连接，并应紧固在固定部件上和与电气连接无关的活动部件上。不敷入管道的导线和电缆应牢固固定住。引出电柜外部的控制配线，应采用接线座或插头/插座组合。动力电缆和测量电路的电缆可以直接接到想要连接的器件的端子上。

4. 电柜外配线

1）一般要求

引导电缆进入电柜的导入装置或管道，连同专用的管接头、密封垫等一起，应确保不降低防护等级。

2）外部管道

连接电气设备电柜外部的导线应封闭在适当的管道中(即导线管或电缆管道装置)，只有具有适当保护套的电缆，无论是否用开式电缆架或电缆支撑设施，都可使用不封闭的通道安装。提供的器件(例如位置开关或接近开关)带有专用电缆，当电缆适用，足够短，放置或保护得当，使损坏的风险最小时，它们的电缆不必密封在管道中。

如果悬挂按钮站的连接必须使用柔性连接，也应采用软导线管或软多芯电缆。悬挂站的质量不应借助软导线管或软多芯电缆来支撑，除非是专为此目的设计的导线管或电缆。

3）机械移动部件的连接

频繁移动的部件应使用适合于弯曲的导线连接。软电缆和软导管的安装应避免过度的弯曲和绷紧，尤其在接头附件部位。

移动电缆的支撑应使其在连接点上没有机械应力和急弯。当使用回环结构达到时，弯曲回环应有足够的长度，以使电缆的弯曲半径至少为电缆外径的10倍。

软电缆的安装和防护应使得电缆因使用不合理等因素引起的外部损坏的可能性减到最小。应防止被机械自身碾过；被搬运车或其他机械碾过；运动过程中与机械的构件接触；在电缆吊篮中敷入和敷出，接通或断开电缆盘；对花彩般垂挂装置或悬挂电缆施加速力和风力；电缆收集器过度摩擦；暴露于过度热辐射的场合。

如果移动电缆靠近运动部件，则应至少保持25 mm的距离，或在二者之间安设遮栏。

电缆输送系统的设计应使得侧向电缆角度不超过5°。电缆进行下列操作时应避免挠曲：正在电缆盘上缠绕或放开；正接近或离开电缆导向装置。应确保至少有两圈软电缆缠绕在电缆盘上。起导向和携带软电缆的装置应设计成在所有弯曲点处的内弯曲半径不小于表5.4规定的值。两弯之间的直线段不小于电缆直径的20倍。

表5.4　强迫导向时软电缆允许的最小弯曲半径

用　　途	电缆直径或扁平电缆的厚度 d/mm		
	$d \leqslant 8$	$8 < d \leqslant 20$	$d > 20$
电缆盘	$6d$	$6d$	$8d$
导向轮	$6d$	$8d$	$8d$
花彩般垂挂装置	$6d$	$6d$	$8d$
其　　他	$6d$	$6d$	$8d$

如果软导线管靠近运动部件，则在所有运动情况下其结构和支承装置均应能防止导线

管的损伤。软导线管一般不应用于快速和频繁活动部件的连接。

4）为了装运的拆卸

为了装箱运输需要拆断布线时，应在分段处提供接线端子或提供插头/插座组合。这些接线端子应适当封装，插头/插座组合应能防护运输和储存期间实际环境的影响。

5）备用导线

应考虑提供维护和修理使用的备用导线。当提供备用导线时，应把它们连接在备用端子上，或用和防护接触带电部分同样的方法予以隔离。

5. 接线盒与其他线盒

用于配线目的的配线盒和其他线盒应便于维修。这些线盒应有防护，以防止固体和液体的侵入，并考虑机械在预期工作情况下的外部影响。不应有敞开的不用的孔或其他开口，其结构应能隔绝粉尘、飞散物、油和冷却液之类的物质。

5.5.9 机械和电气设备的局部照明

1. 概述

通/断开关不应装在灯头座上或悬挂在软线上，应通过选用合适的光源避免照明有频闪效应。如果电柜中装有固定的照明装置，则应考虑电磁兼容性。

2. 照明电源

局部照明线路两导线间的标称电压不应超过 250 V。建议两导线间的电压不超过 50 V。照明电路应有下列之一的电源供电：连接在电源切断开关负载边的专用隔离变压器，副边电路中设有过电流保护；连接在电源切断开关进线边的专用隔离变压器，副边电路中设有过电流保护，该电源仅允许供控制电柜中维修照明电路使用；带专用过电流保护的机械电路；连接在电源切断开关进线边的专用隔离变压器，原边设有专用的切断开关，副边设有过电流保护，而且装在控制电柜内电源切断开关的邻近处；外部供电的照明电路(例如工程照明电源)，且只允许装在控制电柜中，整个机械装置工作照明的额定功率不超过 3 kW。

3. 照明电路的保护

供给照明电路的所有未接地导线，应使用单独的过电流保护器件防止短路，与防止其他电路的防护器件分离开。

5.5.10 检查、调整与试验

电气控制装置安装完毕后，在投入运行前，为了确保安全和可靠工作，必须进行认真细致的检查、调整与试验。其主要步骤如下。

（1）检查接线图。根据电气控制电路图，在配线前认真进行接线图的检查，尤其是看线路标号与接线端子是否一致。

（2）检查电气元件。对照电气元件明细表逐个检查机床设备上的电气元件型号规格，产品是否完好无损，特别要注意线圈额定电压是否与工作电压相符。

（3）接线正确与否的检查。对照电气控制电路图、接线图进行检查。

(4) 检验。特定的机械在专用产品标准中规定了检验的项目、程序和方法。如果该机械无专用产品标准，必需的检验项目有：与技术文件的一致性；用自动切断电源作保护条件的检验；功能试验。选作的检验项目有：绝缘电阻试验；耐压试验；残余电压防护试验。GB/T 18216《交流 1000 V 和直流 1500 V 以下低压配电系统电气安全　防护措施的试验、测量或监控设备》对试验常用的设备有具体的规定。

绝缘电阻试验时，在动力电路导线和保护连接电路间施加 500 V 直流电压测得的绝缘电阻不应小于 1 MΩ。对于电气设备的某些部件，如母线、汇流线、汇流排系统，允许绝缘电阻小一些，但不能小于 50 kΩ。如果电气设备包含浪涌保护器件，在实验期间该器件可能工作，可以拆开这些器件或降低试验电压，使其低于浪涌保护器件的电压保护水平，但不低于电源电压(相对中线)的上限峰值。

耐压试验时的标称频率为 50 Hz 或 60 Hz。最大试验电压具有两倍的电气设备额定电压值或 1000 V，取其中较大者。最大试验电压应施加在动力电路导线和保护连接电路之间 1 s 时间，如果未出现击穿则满足要求。不适宜经受耐压试验的元件和器件应在试验期间断开。已按照某产品标准进行过耐压试验的元件和器件在试验期间可以断开。

在上述检查通过后，最后进行功能试验。功能试验可按控制环节一部分一部分地进行。注意观察各电器的动作顺序是否正确，指示装置的指示是否准确。在各部分电路完全正确的基础上才可进行整个电路的系统检查，直至全部符合工艺和设计要求。

小　　结

本项目介绍了继电接触式控制系统的经验设计法及生产机械电气设备的施工设计。它们都应在满足生产机械工艺要求的前提下，做到运行安全、可靠，操作、维修方便，设备投资费用少。这就要求灵活运用所学知识，努力设计出最佳电气控制电路，施工出优良的电气设备来实现上述目的。

经验设计法又称分析设计法，它是根据生产机械的工艺要求与工作过程，充分运用典型控制环节，加以补充修改，综合成所需要的电气控制电路；当无典型环节可借鉴时，只有采取边分析、边画图、边修改的办法来重新设计。此法易于掌握但不易获得最优方案。设计中必须反复审核电路的工作情况，有条件的最好进行模拟试验，直至运行正常、符合工艺要求为止。

要学会运用手册、产品样本正确选择电动机、电器、导线截面等，掌握其安装、调整和试车的方法，完成生产机械电力装备的全部工作。并积极参加生产实践，逐步提高电气控制电路的设计水平和实践能力。

附录A 电气制图常用图形及文字符号

编　　号	名　　称	图形符号(GB/T 4728—1996)	文字符号(GB/T 7195—1987)
1	直流		
	交流		
	交直流		
2	导线的连接		
	导线的多线连接		
	导线的不连接		
3	接地一般符号		E
4	电阻		R
5	一般电容器		C
	极性电容器	+	
6	二极管		V
7	熔断器		FU
8	一般绕组		
	电枢绕组		
9	发电机	G	G
	直流发电机	G	GD
	交流发电机	G	GA
	电动机	M	M
	直流电动机	M	MD
	交流电动机	M	MA
	三相异步电动机	M 3～	M

续表

编　号	名　称	图形符号(GB/T 4728—1996)	文字符号(GB/T 7195—1987)
10	单极开关		QS
	三极开关		
	刀开关		
	组合开关		
	手动三极开关		
	三极隔离开关		
11	行程开关常开触头		SQ
	行程开关常闭触头		
12	按钮常开触头		SB
	按钮常闭触头		
13	接触器(继电器)线圈		KM(KA)
	接触器主触头		
	接触器(继电器)常开触头		
	接触器(继电器)常闭触头		
14	通电延时线圈		KT
	断电延时线圈		
	延时闭合常开触头		
	延时开启常闭触头		
	延时开启常开触头		
	延时闭合常闭触头		
	时间继电器瞬动（无延时）常开触头		
	时间继电器瞬动（无延时）常闭触头		

续表

编　　号	名　　称	图形符号(GB/T 4728—1996)	文字符号(GB/T 7195—1987)
15	过电压继电器线圈	U>	KV
	欠电压继电器线圈	U<	
	过电流继电器线圈	I>	KA
	欠电流继电器线圈	I<	
16	热继电器的热元件		FR
	热继电器常开触头		
	热继电器常闭触头		
17	速度继电器常开触头		KS(可在触头方框内加＞或＜区别正反转触头)
	速度继电器常闭触头		
18	电磁铁(电磁吸盘)		YA(YH)
	接插操作		X
	照明灯（信号灯）		EL(HL)
19	操作件和操作方法	——一般情况下的手动操作	
		——旋转操作	
		——推动操作	

附录 B　引用的国家标准说明

作为一名电气工程技术人员，必须遵照国家的相关标准开展工作，对相关标准的熟知是至关重要的。下面将本书引用以及电气工程技术人员应了解的国家标准简述如下。

GB/T 4026—2010：名称为《人机界面标志标识的基本和安全规则　设备端子和导体终端的标示》，替代 GB/T 4026—2004。

GB 4028—2008：名称为《外壳防护等级(IP 代码)》，代替 GB 4028—1993。

GB/T 4728：名称为《电气简图用图形符号》。它分为 13 个部分：第 1 部分是一般要求；第 2 部分是符号要素、限定符号和其他常用符号；第 3 部分是导体和连接件；第 4 部分是基本无源元件；第 5 部分是半导体管和电子管；第 6 部分是电能的发生与转换；第 7 部分是开关、控制和保护器件；第 8 部分是测量仪表、灯和信号器件；第 9 部分是电信：交换和外围设备；第 10 部分是电信：传输；第 11 部分是建筑安装平面布置图；第 12 部分是二进制逻辑元件；第 13 部分是模拟元件。目前使用的第 1～5 部分在 2005 年颁布，其余部分在 2008 年颁布，替代 1985 年等颁布的旧标准。

GB/T 5094.1—2002：名称为《工业系统、装置与设备以及工业产品结构原则与参照代号　第 1 部分：基本规则》；规定了描述系统有关信息和系统本身结构的一般原则。这些原则为制定任何系统中项目(物体)的单义参照代号提出了规则和指南。参照代号用以标示项目，以便把不同种类的文件中项目的信息和构成系统的产品关联起来。为了制造、安装和维修的需要，也可以把参照代号或其一部分标在相应项目实际部位的上方或近旁。此处所规定的原则是一般性的，适用于一切技术领域。它们可用于以不同工业技术为基础的系统，或综合几种工业技术的系统。本部分所代替标准为 GB 5094—1985《电气技术中的项目代号》。

GB 5226：名称为《机械电气安全　机械电气设备》。它分为 5 个部分：第 1 部分是通用技术条件；第 2 部分是交流电压高于 1000 V 或直流电压高于 1500 V 但不超过 36 kV 的通用技术条件；第 3 部分是缝纫机、缝制单元和系统的特殊安全和电磁兼容性方面的要求；第 4 部分是起重机械通用技术条件；第 5 部分是半导体专用设备的特殊要求。GB 5226.1—2008：为《机械电气安全　机械电气设备　第 1 部分：通用技术条件》。本标准的全部技术内容为强制性的。历次版本发布情况为：JB 2738—1980；GB 5226.1—1985；GB/T 5226.1—1996；GB 5226.1—2002。

GB/T 5465：名称为《电气设备用图形符号》。它分为 2 个部分：第 1 部分是概述与分类；第 2 部分是图形符号。GB/T 5465.2—2008 为 GB/T 5465 的第 2 部分，替代 GB/T 5465.2—1996《电气设备用图形符号》。

GB/T 6988：名称为《电气技术用文件的编制》。GB/T 6988.1—2008 为第 1 部分：规则；包含了原标准的第 1～4 部分[GB/T 6988.1—1997(一般要求)、GB/T 6988.2—1997(功能性简图)、GB/T 6988.3—1997(接线图和接线表)及 GB/T 6988.4—2002(位置文件与安装文件)]。GB/T 6988.5—2006 为第 5 部分：索引。本标准为表述编制电气技术文

件的信息提供了一般规则，并为编制用于电气技术的简图、图和表格提供了专门的规则。

GB 7159—87：名称为《电气技术中的文字符号制订通则》。

GB 7251.1—2005：名称为《低压成套开关设备和控制设备　第1部分：型式试验和部分型式试验成套设备》，代替GB 7251.1—1997。

GB 14048：名称为《低压开关设备和控制设备》，包括16部分。GB 14048.1为第1部分：总则；GB 14048.2为第2部分：断路器；GB 14048.3为第3部分：开关、隔离器、隔离开关及熔断器组合电器；GB 14048.4为第4-1部分：接触器和电动机起动器　机电式接触器和电动机起动器(含电动机保护器)；GB 14048.5为第5-1部分：控制电路电器和开关元件　机电式控制电路电器；GB 14048.6为第4-2部分：接触器和电动机起动器　交流半导体　电动机控制器和起动器(含软起动器)；GB/T 14048.7为第7-1部分：辅助器件　铜导体的接线端子排；GB/T 14048.8为第7-2部分：辅助器件　铜导体的保护导体接线端子排；GB 14048.9为第6-2部分：多功能电器(设备)控制与保护开关电器(设备)；GB/T 14048.10为第5-2部分：控制电路电器和开关元件　接近开关；GB/T 14048.11为第6-1部分：多功能电器　转换开关电器；GB/T 14048.12为第4-3部分：接触器和电动机起动器　非电动机负载用交流半导体控制器和接触器；GB/T 14048.13为第5-3部分：控制电路电器和开关元件　在故障条件下具有确定功能的接近开关(PDF)的要求；GB/T 14048.14为第5-5部分：控制电路电器和开关元件　具有机械锁闩功能的电气紧急制动装置；GB/T 14048.15为第5-6部分：控制电路电器和开关元件　接近传感器和开关放大器的DC接口(NAMUR)；GB/T 14048.16为第8部分：旋转电机用装入式热保护(PTC)控制单元。各部分陆续颁布并不断更新。

GB 16895：名称为《建筑物电气装置》。它分为7部分，第1部分：范围、目的和基本原则；第2部分：定义；第3部分：一般特性的评估；第4部分：安全防护；第5部分：电气设备的选择和安装；第6部分：检验；第7部分：特殊装置或场所的要求。GB 16895.21—2004为第4-41部分(安全防护　电击防护)，本部分规定了电击防护的基本要求，包括对人体和家畜的基本保护(直接接触防护)和故障保护(间接接触防护)。此外，还按外界影响条件规定了对上述要求的应用和配合，本部分还规定了特定的情况下采用附加保护的要求。

GB/T 18209：名称为《机械安全　指示、标志和操作》，分2部分，第1部分：关于视觉、听觉和触觉信号的要求；第2部分：标志要求。2000年颁布。

GB/T 18216：名称为《交流1000 V和直流1500 V以下低压配电系统电气安全　防护措施的试验、测量或监控设备》。它由10部分组成，第1部分：通用要求；第2部分：绝缘电阻；第3部分：环路阻抗；第4部分：接地电阻和等电位接地电阻；第5部分：对地电阻；第6部分：在TT和TN系统中的残留电流装置(RCD)；第7部分：相序；第8部分：IT系统中绝缘监控装置；第9部分：IT系统绝缘故障点测定装置；第10部分：防护性能的综合措施或措施装置。各部分从2000年开始陆续颁布，并替代旧标准。

GB/T 19045—2005：名称为《明细表的编制标准》。本规范规定了明细表的编制规则，适用于理论和工程设计过程中提供整套文件所用的明细表。

GB/T 19678—2005：名称为《说明书的编制构成、内容和表示方法》。本标准规定了设计和编写各类说明书的一般原则和详细要求。

参 考 文 献

[1] 许翏. 工厂电气控制设备[M]. 北京：机械工业出版社，1999.
[2] 李中年. 控制电器及应用[M]. 北京：清华大学出版社，2006.
[3] 朱平. 电器(低压高压电子)[M]. 北京：机械工业出版社，2002.
[4] 王本轶. 机电设备控制基础[M]. 北京：机械工业出版社，2007.
[5] 方承远. 工厂电气控制技术[M]. 北京：机械工业出版社，2002.
[6] 浙江正泰电器股份有限公司低压电器产品手册，2010.

北京大学出版社高职高专机电系列规划教材

序号	书号	书名	编著者	定价	出版日期
1	978-7-301-12181-8	自动控制原理与应用	梁南丁	23.00	2012.1 第3次印刷
2	978-7-5038-4869-8	设备状态监测与故障诊断技术	林英志	22.00	2013.2 第4次印刷
3	978-7-301-13262-3	实用数控编程与操作	钱东东	32.00	2011.8 第3次印刷
4	978-7-301-13383-5	机械专业英语图解教程	朱派龙	22.00	2013.1 第5次印刷
5	978-7-301-13582-2	液压与气压传动技术	袁　广	24.00	2011.3 第3次印刷
6	978-7-301-13662-1	机械制造技术	宁广庆	42.00	2010.11 第2次印刷
7	978-7-301-13574-7	机械制造基础	徐从清	32.00	2012.7 第3次印刷
8	978-7-301-13653-9	工程力学	武昭晖	25.00	2011.2 第3次印刷
9	978-7-301-13652-2	金工实训	柴增田	22.00	2013.1 第4次印刷
10	978-7-301-14470-1	数控编程与操作	刘瑞已	29.00	2011.2 第2次印刷
11	978-7-301-13651-5	金属工艺学	柴增田	27.00	2011.6 第2次印刷
12	978-7-301-12389-8	电机与拖动	梁南丁	32.00	2011.12 第2次印刷
13	978-7-301-13659-1	CAD/CAM 实体造型教程与实训(Pro/ENGINEER 版)	诸小丽	38.00	2012.1 第3次印刷
14	978-7-301-13656-0	机械设计基础	时忠明	25.00	2012.7 第3次印刷
15	978-7-301-17122-6	AutoCAD 机械绘图项目教程	张海鹏	36.00	2011.10 第2次印刷
16	978-7-301-17148-6	普通机床零件加工	杨雪青	26.00	2010.6
17	978-7-301-17398-5	数控加工技术项目教程	李东君	48.00	2010.8
18	978-7-301-17573-6	AutoCAD 机械绘图基础教程	王长忠	32.00	2010.8
19	978-7-301-17557-6	CAD/CAM 数控编程项目教程(UG 版)	慕　灿	45.00	2012.4 第2次印刷
20	978-7-301-17609-2	液压传动	龚肖新	22.00	2010.8
21	978-7-301-17679-5	机械零件数控加工	李　文	38.00	2010.8
22	978-7-301-17608-5	机械加工工艺编制	于爱武	45.00	2012.2 第2次印刷
23	978-7-301-17707-5	零件加工信息分析	谢　蕾	46.00	2010.8
24	978-7-301-18357-1	机械制图	徐连孝	27.00	2012.9 第2次印刷
25	978-7-301-18143-0	机械制图习题集	徐连孝	20.00	2011.1
26	978-7-301-18470-7	传感器检测技术及应用	王晓敏	35.00	2012.7 第2次印刷
27	978-7-301-18471-4	冲压工艺与模具设计	张　芳	39.00	2011.3
28	978-7-301-18852-1	机电专业英语	戴正阳	28.00	2011.5
29	978-7-301-19272-6	电气控制与 PLC 程序设计(松下系列)	姜秀玲	36.00	2011.8
30	978-7-301-19297-9	机械制造工艺及夹具设计	徐　勇	28.00	2011.8
31	978-7-301-19319-8	电力系统自动装置	王　伟	24.00	2011.8
32	978-7-301-19374-7	公差配合与技术测量	庄佃霞	26.00	2013.8 第2次印刷
33	978-7-301-19436-2	公差与测量技术	余　键	25.00	2011.9
34	978-7-301-19010-4	AutoCAD 机械绘图基础教程与实训(第2版)	欧阳全会	36.00	2013.1 第2次印刷
35	978-7-301-19638-0	电气控制与 PLC 应用技术	郭　燕	24.00	2012.1
36	978-7-301-19933-6	冷冲压工艺与模具设计	刘洪贤	32.00	2012.1
37	978-7-301-20002-5	数控机床故障诊断与维修	陈学军	38.00	2012.1
38	978-7-301-20312-5	数控编程与加工项目教程	周晓宏	42.00	2012.3
39	978-7-301-20414-6	Pro/ENGINEER Wildfire 产品设计项目教程	罗　武	31.00	2012.5
40	978-7-301-15692-6	机械制图	吴百中	26.00	2012.7 第2次印刷
41	978-7-301-20945-5	数控铣削技术	陈晓罗	42.00	2012.7
42	978-7-301-21053-6	数控车削技术	王军红	28.00	2012.8
43	978-7-301-21119-9	数控机床及其维护	黄应勇	38.00	2012.8
44	978-7-301-20752-9	液压传动与气动技术(第2版)	曹建东	40.00	2012.8
45	978-7-301-18630-5	电机与电力拖动	孙英伟	33.00	2011.3
46	978-7-301-16448-8	Pro/ENGINEER Wildfire 设计实训教程	吴志清	38.00	2012.8
47	978-7-301-21239-4	自动生产线安装与调试实训教程	周　洋	30.00	2012.9
48	978-7-301-21269-1	电机控制与实践	徐　锋	34.00	2012.9
49	978-7-301-16770-0	电机拖动与应用实训教程	任娟平	36.00	2012.11
50	978-7-301-20654-6	自动生产线调试与维护	吴有明	28.00	2013.1
51	978-7-301-21988-1	普通机床的检修与维护	宋亚林	33.00	2013.1
52	978-7-301-21873-0	CAD/CAM 数控编程项目教程(CAXA 版)	刘玉春	42.00	2013.3
53	978-7-301-22315-4	低压电气控制安装与调试实训教程	张　郭	24.00	2013.4
54	978-7-301-19848-3	机械制造综合设计及实训	裘俊彦	37.00	2013.4
55	978-7-301-22632-2	机床电气控制与维修	崔兴艳	28.00	2013.7
56	978-7-301-22672-8	机电设备控制基础	王本轶	32.00	2013.7
57	978-7-301-22678-0	模具专业英语图解教程	李东君	22.00	2013.7

北京大学出版社高职高专电子信息系列规划教材

序号	书号	书名	编著者	定价	出版日期
1	978-7-301-12180-1	单片机开发应用技术	李国兴	21.00	2010.9 第 2 次印刷
2	978-7-301-12386-7	高频电子线路	李福勤	20.00	2013.2 第 3 次印刷
3	978-7-301-12384-3	电路分析基础	徐　锋	22.00	2010.3 第 2 次印刷
4	978-7-301-13572-3	模拟电子技术及应用	刁修睦	28.00	2012.8 第 3 次印刷
5	978-7-301-12390-4	电力电子技术	梁南丁	29.00	2010.7 第 2 次印刷
6	978-7-301-12383-6	电气控制与 PLC(西门子系列)	李　伟	26.00	2012.3 第 2 次印刷
7	978-7-301-12387-4	电子线路 CAD	殷庆纵	28.00	2012.7 第 4 次印刷
8	978-7-301-12382-9	电气控制及 PLC 应用(三菱系列)	华满香	24.00	2012.5 第 2 次印刷
9	978-7-301-16898-1	单片机设计应用与仿真	陆旭明	26.00	2012.4 第 2 次印刷
10	978-7-301-16830-1	维修电工技能与实训	陈学平	37.00	2010.7
11	978-7-301-17324-4	电机控制与应用	魏润仙	34.00	2010.8
12	978-7-301-17569-9	电工电子技术项目教程	杨德明	32.00	2012.4 第 2 次印刷
13	978-7-301-17696-2	模拟电子技术	蒋　然	35.00	2010.8
14	978-7-301-17712-9	电子技术应用项目式教程	王志伟	32.00	2012.7 第 2 次印刷
15	978-7-301-17730-3	电力电子技术	崔　红	23.00	2010.9
16	978-7-301-17877-5	电子信息专业英语	高金玉	26.00	2011.11 第 2 次印刷
17	978-7-301-17958-1	单片机开发入门及应用实例	熊华波	30.00	2011.1
18	978-7-301-18188-1	可编程控制器应用技术项目教程(西门子)	崔维群	38.00	2013.6 第 2 次印刷
19	978-7-301-18322-9	电子 EDA 技术(Multisim)	刘训非	30.00	2012.7 第 2 次印刷
20	978-7-301-18144-7	数字电子技术项目教程	冯泽虎	28.00	2011.1
21	978-7-301-18519-3	电工技术应用	孙建领	26.00	2011.3
22	978-7-301-18770-8	电机应用技术	郭宝宁	33.00	2011.5
23	978-7-301-18520-9	电子线路分析与应用	梁玉国	34.00	2011.7
24	978-7-301-18622-0	PLC 与变频器控制系统设计与调试	姜永华	34.00	2011.6
25	978-7-301-19310-5	PCB 板的设计与制作	夏淑丽	33.00	2011.8
26	978-7-301-19326-6	综合电子设计与实践	钱卫钧	25.00	2013.8 第 2 次印刷
27	978-7-301-19302-0	基于汇编语言的单片机仿真教程与实训	张秀国	32.00	2011.8
28	978-7-301-19153-8	数字电子技术与应用	宋雪臣	33.00	2011.9
29	978-7-301-19525-3	电工电子技术	倪　涛	38.00	2011.9
30	978-7-301-19953-4	电子技术项目教程	徐超明	38.00	2012.1
31	978-7-301-20000-1	单片机应用技术教程	罗国荣	40.00	2012.2
32	978-7-301-20009-4	数字逻辑与微机原理	宋振辉	49.00	2012.1
33	978-7-301-20706-2	高频电子技术	朱小祥	32.00	2012.6
34	978-7-301-21055-0	单片机应用项目化教程	顾亚文	32.00	2012.8
35	978-7-301-17489-0	单片机原理及应用	陈高锋	32.00	2012.9
36	978-7-301-21147-2	Protel 99 SE 印制电路板设计案例教程	王　静	35.00	2012.8
37	978-7-301-19639-7	电路分析基础(第 2 版)	张丽萍	25.00	2012.9
38	978-7-301-22362-8	电子产品组装与调试实训教程	何　杰	28.00	2013.6
39	978-7-301-22546-2	电工技能实训教程	韩亚军	22.00	2013.6
40	978-7-301-22390-1	单片机开发与实践教程	宋玲玲	24.00	2013.6

相关教学资源如电子课件、电子教材、习题答案等可以登录 www.pup6.com 下载或在线阅读。

扑六知识网(www.pup6.com)有海量的相关教学资源和电子教材供阅读及下载(包括北京大学出版社第六事业部的相关资源)，同时欢迎您将教学课件、视频、教案、素材、习题、试卷、辅导材料、课改成果、设计作品、论文等教学资源上传到 pup6.com，与全国高校师生分享您的教学成就与经验，并可自由设定价格，知识也能创造财富。具体情况请登录网站查询。

如您需要免费纸质样书用于教学，欢迎登录第六事业部门户网(www.pup6.cn)填表申请，并欢迎在线登记选题以到北京大学出版社来出版您的大作，也可下载相关表格填写后发到我们的邮箱，我们将及时与您取得联系并做好全方位的服务。

扑六知识网将打造成全国最大的教育资源共享平台，欢迎您的加入——让知识有价值，让教学无界限，让学习更轻松。

联系方式：010-62750667，yongjian3000@163.com，linzhangbo@126.com，欢迎来电来信。